既有楼房加装电梯钢结构施工技术

主　编◎宋　涛
副主编◎梁峻欣　周旭升　陈海洲　林　晟
陈家斌　刘文东　吴　升　付　婷

CTS K 湖南科学技术出版社 · 长沙

前言
FOREWORD

随着人民生活水平的提高，旧楼（既有楼房）加装电梯的工程越来越多，由于旧楼（既有楼房）一般没有预留安装电梯的井道，所以，建筑在建筑物外围的钢结构井道以其自重轻、抗震效果好、安装方便快捷、工厂化程度高、适合更复杂的现场情况、寿命长并且可以回收利用的优势，成为旧楼（既有楼房）加装电梯的主要形式。旧楼（既有楼房）加装电梯的井道以及连台、连廊均采用钢结构设计，这些钢结构是加装电梯的重要组成部分，是整台电梯的骨架，用以安装电梯的机械和电气设备，支撑轿厢的上下运行，并承受和传递作用在电梯上的各种荷载。目前国家只对安装在钢结构井道内的电梯安全性能有严格及明确的技术要求，而对加装电梯极其重要的钢结构部分的安全性能却没有统一的标准及规范，前期各企业对加装电梯钢结构随意化的设计及安装已经造成了一些结构性的问题，因此存在巨大的安全隐患。本书作者经过长期的工作积累，对加装电梯钢结构安全的重要性有较为深刻的认识，本书研究分析了加装电梯钢结构的整体稳定性，分析了作用在钢结构上的竖向荷载［竖向荷载主要是井道钢框架自重、围护结构荷载、电梯机房楼面荷载（有机房井道）、曳引设备支承荷载、井道屋面荷载等］，以及井道在风荷载及地震作用下的受力特征。最终研究得出既有住宅楼房加装电梯钢结构的钢材材料及规格选择、计算荷载与荷载系数、设计与计算准则、钢结构的连接方法及技术要求、日常维护的技术要求等方面的成果。

编者

2024 年 10 月 10 日

目录
CONTENTS

第一章
钢结构井道的材料

第一节　适用于钢结构井道的钢材种类

钢材的种类：按用途分，钢可分为结构钢、工具钢和特殊钢（如不锈钢等）。结构钢又分为建筑用钢和机械用钢。按冶炼方法分，钢可分为氧气转炉钢、平炉钢和电炉钢。电炉钢是特种合金钢，不用于建筑；平炉钢质量好，但冶炼时间长，成本高；氧气转炉钢质量与平炉钢相当而成本较低。按脱氧方法分，钢又分为沸腾钢、镇静钢和特殊镇静钢。镇静钢脱氧充分，沸腾钢脱氧较差。一般采用镇静钢，尤其是轧制钢材的钢坯推广采用连续铸锭法生产，钢材必须为镇静钢。若采用沸腾钢，不但质量差、价格不便宜，而且供货困难。按成形方法分，钢又分为轧制钢（热轧、冷轧）、锻钢和铸钢。按化学成分分，钢又分为碳素钢和合金钢。

在建筑钢材中采用的是碳素结构钢、低合金高强度结构钢和优质碳素结构钢。

（1）碳素结构钢　国家标准《碳素结构钢》（GB/T 700—2006）是参照国际标准化组织发布的ISO 630：1995《结构钢》制定的。钢的牌号由代表屈服点的字母Q、屈服点数值、质量等级符号（A、B、C、D）、脱氧方法符号四个部分按顺序组成。

根据屈服点数值，厚度（直径）≤16 mm 的钢材牌号分为 Q195、Q215、Q235、Q275。屈服强度越大，钢材含碳量、强度和硬度越大，塑性越低。其中，Q235 钢在使用、加工和焊接方面的性能都比较好，所以较常采用。

钢的质量等级分为 A、B、C、D 四级，由 A 到 D 表示质量由低到高。A 级钢只保证抗拉强度、屈服点、伸长率，必要时可附加冷弯试验的要求，化学成分碳、锰可以不作为交货条件。B、C、D级钢均保证抗拉强度、屈服点、伸长率、冷弯和冲击韧性（分别为20 ℃、0 ℃、−20 ℃）等力学性能。

沸腾钢、镇静钢和特殊镇静钢的代号分别为F、Z和TZ。其中，镇静钢和特殊镇静钢的代号可以省去。对于常用的Q235钢，A、B级钢可以是Z、F，C级钢只能是Z，D级钢只能是TZ。例如，Q235—AF表示屈服强度为235 N/mm^2的A级沸腾钢；Q235—C表示屈服强度为235 N/mm^2的C级镇静钢；Q235—D表示屈服强度为235 N/mm^2的D级特殊镇静钢。

（2）低合金高强度结构钢　该种钢是在冶炼过程中添加一种或几种总量低于5%的合金元素的钢，执行国家标准《低合金高强度结构钢》（GB/T 1591—2018）。低合金高强度结构钢采用与碳素结构钢相同的钢的牌号表示方法，即根据钢材厚度（直径）≤16 mm时的屈服点大小，分为Q295、Q345、Q390、Q420、Q460、Q500、Q550、Q620、Q690，其中Q390、Q420、Q460较常用。

钢的牌号仍有质量等级符号，除与碳素结构钢A、B、C、D四个等级相同外，还增加一个等级E，主要是要求−40 ℃的冲击韧性。低合金高强度结构钢一般为镇静钢，因此钢的牌号中不注明脱氧方法，冶炼方法也由供方自行选择。

A级钢应进行冷弯试验，其他质量级别钢如供方能保证弯曲试验结果符合规定要求，可不做检验。Q460和各牌号D、E级钢一般不供应型钢、钢棒。

（3）优质碳素结构钢　优质碳素结构钢以不进行热处理或进行热处理（退火、正火或高温回火）状态交货，要求进行热处理状态交货的应在合同中注明，未注明者按不进行热处理交货，如用于高强度螺栓的45号优质碳素结构钢需经热处理，强度较高，对塑性和韧性又无显著影响。

第二节　钢材的规格及选择

1. 钢材的规格

钢结构采用的型材有热轧成形的钢板和型钢（图1-1）以及冷弯（或冷压）成形的薄壁型钢（图1-2）。

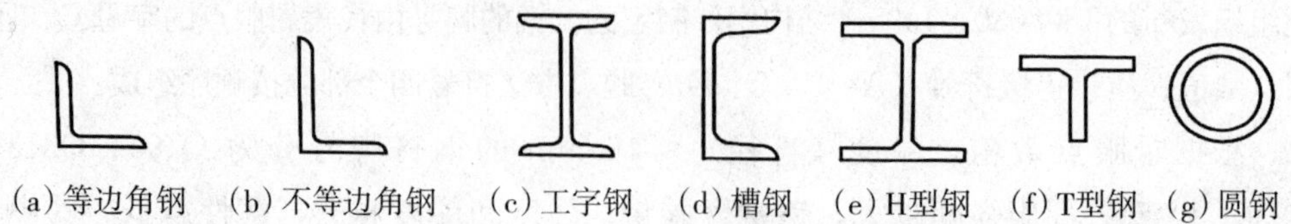

图1-1　热轧型钢截面

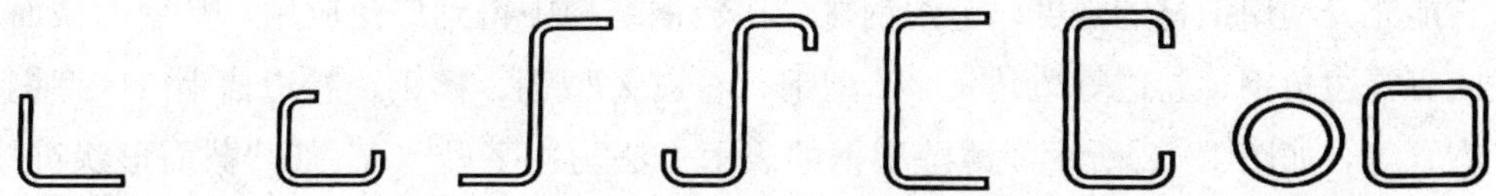

(a) 等边角钢 (b) 卷边等边角钢 (c) Z型钢 (d) 卷边Z型钢 (e) 槽钢 (f) 卷边槽钢 (g) 钢管 (h) 方钢

图 1-2 冷弯薄壁型钢截面

1）钢板　热轧钢板有薄钢板（厚度为 0.35～4 mm）、厚钢板（厚度为 4.5～60 mm）、特厚钢板（板厚＞60 mm）和扁钢（厚度为 4～60 mm，宽度为 30～200 mm，钢板宽度小）。钢板的表示方法为在符号"—"后加"宽度×厚度×长度"或"宽度×厚度"，如—450×10×300、—450×10。

2）型钢　型钢主要有角钢、工字钢、H 型钢、槽钢、钢管、冷弯薄壁型钢等。

(1) 角钢　角钢分为等边角钢和不等边角钢两种。不等边角钢的表示方法为在符号"L"后加"长肢宽×短肢宽×厚度"，如 L80×50×6；等边角钢则以肢宽和厚度表示，如 L80×6，单位均为 mm。

(2) 工字钢　工字钢有普通工字钢、轻型工字钢。普通工字钢和轻型工字钢用"Ⅰ"后加其截面高度的厘米数表示。20 号以上的工字钢，同一号数有三种腹板厚度，分别为 a、b、c 三类。其中 a 类腹板最薄，翼缘最窄，用作受弯构件较为经济，如Ⅰ32a。轻型工字钢的腹板和翼缘均较普通工字钢薄，因而在相同质量下其截面模量和回转半径均较大。

(3) H 型钢　H 型钢是世界各国使用很广泛的热轧型钢，与普通工字钢相比，其翼缘内外两侧平行，便于与其他构件相连。它可分为宽翼缘 H 型钢（代号 HW，翼缘宽度 B 与截面高度 H 相等）、中翼缘 H 型钢［代号 HM，$B=(1/2\sim2/3)H$］、窄翼缘 H 型钢［代号 HN，$B=(1/3\sim1/2)H$］。各种 H 型钢均可由剖分 T 型钢供应，代号分别为 TW、TM 和 TN。H 型钢和剖分 T 型钢的规格标记均采用：高度（H）×宽度（B）×腹板厚度（t_1）×翼缘厚度（t_2）表示。例如 HM340×250×9×14，其剖分 T 型钢为 TM170×250×9×14，单位均为 mm。

(4) 槽钢　槽钢有普通槽钢和轻型槽钢两种，普通槽钢以其截面高度的厘米数编号前面加上符号"［"表示，如［30a。号码相同的轻型槽钢，其翼缘较普通槽钢宽而薄，腹板也较薄，回转半径较大，质量较轻，表示方法为符号"Q［"加上截面高度的厘米数。

(5) 钢管　钢管有无缝钢管和焊接钢管两种，用符号"ϕ"后面加"外径×厚度"表示，如 ϕ273×5，单位为 mm。

(6) 冷弯薄壁型钢　薄壁型钢是用薄钢板（一般采用 Q235 钢或 Q345 钢）经模压或弯曲而制成，其壁厚一般为 1.5～12 mm，在国外薄壁型钢厚度有加大的趋势。

它能充分利用钢材的强度以节约钢材，在轻钢结构中得到广泛应用，常用的截面形式有等边角钢、卷边等边角钢、Z 型钢、卷边 Z 型钢、槽钢、卷边槽钢（C 型钢）、钢管等，如图 1-2 所示。薄壁型钢的表示方法为：字母“B”加“截面形状符号”加“长边宽度×短边宽度×卷边宽度×壁厚”，单位为 mm。

2. 钢材的选择

钢材的选择在钢结构设计中非常重要，为达到安全可靠，满足使用要求以及经济合理的目的，选择钢材牌号和材料性能时应综合考虑以下因素：

（1）结构的重要性　结构和构件按其用途、部位和破坏后果的严重性可分为重要、一般和次要三类。不同类别的结构或构件应选用不同的钢材，对重型工业建筑结构、大跨度结构、高层或超高层民用建筑结构或构筑物等重要结构，应考虑选用质量好的钢材；对一般工业与民用建筑结构，可按工作性质选用普通质量的钢材。

（2）荷载情况　荷载可分为静态荷载和动态荷载两种。直接承受动力荷载的结构和强烈地震区的结构，应选用综合性能好的钢材；一般承受静力荷载的结构则可选用价格较低的 Q235 钢。

（3）连接方法　钢结构的连接方法有焊接和非焊接两种。由于在焊接过程中，会产生焊接变形、焊接应力以及其他焊接缺陷，如咬肉、气孔、裂纹、夹渣等，有导致结构产生裂缝或脆性断裂的危险。因此，焊接结构对材质的要求应严格一些。例如，在化学成分方面，焊接结构必须严格控制碳、硫、磷的极限含量，而非焊接结构对碳含量可降低要求。

（4）结构所处的温度和环境　钢材处于低温时容易冷脆，因此在低温条件下工作的结构，尤其是焊接结构，应选用具有良好抗低温脆断性能的镇定钢。此外，露天结构的钢材容易产生时效，有害介质作用的钢材容易腐蚀、疲劳和断裂，也应加以区别地选择不同材质。

（5）钢材厚度　厚度大的钢材不但强度小，而且塑性、冲击韧性和焊接性能也较差。因此，厚度大的焊接结构应采用材质好的钢材。

第二章
钢结构井道的加工制作

钢结构是由多种规格尺寸的钢板、型钢等钢材，按设计要求剪裁加工成零件，经过组装、连接、校正、涂漆等工序后制成成品，然后再运到现场安装而成的。

由于钢结构生产过程中加工对象的材料性能、自重、精度、质量等特点，其原材料、零部件、半成品以及成品的加工、组拼、移位和运送等工序全需凭借专门的机具及设备来完成，所以要设立专业化的钢结构制造工厂进行工业化生产。工厂的生产部门由原料库、放样车间、机加工车间、焊接车间、喷漆车间、成品库等组成，同时还有设计及质量检查部门。

第一节　钢材的储存、堆放及检验

1. 钢材储存、堆放的条件

钢材可露天堆放，也可堆放在有顶棚的仓库里。露天堆放时，堆放场地要平整，并应高于周围地面，四周留有排水沟，雪后要易于清扫。堆放时要尽量使钢材截面的背面向上或向外，以免积雪、积水，如图 2-1 所示，两端应有高差，以利排水。

堆放在有顶棚的仓库里时，可直接堆放在地坪上，下垫楞木。对于小钢材也可堆放在架子上，堆与堆之间应留出通道，如图 2-2 所示。

钢材的堆放要尽量减少钢材的变形和锈蚀，钢材堆放的方式既要节约用地，也要注意提取方便。

图 2-1　钢材露天堆放

图 2-2　钢材在仓库内堆放

钢材堆放时每隔5～6层放置楞木，其间距以不引起钢材的明显弯曲变形为宜。楞木要上下对齐，在同一垂直平面内。

为增加堆放钢材的稳定性，可使钢材互相勾连或采取其他措施。这样，钢材的堆放高度可达到所堆宽度的两倍，否则，钢材堆放的高度不应大于其宽度。一般应一端对齐，在前面立标牌，写明工程名称、钢材牌号、规格、长度、数量。

选用钢材时要按顺序寻找，不准乱翻。考虑材料堆放时要便于搬运，在料堆之间应留有一定宽度的通道以便运输。

2. 钢材的标识

钢材端部应树立标牌，标牌要标明钢材的规格、牌号、数量和材质验收证明书编号。钢材端部根据其牌号涂以不同颜色的油漆，油漆的颜色可按表2-1选择。

表2-1 钢材端部油漆颜色

钢材牌号	Q195	Q215	Q235	Q255	Q275	Q345
油漆颜色	白色+黑色	黄色	红色	黑色	绿色	白色

钢材的标牌应定期检查。余料退库时要检查有无标识，当退料无标识时，要及时核查清楚，重新标识后再入库。

3. 钢材的检验备料和核对

钢材的检验制度是保证钢结构工程质量的重要环节。因此，钢材在正式入库前必须严格执行检验制度，经检验合格的钢材方可办理入库手续。钢材检验的主要内容包括：

(1) 钢材的数量、品种应与订货合同相符。

(2) 钢材的质量保证书应与钢材上打印的记号符合。每批钢材必须具备生产厂提供的材质证明书，写明钢材的炉号、牌号、化学成分和力学性能。对钢材的各项指标可根据国家规定进行检验。

(3) 核对钢材的规格尺寸。各类钢材尺寸的容许偏差，可参照有关标准中的规定进行核对。

(4) 钢材表面质量检验。不论扁钢、钢板和型钢，其表面均不允许有结疤、裂纹、折叠和分层等缺陷。有上述缺陷的应另行堆放，以便研究处理。钢材表面的锈蚀深度不得超过其厚度负偏差值1/2。

经检验发现“钢材质量保证书”上的数据不清、不全，材质标记模糊，表面质量、外观尺寸不符合有关标准要求时，应视具体情况重新进行复核、复验鉴定。经复核、复验鉴定合格的钢材方准正式入库，不合格钢材应另作处理。

经验收或复验合格的钢材入库时应进行登记，填写记录卡，注明入库时间、型号、规格、炉批号，专项专用的钢材还应注明工程项目名称。钢材表面涂上色标，标上规格和型号，按品种、牌号、规格分类堆放。

库存钢材应保持账、卡、物三者相符，并定期进行清点检查。对保存期超过一定时限的钢材应及时处理，避免积压和锈蚀。

库存钢材还应备有实际长度的检尺记录，使用前提供给技术部门作为下料、配料的依据。

钢材要依据“领料单”发放，发料时要仔细核对钢材牌号、规格、型号、数量等。未经检验合格入库的钢材不准发放投产。

第二节　钢结构井道施工前的准备工作

1. 审查图样

审查图样的目的，一方面是检查图样设计的深度能否满足施工的要求，核对图样上构件的数量和安装尺寸，检查构件之间有无矛盾等；另一方面是对图样进行工艺审核，即审查在技术上是否合理，在构造上是否便于施工，加工单位的施工水平能否实现图样上的技术要求等。如果是由加工单位自己设计施工详图，在制图期间又已经过审查，则审图的程序可相应简化。审核图样的主要内容包括以下项目：

(1) 设计文件是否齐全。设计文件包括设计图、施工图、图样说明和设计变更通知单等。

(2) 构件的几何尺寸是否标注齐全。

(3) 相关构件的尺寸是否正确。

(4) 节点是否清楚，是否符合国家标准。

(5) 标题栏内构件的数量是否符合工程的总数量。

(6) 构件之间的连接形式是否合理。

(7) 加工符号、焊接符号是否齐全。

(8) 结合本单位的设备和技术条件考虑，能否满足图样上的技术要求，图样的标准化是否符合国家规定等。

2. 备料和核对

1) 备料　根据图样材料表算出各种材质、规格的材料净用量，再加一定数量的损耗，提出材料需用量计划。提料时，需根据使用尺寸合理订货，以减少不必要的拼接和损耗。但钢材如不能按使用尺寸的倍数订货，则损耗必然会增加。钢材的实际损耗率可参考有关资料给出的数值。工程预算一般可按实际用量所需的数值再增加10%进行提料和备料。如果技术要求不允许拼接，其实际损耗还要增加。

2) 核对　核对来料的规格、尺寸和质量，并仔细核对材质。如果进行材料代用，必须经设计部门同意，并将图样上的相应规格和有关尺寸全部进行修改，同时应按下列原则进行：

（1）当钢材牌号满足设计要求，而生产厂商提供的材质保证书中缺少设计提出的部分性能要求时，应做补充试验，合格后方可使用。每炉钢材、每种型号规格一般不宜少于 3 个试件。

（2）当钢材性能满足设计要求，而钢材牌号的质量优于设计提出的要求时，应注意节约，不应任意地以优质高钢号代替低钢号。

（3）当钢材性能满足设计要求，而钢材牌号的质量低于设计提出的要求时，一般不允许代用，如需代用必须经设计单位同意。

（4）当钢材的钢材牌号和技术性能都与设计提出的要求不符时，首先应检查钢材，然后按设计重新计算，改变结构截面、连接方式、连接尺寸和节点构造。

（5）对于成批混合的钢材，如用于主要承重结构时，必须逐根进行化学成分和力学性能的试验。

（6）当钢材的化学成分允许偏差在规定的范围内可以使用。

（7）当采用进口钢材时，应验证其化学成分和力学性能是否满足相应钢材牌号的标准。

（8）当钢材规格、品种供应不全时，可根据钢材选用原则灵活调整。建筑结构对材质的要求一般是：受压构件高于受拉构件；焊接连接构件高于螺栓连接或铆接连接构件；厚钢板构件高于薄钢板构件；低温构件高于常温构件；受动力荷载的结构高于受静力荷载的结构。

（9）当钢材规格与设计要求不符时，不能随意以大代小，须经计算后才能代用。

（10）钢材力学性能所需保证项目仅有一项不合格时，当冷弯性能合格时，抗拉强度的上限值可以不限；伸长率比规定的数值低 1％时允许使用，但不宜用于塑性变形构件；冲击功值一组三个试件，允许其中一个单值低于规定值，但不得低于规定值的 70％。

3. 编制工艺规程

根据钢结构工程加工制作的要求，加工制作单位应在钢结构工程施工前，按施工图样和技术文件的要求编制制作工艺和安装施工组织设计，制作单位应在施工前编制完整、正确的施工工艺规程。钢构件的制作是一个严密的流水作业过程，指导这个过程除生产计划外，主要是依据工艺规程。

制定工艺规程的原则是，在一定的生产条件下，操作时能以最快的速度、最少的劳动量和最低的费用可靠地加工出符合图样设计要求的产品，并且在生产过程中要体现出制定的工艺技术上先进、经济上合理以及良好的劳动条件和安全性。

1）编制工艺规程的依据

（1）工程设计图样和施工详图。

（2）图样设计总说明和相关技术文件。

（3）图样和合同中规定的国家标准、技术规范等。

（4）制造单位实际能力和设备情况。

2）工艺规程的内容

（1）关键零件的加工方法、精度要求、检查方法和检查工具。

（2）主要构件的工艺流程、工序质量标准，为保证构件达到工艺标准而采用的工艺措施（如组装次序、焊接方法等）。

（3）采用的加工设备和工艺设备。

工艺规程是钢结构制造中主要的和根本性的指导性技术文件，也是生产制作中最可靠的质量保证措施。因此，工艺规程必须经过一定的审批手续，一经制定就必须严格执行，不得随意更改。

4. 其他工艺准备工作

除了上述准备工作外，还有工号划分、编制工艺流程表、配料与材料拼接、确定焊接收缩量和加工余量、工艺装备、编制工艺卡和零件流水卡、有关试验、设备和工具的准备等工艺准备工作。

1）工号划分　根据产品的特点、工程量的大小和安装施工进度，将整个工程划分成若干个生产工号（或生产单元），以便分批投料，配套加工。生产工号（或生产单元）的划分一般可遵循以下几点原则：

（1）条件允许的情况下，同一张图样上的构件宜安排在同一生产工号中加工。

（2）相同构件或特点类似且加工方法相同的构件宜放在同一生产工号中加工，如按钢柱、钢梁、桁架、支撑分类划分工号进行加工。

（3）工程量较大的工程划分生产工号时要考虑安装施工的顺序，先安装的构件要优先安排工号进行加工，以保证顺利安装的需要。

（4）同一生产工号中的构件数量不要过多，可与工程量统筹考虑。

2）编制工艺流程表　从施工详图中摘出零件，编制出工艺流程表（或工艺过程卡）。加工工艺过程由若干个顺序排列的工序组成，工序内容是根据零件加工的性质而定的，工艺流程表就是反映这个过程的工艺文件。工艺流程表的具体格式虽各不相同，但所包括的内容基本相同，其中有零件名称、件号、材料编号、规格、件数、工序顺序号、工序名称和内容、所有设备和工艺装备名称及编号、工时定额等。除上述内容外，关键零件还需标注加工尺寸和公差，重要工序还要画出工序图等。

3）配料与材料拼接　根据来料尺寸和用料要求，统筹安排合理配料。当钢材不是根据所需尺寸采购或零件尺寸过大无法运输时，还应根据材料的实际需要安排拼接，确定拼接位置。当工程设计对拼接无具体要求时，材料拼接应遵循以下原则：

（1）板材拼接采取全熔透坡口焊形式和工艺措施，明确检验手段，以保证接口等强度连接。

(2) 拼接位置应避开安装孔和复杂部位。

(3) 双角钢断面的构件，两角钢应在同一处进行拼接。

(4) 一般接头属于等强度连接，其拼接位置无严格规定，但应尽量布置在受力较小的部位。

(5) 焊接 H 型钢的翼缘板、腹板拼接应尽量避免在同一断面处，上下翼缘板拼接位置应与腹板拼接位置错开 200 mm 以上。翼缘板拼接长度不应小于 600 mm；腹板拼接宽度不应小于 300 mm，长度不应小于 600 mm。

对接焊缝工厂接头的要求如下：型钢要斜切，一般斜度为 45°；肢部较厚的要双面焊，或开成有坡口的接头，保证熔透；焊接时要考虑焊缝的变形，以减少焊后矫正变形的工作量；对工字钢、槽钢要区别受压部位和受拉部位；对角钢要区别拉杆和压杆；受拉部位和拉杆要用斜焊缝，而受压部位和压杆则用直焊缝。

工厂接头的位置按以下情况考虑：在桁架中，接头宜设在受力不大的节间内，或设在节点处。如设在节点处，为焊好构件与节点板，要加用不等肢的连接角钢；工字钢和槽钢梁的接头宜设在跨度离端部 1/4～1/3 的范围内。工字钢和槽钢柱的接头位置可不限，经过计算，并能保证焊接质量的，其接头位置不受上述限制。

4) 确定焊接收缩量和加工余量　焊接收缩量由于受焊缝大小、气候条件、施焊工艺和结构断面等因素影响，其值变化较大。铣刨加工时常常成叠进行操作，尤其长度较大时，材料不易对齐，在编制加工工艺时要对加工边预留加工余量，一般为 5 mm。

5) 工艺装备　钢结构制作过程中的工艺装备一般分为两大类。

(1) 原材料加工过程中所需的工艺装备，如下料、加工用的定位靠山，各种冲切模、压模、切割套模、钻孔钻模等。这一类工艺装备主要应能保证构件符合图样的尺寸要求。

(2) 拼接焊接所需的工艺装备，如拼装用的定位器、夹紧器、拉紧器、推撑器以及装配焊接用的各种拼装胎、焊接转胎等。这一类工艺装备主要是保证构件的整体几何尺寸和减少变形量。

工艺装备的设计方案取决于规模的大小、产品的结构形式和制作工艺的过程等。由于工艺装备的生产周期较长，因此要根据工艺要求提前做准备，争取先行安排加工，以确保使用。

6) 编制工艺卡和零件流水卡　根据工程设计图样和技术文件提出的构件成品要求，确定各加工工序的精度要求和质量要求，结合单位的设备状态和实际加工能力、技术水平，确定各个零件下料、加工的流水顺序，即编制出零件流水卡。

零件流水卡是编制工艺卡和配料的依据，是直接指导生产的文件。工艺卡所包含的内容一般为：确定各工序所采用的设备，确定各工序所采用的工装模具，确定各工序的技术参数、技术要求、加工余量、加工公差和检验方法及标准，确定材料定额和工时定额等。

7）有关试验

（1）钢材的复验　当钢材属于下列情况之一时，加工下料前应进行复验：国外进口钢材；不同批次的钢材混用；对质量有疑义的钢材；板材厚度大于或等于40 mm，并承受沿板厚度方向拉力作用且设计有要求的厚板；建筑结构安全等级为一级，大跨度钢结构、钢网架和钢桁架结构中主要受力构件所采用的钢材；现行设计规范中未含的钢材品种及设计有复验要求的钢材。

钢材的化学成分、力学性能及设计要求的其他指标应符合国家现行有关标准的规定，进口钢材应符合供货国相应标准的规定。

（2）连接材料的复验

①焊接材料：在大型、重型及特种钢结构上采用的焊接材料应抽样检验，其结果应符合设计要求和国家现行有关标准的规定。

②扭剪型高强度螺栓：采用扭剪型高强度螺栓的连接副应按规定进行预接力复验，其结果应符合设计要求和国家现行有关标准的规定。

（3）工艺性试验　工艺性试验一般可分为以下三类。

①焊接性试验：钢材可焊性试验、焊材工艺性试验、焊接工艺评定试验等均属于焊接性试验，而焊接工艺评定试验是各工程制作时最常遇到的试验。焊接工艺评定是焊接工艺的验证，属于生产前的技术准备工作，是衡量制造单位是否具备生产能力的一个重要的基础技术资料。未经焊接工艺评定的焊接方法、技术参数不能用于工程施工。焊接工艺评定同时对提高劳动生产率、降低制造成本、提高产品质量、搞好焊工技能培训是必不可少的。

②摩擦面的抗滑移系数试验：当钢结构构件的连接采用高强度摩擦型螺栓连接时，应对连接进行技术处理，使其连接面的抗滑移系数达到设计规定的数值。连接处摩擦面的技术处理方法一般采用四种：喷砂处理、喷丸处理、酸洗处理、砂轮打磨处理。经喷砂、酸洗或砂轮打磨处理，生成赤锈，除去浮锈等技术处理的摩擦面是否能达到设计规定的抗滑移系数值，需对摩擦面进行必要的检验性试验，以验证摩擦面的处理方法是否正确，处理后的效果是否达到设计的要求。

③工艺性试验：对构造复杂的构件，必要时应在正式投产前进行工艺性试验。工艺性试验可以是单工序，也可以是几个工序或全部工序；可以是个别零部件，也可以是整个构件，甚至是一个安装单元或全部安装构件。

8）设备和工具的准备　根据产品的加工需要来确定加工设备和操作工具。由于工程的特殊需要，有时需要调拨或添置必要的机器设备和工具，此项工作也应提前做好准备。

5. 组织技术交底

钢结构构件的生产从投料开始，经过下料、加工、装配、焊接等一系列的工序过程，最后成为成品。在这样一个综合性的加工生产过程中，要执行设计部门提出的技术要求、确保工程质量，就要求制作单位在生产前必须组织技术交底和专题讨论会。

技术交底会的目的是对某一项钢结构工程中的技术要求进行全面的交底，同时也可对制作中的难题进行研究讨论和协商，以求达到意见统一，解决生产过程中的具体问题，确保工程质量。

技术交底会按工程的实施阶段可分为两个层次：第一层次是工程开工前的技术交底会，第二层次是在投料加工前进行的施工人员技术交底会。这种制作过程中的技术交底会在贯彻设计意图、落实工艺措施方面起着不可替代的作用。

第三节　钢结构井道加工工序

1. 工艺流程

根据专业化程度和生产规模，钢结构井道有三种生产组织方式：专业分工的大流水作业生产、总承包形式的组织方式、分包现场制作。

钢结构井道制作工序较多，所以对加工顺序要周密安排，尽可能避免或减少工作倒流，以减少往返运输和周转时间。由于制作厂的设备生产能力和构件的制作要求各有不同，所以工艺流程略有不同。如图 2－3 所示为大流水作业生产的工艺流程。

对于有特殊加工要求的构件，应在制作前制定专门的加工工序，编制专项工艺流程和工序工艺卡。

2. 放样和号料

放样是整个钢结构井道制作工艺中的第一道工序，也是至关重要的一道工序。只有放样尺寸准确，才能避免以后各道加工工序的累积误差，才能保证整个工程的质量。

（1）放样的内容　核对图样的安装尺寸和孔距；以 1∶1 的大样放出节点；核对各部分的尺寸；制作样板和样杆作为下料、弯制、铣、刨、制孔等加工的依据。

（2）放样的程序及样杆、样板的制作　放样时以 1∶1 的比例在放样台上利用几何作图方法弹出大样。当大样尺寸过大时，可分段弹出。对一些三角形的构件，如果只对其节点有要求，则可以缩小比例弹出样子，但应注意其精度。放样弹出的十字基准线，二线必须垂直。然后依据此十字线逐一划出其他各点及线，并在节点旁

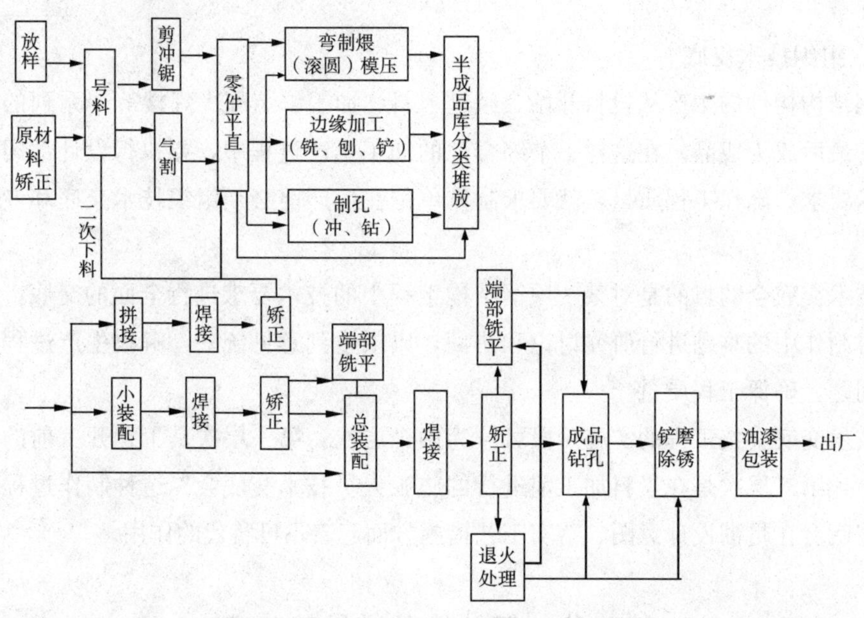

图 2－3　大流水作业生产的工艺流程

注上尺寸，以备复查及检验。

放样经检查无误后，用 0.50～0.75 mm 厚的铁皮或塑料板制作样板，用钢皮或扁铁制作样杆，当长度较短时可用木尺杆。样板、样杆上应注明工号、图号、零件号、数量及加工边、坡口部位、弯折线和弯折方向、孔径和滚圆半径等。由于生产的需要，通常须制作适应于各种形状和尺寸的样板和样杆。样板和样杆应妥善保存，直至工程结束。样杆号孔、样板号料如图 2－4 所示。

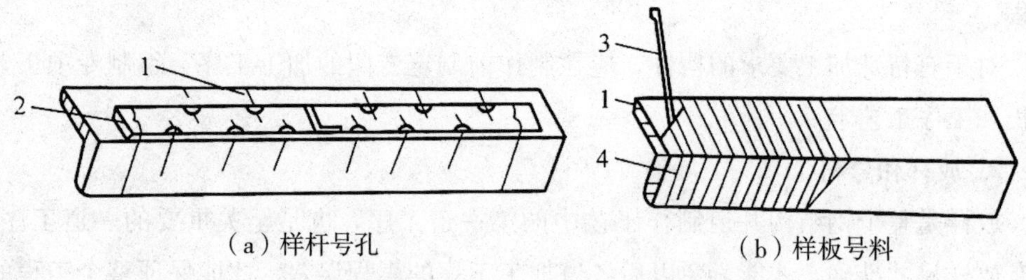

（a）样杆号孔　　（b）样板号料

1—角钢；2—样杆；3—划针；4—样板。

图 2－4　样杆号孔与样板号料

（3）号料的内容　检查核对材料，在材料上划出切割、铣、刨、弯曲、钻孔等加工位置，打冲孔，标注出零件的编号等。钢材如有较大弯曲、凹凸不平等问题时，应先进行矫正，根据配料表和样板进行套裁，尽可能节约材料。当工艺有规定时，应按规定的方向进行划线取料，以保证零件对材料轧制纹路所提出的要求，并有利于切割和保证零件的质量。

（4）放样号料用工具及设备　放样号料用工具及设备包括划针、冲子、手锤、粉线、弯尺、直尺、钢卷尺、大钢卷尺、剪子、小型剪板机、折弯机。

用作计量长度的钢卷尺，必须经授权的计量单位计量，且附有偏差卡片，使用时按偏差卡片的记录数值核对其误差。钢结构制作、安装、验收及土建施工用的量具，必须用同一标准进行鉴定，且应具有相同的精度等级。

（5）放样号料时应注意的问题　熟悉工作图，检查样板、样杆是否符合图样要求。根据图样直接在板料和型钢上号料时，应检查号料尺寸是否正确，以防产生错误，造成废品；放样时，铣、刨的工作要考虑加工余量，焊接构件要按工艺要求放出焊接收缩量，高层钢结构的框架柱要预留弹性压缩量；号料时要根据切割方法留出适当的切割余量。如果图样要求桁架起拱，放样时上、下弦应同时起拱，起拱后垂直杆的方向仍然要垂直于水平线，而不是与下弦杆垂直；号料的允许偏差见表2-2，放样和样板的允许偏差见表2-3。

表2-2　号料的允许偏差

项目	允许偏差/mm	项目	允许偏差/mm
零件宽度、长度	±3.0	割纹深度	0.3
切割面平面度	0.05t，且不大于2.0	局部缺口深度	1.0

表2-3　放样和样板的允许偏差

项目	允许偏差/mm	项目	允许偏差/mm
零件宽度、长度	±3.0	边缘缺棱	1.0
型钢端部垂直度	2.0		

3. 切割

钢材下料划线以后，必须按其所需的尺寸进行下料切割。钢材的下料切割可以通过冲剪、切削、摩擦等机械力来实现，也可以利用高温热源来实现。常用的切割方法有：气割、机械切割、等离子切割等。施工中应根据设备能力、切割精度、切割表面的质量情况以及经济性等因素来具体选定切割方法。切割后钢材不得有分层，断面上不得有裂纹，应清除切口处的毛刺、熔渣和飞溅物。气割和机械切割的允许偏差应符合表2-4和表2-5的规定。

表2-4　气割的允许偏差

项目	允许偏差/mm	项目	允许偏差/mm
零件宽度、长度	±3.0	割纹深度	0.3
切割面平面度	0.05t，且不大于2.0	局部缺口深度	1.0

表 2－5　机械切割的允许偏差

项目	允许偏差/mm	项目	允许偏差/mm
零件宽度、长度	±3.0	边缘缺棱	1.0
型钢端部垂直度	2.0		

1）气割　氧割或气割是以氧气与燃料燃烧时产生的高温来熔化钢材，并借喷射压力将熔渣吹去，造成割缝，达到切割金属的目的。氧气与各种燃料燃烧时的火焰温度为 2 000～3 200 ℃。熔点高于火焰温度或难于氧化的材料，则不宜采用气割。

气割能切割各种厚度的钢材，多数是用于带曲线的零件或厚钢板的切割。气割设备灵活，费用经济，切割精度高，是目前广泛使用的切割方法。按切割设备的不同，气割可分为手工气割、半自动气割、仿形气割、多头气割、数控气割和光电跟踪气割。手工气割操作要点如下：

(1) 首先点燃割炬，随即调整火焰。

(2) 开始切割时，打开切割氧气阀门，观察切割氧气流线的形状，若为笔直而清晰的圆柱体并有适当的长度，即可正常切割。

(3) 发现喷嘴头产生鸣爆及回火现象，可能的原因是喷嘴头过热或乙炔供应不及时，此时需马上处理。

(4) 临近终点时，喷嘴头应向前进的反方向倾斜，以利于钢板的下部提前割透，使收尾时割缝整齐。

(5) 切割结束时，应迅速关闭切割氧气阀门，并将割炬抬起，再关闭乙炔阀门，最后关闭预热氧气阀门。

2）机械切割

(1) 带锯机床：适用于切割型钢及型钢构件，效率高，切割精度高。

(2) 砂轮锯：适用于切割薄壁型钢及小型钢管，其切口光滑、生刺较薄易清除，但噪声大、粉尘多。

(3) 无齿锯：依靠高速摩擦而使工件熔化，形成切口，适用于切割精度要求低的构件。其切割速度快，噪声大。

(4) 剪板机、型钢冲剪机：适用于切割薄钢板、压型钢板等，具有切割速度快、切口整齐、效率高等特点。剪板机、型钢冲剪机的剪刀必须锋利，剪切时调整刀片间距。

3）等离子切割　等离子切割主要用于不易氧化的不锈钢材料及有色金属，如铜或铝等的切割，在一些尖端技术上广泛应用。其具有切割温度高、冲刷力大、切割边质量好、变形小、可以切割任何高熔点金属等特点。

4. 制孔

孔加工在钢结构制造中占有一定的比重，尤其是高强螺栓的采用，使孔加工不仅在数量上而且在精度上的要求都较高。

1）制孔的方法　制孔通常有钻孔和冲孔两种方法。钻孔是钢结构制造中普遍采用的方法，能用于几乎任何规格的钢板、型钢的孔加工。钻孔的原理是切削，其制成的孔精度高，对孔壁损伤较小。冲孔一般只用于较薄钢板的非圆孔的加工，而且要求孔径一般不小于钢材的厚度。冲孔生产效率虽高，但由于孔的周围产生冷作硬化、孔壁质量差等原因，在钢结构制造中已较少采用。

钻孔有人工钻孔和机床钻孔。前者多用于钻直径较小、料较薄的孔；后者施钻方便快捷、精度高，钻孔先选钻头，再根据钻孔的位置和尺寸选择相应的钻孔设备。

另外，还有扩孔、锪孔、铰孔等。扩孔是将已有孔眼扩大到需要的直径；锪孔是将已钻好的孔上表面加工成一定形状的孔；铰孔是将粗加工的孔进行精加工，以提高孔的光洁度和精度。

2）制孔的质量

(1) 精制螺栓孔：精制螺栓孔（A级、B级螺栓孔——Ⅰ类孔）的直径应与螺栓公称直径相等，孔应具有H12的精度，孔壁表面粗糙度 Ra 小于等于 12.5 μm。其孔径允许偏差按钢结构有关验收规范执行。

(2) 普通螺栓孔：普通螺栓孔（C级螺栓孔——Ⅱ类孔）包括高强度螺栓（高强度大六角头螺栓、扭剪型螺栓等）、普通螺钉、半圆头铆钉等的孔。其孔直径应比螺栓杆、钉杆的公称直径大 1.0～3.0 mm，孔壁表面粗糙度 Ra 小于等于 12.5 μm。其孔径允许偏差按钢结构有关验收规范执行。

(3) 孔距：螺栓孔孔距的允许偏差按钢结构有关验收规范执行，如果偏高，应采用与母材材质相匹配的焊条补焊后重新制孔。

5. 组装

组装也称为拼装、装配、组立。组装工序是把制备完成的半成品和零件按图样规定的运输单元，装配成构件或者部件，然后将其连接成为整体的过程。

1）组装工序的基本规定　产品图样和工艺规程是整个装配准备工作的主要依据，因此首先要了解以下问题：

(1) 了解产品的用途和结构特点，以便提出装配的支承与夹紧等措施。

(2) 了解各零件的相互配合关系、使用材料及其特性，以便确定装配方法。

(3) 了解装配工艺规程和技术要求，以便确定控制程序、控制基准及主要控制数值。

拼装必须按工艺要求的次序进行，当有隐蔽焊缝时，必须先施焊，经检验合格后方可覆盖。当复杂部位不易施焊时，也必须按工艺规定分别先后拼装和施焊。

组装前，零件、部件的接触面和沿焊缝边缘每边 30～50 mm 范围内的铁锈、毛刺、污垢、冰雪等应清除干净。布置拼装胎具时，其定位必须考虑预留出焊接收缩量及齐头、加工的余量。为减少变形，尽量采取小件组焊，经矫正后再大件组装。胎具及装出的首件必须经过严格检验，方可大批进行装配工作。组装时的点固焊缝长度宜大于 40 mm，间距宜为 500～600 mm，点固焊缝高度不宜超过设计焊缝高度的 2/3。

板材、型材的拼接应在组装前进行。构件的组装应在部件组装、焊接、矫正后进行，以便减少构件的焊接残余应力，保证产品的制作质量。构件的隐蔽部位应提前进行涂装。

桁架结构的杆件装配时要控制轴线交点，其允许偏差不得大于 3 mm。装配时要求磨光顶紧的部位，其顶紧接触面应有 75%以上的面积紧贴，用 0.3 mm 的塞尺检查，其塞入面积应小于 25%，边缘间隙不应大于 0.8 mm。拼装好的构件应立即用油漆在明显部位编号，写明图号、构件号和件数，以便查找。

2）钢结构构件组装方法

(1) 地样法　用 1∶1 的比例在装配平台上放出构件实样，然后根据零件在实样上的位置，分别组装起来成为构件。此装配方法适用于桁架、构架等小批量结构的组装。

(2) 仿形复制装配法　先用地样法组装成单面（单片）的结构，然后定位点焊牢固，将其翻身，作为复制胎模，在其上面装配另一单面结构，往返两次组装。此种装配方法适用于横断面互为对称的桁架结构。

(3) 立装　立装是根据构件的特点及其零件的稳定位置，选择自上而下或自下而上的顺序装配。此法用于放置平稳、高度不大的结构或者大直径的圆筒。

(4) 卧装　卧装是将构件旋转于卧的位置进行的装配。卧装适用于断面不大，但长度较大的细长的构件。

(5) 胎模装配法　胎模装配法是将构件的零件用胎模定位在其装配位置上的组装方法。此种装配法适用于制造构件批量大、精度高的产品。

钢结构组装方法的选择，必须根据构件特性和技术要求、制作厂的加工能力、机械设备等，选择有效的、满足要求的、效益高的方法。

3）组装工程的质量验收　钢结构组装工程的质量验收由主控项目和一般项目组成，其具体内容和要求按钢结构有关验收规范执行。

6. 矫正

在钢结构制作过程中，原材料变形、切割变形、焊接变形、运输变形等因素经常影响构件的制作及安装。钢结构矫正就是通过外力或加热作用，使钢材较短部分的纤维伸长或使钢材较长部分的纤维缩短，最后迫使钢材反向变形，以使材料或构件达到平直及一定几何形状的要求，并符合技术标准的工艺方法。

1）矫正的原理　利用钢材的塑性、热胀冷缩的特性，以外力或内应力作用迫使钢材反向变形，消除钢材的弯曲、翘曲、凹凸不平等缺陷，以达到矫正的目的。

2）矫正的分类　按加工工序分为原材料矫正、成形矫正、焊后矫正等；按矫正时外因分为机械矫正、火焰矫正、高频热点矫正、手工矫正、热矫正等；按矫正时温度分为冷矫正、热矫正等。

型钢机械矫正是在矫正机上进行，在使用时要根据矫正机的技术性能和实际使用情况进行选择。手工矫正多数用在小规格的各种型钢上，依靠锤击力进行矫正。火焰矫正法是在构件局部用火焰加热，利用金属热胀冷缩的物理性能，冷却时产生很大的冷缩应力来矫正变形。

型钢在矫正前首先要确定弯曲点的位置，这是矫正工作不可缺少的步骤。目测法是现在常用的找弯方法，确定型钢的弯曲点时应注意型钢自重下沉产生的弯曲会影响准确性，对于较长的型钢要放在水平面上，用拉线法测量。型钢矫正后的允许偏差按相应规范执行。

7. 表面处理

成品表面处理就是除锈处理，在下道工序涂层之前必须进行，直接关系到涂装工程质量的好坏。

高强度螺栓摩擦面处理是对连接节点处的钢材表面进行加工，一般有喷砂、喷丸、酸洗、砂轮打磨等方法，可根据实际条件进行选择。

第四节　钢结构的验收资料

钢结构制造单位在成品出厂时应提供钢结构出厂合格证书及技术文件，其中应包括：

（1）施工图和设计变更文件，设计变更的内容应在施工图中相应部位注明。

（2）制作中对技术问题处理的协议文件。

（3）钢材、连接材料和涂装材料的质量证明书和试验报告。

（4）焊接工艺评定报告。

（5）高强度螺栓摩擦面抗滑移系数试验报告、焊缝无损检验报告及涂层检测资料。

（6）主要构件验收记录。

（7）预拼装记录（需预拼装时）。

（8）构件发运和包装清单。

此类证书、文件是作为建设单位的工程技术档案的一部分而存档备案的。上述内容并非所有工程中都有，而是根据各工程的实际情况，按规范有关条款和工程合同规定的有关内容提供资料。

第三章 钢结构井道的设计

第一节　计算荷载与荷载系数

作用在起重机上的荷载分为三类，即常规荷载、偶然荷载、特殊荷载。荷载分类是加装电梯钢结构井道荷载组合的依据。

1. 常规荷载

常规荷载是指加装电梯钢结构井道正常工况时经常发生的荷载，包括自重荷载PG、电梯运行起制动所引起的惯性荷载以及这些荷载的动载效应，还包括因钢结构电梯位移或变形引起的荷载。

2. 偶然荷载

偶然荷载是指在加装电梯钢结构井道不经常发生而只是偶然出现的荷载，包括工作状态下的最大风荷载 $P_{wⅡ}$、因地震引起井道偏斜的水平侧向荷载 P_s，以及根据实际情况决定是否考虑的坡道荷载、冰雪荷载、温度荷载等。在防疲劳失效的计算中通常不考虑这些荷载。

3. 特殊荷载

特殊荷载是加装电梯钢结构井道在特殊情况下可能受到的最大荷载，或偶然受到的最不利荷载，包括风荷载 $P_{wⅢ}$、电梯试验荷载、碰撞荷载、倾翻水平荷载，以及井道基础受到外部激励引起的荷载等。在防疲劳失效的计算中也不考虑这些荷载。

第二节 风荷载 P_w

风是空气相对于地面的运动。自然界常见的几种风暴包括：热带气旋（tropical cyclone）、台风（typhoon）、飓风（hurricane）、季风（monsoon）、龙卷风（tornado）等。蒲福风力等级可达到 17 级，但第 12 级是可从海面状况识别的最高风级（表 3-1）。

表 3-1 蒲福风力等级表

风力等级	相应热带气旋等级	名称 中文/英文	风速/(m/s)		陆上地物征象	海面和渔船征象	海面大概的波高/m	
			范围	中数			一般	最高
0		静风 Calm	0.0～0.2	0	静，烟直上	海面平静	—	—
1		软风 Light air	0.3～1.5	1	烟能表示风向，树叶略有摇动	微波如鱼鳞，无浪花；平常渔船略觉摇动	0.1	0.1
2		轻风 Light breeze	1.6～3.3	2	人面感觉有风，树叶有微响；旗子开始飘动，高的草开始动摇	小波，波峰光亮但不破裂；渔船张帆时，每小时可随风移行 2～3 km	0.2	0.3
3		微风 Gentle breeze	3.4～5.4	4	树叶及小枝摇动不息，旗子展开；高的草摇动不息	波峰开始破裂；有散见的白浪花；渔船渐觉颠簸，每小时可随风移行 5～6 km	0.6	1.0
4		和风 Moderate breeze	5.5～7.9	7	能吹起地面灰尘和纸张，树枝动摇，高的草呈波浪起伏	小浪，波长变长；白浪成群出现；渔船满帆时，可使船身倾向一侧	1.0	1.5

表 3-1（续）

风力等级	相应热带气旋等级	名称 中文/英文	风速/（m/s）		陆上地物征象	海面和渔船征象	海面大概的波高/m	
			范围	中数			一般	最高
5		清劲风 Fresh breeze	8.0～10.7	9	有叶的小树摇摆，内陆的水面有小波；高的草波浪起伏明显	中浪，具有较显著的长波形状；许多白浪形成（偶有飞沫）；渔船缩帆一部分	2.0	2.5
6	热带低压 TD	强风 Strong breeze	10.8～13.8	12	大树枝摇动，电线呼呼有声，撑伞困难；高的草不时倾覆于地	轻度大浪开始形成；到处都有更大的白沫峰（时有飞沫）；渔船缩帆大部分，捕鱼须注意风险	3.0	4.0
7	热带低压 TD	疾风 Neargale	13.9～17.1	16	全树摇动，大树枝弯下来，迎风步行感觉不便	轻度大浪，碎浪而成白沫沿风向呈条状；渔船停泊港中，在海中的渔船下锚	4.0	5.5
8	热带风暴 TS	大风 Gale	17.2～20.7	18	可折毁小树枝，人迎风前行感觉阻力甚大	中度大浪；进港的渔船皆停留不出	5.5	7.5
9		烈风 Strong gale	20.8～24.2	23	草房遭受破坏，屋瓦被掀起，大树枝可折断	狂浪，波峰开始翻滚，飞沫可影响能见度；机帆船航行困难	7.0	10.0

表 3-1（续）

风力等级	相应热带气旋等级	名称中文/英文	风速/（m/s）		陆上地物征象	海面和渔船征象	海面大概的波高/m	
			范围	中数			一般	最高
10	强热带风暴 STS	狂风 Storm	24.5～28.4	26	树木可被吹倒，一般建筑物遭破坏	狂涛，波峰长而翻卷；整个海面呈白色；机帆船航行颇危险	9.0	12.5
11		暴风 Violent storm	28.5～32.6	31	陆上很少见，有则必有广泛损坏	异常狂涛；波浪到处破成泡沫；能见度受影响，机帆船遇之极危险	11.5	16.0
12	台风 TY	飓风 Hurricane	32.7～36.9	35	陆上绝少见，其摧毁力极大	海浪滔天；海面完全变白，能见度严重受到影响	14.0	—
13			37.0～41.4	39				
14	强台风 STY		41.5～46.1	44				
15			46.2～50.9	48				
16	超强台风 Super TY		51.0～56.0	53				
17			26.1～61.2	58				

注：表中所列风速是指平地上离地 10 m 处的风速值。

对露天的加装电梯钢结构井道应考虑风荷载 P_w 的作用。计算风荷载时，认为它是一种任意方向作用的水平力。工作状态下的最大风荷载 $P_{w\text{II}}$ 是加装电梯钢结构井道在正常情况下所能承受的最大计算风荷载，非工作状态风荷载 $P_{w\text{III}}$ 是加装电梯钢结构井道在非正常工作情况下所受到的最大计算风荷载。在计算机构的电动机功率时，需要考虑经常作用的风荷载 $P_{w\text{I}}$（$P_{w\text{I}}=0.6P_{w\text{II}}$）。风荷载计算公式：

$$P_w=CK_hPA$$

式中：P——计算风压（N/m^2）；

C——风力系数；

A——加装电梯钢结构井道垂直于风向的有效迎风面积（m^2）；

K_h——风压高度变化系数。

1. 计算风压 P

计算风压是风的速度能转换为压力能的结果，风压与阵风风速有关。

$$P=0.625{v_s}^2$$

式中：v_s——计算风速（m/s）。

计算风速为空旷地区离地 10 m 高度处的阵风风速，即 3 s 时距的平均瞬时风速；工作状态的阵风风速，其值取为 10 min 时距平均风速的 1.5 倍；非工作状态的阵风风速，其值取为 10 min 时距平均风速的 1.4 倍。加装电梯钢结构井道的计算风速和计算风压见表 3－2。

表 3－2 计算风速和计算风压

地区	工作状态			非工作状态	
	计算风压/（N/m^2）		计算风速 $v_{sⅡ}$/（m/s）	计算风压 $P_{Ⅲ}$/（N/m^2）	计算风速 $v_{sⅢ}$/（m/s）
	$P_{Ⅰ}$	$P_{Ⅱ}$			
内陆	$0.6P_{Ⅱ}$	150	15.5	500～600	28.3～31.0
沿海		250	20.0	600～1 000	31.0～40.0
台湾省及南海诸岛		250	20.0	1 500	49.0
在 8 级风中应组织工作的起重机		500	28.3		

注：1. 沿海地区指离海岸线 100 km 以内的陆地或海岛地区；

2. 计算风压的取值，内陆的华北、华中和华南地区宜取小值，西北、西南、东北和长江下游等地区宜取大值；沿海以上海为界，上海可取 800 N/m^2，上海以北取小值，以南取大值；在特定情况下，按用户要求，可根据当地气象资料提供的离地 10 m 高处 50 年一遇 10 min 时距平均最大风速换算得到作为计算风速的 3 s 时距的平均瞬时风速（但不大于 50 m/s）和计算风压 $q_{Ⅲ}$；若用户还要求此计算风速超过 50 m/s 时，则可作非标准产品进行特殊设计；

3. 沿海地区、台湾省及南海诸岛所用的计算风速 v_s 不应小于 55 m/s。

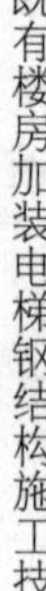

4 级风以上计算风压 P、3 s 时距平均瞬时风速 v_s、10 min 时距平均风速 v_p 与风力等级的对应关系见表 3－3。

表 3－3　P、v_s、v_p与风力等级的对应关系表

P/（N/m²）	v_s/（m/s）	v_p/（m/s）	风级
43	8.3	5.5	4
50	8.9	6.0	4
80	11.3	7.5	5
100	12.7	8.4	5
125	14.1	9.4	5
150	15.5	10.3	5
250	20.0	13.3	6
350	23.7	15.8	7
500	28.3	18.9	8
600	31.0	22.1	9
800	35.8	25.6	10
1 000	40.0	28.6	11
1 100	42.0	30.0	11
1 200	43.8	31.3	11
1 300	45.6	32.6	12
1 500	49.0	35.0	12
1 800	53.7	38.4	13
1 890	55.0	39.3	13

2. 风压高度变化系数 K_h

加装电梯钢结构井道计算风压不考虑高度变化，即取 $K_h=1$。加装电梯钢结构井道计算风压均需考虑风压高度变化系数 K_h，K_h由表 3－4 查取。

表 3－4　风压高度变化系数 K_h

离地（海）面高度 h/m	≤10	10～20	20～30	30～40	40～50	50～60	60～70	70～80	80～90	90～100	100～110	110～120	120～130	130～140	140～150
陆上	1.00	1.13	1.32	1.46	1.57	1.67	1.75	1.83	1.90	1.96	2.02	2.08	2.13	2.18	2.23
海上及海岛	1.00	1.08	1.20	1.28	1.35	1.40	1.45	1.49	1.53	1.56	1.60	1.63	1.65	1.68	1.70

注：计算非工作状态风荷载时，可沿高度划分成 10 m 高的等风压段，以各段中点高度的系数 K_h（即表列数字）乘以计算风压；也可以取结构顶部的计算风压作为起重机全高的定值风压。

3. 有效迎风面积 A

法向风作用下加装电梯钢结构井道的有效迎风面积 A 为：迎风物体在垂直于风向平面上的实体投影面积。

1）法向风作用下格构式构件的有效迎风面积

法向风作用下格构式构件的有效迎风面积等于构件迎风面积的外形轮廓面积 A_0 乘以构件迎风面充实率 φ，即

$$A = A_0 \varphi$$

式中：A_0——迎风物体的外形轮廓面积在垂直于风向平面的实体投影面积；

φ——结构迎风面充实率（图 3－1）。

$$\varphi = \frac{A}{A_0} = \sum_{i=1}^{n} \frac{L_i \cdot b_i}{L \cdot B}$$

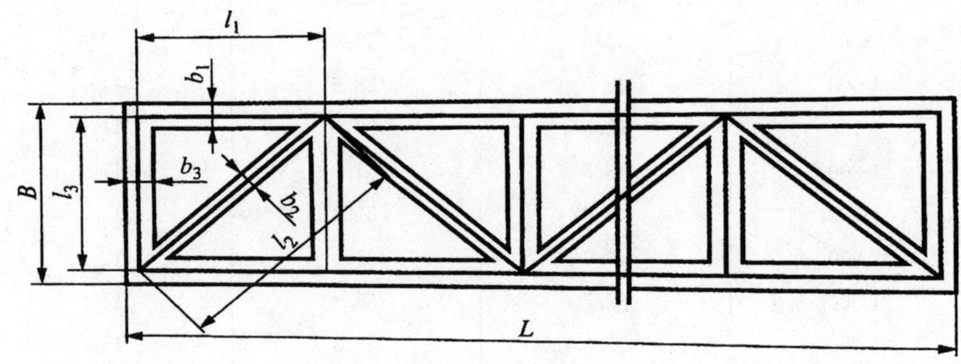

图 3－1　迎风面充实率计算示意

2）角度风作用下的有效迎风面积

当风向与物体迎风表面的法线呈某一角度时，构件的有效迎风面积按下式计算：

$$A = A_\theta \cos^2\theta$$

式中：θ——构件迎风表面的法线与风向的夹角（$\theta < 90°$）；

A_θ——物体迎风面法线方向的有效迎风面积。

3）井道的有效迎风面积

井道的有效迎风面积按下式计算：

$$A = 1.2 A_Q$$

式中：A_Q——钢结构井道的最大迎风面积。可按表 3－5 估算有效迎风面积。

表 3-5　有效迎风面积的估算值

井道/m	1	2	2	5 6.3	8	10	12.5	15 16	20	25	30 32	40
迎风面积估算值/m^2	1	2	3	5	6	7	8	10	12	15	18	22

4. 风力系数 *C*

1）单根构件、单片平面桁架结构的风力系数

表 3-6 给出了单根构件、单片平面桁架结构和机房的风力系数 C。单根构件的风力系数随构件的空气动力长细比（$1/b$ 或 $1/D$）而变化。对于大箱形截面构件，还要随构件截面尺寸比 b/d 而变化。构件截面尺寸和定义空气动力长细比的符号见图 3-2。

表 3-6　风力系数 *C*

<table>
<tr><th rowspan="2">类型</th><th rowspan="2" colspan="3">说明</th><th colspan="6">空气动力长细比（l/b 或 l/D）</th></tr>
<tr><th>≤5</th><th>10</th><th>20</th><th>30</th><th>40</th><th>≥50</th></tr>
<tr><td rowspan="4">单根构件</td><td colspan="3">轧制型钢、矩形型材、空心型材、钢板</td><td>1.30</td><td>1.35</td><td>1.60</td><td>1.65</td><td>1.70</td><td>1.90</td></tr>
<tr><td rowspan="2">圆形型钢构件</td><td colspan="2">$D \cdot v_s < 6\ m^2/s$</td><td>0.75</td><td>0.80</td><td>0.90</td><td>0.95</td><td>1.00</td><td>1.10</td></tr>
<tr><td colspan="2">$D \cdot v_s < 6\ m^2/s$</td><td>0.60</td><td>0.65</td><td>0.70</td><td>0.70</td><td>0.75</td><td>0.80</td></tr>
<tr><td colspan="2">箱型截面构件，大于 350 mm 的正方形和 250 mm×450 mm 的矩形</td><td>$b/d \geq 2$
1
0.5
0.25</td><td>1.55
1.40
1.00
0.80</td><td>1.75
1.55
1.20
0.90</td><td>1.95
1.75
1.30
0.90</td><td>2.10
1.85
1.35
1.00</td><td>2.20
1.90
1.40
1.00</td><td></td></tr>
<tr><td rowspan="3">单片平面桁架</td><td colspan="3">直边型钢</td><td colspan="6">1.70</td></tr>
<tr><td rowspan="2">圆形型钢</td><td colspan="2">$D \cdot v_s < 6\ m^2/s$</td><td colspan="6">1.20</td></tr>
<tr><td colspan="2">$D \cdot v_s < 6\ m^2/s$</td><td colspan="6">0.80</td></tr>
<tr><td rowspan="2">机房等</td><td colspan="3">地面上或实体基础上的矩形外壳结构</td><td colspan="6">1.10</td></tr>
<tr><td colspan="3">空中悬置的机房或平衡重等</td><td colspan="6">1.20</td></tr>
</table>

注：1. 单片平面桁架式结构上的风荷载可按单根构件的风力系数逐根计算后相加，也可按整片方式选用直边型钢或圆形型钢桁架结构的风力系数进行计算；当桁架结构由直边型钢和圆形型钢混合制成时，宜根据每根构件的空气动力长细比和不同气流状态（$D \cdot v_s < 6\ m^2/s$ 或 $D \cdot v_s \geq 6\ m^2/s$），采用逐根计算后相加的方法；

2. 除了本表提供的数据之外，由风洞试验或者实物模型试验获得的风力系数值，也可以使用。

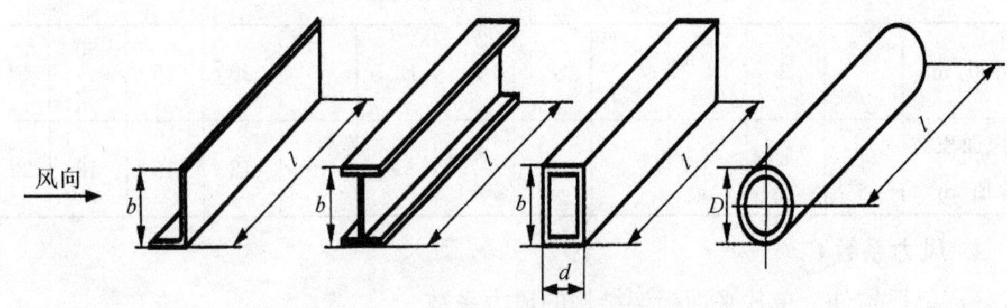

图 3-2　定义空气动力长细比的符号

注：在格构式结构中，单根杆件的长度 l_i 取为相邻节点的中心间距。

单根梯形截面构件（梁）(空气动力长细比 l/b＝10～15，截面高宽比 $b/d\approx1$) 在侧向风力作用下风力系数为 1.5～1.6。

2）多片结构或构件的风力系数

当两片结构或构件平行布置相互遮挡时，迎风面的结构或构件的风力系数仍按表 3-6 确定；被遮挡的后片结构或构件的风力系数应乘以表 3-7 的挡风折减系数 η。η 随图 3-1 和图 3-3 所定义的充实率和间隔比而变。

$$间隔比=\frac{两个相对面之间的距离}{构件迎风面的宽度}=\frac{a}{b}或\frac{a}{B}$$

表 3-7　挡风折减系数 η

间隔比 a/b	结构迎风面充实率 φ					
	0.1	0.2	0.3	0.4	0.5	≥0.6
0.5	0.75	0.40	0.32	0.21	0.15	0.10
1.0	0.92	0.75	0.59	0.43	0.25	0.10
2.0	0.95	0.80	0.63	0.50	0.33	0.20
4.0	1.00	0.88	0.76	0.66	0.53	0.45
5.0	1.00	0.95	0.88	0.81	0.75	0.68
6.0	1.00	1.00	1.00	1.00	1.00	1.00

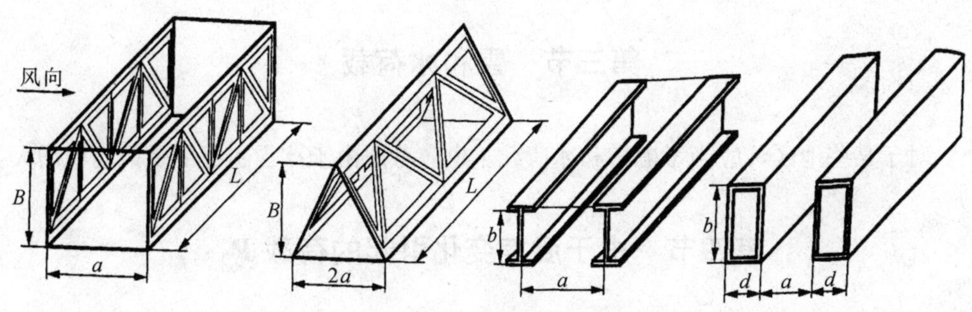

图 3-3 间隔比的定义

注：其中 a 取外露面几何形状中的最小可能值。

对于工字形截面梁和桁架的混合结构的挡风折减系数 η，由图 3-4 查取。

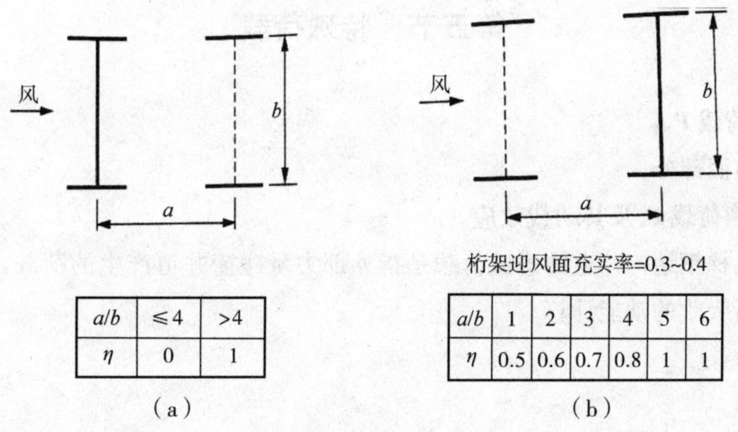

a/b	≤4	>4
η	0	1

（a）

a/b	1	2	3	4	5	6
η	0.5	0.6	0.7	0.8	1	1

（b）

图 3-4 工字形截面梁和桁架的混合结构的挡风折减系数

管材制成的三角形截面空间桁架（下弦杆可用矩形管材或组合封闭杆件）的侧向风力系数，第 1 片为 1.3，第 2 片为 1.3η。

对于 n 片形式相同且彼此等间隔布置的等高结构，应考虑多片结构的重叠挡风折减作用，结构的风荷载计算如下：

第 1 片：$P_{w1}=CK_hPA$；

第 2 片：$P_{w2}=\eta CK_hPA$；

第 3 片：$P_{w3}=\eta^2CK_hPA$；

…

第 n 片：$P_{wn}=\eta\ (n-1)\ CK_hPA$。

因此，总风荷载是

$$P_w=\left[1+\eta+\eta^2+\cdots+\eta\ (n-1)\right]CK_hPA=\frac{1-\eta n}{1-\eta}CK_hPA$$

第三节　雪和冰荷载

对于某些地区，应当考虑雪和冰荷载。也应考虑由于冰雪引起的受风面积增大。

第四节　由于温度变化引起的荷载 P_T

一般情况下不考虑温度荷载，但在某些地区，如果加装电梯钢结构井道在安装时与使用时的温度差异很大，应当考虑因温度变化引起结构件膨胀或收缩受到约束所产生的荷载，本项荷载的计算可根据用户提供的有关资料进行。

第五节　特殊荷载

1. 风荷载 $P_{w\mathrm{III}}$

详见前面部分。

2. 碰撞荷载 P_c及其动载效应

加装电梯钢结构井道的碰撞荷载是指外部力量碰撞井道产生的荷载，碰撞荷载按缓冲器所吸收的动能计算。

第四章

钢结构井道的连接

第一节　钢结构井道连接的种类、特点

钢结构井道是由各种型钢或板材通过一定的连接方法而组成的。因此，连接方法及其质量的优劣直接影响钢结构的工作性能。钢结构井道的连接必须符合安全可靠、传力明确、构造简单、制造方便和节约钢材的原则。钢结构的连接方法有焊缝连接、铆钉连接和螺栓连接三种，如图 4－1 所示。

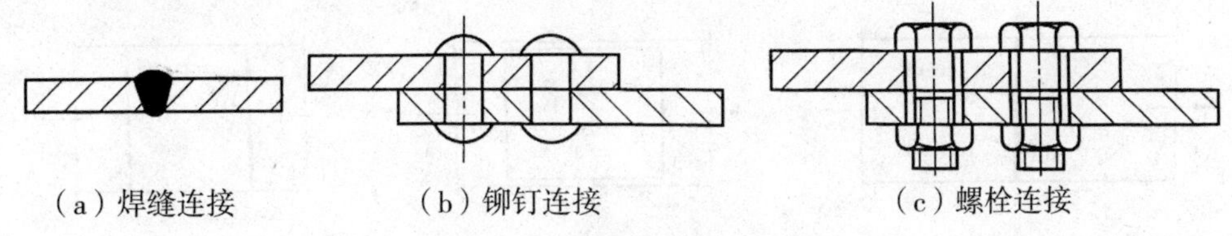

图 4－1　钢结构的连接方法

1. 焊缝连接

焊缝连接是钢结构最主要的连接方法。其优点是构造简单，任何形式的构件都可直接相连；用料经济、不削弱截面；制作加工方便，可实现自动化操作；连接的密闭性好，结构刚度大。其缺点是在焊缝附近的热影响区内，钢材的金相组织发生改变，导致局部材质变脆；焊接残余应力和残余变形使受压构件承载力降低；焊接结构对裂纹很敏感，局部裂纹一旦发生，就容易扩展到整体，低温冷脆现场较为突出。

2. 铆钉连接

铆钉连接由于构造复杂、费钢费工，现已很少采用。但是铆钉连接的塑性和韧性较好，传力可靠，质量易于检查，在一些重型和直接承受动力荷载的结构中，有时仍然采用。

3. 螺栓连接

螺栓连接是通过螺栓这种紧固件把连接件连接成为一体，是钢结构的重要连接方式之一。其优点是施工工艺简单、安装方便，特别适用于工地安装连接，工程进度和质量易得到保证，且由于装拆方便，适用于需装拆结构连接和临时性连接。其缺点是螺栓连接需制孔，拼装和安装需对孔，增加了工作量，且对制造的精度要求较高。此外，螺栓连接因开孔对截面有一定的削弱，有时在构造上还须增设辅助连接件，故用料增加，构造较繁。

第二节　焊接方法、焊缝形式及标注

1. 焊接方法

焊接方法很多，但在钢结构中通常采用电弧焊。电弧焊有焊条电弧焊、自动（半自动）埋弧焊以及气体保护焊等。

2. 焊缝连接形式

焊缝连接形式按被连接钢材的相互位置可分为对接连接、搭接连接、T形连接和角部连接四种，如图 4-2 所示。这些连接所采用的焊缝主要有对接焊缝和角焊缝。

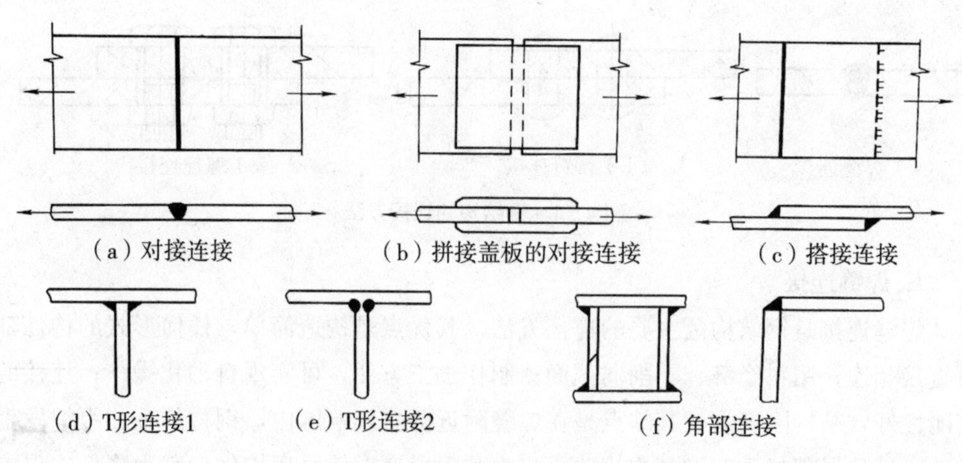

图 4-2　焊缝连接的形式

对接连接主要用于厚度相同或相近的两个构件的相互连接。图 4-2（a）为采用对接焊缝的对接连接，由于相互连接的两构件在同一平面内，因而传力均匀平缓，没有明显的应力集中，且用料经济，但是焊件边缘需要加工，连接两板的间隙有严格的要求。图 4－2（b）为用双层盖板和角焊缝的对接连接，这种连接传力不均匀、费料，但施工简便，所连接两板的间隙大小无须严格控制。

图 4－2（c）为用角焊缝的搭接连接，适用于不同厚度构件的连接。这种连接作用力不在同一直线上，材料较费，但构造简单，施工方便。

T形连接省工省料，常用于制作组合截面。当采用角焊缝连接时，如图 4－2（d）所示，焊件间存在缝隙，截面突变，应力集中现象严重，疲劳强度较低，可用于不直接承受动力荷载的结构。对于直接承受动力荷载的结构，如重级工作制吊车梁，其上翼缘与腹板的连接，应采用图 4－2（e）的 T 形连接坡口焊缝进行连接。

角部连接［图 4－2（f）］主要用于制作箱形截面。

3. 焊缝代号及标注方法

《焊缝符号表示法》（GB/T 324—2008）规定：基本符号表示焊缝横截面的基本形式或特征，如用 V 表示 V 形的对接焊缝。补充符号用来补充说明有关焊缝或接头的某些特征（诸如表面形状、衬垫、焊缝分布、施焊地点等）。指引线由箭头线和基准线组成，箭头线的箭头可指向接头侧或非接头侧，基准线含有实线基准线和虚线基准线，基准线可画在实线基准线的上方或下方；焊缝符号标注在实线基准线上说明焊缝在箭头侧，标注在虚线基准线上说明焊缝在非箭头侧，标注双面或对称焊缝时可不加虚线；焊缝标注有必要时可附带焊缝尺寸符号及数据，也可在基准线的末端加尾部标注焊接方法代号。焊缝符号见表 4－1。

表 4－1　焊缝符号

形状	角焊缝				对接焊缝	塞焊缝	三面围焊
	单面焊缝	双面焊缝	安装焊缝	相同焊缝			
形状	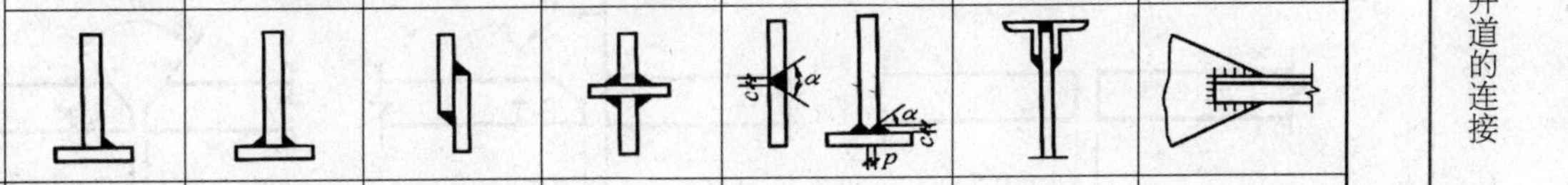						
标注方法	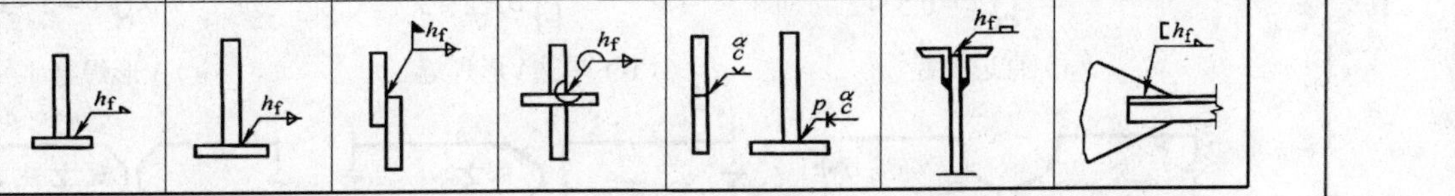						

当焊缝分布比较复杂或上述标注方法不能表达清楚时，在标注焊缝代号的同时，可在图形上加栅线表示，如图 4－3 所示。

（a）正面焊缝　　（b）背面焊缝　　（c）安装焊缝

图 4－3　用栅线表示焊缝

第三节　对接焊缝连接

1. 对接焊缝的形式和构造

对接焊缝按受力方向分为正对接焊缝和斜对接焊缝（图 4－4）。对接焊缝的坡口形式如图 4－5 所示。坡口形式取决于焊件厚度 t。当焊件厚度 4 mm＜t≤10 mm 时，可用直边焊缝；当焊件厚度 t＝10～20 mm 时，可用斜坡口的单边 V 形焊缝或 V 形焊缝；当焊件厚度 t＞20 mm 时，则采用 U 形、K 形和 X 形坡口焊缝。对于 U 形焊缝和 V 形焊缝，需对焊缝根部进行补焊，埋弧焊的熔深较大，同样坡口形式的适用板厚 t 可适当加大，对接间隙 c 可稍小些，钝边高度 p 可稍大。对接焊缝坡口形式的选用，应根据板厚和施工条件按现行标准《气焊、焊条电弧焊、气体保护焊和高能束焊的推荐坡口》（GB/T 985.1—2008）和《埋弧焊的推荐坡口》（GB/T 985.2—2008）的要求进行。

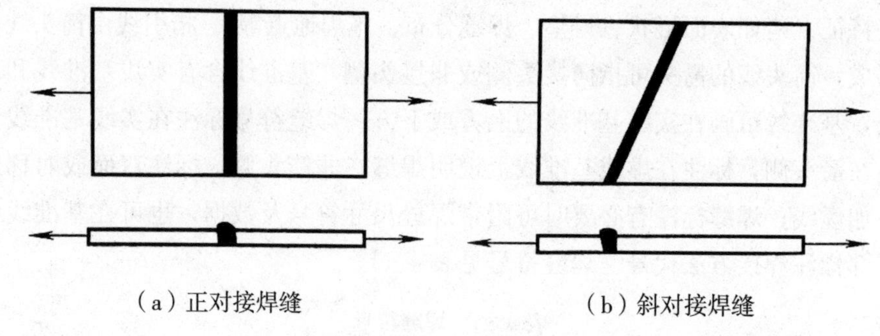

（a）正对接焊缝　　（b）斜对接焊缝

图 4－4　焊缝形式

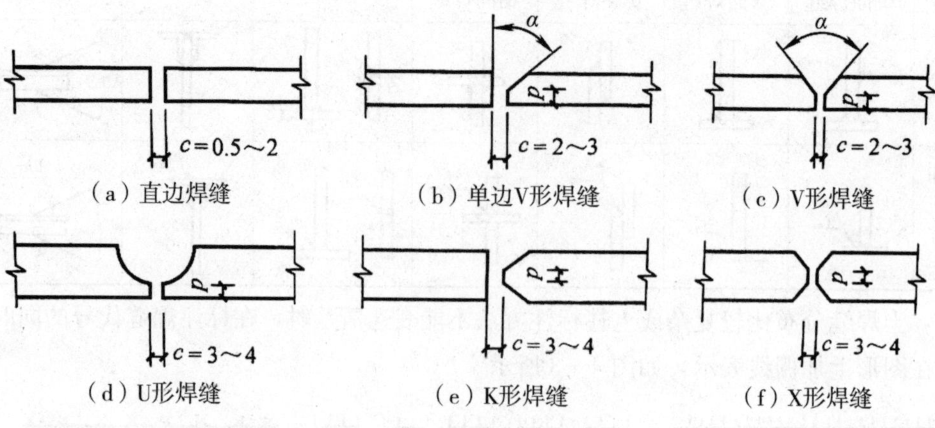

（a）直边焊缝　（b）单边V形焊缝　（c）V形焊缝

（d）U形焊缝　（e）K形焊缝　（f）X形焊缝

图 4－5　对接焊缝的坡口形式

在焊缝的起灭弧处，常会出现弧坑等缺陷，此处极易产生应力集中和裂纹，对承受动力荷载尤为不利，故焊接时对直接承受动力荷载的焊缝，必须采用引弧板，如图 4－6 所示，焊后将它割除。对受静力荷载的结构设置引弧板有困难时，允许不设置引弧板，则每条焊缝的引弧及灭弧端各减去 t（t 为较薄焊件厚度）后作为焊缝的计算长度。

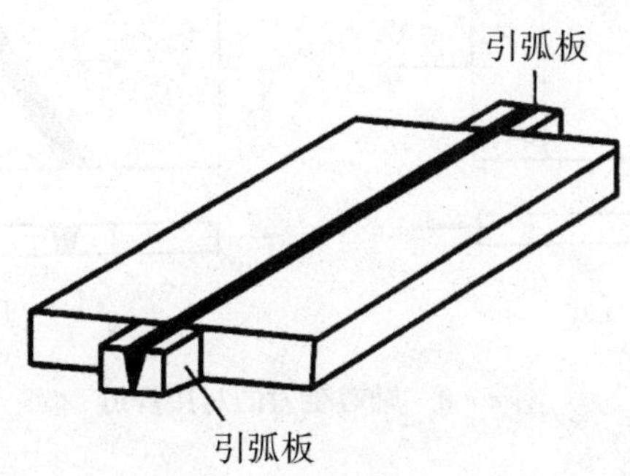

图 4－6　用引弧板焊接

当对接焊缝拼接处的焊件宽度不同或厚度相差 4 mm 以上时，应分别在宽度方向或厚度方向从一侧或两侧做成坡度不宜大于 1∶2.5 的斜坡，如图 4－7（a）（b）所示，以使截面过渡缓和，减小应力集中。当较薄板件厚度大于 12 mm 且一侧厚度差不大于 4 mm 时，焊缝表面的斜度已足以满足和缓传递的要求，如图 4－7（c）所示；当较薄板件厚度不大于 9 mm 且不采用斜角时，一侧厚度差容许值为 2 mm；其他情况下，一侧厚度差容许值均为 3 mm。考虑到改变厚度时对钢板的切削很费工时，故一般不宜改变厚度。

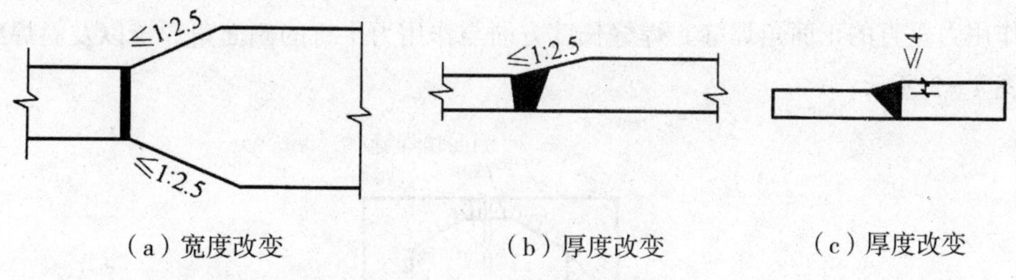

（a）宽度改变　　（b）厚度改变　　（c）厚度改变

图 4－7　变截面钢板拼接

2. 对接焊缝连接的计算

对接焊缝的截面与被焊构件截面相同，焊缝中的应力情况与被焊构件原来的情况基本相同，故对接焊缝连接的计算方法与构件的强度计算相似。轴心受力的对接焊缝如图 4－8 所示，可按下式计算：

$$\sigma=\frac{N}{l_{\mathrm{w}}t}\leqslant f_{\mathrm{t}}^{\mathrm{w}}\text{或}f_{\mathrm{c}}^{\mathrm{w}}$$

式中：N——轴心拉力或压力（N）；

l_w——焊缝的计算长度（mm），当未采用引弧板时，取实际长度减去 $2t$；

t——在对接接头中为连接件的较小厚度（mm），在 T 形接头中为腹板厚度；

f_t^w——对接焊缝的抗拉强度设计值（N/mm^2）；

f_c^w——对接焊缝的抗压强度设计值（N/mm^2）。

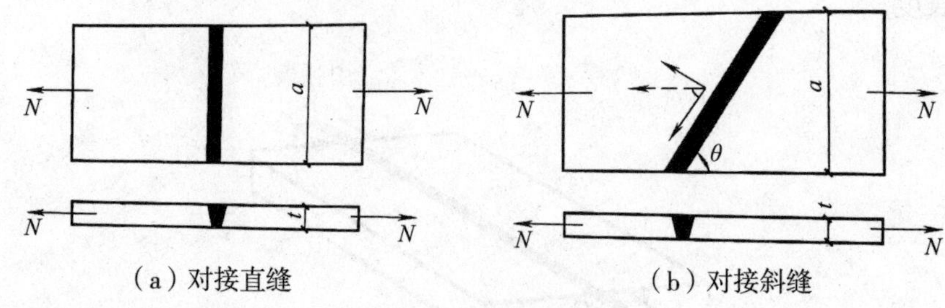

图 4-8　轴心受力的对接焊缝

由于一、二级质量的焊缝与母材强度相等，故只有三级质量的焊缝才需按上式进行抗拉强度验算。如果用直缝不能满足强度要求时，可采用图 4-8（b）所示的对接斜缝。计算证明，焊缝与作用力间的夹角 θ 满足 $\tan\theta \leqslant 1.5$ 时，斜焊缝的强度不低于母材强度，可不再进行验算。

第四节　角焊缝连接

1. 角焊缝的形式

角焊缝是最常用的焊缝形式。角焊缝按其与作用力的关系可分为焊缝长度方向与作用力垂直的正面角焊缝、焊缝长度方向与作用力平行的侧面角焊缝以及斜焊缝，如图 4-9 所示。

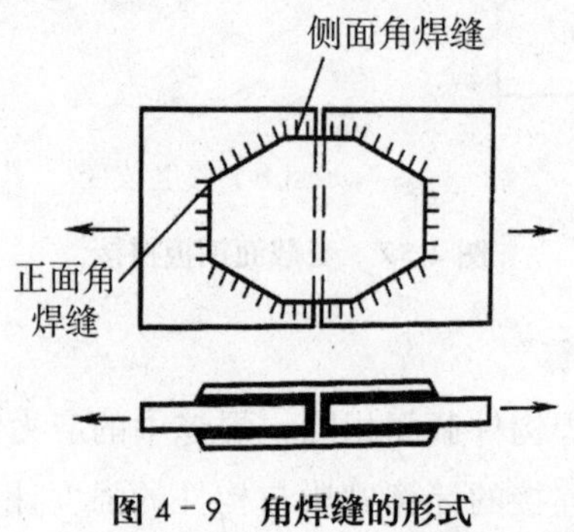

图 4-9　角焊缝的形式

角焊缝按沿长度方向的布置分为连续角焊缝和间断角焊缝，如图 4-10 所示。连续角焊缝的受力性能较好，为主要的角焊缝形式。间断角焊缝的起弧、灭弧处容易引起应力集中，重要结构应避免采用，只能用于一些次要构件的连接或受力很小的连接，间断角焊缝的间断距 l 不宜过长，以免连接不紧密，潮气侵入引起构件锈蚀。一般在受压构件中应满足 $l \leqslant 15t$，在受拉构件中应满足 $l \leqslant 30t$，t 为较薄焊件的厚度。

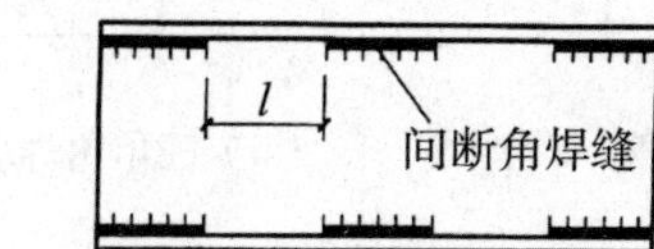

图 4－10　连续角焊缝和间断角焊缝

按施焊时焊缝在焊件之间的相对空间位置，焊缝连接可分为平焊、横焊、立焊及仰焊，如图 4－11 所示。平焊（又称为俯焊）施焊方便，质量最好；横焊和立焊的质量及生产效率比平焊差；仰焊的操作条件最差，焊缝质量不易保证，因此设计和制造时应尽量避免。

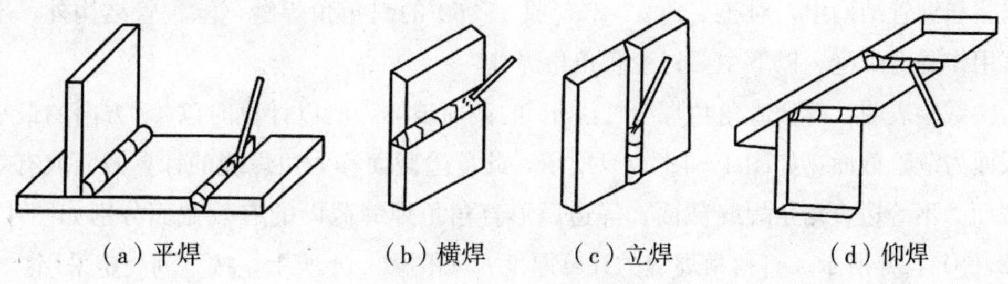

（a）平焊　（b）横焊　（c）立焊　（d）仰焊

图 4－11　焊缝的施焊位置

角焊缝按截面形式可分为直角角焊缝（图 4－12）和斜角角焊缝（图 4－13）。

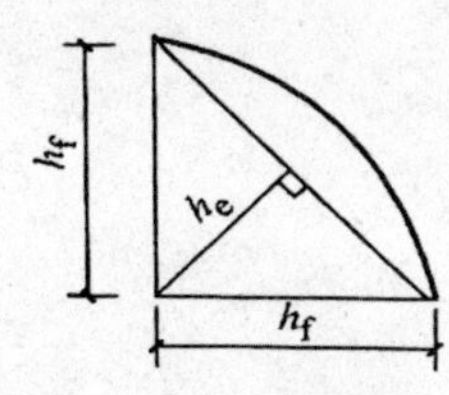

（a）等边直角角焊缝截面

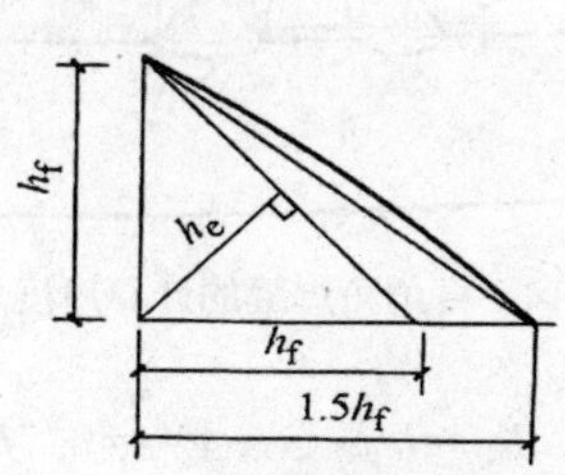

（b）不等边直角角焊缝截面

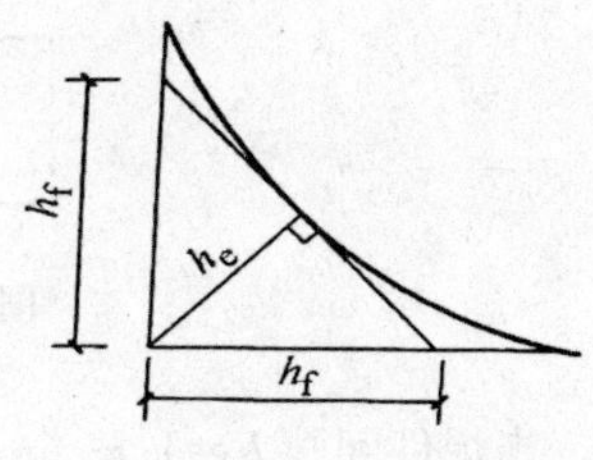

（c）等边凹形直角角焊缝截面

图 4－12　直角角焊缝截面

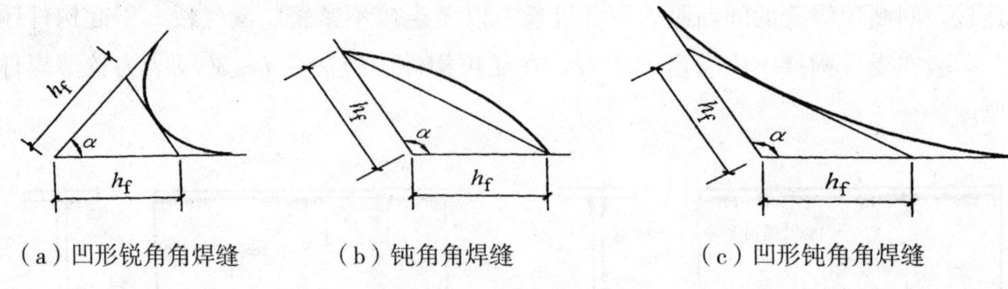

图 4-13　斜角角焊缝截面

两焊脚边的夹角为直角的焊缝称为直角角焊缝。直角角焊缝通常做成表面微凸的等边直角角焊缝截面，如图 4-12（a）所示。直接承受动力荷载的结构中，为了减小应力集中，正面角焊缝的截面常采用如图 4-12（b）所示的不等边直角角焊缝截面，侧面角焊缝的截面则做成如图 4-12（c）所示的等边凹形直角角焊缝截面。

两焊脚边的夹角 $\alpha>90°$或 $\alpha<90°$的焊缝称为斜角角焊缝。斜角角焊缝常用于钢漏斗和钢管结构中，对于夹角 $\alpha>135°$或 $\alpha<60°$的斜角角焊缝，除钢管结构外，不宜用作受力焊缝。以下主要讨论直角角焊缝。

试验表明，等腰直角角焊缝常沿 45°的截面破坏，所以计算时以 45°方向的最小截面为危险截面，如图 4-12（a）所示，此危险截面称为角焊缝的计算截面或有效截面。不等边直角角焊缝截面、等边凹形直角角焊缝截面的有效截面分别如图 4-12（b）（c）所示。直角角焊缝的计算厚度 h_e如图 4-14 所示，按下列规定采用：

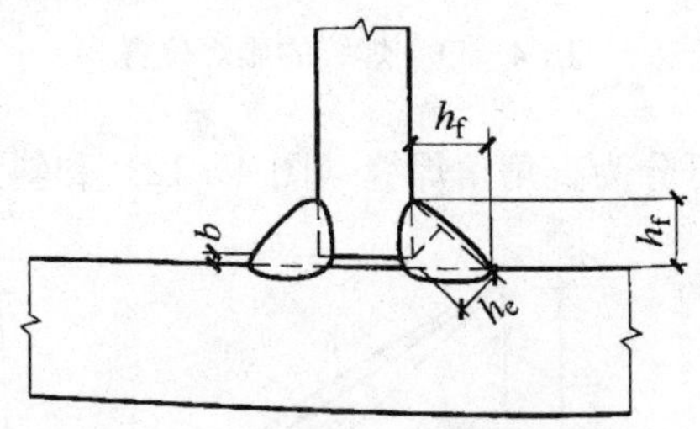

图 4-14　直角角焊缝的计算厚度 h_e

当焊件间隙 $b=1.5$ mm 时，$h_e=h_f\cdot\cos 45°=0.7h_f$；

当焊件间隙 1.5 mm$<b\leqslant5$ mm 时，$h_e=0.7\ (h_f-b)$。

式中略去了焊缝截面的圆弧形加高部分，h_f是角焊缝的焊脚尺寸。

2. 角焊缝的构造要求

《钢结构设计标准》（GB 50017—2017）对角焊缝的构造做了下列规定：

（1）角焊缝的最小计算长度。角焊缝的焊缝长度过短，焊件局部受热严重，且施焊时起落弧坑相距过近，再加上一些可能产生的缺陷使焊缝不够可靠。因此，规定角焊缝的最小计算长度应为其焊脚尺寸的 8 倍，且不应小于 40 mm；焊缝计算长度应为扣除引弧、收弧长度后的焊缝长度。

(2) 角焊缝最小焊脚尺寸。如果板件厚度较大而焊缝的焊脚尺寸过小，则施焊时焊缝冷却速度过快，可能产生淬硬组织，易使焊缝附近主体金属产生裂纹。因此规定角焊缝最小焊脚尺寸宜按表 4-2 取值，承受动力荷载时角焊缝焊脚尺寸不宜小于 5 mm。

表 4-2 角焊缝最小焊脚尺寸

母材厚度 t/mm	角焊缝最小焊脚尺寸/mm
$t \leqslant 6$	3
$6 < t \leqslant 12$	5
$12 < t \leqslant 20$	6
$t > 20$	8

注：1. 采用不预热的非低氢焊接方法进行焊接时，t 等于焊接连接部件中较厚件厚度，宜采用单道焊缝；采用预热的非低氢焊接方法或低氢焊接方法进行焊接时，t 等于焊接连接部件中较薄件厚度；

2. 焊缝尺寸 h_f 不要求超过焊接连接部位中较薄件厚度的情况除外。

(3) 被焊构件中较薄板厚不小于 25 mm 时，宜采用开局部坡口的角焊缝。

(4) 采用角焊缝焊接连接，不宜将厚板焊接到较薄板上。

(5) 搭接连接角焊缝的尺寸及布置应符合下列规定：

①传递轴向力的部件，为防止搭接部位角焊缝在荷载作用下张开，规定搭接连接角焊缝应采用双角焊缝；同时为防止搭接部位受轴向力时发生偏转，规定其搭接连接最小搭接长度应为较薄件厚度的 5 倍，且不应小于 25 mm（图 4-15），并应施焊纵向双角焊缝或横向双角焊缝。

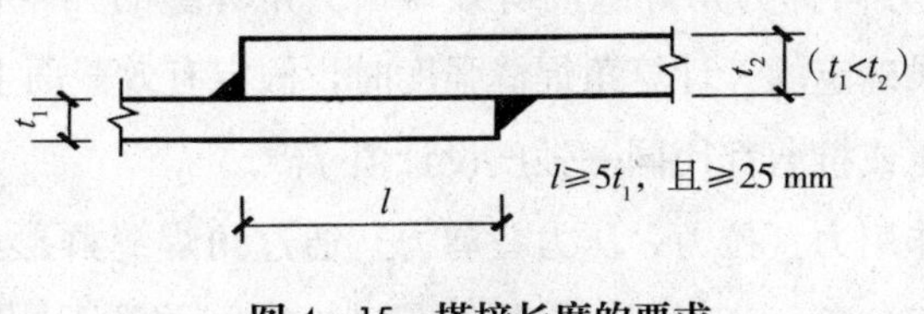

图 4-15 搭接长度的要求

②只采用纵向角焊缝连接型钢杆件端部时，如图 4-16 所示，型钢杆件的宽度 b 不应大于 200 mm，当宽度 b 大于 200 mm 时，应加横向角焊缝或中间塞焊；型钢杆件每一纵向角焊缝的长度 l_w 不应小于型钢杆件的宽度 b。

③绕角焊。型钢杆件搭接连接采用围焊时，在转角处应连续施焊。使用绕角焊可避免起（落）弧的缺陷发生在应力集中较大处，但在施焊时必须在转角处连接施焊，不能断弧。杆件端部搭接角焊缝做绕角焊时，绕角焊的长度不应小于 $2h_f$，并

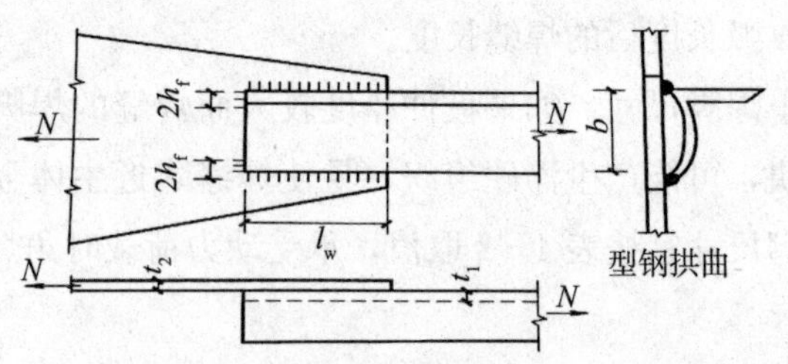

图 4－16　焊接长度及两纵向角焊缝间距

应连接施焊，如图 4－16 所示。

④为防止焊接时材料棱边熔塌，规定搭接焊缝沿母材棱边的最大焊脚尺寸 h_{fmax}，如图 4－17 所示。

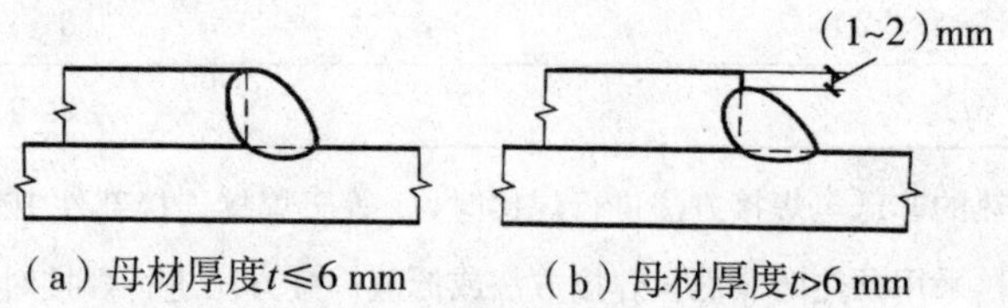

图 4－17　搭接焊缝沿母材棱边的最大焊脚尺寸

当板厚 $t \leqslant 6$ mm 时，$h_{fmax}=t$；

当板厚 $t>6$ mm 时，$h_{fmax}=t-$（1～2）mm。

3. 角焊缝连接的计算

角焊缝的应力状态十分复杂，建立角焊缝的计算公式主要靠试验分析。大量试验表明，如图 4－14 所示，通过角焊缝根部顶点的任意辐射面都可能是破坏截面，但侧焊缝的破坏大多在 45°线的喉部。设计计算时，不论角焊缝受力方向如何，均假定其破坏截面在 45°角截面处，并略去了焊缝截面的圆弧形加高部分，即最小截面沿焊缝截面的 45°方向称为角焊缝的有效截面。角焊缝的强度设计值是根据对该截面的试验研究结果确定的。计算角焊缝强度时，假定有效截面上的应力均匀分布，并且不分抗拉、抗压或抗剪都用同一强度设计值 f_f^w。

直角角焊缝当作用力（拉力、压力、剪力）通过角焊缝群形心时，认为焊缝沿长度方向的应力均匀分布。当作用力与焊缝长度方向间关系不同时，角焊缝的强度计算表达式分别如下：

（1）侧面角焊缝或作用力平行于焊缝长度方向的角焊缝：

$$\tau_f=\frac{N}{h_e \sum l_w} \leqslant f_f^w$$

（2）正面角焊缝或作用力垂直于焊缝长度方向的角焊缝：

$$\sigma_f=\frac{N}{h_e \sum l_w} \leqslant \beta_f f_f^w$$

(3) 两方向力综合作用的角焊缝，应分别计算各焊缝在两方向力作用下的 σ_f 和 τ_f，然后按下式计算其强度：

$$\sqrt{\left(\frac{\sigma_f}{\beta_f}\right)^2+\tau_f{}^2}\leqslant f_f^w$$

(4) 由侧面、正面和斜向各种角焊缝组成的周围角焊缝，假设破坏时各部分角焊缝都达到各自的极限强度，则：

$$\frac{N}{\Sigma\ (\beta_f h_e l_w)}\leqslant f_f^w$$

式中：σ_f——按焊缝有效截面计算，垂直于焊缝长度方向的应力（N/mm^2）；

τ_f——按焊缝有效截面计算，平行于焊缝长度方向的剪应力（N/mm^2）；

N——轴心力；

h_e——角焊缝的计算厚度（mm）；

Σl_w——连接一侧角焊缝的总计算长度（mm），若考虑起落弧坑缺陷的影响，每条焊缝取其实际长度减去 $2h_f$；

β_f——正面角焊缝的强度设计值提高系数，对承受静力或间接承受动力荷载的结构取 $\beta_f=1.22$；对直接承受动力荷载的结构取 $\beta_f=1.0$；

f_f^w——角焊缝的强度设计值（N/mm^2），按表 4-3 采用。

表 4-3 焊缝的强度设计值

焊接方法和焊条型号	构件钢材		对接焊缝强度设计值/(N/mm^2)				角焊缝强度设计值/(N/mm^2)	对接焊缝抗拉强度 f_u^w/(N/mm^2)	角焊缝抗拉、抗压和抗剪强度 f_u^w/(N/mm^2)
	牌号	厚度或直径/mm	抗压 f_c^w	焊缝质量为下列等级时，抗拉 f_t^w		抗剪 f_v^w	抗拉、抗压和抗剪强度 f_f^w		
				一级、二级	三级				
自动焊、半自动焊和 E43 型焊条手工焊	Q235	≤16	215	215	185	125	160	415	240
		>16，≤40	205	205	175	120			
		>40，≤100	200	200	170	115			
自动焊、半自动焊和 E50、E55 型焊条手工焊	Q345	≤16	305	305	260	175	200	480 (E50) 540 (E55)	280 (E50) 315 (E55)
		>16，≤40	295	295	250	170			
		>40，≤63	290	290	245	165			
		>63，≤80	280	280	240	160			
		>80，≤100	270	270	230	155			

表 4-3（续）

焊接方法和焊条型号	构件钢材 牌号	构件钢材 厚度或直径/mm	对接焊缝强度设计值/（N/mm²） 抗压 f_c^w	对接焊缝强度设计值/（N/mm²） 焊缝质量为下列等级时，抗拉 f_t^w 一级、二级	对接焊缝强度设计值/（N/mm²） 焊缝质量为下列等级时，抗拉 f_t^w 三级	对接焊缝强度设计值/（N/mm²） 抗剪 f_v^w	角焊缝强度设计值/（N/mm²） 抗拉、抗压和抗剪强度 f_f^w	对接焊缝抗拉强度 f_u^w/（N/mm²）	角焊缝抗拉、抗压和抗剪强度 f_u^w/（N/mm²）
自动焊、半自动焊和 E50、E55 型焊条手工焊	Q390	≤16	345	345	295	200	200（E50） 220（E55）	480（E50） 540（E55）	280（E50） 315（E55）
		>16，≤40	330	330	280	190			
		>40，≤63	310	310	265	180			
		>63，≤100	295	295	250	170			
自动焊、半自动焊和 E55、E60 型焊条手工焊	Q420	≤16	375	375	320	215	220（E55） 240（E60）	540（E55） 590（E60）	315（E55） 340（E60）
		>16，≤40	355	355	300	205			
		>40，≤63	320	320	270	185			
		>63，≤100	305	305	260	175			
自动焊、半自动焊和 E55、E60 型焊条手工焊	Q460	≤16	410	410	350	235	220（E55） 240（E60）	540（E55） 590（E60）	315（E55） 340（E60）
		>16，≤40	390	390	330	225			
		>40，≤63	355	355	300	205			
		>63，≤100	340	340	290	195			
自动焊、半自动焊和 E50、E55 型焊条手工焊	Q345GJ	>16，≤35	310	310	265	180	200	480（E50） 540（E55）	280（E50） 315（E55）
		>35，≤50	290	290	245	170			
		>50，≤100	285	285	240	165			

注：1. 自动焊和半自动焊所采用的焊丝和焊剂，应保证其熔敷金属的力学性能不低于母材的力学性能；

2. 焊缝质量等级应符合现行国家标准《钢结构焊接规范》（GB 50661—2011）的规定，其检验方法应符合现行国家标准《钢结构工程施工质量验收标准》（GB 50205—2020）的规定，其中厚度小于 6 mm 钢材的对接焊缝，不应采用超声波探伤确定焊缝质量等级；

3. 对接焊缝在受压区的抗弯强度设计值取 f_c^w，在受拉区的抗弯强度设计值取 f_t^w；

4. 表中厚度是指计算点的钢材厚度，对轴心受拉和轴心受压构件是指截面中较厚板件的厚度。

第五节　钢结构井道焊接要求

1. 焊工培训、持证上岗

特种作业操作证见图 4－18。

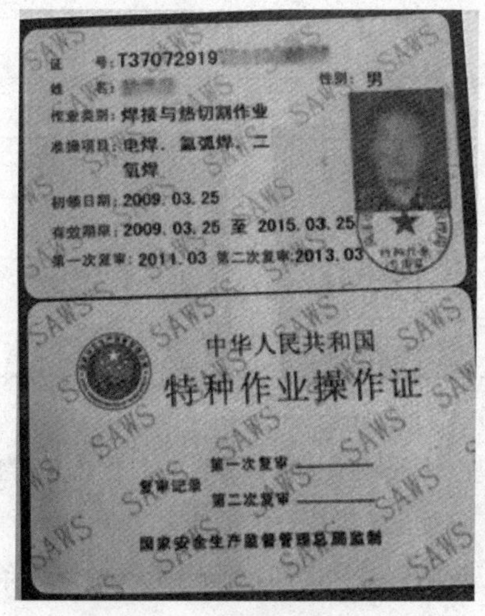

图 4－18　特种作业操作证

2. 规范要求

钢结构焊接有关人员的资格应符合下列规定：

（1）焊接技术责任人应接受过专门的焊接技术培训，取得中级以上技术职称并有一年以上焊接生产或施工实践经验。

（2）焊接质检人员应接受专门的技术培训，有一定的焊接实践经验和技术水平，并具有质检人员上岗资质证。

（3）无损探伤人员必须由国家授权的专业考核机构考核合格，其相应等级证书应在有效期内，并应按考核合格项目及权限从事焊缝无损检测和审核工作。

（4）焊工应按规定考试合格，取得资格证书，持证上岗。气体火焰加热或切割操作人员应具有气割、气焊上岗证。

（5）与各种钢材相匹配的焊接材料的选用由设计确定。不同强度等级的钢材相焊，当设计无规定时，可采用与低强度钢材相适应的焊接材料。

焊工必须经考试合格并取得合格证。持证焊工必须在其合格项目及其认可范围内施焊。焊工考试应执行现行《钢结构焊接规范》（GB 50661—2011）的规定。焊工合格证应注明技能考试施焊条件、合格证有效期限。焊工停焊时间超过六个月须重新考核。对从事高层、超高层及其他大型钢结构制作及安装焊接的焊工，还应根据钢结构的焊接节点形式、采用的焊接方法和焊工所承担的焊接工作范围及操作位置，确定附加考试类别，进行附加考试。

3. 焊接质量

（1）质量要求。一级、二级焊缝的质量等级及缺陷分级应符合表 4－4 的规定。

表 4－4　一级、二级焊缝的质量等级及缺陷分级

焊缝质量等级		一级	二级
内部缺陷超声波探伤	评定等级	Ⅱ	Ⅲ
	检验等级	B 级	B 级
	探伤比例	100%	20%
内部缺陷射线探伤	评定等级	Ⅱ	Ⅲ
	检验等级	AB 级	AB 级
	探伤比例	100%	20%

注：探伤比例的计算方法应按以下原则确定：

1）对工厂制作焊缝，应以每条焊缝计算百分比，且探伤长度应不小于 200 mm，当焊缝长度不足 200 mm 时，应对整条焊缝进行探伤；

2）对现场安装焊缝，应按同一类型、同一施焊条件的焊缝条数计算百分比，探伤长度应不小于 20 mm，并应不少于 1 条焊缝。

（2）T 形接头、十字接头、角接接头等要求熔透的对接和角对接组合焊缝，其焊脚尺寸不得小于 $t/4$［图 4－19（a）（b）（c）］；设计有疲劳验算要求的吊车梁或类似构件的腹板与上翼缘板连接焊缝的焊脚尺寸为 $t/2$［图 4－19（d）］，且不应大于 10 mm。焊脚尺寸的允许偏差为 0～4 mm。

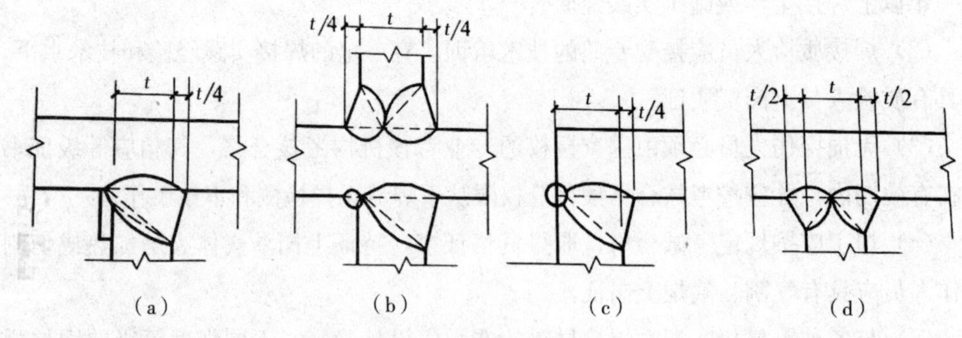

图 4－19　焊脚尺寸

（3）焊缝表面不得有裂纹、焊瘤等缺陷。一级、二级焊缝不得有表面气孔、夹渣、弧坑裂纹、电弧擦伤、接头不良等缺陷，且一级焊缝不得有咬边、未焊满、根部收缩等缺陷。

（4）对于需要进行焊前预热或焊后热处理的焊缝，其预热温度或后热温度应符合国家现行有关标准的规定或通过工艺试验确定。预热区在焊道两侧，每侧宽度均应大于焊件厚度的 1.5 倍，且不应小于 100 mm；后热处理应在焊后立即进行，保温时间应根据板厚按每 25 mm 板厚 1 h 确定。

（5）二级、三级焊缝外观质量标准应符合表 4－5 的规定。三级对接焊缝应按二级焊缝标准进行外观质量检验。

表 4－5　二级、三级焊缝外观质量标准

缺陷类型	允许偏差/mm	
	二级焊缝	三级焊缝
未焊满（指不满足设计要求）	≤0.2＋0.02t，且≤1.0	≤0.2＋0.04t，且≤2.0
	通信工程每 100.0 mm 焊缝长度内缺陷总长≤25.0	
根部收缩	≤0.2＋0.02t，且≤1.0	≤0.2＋0.04t，且≤2.0
	长度不限	
咬边	≤0.05t，且≤0.5；连接长度≤100.0，且焊缝咬边总长≤10%焊缝全长	≤1.0t，且≤1.0，长度不限
弧坑裂纹	—	允许存在个别长度≤5.0 的弧坑裂纹
电弧擦伤	—	允许存在个别电弧擦伤
接头不良	缺口深度≤0.05t，且≤0.5	缺口深度≤0.1t，且≤1.0
	每 1 000.0 mm 焊缝长度不应超过 1 处	
表面夹渣	—	深≤0.2t，长≤0.5t，且≤20.0
表面气孔	—	每 50.0 mm 焊缝长度内允许直径≤0.4t 且≤3.0 的气孔 2 个，孔距≥6 倍孔径

注：表内 t 为连接处较薄的板厚。

（6）焊缝尺寸允许偏差应符合表 4－6、表 4－7 的规定。

表 4－6　对接及完全熔透组合焊缝尺寸允许偏差

项目	图例	允许偏差/mm	
		一、二级	三级
对接焊缝余高 C		B＜20：0～3.0 B≥20：0～4.0	B＜20：0～3.5 B≥20：0～5.0
对接焊缝错边 d		d＜0.15t，且≤2.0	d＜0.15t，且≤3.0

表 4－7　部分熔透组合焊缝和角焊缝外形尺寸允许偏差

项目	图例	允许偏差
焊脚尺寸 h_f		h_f≤6 mm：0～1.5 mm h_f>6 mm：0～3.0 mm
角焊缝余高 C		h_f≤6 mm：0～1.5 mm h_f>6 mm：0～3.0 mm

注：1. h_f>8.0 mm 的角焊缝其局部焊脚尺寸允许低于设计要求值 1.0 mm，但总长度不得超过焊缝长度的 10%；

2. 焊接 H 型钢梁腹板与翼缘板的焊缝两端在其两倍翼缘板宽度范围内，焊缝的焊脚尺寸不得低于设计值。

（7）焊成凹形的角焊缝，焊缝金属与母材间应平缓过渡；加工成凹形的角焊缝，不得在其表面留下切痕。

（8）焊缝感观应达到：外形均匀、成型较好，焊道与焊道、焊道与基本金属间过渡较平滑，焊渣和飞溅物基本清除干净。

第六节　焊接方法和焊接材料

1. 焊接方法

由于焊接技术不断改进和发展，焊接结构已成为现代金属结构的特征。目前，在金属结构制造中用得最广的是电弧焊和电渣焊，其中以电弧焊用得更多，电渣焊仅适合于特厚板的垂直对接焊缝。由于以上焊接方法都将工件连接处局部加热到熔化状态，形成共同的熔池，并在冷却凝固时形成结晶结合的坚固接头，故把这类焊接工艺叫作熔化焊。

根据电弧焊的不同工艺特点，又可分为手工电弧焊、埋弧焊和气体保护电弧焊。

1）手工电弧焊

手工电弧焊简称手工焊，它是利用带有涂料（或称药皮）的焊条与焊件间产生的电弧热将金属加热并熔化的焊接方法。这种方法由于使用设备简单，操作灵活，可以在室外、野外、高空施焊，以及平、横、竖、仰位置施焊，因此手工电弧焊是目前最常用的一种焊接方法。其主要缺点是生产率低，焊缝质量很大程度上取决于焊工的操作技能。

2）埋弧焊

图 4-20 为埋弧自动焊的示意图。埋弧自动焊（或埋弧半自动焊）的电弧是在颗粒状焊剂层下燃烧的，母材被熔化成较大体积的熔池，焊丝不断送进熔池，焊剂熔化后形成熔渣，并与熔化金属起着有利的冶金作用，电弧则被熔渣和焊剂燃烧分解物所包围，因此保护效果较好。埋弧自动焊允许采用大的电流密度且无金属飞溅，减少了电弧的热能损失，所以与手工焊相比，生产率可以提高 5～10 倍，焊缝熔深大、质量高、成形美观，又能改善工人劳动条件，容易实现生产过程的机械化和自动化。此外，当采用适当的衬垫材料（如铜板、石棉板或焊剂垫等）和焊接工艺时，埋弧自动焊还可以获得单面施焊双面成形的焊缝，这样无须翻转工件，有利于提高生产率。

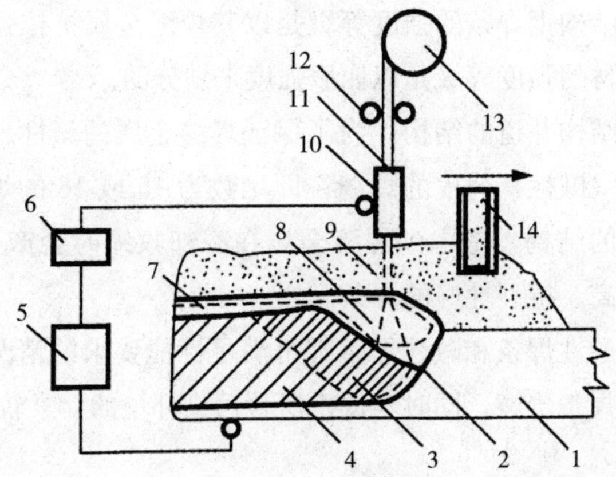

1—母材；2—电弧；3—金属熔池；4—焊缝；5—焊接电源；
6—电控箱；7—凝固熔渣；8—熔渣；9—焊剂；10—导电嘴；
11—焊丝；12—焊丝送进轮；13—焊丝盘；14—焊剂输送管。

图 4-20 埋弧自动焊示意图

3）气体保护电弧焊

气体保护电弧焊简称气电焊，它以从喷嘴中以一定速度流出的保护气体把电弧、熔池与空气隔开，以排除空气中的氧、氮等有害气体对焊缝的不良影响。保护气体可采用氩、氦等惰性气体或 CO_2 气体，或者这些气体的混合气体。目前，在钢结构制造中主要采用 CO_2 气体保护焊，其主要优点是：成本低；焊薄钢材（指厚度在 10 mm 以下）时生产率与埋弧自动焊差不多；电弧可见，便于焊工调整操作过程，并可实现全位置焊接；电流密度大，热量集中，熔深大，焊速快，热影响区较窄，焊接变形小。其缺点是：电弧的辐射较强，飞溅较多，焊缝表面成形较差，此外，室外作业须有专门的防风措施。

2. 焊接材料

电弧焊工艺的焊接材料包括焊条、焊丝、焊剂和保护气体，为了获得与母材等强度，且具有良好综合性能的焊接接头，焊接材料的选用是很重要的。

1）手工焊

焊接碳素结构钢，如Q235钢通常选用E43××型焊条；焊接低合金结构钢，如Q345钢可选用E50××型焊条。焊条型号由字母和数字组成，字母E表示焊条，前两位数字表示焊缝金属的抗拉强度，以10 MPa（10 N/mm^2）为单位，且用其最低保证值；第三位数字表示焊条的焊接位置，如“0”及“1”表示焊条适用于全位置焊接，“2”表示焊条适用于平焊及平角焊，“4”表示焊条适用于向下立焊；第三位和第四位数字组合时，表示焊接电流种类及药皮类型。碳钢焊条型号和低合金钢焊条型号见相关手册。

焊条一般应按等强度原则进行选择，同时应注意焊缝的塑性和韧性不要低于母材。焊缝的强度过高，往往使其塑性变差，脆性倾向和对应力集中的敏感性增加。另外需要注意的是，结构钢焊条的强度等级是以其焊缝金属抗拉强度的最低保证值来划分的，而我国钢材的强度等级是以屈服强度来划分的。

对于加装电梯钢结构井道的结构，为了保证焊缝金属的塑性、冲击韧性和抗裂性，应该选用低氢型（碱性）药皮的焊缝，即尾数为15或16的焊条。此外，对于焊接大厚度、大刚度的结构，考虑到焊缝金属在冷却收缩时会产生较大的内应力，因此也应该选用塑性高、抗裂性好的焊条。

从经济考虑，在酸性焊条和碱性焊条都可满足性能要求的情况下，应尽量采用酸性焊条。因为酸性焊条价廉，同时药皮内所含污染环境的元素较少。

2）埋弧焊

当采用自动焊和半自动焊工艺焊接低碳结构钢或强度等级较低的普通低合金钢时，焊丝的焊剂有以下两种不同的配合：①用H08A或H08MnA配合高锰高硅型（如焊剂431）焊剂；②用H08MnA或H10Mn2配合低锰型（如焊剂230）或无锰型（如焊剂130）焊剂。第一种配合焊缝金属抗热裂和抗气孔能力较强；第二种配合焊缝金属含磷量较低，低温冲击韧性要求较高以及中、厚板开坡口的对接焊缝宜采用第二种配合。焊丝牌号及其化学成分可查国家标准《埋弧焊用热强钢实心焊丝、药芯焊丝和焊丝-焊剂组合分类要求》（GB/T 12470—2018）和《焊接用钢盘条》（GB/T 3429—2015），焊剂牌号及其组成成分可查有关焊接手册。

3）CO_2气体保护焊

焊接用CO_2气体的一般标准为：CO_2＞99％，O_2＜0.1％，H_2O＜1.22 g/m^3。对于质量要求高的焊缝，CO_2气体纯度应大于99.5％。焊丝牌号应根据母材及接头设计强度来选择。焊接碳素结构钢如Q235钢时，可采用H08MnSiA，焊接低合金结构钢如Q345钢时，可采用H08Mn2SiA。

3. 焊接接头形式和焊缝形式

1）焊接接头形式和焊缝形式

根据两个被连接件之间的装配关系，如图4-21所示，焊接接头的基本类型有四种：对接接头、搭接接头（含盖板接头）、丁字接头（含十字接头）和角接接头。根据接头焊缝区的形状和连接特点，接头内的焊缝可分为对接焊、贴角焊、塞焊和槽形焊，如图 4 - 22 所示。其中搭接接头、丁字接头、角接接头的贴角焊以及搭接接头的塞焊、槽形焊主要用来传递剪力，因此，从焊缝连接构造和强度计算特点出发，把这一类焊缝统称为角焊缝，而另一类焊缝称为对接焊缝。由图 4 - 22 可见，对接接头通常是采用对接焊缝（若不焊透即为角焊缝），搭接接头一定是采用角焊缝，但丁字接头和角接接头两种焊缝型号都可能采用，主要区别在焊缝是否能够在整个厚度方向上连续焊透。

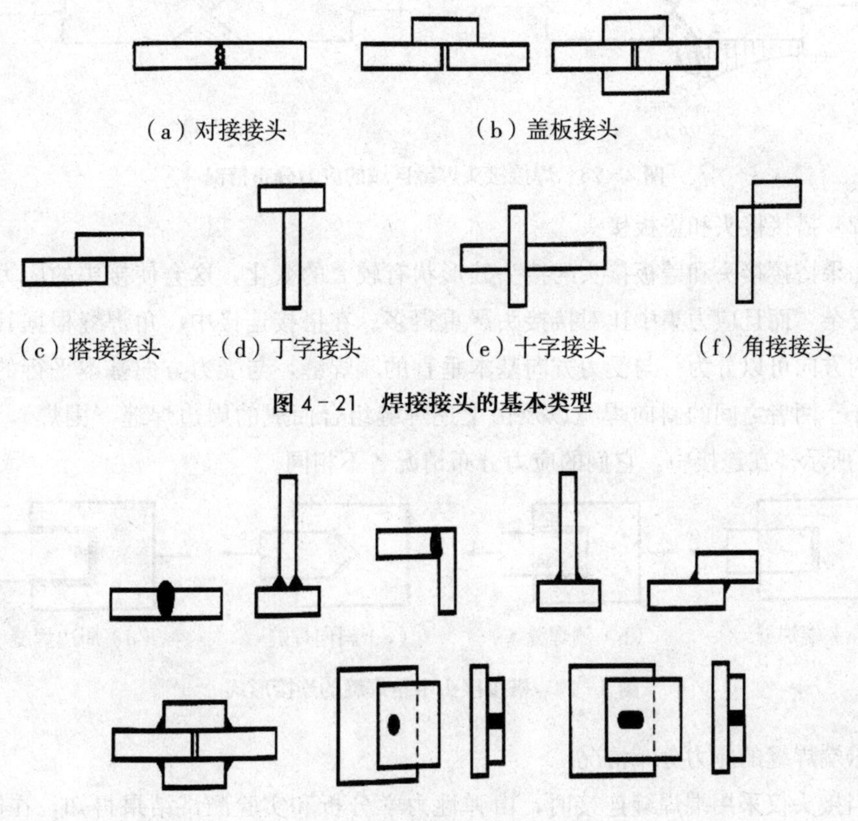

图 4 - 21　焊接接头的基本类型

图 4 - 22　焊缝的基本类型

2）各种焊接接头的特点

（1）对接接头

对接接头是焊接连接中接头处的形状变化最小、应力集中系数（$K_T=\sigma_{max}/\sigma_0$）最小的接头形式，如图 4 - 23（a）所示，其应力集中出现在焊缝与母材的交界处，对接接头的应力集中程度主要与焊缝增高量 h 和焊缝表面与母材表面之间的过渡情况有关。焊缝的增高对提高接头静载强度的作用不大，而由焊缝增高产生的应力集中对接头疲劳强度的影响却较大。因此在承受动荷载的情况下，焊接接头的焊缝增

高量 h 应趋于零，在其他工作条件下，h 也不应该超过 3 mm。如果能将焊缝增高部分刨平，则焊缝中的应力与母材就一样了，也就没有应力集中了，如图 4－23（b）所示。

从构造和工艺来分析，由于对接接头直接靠焊缝进行连接而没有其他附件，因此用材省、自重轻，但要求下料尺寸和装配尺寸具有较高的精度，接口要求平整对齐，间隙均匀，对于中厚板边还需开一定形状的坡口，以保证焊透。

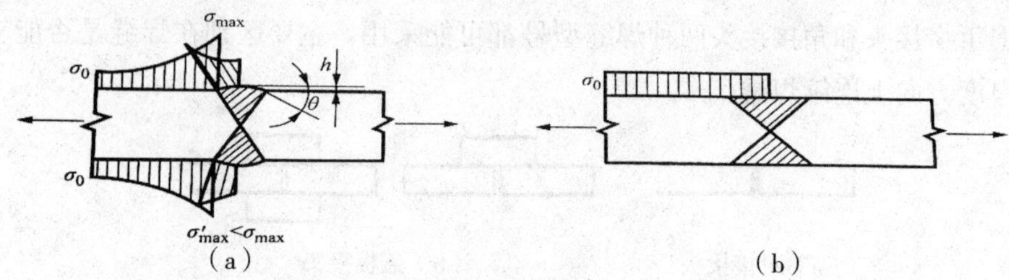

（a）　　　　（b）

图 4－23　焊接接头焊缝区域的应力分布情况

（2）搭接接头和盖板接头

如果搭接接头和盖板接头的接头处形状有较大的变化，这会使接头的应力分布相当复杂，而且应力集中比对接接头严重得多。在搭接连接中，角焊缝根据其传递内力的方向可以分为：与受力方向基本垂直的端焊缝，与受力方向基本平行的侧焊缝，介于两者之间的斜向焊缝以及由上述焊缝组合而成的周边焊缝（围焊），如图 4－24 所示。在连接中，它们的应力分布情况各不相同。

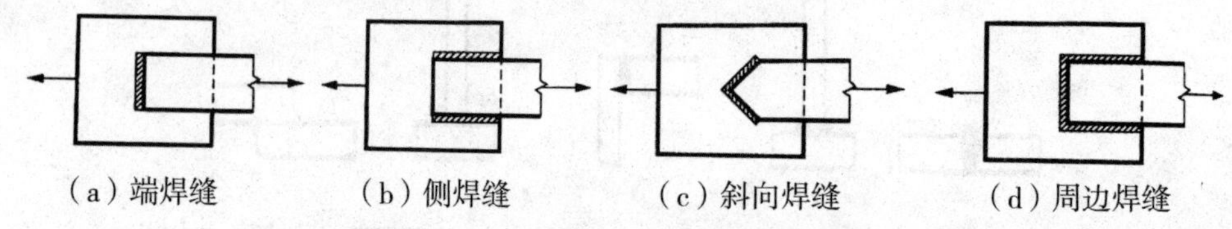
（a）端焊缝　（b）侧焊缝　（c）斜向焊缝　（d）周边焊缝

图 4－24　搭接接头中角焊缝的连接形式

①端焊缝的应力分布情况

当接头仅采用端焊缝连接时，由弹性力学分析和实验测试结果得知，在图 4－25 所示的带双盖板的接头中，角焊缝的根部 B 点和焊趾 A 点都存在较大的应力集中，连接的失效往往就起始于这些应力集中点。

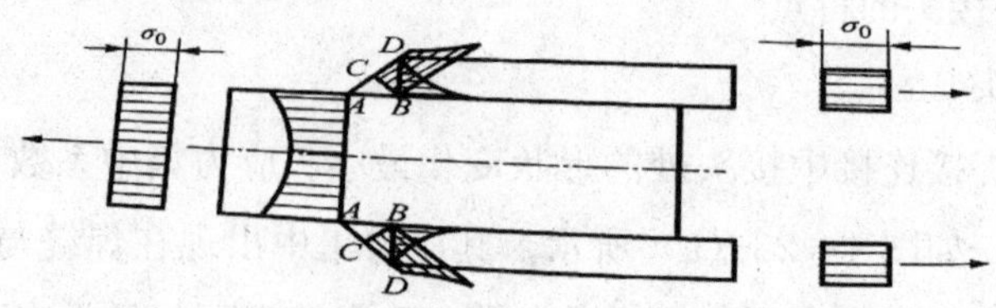

图 4－25　搭接连接中端焊缝的应力分布情况

此外，端焊缝的截面形状对应力分布也有较大的影响，各种截面形状（图 4－

26）的端焊缝的应力集中情况比较如下：当减小坡度角，或者使焊缝表面呈凹面形［图 4 - 26（c）］，或者增大熔深焊透根部，都可降低应力集中程度；而当加大焊缝中部厚度使焊缝表面呈凸面形［图 4 - 26（d）］会使应力集中加剧。

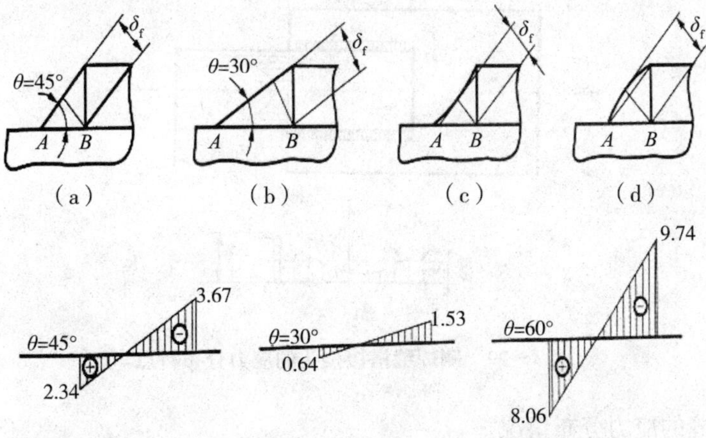

图 4 - 26　端焊缝的不同截面形式对其应力分布的影响

由于搭接接头的内力传递存在偏心，当仅在单面用端焊缝连接时，如图 4 - 27（a）所示，在拉力作用下焊缝内将产生附加弯曲应力，焊缝根部易拉裂，承载能力很低，为了改善焊缝的受力情况，应采用图 4 - 27（b）所示的双面焊的搭接接头，且搭接长度不得小于焊件较小厚度 δ 的 5 倍。

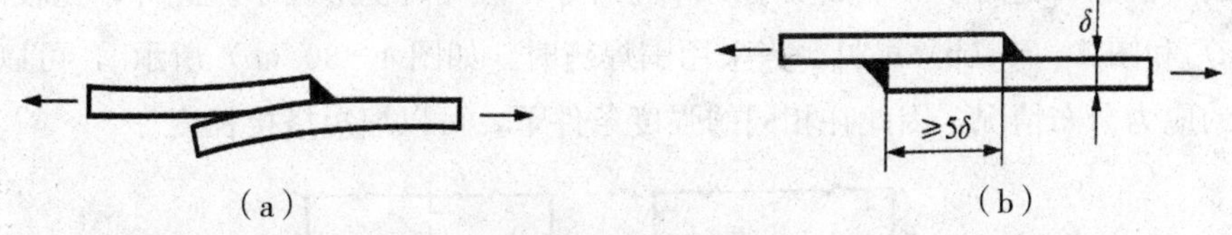

图 4 - 27　搭接接头两端焊缝的搭接长度要求

端焊缝的破坏形式是多样的，一般来说，在静荷载作用下往往以图 4 - 28（a）（c）所示的形式断裂；在动荷载作用下往往以图 4 - 28（b）所示的形式断裂。

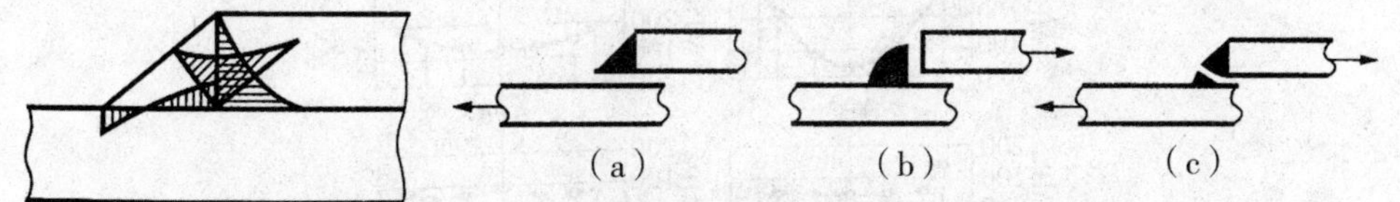

图 4 - 28　搭接端焊缝连接的几种破坏形式

②侧焊缝的应力分布情况

当接头中仅有侧焊缝连接时，应力在侧焊缝中的分布也是很不均匀的，焊缝中的剪应力沿着其长度上的分布特点为两端高、中部低。理论计算和实验研究都证明，当所连接的两板截面积相等时，应力呈对称形状分布，两端的剪应力相等；当两板的截面积不相等时，则应力分布曲线是不对称的，最大应力出现在靠小截面的一端，如图 4 - 29 所示。此外，随着焊缝长度的增加，应力分布不均匀的程度也增大。因此，一般规范对侧焊缝的长度都有限制。

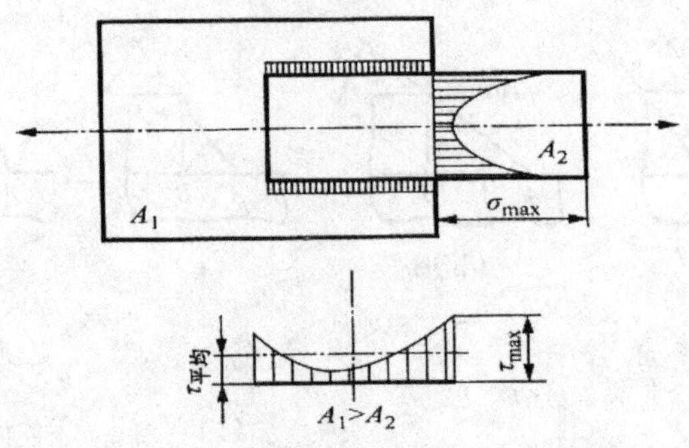

图 4 - 29　侧焊缝搭接接头的应力分布特点

③围焊缝的应力分布情况

弹性理论分析研究表明，由于端焊缝应力状态复杂，焊缝刚度大、变形小，$E_t=1.5\times10^5$ MPa；侧焊缝接近纯剪切应力状态，焊缝刚度小、变形大，$E_t=(0.7\sim1.0)\times10^5$ MPa，因此，当焊缝均处在弹性工作阶段时，端焊缝的实际负担高于侧焊缝。但试验证明，在一般荷载下，对于具有良好塑性的结构钢，当焊缝金属进入塑性阶段时，应力逐渐趋于平均，围焊缝的破坏强度与仅有侧焊缝时没有什么差别，但围焊缝的塑性不如仅用侧焊缝的好，破坏时变形较小。此外，比较图 4 - 30（a）和图 4 - 30（b）可见，当采用围焊缝时［如图 4 - 30（b）所示］，可以改善接头的应力分布情况，因此在相同的强度条件下，可以缩短搭接长度。

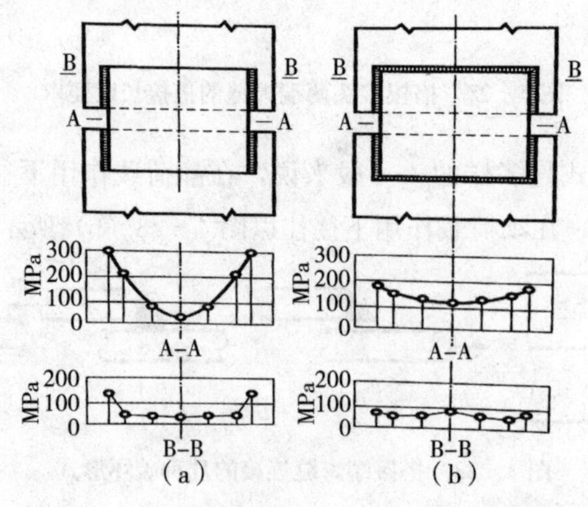

图 4 - 30　侧焊缝和围焊缝的应力分布比较

从疲劳强度来讲，国内外的试验都证明，围焊比两边侧焊的疲劳强度高。这是因为疲劳破坏都发生在构件的连接处，使用围焊时，构件内力传递较均匀，使侧焊缝处端部的应力高峰显著降低。因此，对直接接受动力荷载的连接，我国《钢结构设计标准》建议尽量采用围焊。

搭接接头由铆接接头演变而来，它并不是焊接结构中的理想接头形式，与对接接头相比存在较大的应力集中，但是，由于搭接接头具有下料装配简便的优点，所以在主要承受静荷载的结构中，以及承受较小荷载、强度条件不是主要矛盾的结构中仍有应用。

（3）丁字接头和十字接头

如图 4－31 所示，当十字接头受拉力作用时，在不开坡口的情况下，如图 4－31（a）所示，由于所连接的水平板的整个厚度上没有焊缝，使应力曲线强烈弯曲，在焊缝根部和趾部产生较高的应力集中；当所连接的板边开有坡口且保证焊透的情况下，如图 4－31（b）所示，就能使力流传递较平缓，接头中的应力集中显著降低。故开坡口焊透的十字接头（或丁字接头）的焊缝性质接近于对接焊缝。对于重要的、直接承受较大荷载的结构宜采用开坡口的对接焊缝，对于较厚的钢板，开坡口焊透与不开坡口加大角焊缝尺寸相比，不但能使接头的疲劳强度提高，而且能减少焊接工作量和焊接变形。

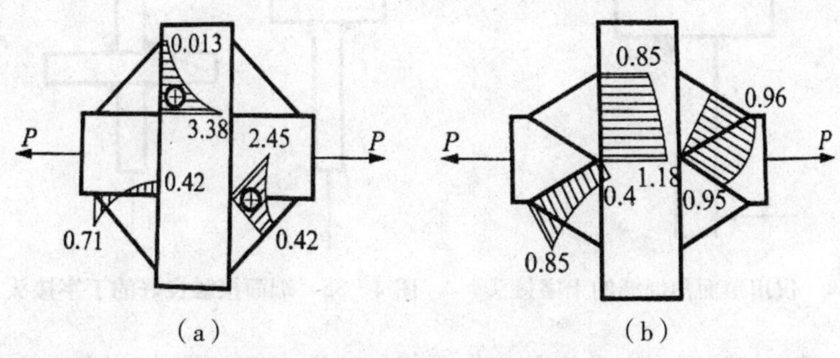

图 4－31　十字接头中的焊缝应力分布情况

此外，十字接头应尽量避免使钢板沿厚度方向承受高拉应力，以防钢板出现层状撕裂，尤其是厚板结构更应注意。为此，有时可以采用如图 4－32 所示的连接形式，将工作焊缝转化为联系焊缝。

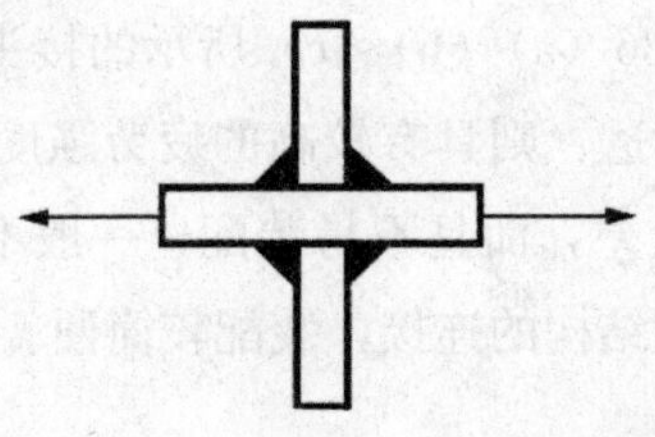

图 4－32　防止层状撕裂的十字接头的连接构造

如果两个方向都承受较大的拉力，则必要时可采用如图 4－33 所示的接头形式，在接头交叉处焊入一定截面形状的轧制件或锻件。

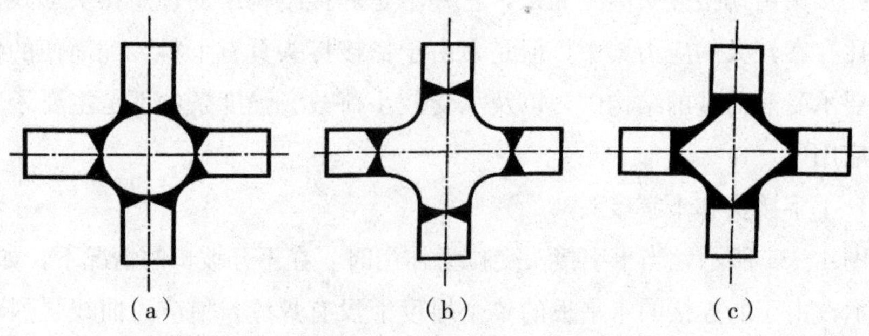

图 4－33　采用插入件的十字接头的连接构造

如图 4－34 所示的受力情况，对仅采用单面贴角焊的十字接头是非常不利的，焊缝的承载能力很低。主要承受静力的十字接头或丁字接头应使断面接触良好（图 4－35），以改善焊缝受力情况和减小焊缝尺寸。

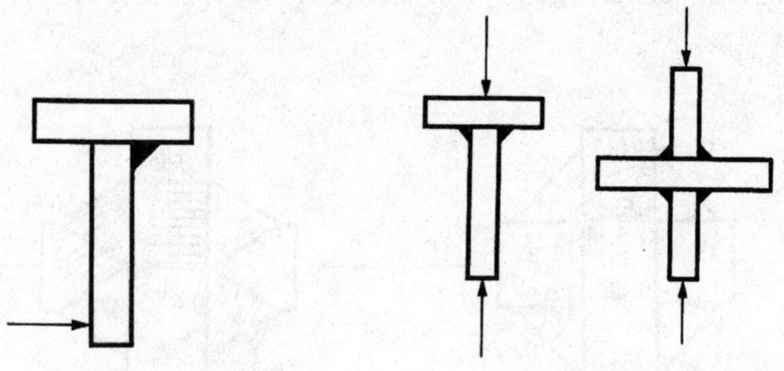

图 4－34　仅用单面角焊缝的十字接头　　**图 4－35　端面接触良好的丁字接头**

总之，丁字接头和十字接头是工作可靠、构造合理的接头形式。对于直接承受动力荷载的重要接头宜采用开坡口的对接焊缝。但是，对于主要承受静荷载或工作应力较小的接头，可采用角焊缝以便降低备料和装配的要求。

（4）角接接头

角接接头实际上是由丁字接头变化而来，两者的使用性能和工艺条件都差不多。角接接头大多用于箱形结构件，常见的形式如图 4－36 所示。当要求构件具有整齐的棱角时，可以采用图 4－36（a）（b）（c）所示的接头形式，这类接头若在工艺上做到开坡口和两面施焊并焊透，则具有较高的疲劳强度；图 4－36（d）（e）所示的接头形式，实际承载能力较差，而且不易装配，一般不宜采用；图 4－36（f）（g）所示的接头形式，用于厚板结构的连接，装配较简便。

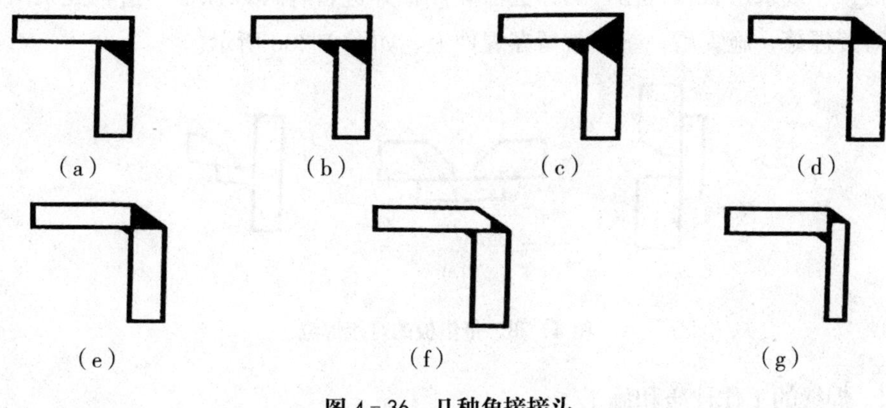

图 4－36　几种角接接头

4. 电弧焊接头的坡口形式和选择原则

1）电弧焊接头的坡口形式

电弧焊接头的坡口形式按其形状大致可分为 I 形、V 形、X 形、U 形、H 形、单边 V 形、K 形、J 形和双面 J 形，如图 4－37 所示。电弧焊接头坡口的基本形式与尺寸可根据国家标准 GB/T 985 的规定确定。

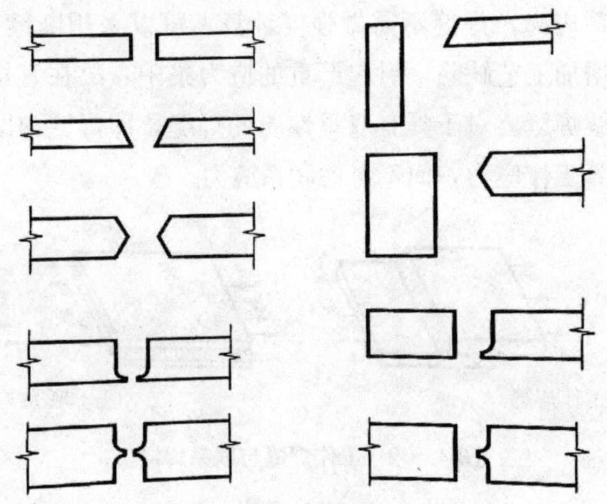

图 4－37　对接焊缝的坡口形式

2）坡口选择的原则

对接焊缝开坡口的主要目的是为了保证焊透。坡口形式主要根据板厚和焊接方法来选择，同时还应考虑焊接工作量、坡口加工的难易、结构的装配焊接工艺、焊接变形的控制、工件翻转的难易程度和结构内部的可焊性等因素。例如对于同样厚度的对接接头，X 形坡口焊缝比 V 形坡口焊缝能节省较多的焊接材料和工时，同时又能减小焊接变形。但是对于内净空间较小，不能或不便从内侧施焊的结构以及无法翻转的大型结构，则可选用 V 形或 U 形等不对称坡口，施焊后在焊缝的背面采用机械加工（或采用碳弧气刨）的办法清除焊根并进行补焊以保证焊透，或采用带垫板的对接焊缝，施焊后，垫板就留在焊件上，如图 4－38 所示。

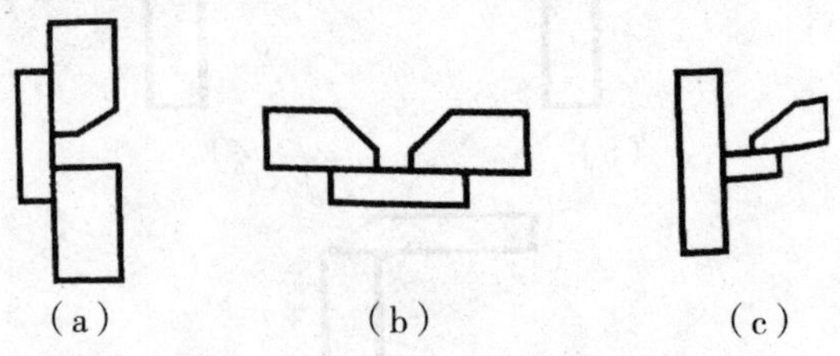

图 4－38　带垫板的对接焊缝

5. 焊缝的工作性质和施工

1）焊缝的工作性质

焊接结构的焊缝根据其传递内力的情况，或者按焊缝在连接中的工作性质可以分为工作焊缝［图 4－39（a）］和联系焊缝［图 4－39（b）］。工作焊缝也称传力焊缝，焊缝一旦断裂，构件或结构就会立即破坏失效。工作焊缝中的应力称为工作应力，焊缝一般须作强度计算，常采用连接焊缝。联系焊缝也称构造焊缝，这类焊缝理论上是不传递内力的，因此焊缝即使断裂，构件或结构仍能继续承载，联系焊缝中的应力称为联系应力，焊缝不需做强度计算，可以采用断续焊缝或连续焊缝。由于断续焊缝容易增加工艺缺陷，引起严重的应力集中，故在直接承受动力荷载的结构上往往采用连续焊缝。对于具有双重性质的焊缝，即焊缝内既有工作应力又有联系应力，则只计算工作应力，而不考虑联系应力。

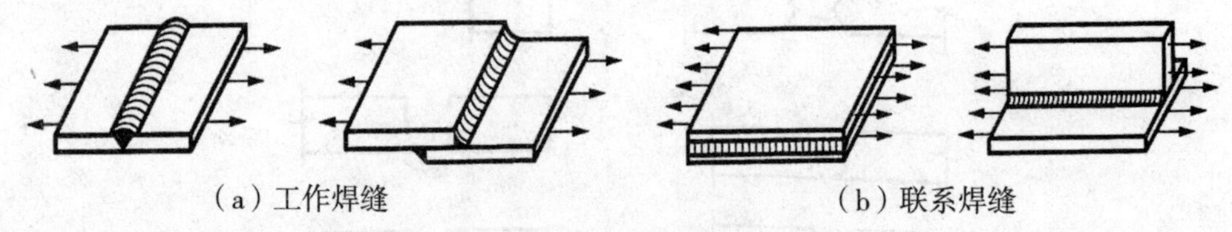

（a）工作焊缝　　（b）联系焊缝

图 4－39　工作焊缝与联系焊缝

2）焊缝在施工状态中的空间位置

焊缝按施工状态中的空间位置可分为俯焊缝、横焊缝、竖焊缝和仰焊缝，如图 4－40 所示。其中俯焊缝施焊最为方便，质量容易保证，工厂焊接应尽量采用此种焊接位置。仰焊缝施焊最为困难，质量不易保证，设计和施工时应尽量避免，尤其是现场高空安装的重要接头更应避免仰焊。

3）焊缝在施工图上的标注

在焊接结构施工图上，需要用焊缝符号标明焊接方法、焊接接头的基本形式和基本尺寸。国家标准《焊缝符号表示法》（GB/T 324—2008）对焊缝的标注方法都有具体的规定。焊缝符号主要是由基本符号、指导线、补充符号、尺寸符号及数据

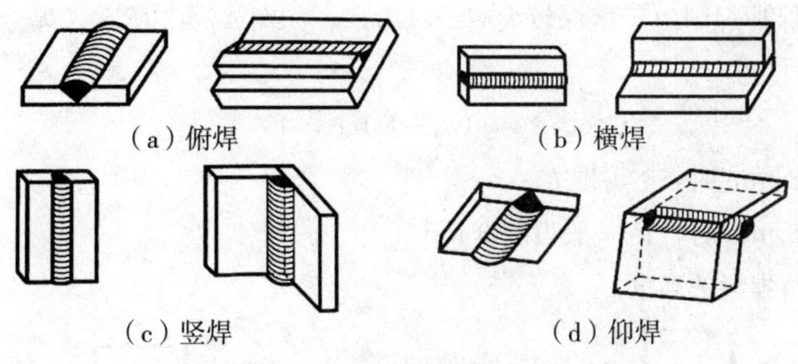

图 4-40　焊缝在施焊中的空间位置

等组成。基本符号表示焊缝横截面的基本形式或特征，补充符号用来补充说明有关焊缝或接头的某些特征（诸如表面形状、衬垫、焊缝分布、施焊地点等），指引线由箭头线和基准线（实线和虚线）组成，如图 4-41 所示。箭头必须指向焊缝处，引出线应倾斜或成折线，横线一般应与主标题栏平行。指引线采用细实线绘制。当需要时，可在横线的末端加一尾部，作为其他说明。

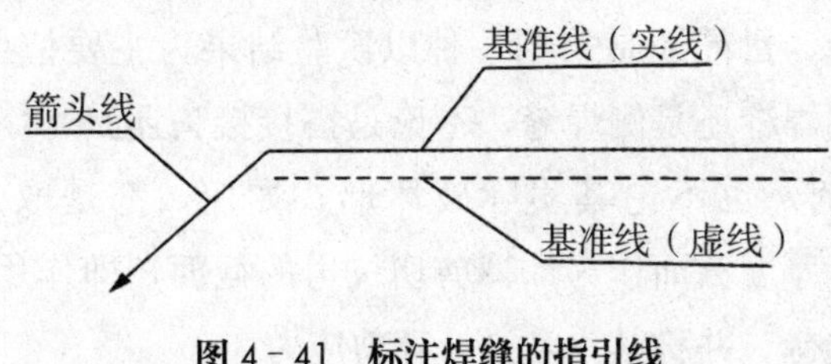

图 4-41　标注焊缝的指引线

第七节　焊接接头的静强度计算

1. 焊接接头静强度计算的假设

焊接接头的静强度计算主要是计算焊缝强度。在任何使用温度和荷载性质下，焊缝应尽可能与母材具有相同的或相近的机械性能，以获得既理想又经济的结构。

焊接接头特别是丁字接头及搭接接头的焊缝区应力分布是非常复杂的，焊接工艺过程对接头质量的影响因素有很多，因此，若要按实际应力状态精确计算焊缝的强度是很困难的。目前焊接接头的静强度计算都是在一定的假设条件下进行的，生产实践和实验研究表明这种近似计算能够满足工程上的要求，焊接接头静强度计算的假设如下：

(1) 略去焊接残余应力及焊缝根部和焊趾区的应力集中对于接头强度的影响。

(2) 对接焊缝的计算厚度按被连接的两板中较薄板的厚度计算，不考虑焊缝的增高。

(3) 角焊缝的计算厚度，一般不计焊缝增高和角焊缝的少量熔深，取从焊缝根部到斜边所作的垂线长度，即近似取 $\delta_f=0.7h_f$，如图 4-42 所示。但对埋弧自动焊

和CO_2气体保护焊则由于熔深较大应予以考虑，如图 4－43 所示，焊缝计算厚度δ_f应取

$$\delta_f=(h_f+P)\cos 45°$$

当$h_f \leqslant 8$ mm时，δ_f可取h_f；

当$h_f>8$ mm时，P一般可取 3 mm。

其中，h_f为角焊缝的高度。

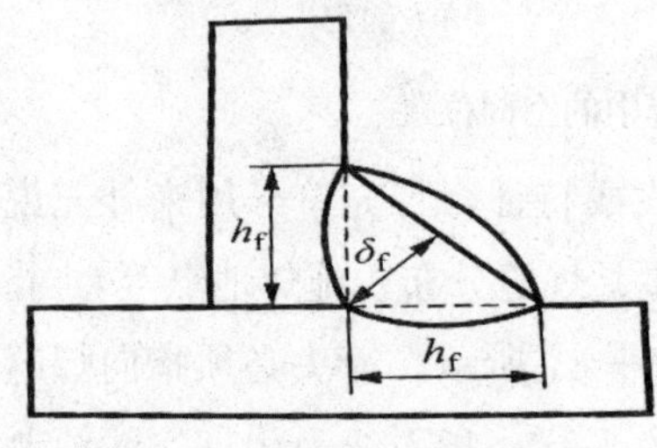

图 4－42　手工角焊缝

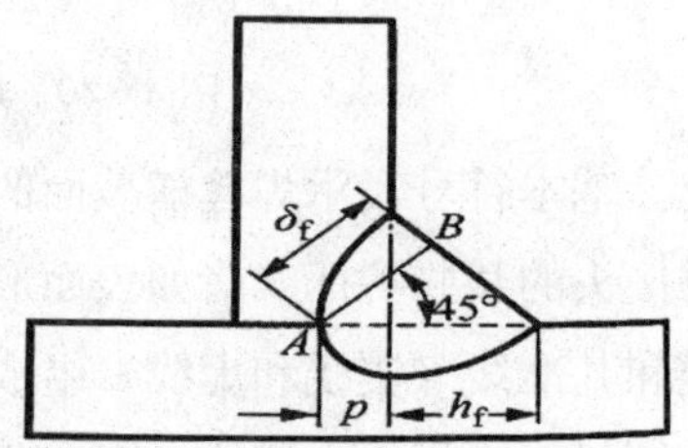

图 4－43　自动深熔焊的角焊缝

（4）对于角焊缝，目前还是采用一种以试验结果为主要依据的简化计算方法，在计算时，不论是端焊缝还是侧焊缝，不论是搭接接头还是十字接头，不论其受力方式和应力性质如何，也不论其实际破坏形式如何，都是取焊缝的最小厚度截面——角焊缝的计算厚度截面作为计算剪切抗力的截面，即作用在该截面上的计算应力都按剪应力来看待，并称其为名义计算剪应力。

（5）由于焊缝的始末两端一般质量较差，容易产生缺陷，因此在计算焊缝的实际有效长度时，应除去两端缺陷部分，一般可考虑两端各减去$S=\delta$，如图 4－44（a）所示。对于重要的焊接接头应使用图 4－44（b）所示的引弧板，引弧板在焊后再除掉，使焊缝在板的全宽范围内均有效。

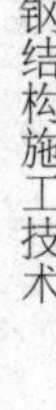

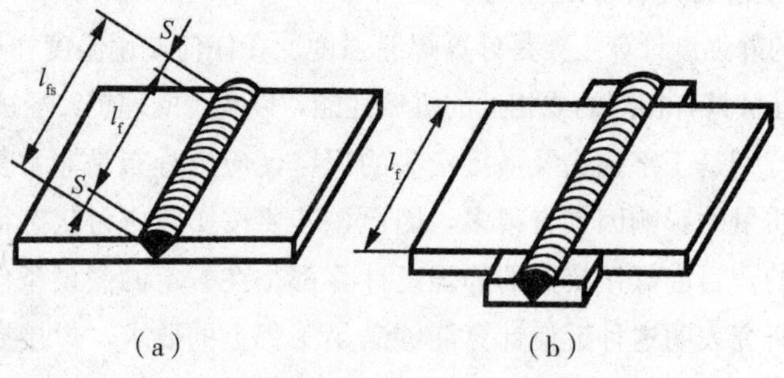

图 4－44　焊缝的有效计算长度

2. 焊缝的许用应力

焊缝的许用应力值与很多因素有关，它不仅与焊接工艺和材料有关，而且与焊接检验方法的精确程度密切相关。随着焊接生产技术的不断发展以及焊接质量管理制度的完善，焊接接头的可靠性不断提高，焊缝的许用应力也将相应提高。根据

《起重机设计规范》，焊缝的许用应力见表 4 - 8，供设计查用。

表 4 - 8　焊缝的许用应力

焊缝形式			纵向拉、压许用应力 $[\sigma_h]$	剪切许用应力 $[\tau_h]$
对接焊缝	质量分级	B 级	$[\sigma]$	$[\sigma]/\sqrt{2}$
		C 级	$0.8[\sigma]$	$0.8[\sigma]/\sqrt{2}$
角焊缝	自动焊、手工焊		—	$[\sigma]/\sqrt{2}$

注：1. 计算疲劳强度时的焊缝许用应力；

2. 焊缝质量分级按 GB/T 19418 的规定；

3. 表中 $[\sigma]$ 为构件母材的基本许用应力；

4. 施工条件较差的焊缝或受横向荷载的焊缝，表中焊缝许用应力值宜适当降低。

焊缝许用应力的确定是以结构中焊缝金属的基本性能不低于母材为前提的，而焊缝金属的性能主要是由焊接材料来保证的，所以焊接材料的选择一定要遵循上述有关原则，焊缝金属宜与基本金属相适应，当不同强度的钢材连接时，可采用与低强度钢材相适应的焊接材料。

此外，由表 4 - 8 可见，对对接焊缝和角焊缝的剪切许用应力没有加以区分，都取为拉伸许用应力的 $1/\sqrt{2}$ 倍。JIS、DIN 及 FEM 等国外规范也都这样规定，主要是以生产实践和实验研究为依据制定的。

3. 对接焊缝的设计及强度计算

1）对接焊缝的构造要求

为了保证焊缝焊透，当手工焊时，板厚超过 6 mm，当自动焊或半自动焊时，板厚超过 8 mm，一般均应在焊接板边开坡口，坡口的形式与尺寸可以参照 GB/T 985 的规定确定。

对接不同厚度钢板的重要受力接头时，如果两板厚度差（$\delta_1-\delta$）不超过表 4 - 9 的规定，则焊接接头的坡口基本形式与尺寸按较厚的板的尺寸数据来选取；否则，应在较厚的板上做出单面［图 4 - 45（a）］或双面［图 4 - 45（b）］的斜坡，斜坡区长度分别为 l 和 $l/2$，其中 $l\geqslant 4(\delta_1-\delta)$。

表 4 - 9　重要受力接头的两板允许厚度差

较薄板的厚度 δ/mm	2～5	5～9	9～12	>12
允许厚度差 $\delta_1-\delta$/mm	1	2	3	4

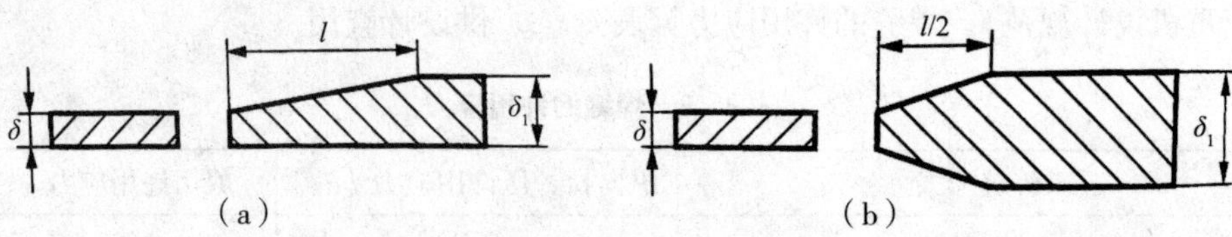

图 4-45 不同厚度钢板的对接焊缝

当两钢板的宽度不等时，也应采取同样的构造措施，如图 4-46 所示。

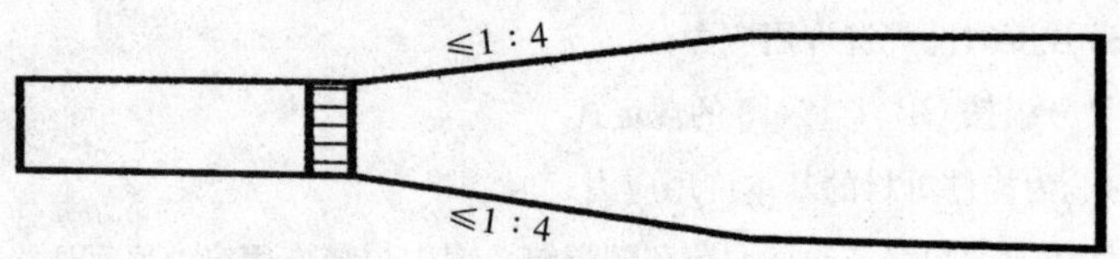

图 4-46 不同宽度钢板的对接焊缝

2）对接焊缝的强度计算

对接焊缝如果能保证焊缝金属在全长范围内与母材等强度，则焊缝可以不必进行强度校核，否则应进行强度计算。即使与母材等强度的对接焊缝，设计时仍应尽量避免布置在危险截面上。

（1）对接焊缝在轴心力 N 的作用下的强度计算

当轴心力 N 垂直于对接焊缝并通过焊缝的截面形心时，如图 4-47（a）所示，焊缝截面内的应力是均匀分布的，其强度按下列公式计算：

$$\sigma_h = \frac{N}{l_f \cdot \delta} \leqslant [\sigma_h]$$

式中：N——作用于连接的轴心力；

l_f——焊缝的计算长度，当未采用引弧板施焊时，取每条焊缝的实际长度减去 $2h_f$，即 $l_f = l_{fs} - 2h_f$，如图 4-44 所示；

$[\sigma_h]$——焊缝的许用应力，见表 4-8。

图 4-47（b）为斜缝对接接头。过去由于焊接技术水平较低，为了提高连接的安全可靠性往往采用这种斜缝对接，但是，现在焊接技术已有了很大发展，焊缝金属的性质并不低于母材，而斜缝对接既费工又费料，所以一般不再采用。其强度计算仍可用上式，但焊缝的计算长度应取其在板宽上的投影长度。

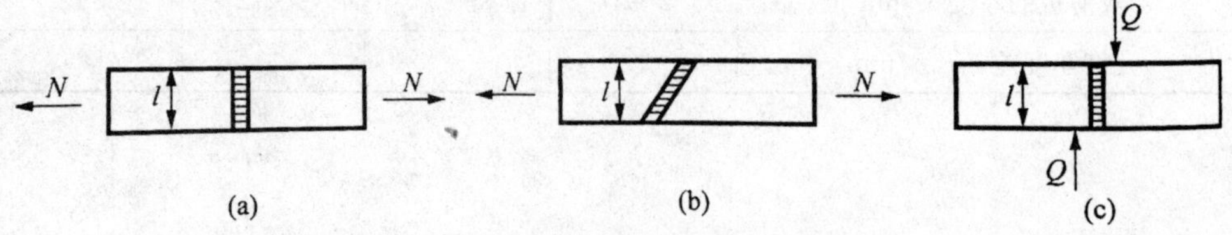

图 4-47 钢板对接焊缝的有效长度

(2) 对接焊缝在剪力 Q 的作用下的强度计算

当承受如图 4－47（c）所示的剪力 Q 时，焊缝截面内的剪应力均匀分布，其强度按下式计算：

$$\tau_{h}=\frac{Q}{l_{f}\cdot\delta}\leqslant[\tau_{h}]$$

式中：Q——作用在焊缝计算截面上的剪力；

$[\tau_h]$——焊缝的许用剪切应力，见表 4－8。

(3) 对接焊缝在轴心力 N、弯矩 M 及剪力 Q 共同作用下的强度计算

对接焊缝当轴心力 N、弯矩 M 及剪力 Q 共同作用时，应分别计算其正应力和剪应力。其中正应力的计算公式为：

$$\sigma_{h}=\frac{N}{A_{f}}+\frac{M}{W_{f}}\leqslant[\sigma_{h}]$$

式中：A_f——焊缝的计算截面面积。由于对接焊缝的计算厚度等于板厚，故图 4－48 中的焊缝计算截面与工字梁的截面一致；

W_f——焊缝计算截面的抗弯模量。

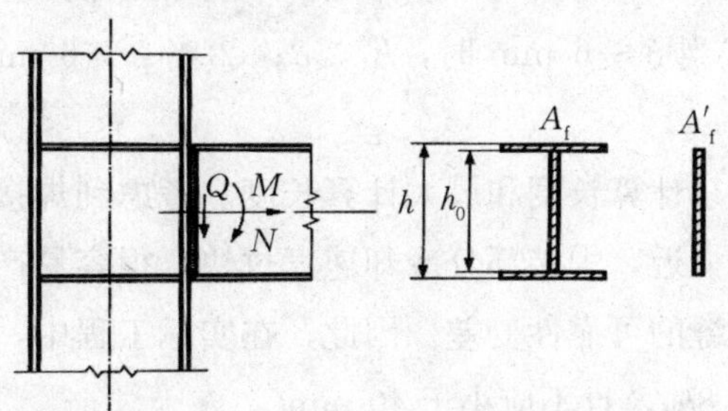

图 4－48　工字钢对接焊缝的计算截面

在图 4－48 所示的受力情况下，工字梁截面翼板的抗剪切能力很差，故假定剪力全部由腹板对接焊缝传递，并按均布应力考虑，因此，计算剪应力的近似公式为：

$$\tau_{h}=\frac{Q}{A'_{f}}\leqslant[\tau_{h}]$$

式中：A'_f——腹板对接焊缝的计算截面。

对于正应力和剪应力都比较大的地方，如梁腹板与翼板连接处的对接焊缝，应按下式计算焊缝的折算应力：

$$\sigma_{hzs}=\sqrt{\sigma_{h}^{2}+2\tau_{h}^{2}}\leqslant[\sigma_{h}]$$

式中：σ_h——腹板与翼板连接处的正应力；

τ_h——腹板与翼板连接处的剪应力。

4. 角焊缝的设计及强度计算

1）角焊缝的构造要求

根据角焊缝的受力和工艺特点，为了保证接头的质量，设计时应注意以下几个构造问题：

（1）焊缝高度的限制范围。为了保证焊缝的最小承载能力，并防止焊缝因冷却过快而产生裂纹等缺陷，角焊缝的最小高度一般不应小于 4 mm，当焊件厚度小于 4 mm 时，则与焊件厚度相同。根据板厚情况角焊缝的最小高度可参考表 4－10，但对于主要受力构件的工作焊缝不应小于 6 mm。

表 4－10　角焊缝的最小高度 h_f

焊件厚度/mm	4～6	8～16	18～25	26～40	>40
最小高度/mm	4	6	8	10	12

为了防止焊接过热而引起焊件“过烧”、过大的焊接应力和变形以及钢材的脆化，根据国内外的生产经验和有关规范，在图 4－49 所示的连接中，规定角焊缝的最大高度不应超过较薄焊件厚度的 1～1.2 倍；对于搭接接头，角焊缝的最大高度还应符合以下要求：①当 $\delta \leqslant 6$ mm 时，$h_f \leqslant \delta$；②当 $\delta > 6$ mm 时，$h_f \leqslant \delta -$（1～2）mm。

（2）角焊缝的最小计算长度和最大计算长度。考虑到焊接的局部加热作用，当起弧落弧的弧坑相距太近，焊接部分冷却速度过快，很容易产生多种缺陷，造成严重的应力集中，使焊缝的可靠性变差。因此，在实际工程中，主要构件角焊缝的最小计算长度不得小于 $8h_f$，且不应小于 40 mm。

考虑到侧焊缝的应力分布特点，在实际工程中，侧焊缝的最大计算长度规定为：对承受静荷载的，不宜大于 60 mm；对承受动力荷载的，不宜大于 40 mm。当大于上述数值时，超过部分在计算中不予考虑。若内力沿侧焊缝全长分布，其计算长度不受此限。

（3）焊缝的分布应使焊缝截面的重心与被连接杆件截面的重心相重合或相接近。当仅用侧焊缝连接截面不对称的杆件时，如图 4－50 所示，桁架节点处角钢的搭接接头，其侧焊缝面积分配应满足焊缝的截面重心与杆件的截面重心相结合的原则，根据设计经验，焊缝截面在肢背和肢尖的分配比例，可采用表 4－11 所列的数据。

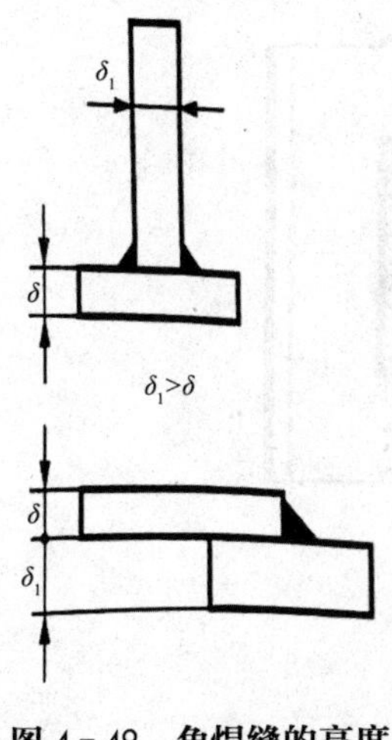

图 4-49　角焊缝的高度

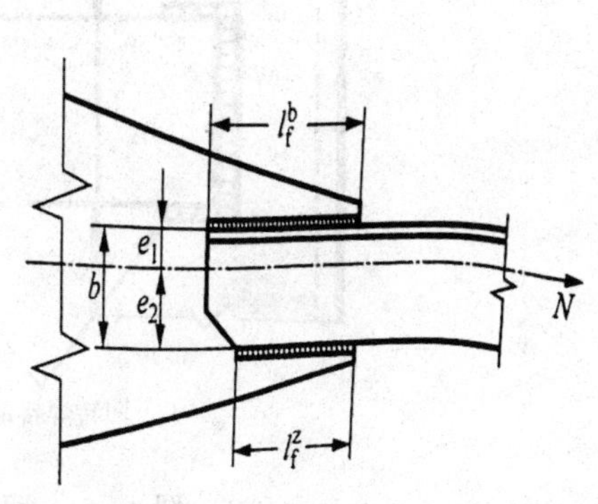

图 4-50　角钢角焊缝的分配

表 4-11　角钢搭接连接焊缝的分配比例

角钢类型	角钢连接情况	焊缝的分配比例	
		在角钢背上	在角钢肢上
等肢角钢		0.70	0.30
不等肢角钢（短肢连接）		0.75	0.25
不等肢角钢（长肢连接）		0.65	0.35

（4）受动力荷载的主要承载结构，角焊缝的表面应呈凹弧形或直线形。焊缝直角边的比例，对侧焊缝为 1∶1，对端焊缝为 1∶1.5（长边顺作用力方向）。

（5）间断焊缝之间的净距。在次要构件或次要焊缝连接中，当连续角焊缝的计算厚度小于上述规定的最小厚度时，可采用间断焊缝。间断焊缝之间的净距：在受压构件中不应大于 15δ；在受拉构件中不应大于 30δ，δ 为构件壁厚。

（6）为了避免焊缝端部受力较大部位与工艺缺陷重叠在一个位置，对于重要的接头，应采用图 4-51 所示的回转焊接。

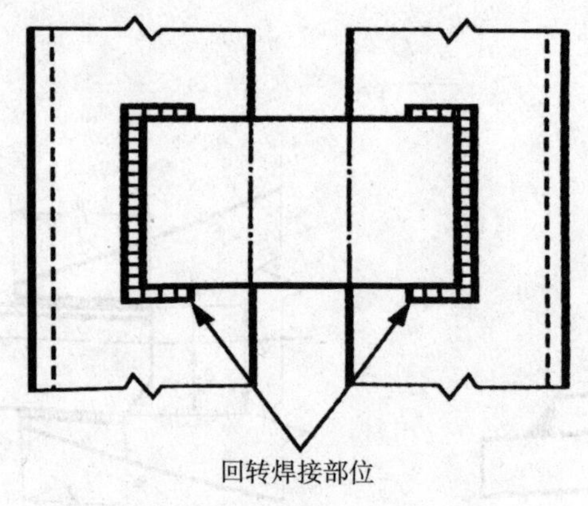

图 4-51 回转焊接

2）角焊缝的强度计算

正如前面所述，角焊缝的应力状态是相当复杂的，端焊缝与侧焊缝的应力状态又不相同，若要对各种受力类型的角焊缝接头进行精确计算是相当困难的。工程实践证明，按名义计算剪应力来计算角焊缝的静强度是既可靠又简便的。

(1) 承受轴心力的接头中，角焊缝的强度计算。

在图 4-52 所示的承受轴心力的连接中，不管是搭接接头［图 4-52（a）］还是十字接头［图 4-52（b）］，都可按下式计算焊缝的强度。

$$\tau_N=\frac{N}{A_f}=\frac{N}{\Sigma\delta_f\cdot l_f}\leqslant[\tau_h]$$

式中：N——轴心力，通过连接接头的焊缝截面形心并与构件的轴线相重合的外力；

A_f——角焊缝的计算截面面积；

δ_f——角焊缝的计算厚度，按图 4-53 取；

l_f——焊缝的计算长度，考虑焊缝起点和终点的质量影响，每条焊缝取实际长度减去 $2h_f$，即 $l_f=l_{fs}-2h_f$，连续处或四周环缝则可以不减；

$[\tau_h]$——角焊缝的许用应力，见表 4-8。

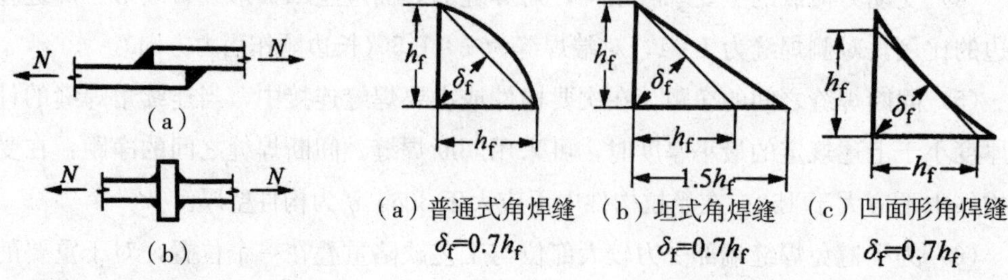

图 4-52 角焊缝的强度计算 **图 4-53 角焊缝截面和计算厚度**

(2) 承受弯矩的丁字接头中，角焊缝的强度计算。

对于图 4－54 所示的承受弯矩的丁字接头，首先应把每条角焊缝的计算厚度截面分别绕焊缝根部线旋转到接头的计算平面内，然后将其所构成的图形——焊接接头的焊缝计算厚度截面展示图作为焊缝的计算截面，计算其特性参数，其强度计算按下式计算：

$$\tau_M=\frac{M}{I_f}y=\frac{M}{W_f}\leqslant[\tau_h]$$

式中：M——作用于接头的弯矩；

I_f——焊缝的计算截面对中和轴的截面惯性矩，简称焊缝截面惯性矩；

y——中和轴至应力计算点的距离；

W_f——焊缝计算截面的抗弯模量，

$$W_f=2\times\frac{\delta_f l_f^2}{6}$$

当 $\delta_f=0.7h_f$时，$$W_f=2\times\frac{0.7h_f l_f^2}{6}$$

h_f——角焊缝的高度。

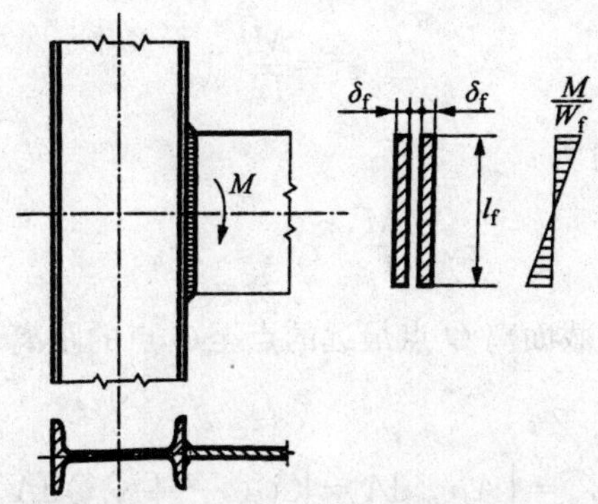

图 4－54　受弯矩的丁字接头的焊缝计算截面展示

（3）承受弯矩的搭接接头中，角焊缝的强度计算。

图 4－55 所示的连接在搭接平面内承受弯矩时，首先应把每条焊缝的计算厚度截面分别向搭接平面展开，根据焊缝计算厚度截面展示图的尺寸情况，这种接头的强度计算可分别采用以下两种计算方法：

①按焊缝计算截面的极惯性矩计算。

极惯性矩计算法基于以下两个基本假设条件：被连接件是绝对刚性的，而连接焊缝是弹性的；接头在弯矩 M 作用下，被连接件之间绕焊缝计算截面的形心 O 点作相对回转。

根据这一基本假定，焊缝上任意一点的位移方向垂直于该点和 O 点的连线，位移值与其距离 r_i 的大小成正比，也即该点的计算剪应力 τ_i 与 r_i 成正比。如果设离 O

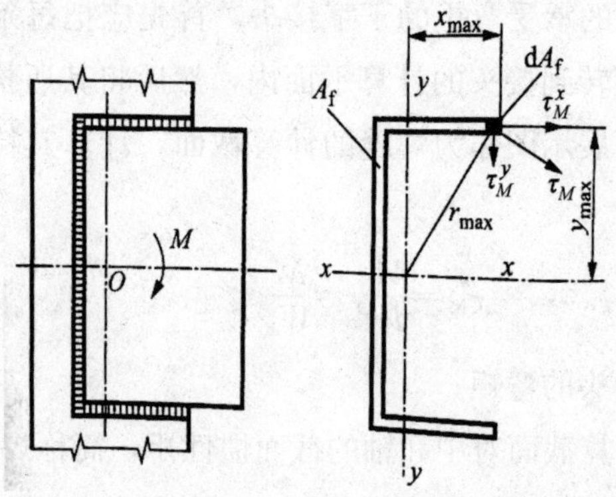

图 4-55　受弯矩的搭接接头的焊缝计算展示

点单位长度处的计算剪应力为τ_1，则任意一点的应力值为：

$$\tau_i = \tau_1 \cdot r_i$$

根据平衡条件可得：

$$M = \int_{A_f} \tau_i r_i \mathrm{d}A = \tau_1 \int_{A_f} r_i^2 \mathrm{d}A = \tau_1 I_p$$

式中：I_p——焊缝计算截面对 O 点的极惯性矩。

$$\tau_1 = \frac{M}{I_p}$$

因此，其强度可按下式计算：

$$\tau_M = \frac{M}{I_p} \cdot r_{max} \leqslant [\tau_h]$$

式中：r_{max}——焊缝计算截面离 O 点最远的点至 O 点的距离。

由图 4-54 可见：

$$\begin{aligned} I_p &= \int_{A_f} r_i^2 \mathrm{d}A = \int_{A_f} (x_i^2 + y_i^2) \mathrm{d}A \\ &= \int_{A_f} x_i^2 \mathrm{d}A + \int_{A_f} y_i^2 \mathrm{d}A = I_x + I_y \end{aligned}$$

式中：I_x——焊缝计算截面对 x 轴的轴惯性矩；

I_y——焊缝计算截面对 y 轴的轴惯性矩。

②按焊缝计算截面的轴惯性矩计算。

当采用轴惯性矩法计算 τ_M时，由图 4-54 所示，可将 τ_M分解为水平分量 $\tau_M^x = \tau_M \sin\theta$ 和垂直分量 $\tau_M^y = \tau_M \cos\theta$，或写成：

$$\tau_M^x = \frac{M}{I_p} y_{max}$$

$$\tau_M^y = \frac{M}{I_p} x_{max}$$

式中：y_{max}——焊缝计算截面离 x 轴最远点的 y 坐标；

x_{max}——焊缝计算截面离 y 轴最远点的 x 坐标。

当焊缝计算截面的高宽比较大时，即当 $y_{max} \gg x_{max}$ 时，则 $y_{max} \approx r_{max}$，$I_x \gg I_y$，于是 $I_x \approx I_p$，由此可得

$$\tau_M^x \approx \frac{M}{I_x} = y_{max}$$

上式是忽略了 τ_M 中垂直分量 τ_M^y 后得到的轴惯性矩法强度计算公式。一般当计算截面的高宽比大于 3 时就可采用此法。

（4）承受复杂荷载时，焊接接头的强度计算。

计算这种焊接接头时，首先应根据接头的受载情况，分析焊缝的内力情况，并分别算出相应于各内力的应力，然后计算其合成应力。在计算合成应力时应注意各应力的作用方向。

①同时承受轴心力 N、弯矩 M 及剪力 Q 的工字梁焊接接头的强度计算。

接头的连接和受载情况如图 4－56 所示，接头中弯矩 M 及剪力 Q 实际上是由离接合面一定距离 L 的垂直力 P 引起的。在这种情况下，M 及 N 由全部焊缝计算截面承受，而剪力 Q 可考虑仅由垂直的腹板焊缝承受。因此，可以分别验算焊缝计算截面上两个危险点的合成应力，其一是工字梁翼板外侧焊缝外缘点的最大剪应力，应满足

$$\tau_h = \tau_N + \tau_M = \frac{N}{A_f} + \frac{M}{I_x} \cdot y_{max} \leqslant [\tau_h]$$

其二是腹板焊缝上端点的合成剪应力，应满足

$$\tau_h = \sqrt{\left(\tau_N + \frac{M}{I_\alpha} \cdot \frac{h_0}{2}\right)^2 + \tau_Q{}^2} = \sqrt{\left(\frac{N}{A_f} + \frac{Mh_0}{2I_\alpha}\right)^2 + \left(\frac{Q}{A_f'}\right)^2} \leqslant [\tau_h]$$

式中：A_f——工字梁焊接接头焊缝计算截面的总面积；

h_0——工字梁腹板的高度；

A_f'——工字梁腹板焊缝计算截面的面积。

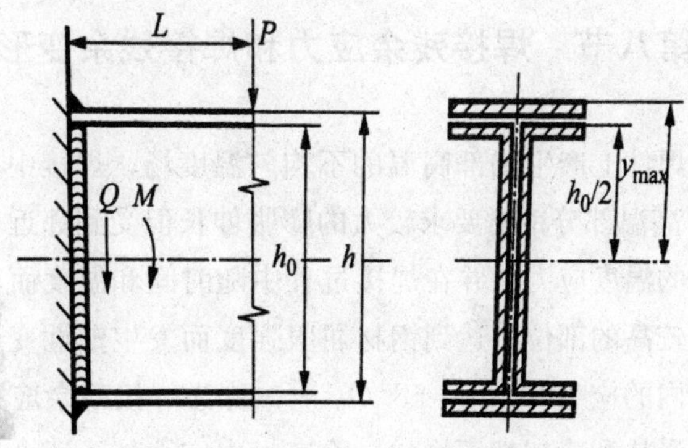

图 4－56　丁字接头在承受复杂荷载时的计算简图

②同时承受轴心力 N、弯矩 M 及剪力 Q 的搭接接头的强度计算。

如图 4-57 所示为一承受偏心力 P、轴心力 N 的搭接接头，偏心力 P 除产生一个偏心力矩 M 外，还会产生一个在焊缝形心处的横向剪力 Q。

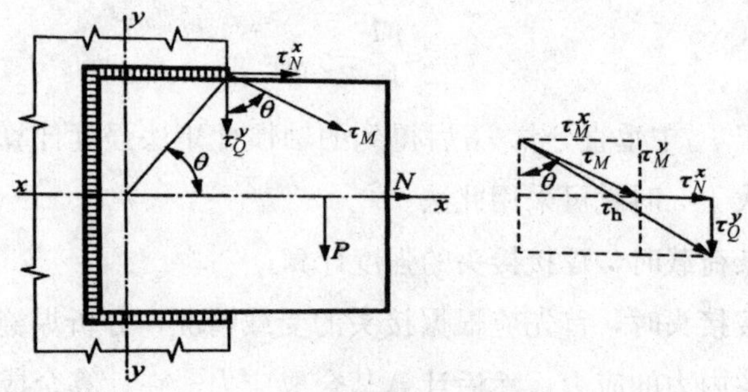

图 4-57　搭接接头在承受复杂荷载时的计算简图

由图 4-57 可见，力矩 M 和剪力 Q 分别为：

$$M=PL\text{（}L\text{ 为 }P\text{ 对焊缝形心的偏心矩）}$$

$$Q=P$$

于是，在焊缝计算截面上由轴心力 N 和剪力 Q 引起的水平剪应力和垂直剪应力分别为：

$$\tau_N^x=\frac{N}{A_f}=\frac{N}{\Sigma\delta_f\cdot l_f}$$

$$\tau_Q^y=\frac{P}{A_f}=\frac{P}{\Sigma\delta_f\cdot l_f}$$

由力矩 M 引起的水平剪应力和垂直剪应力分别为：

$$\tau_M^x=\frac{M}{I_p}\cdot y_{\max}\qquad\tau_M^y=\frac{M}{I_p}\cdot x_{\max}$$

其合成剪应力应满足

$$\tau_h=\sqrt{(\tau_N^x+\tau_M^x)^2+(\tau_Q^y+\tau_M^y)^2}\leqslant[\sigma_h]$$

第八节　焊接残余应力和焊接残余变形

钢材焊接时在焊件上产生局部高温的不均匀温度场，焊接中心处可达 1 600 ℃［图 4-58（a）］。高温部分钢材要求较大的膨胀伸长但受到邻近钢材的约束，从而在焊件内引起较高的温度应力，并在焊接过程中随时间和温度而不断变化，称为焊接应力。焊接应力较高的部位将达到钢材屈服强度而发生塑性变形，因而钢材冷却后将有残存于焊件内的应力［图 4-58（b）］，称为焊接残余应力。在焊接和冷却过程中，由于焊件受热和冷却都不均匀，除产生内应力外，还会产生变形（如焊件弯曲或扭转等）。焊接残余应力和残余变形将影响构件的受力和使用，并且是形成各种焊接裂纹的因素之一，应在焊接、制造和设计时加以控制和重视。

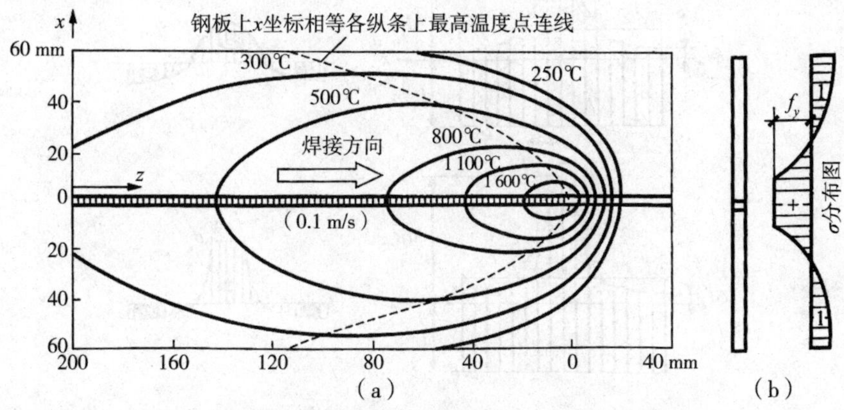

图 4－58　焊接时电弧附近温度场和纵向焊接残余应力

1. 焊接残余应力

在厚度不大的焊接结构中，残余应力基本上是双轴向的，即只有纵向和横向残余应力，厚度方向的温度大致均匀，残余应力很小。只有在厚度大的焊接结构中，厚度方向的应力才达到较高的数值。

1）纵向焊接残余应力 σ_z

焊接结构中的焊缝（尤其是组合构件的纵向焊缝）沿纵向（焊缝长度方向）收缩时，将产生纵向焊接残余应力 σ_z。焊缝及其附近区域内的 σ_z 为拉应力，其数值一般达到钢材的屈服强度 σ_s（焊件尺寸很小的除外）。

作为对比，先假设同样情况的整块钢板在宽度中央沿纵向全长局部受热。如果钢板各部分能自由胀缩，则钢板中央部分受热温度较高，将有较大膨胀伸长 Δl_1，两侧部分不受热或受热温度较低，只有较小膨胀伸长 Δl_2。钢板实际变形情况是中央和两侧部分伸长相等并都等于 Δl，其值在 Δl_1、Δl_2 之间而较接近于 Δl_2（因中央受热部分宽度一般只占钢板宽度的较小部分），这样，中央部分伸长将受两侧部分约束，如图 4－59 所示。与此相应，钢板中将产生中央部分受压、两侧部分受拉的纵向温度应力（中央部分压应力比两侧部分拉应力相对较大）。当局部受热温度较低时，温度应力和变形将在弹性范围内，并随温度的升降而按比例增减。钢板完全冷却后，应力和变形恢复到零，不产生残余应力（假定原始钢板无残余应力）或残余变形。

当局部受热温度较高，达到 100～150 ℃（Q235 钢）或 150～200 ℃（低合金结构钢）时，钢板中热胀受抑制的部分引起的温度压应力将达到钢材屈服强度 σ_s；温度再升高时则进入塑性受压状态，即继续压缩时钢材只发生压缩变形（塑性变形）而应力保持受压不变。这时，如果钢材各部分能自由胀缩，则钢板中央部分温度继

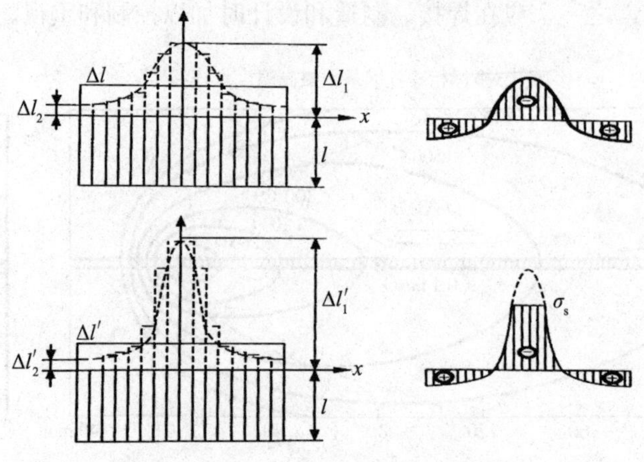

图 4-59　板条中心加热的应力与变形

续升高将引起较大膨胀伸长 $\Delta l_1'$，两侧部分受热温度较低只有较少膨胀伸长 $\Delta l_2'$，而钢板实际伸长将大致是 $\Delta l'=\Delta l_2'$，即基本上只取尚在弹性阶段的两侧部分的膨胀伸长 $\Delta l_2'$，而与已达塑性阶段的中央部分的膨胀伸长 $\Delta l_1'$无关，伸长差额 $\Delta l_1'-\Delta l_2'$成为塑性压缩变形而其应力保持受压 σ_s不变。

如这时钢板开始冷却，则过程与受热时正好相反，即热胀变为冷缩，中央部分冷缩较大而两侧部分冷缩较小，互相约束后使中央部分受拉（抵消受热时的压缩状态）而两侧部分受压（抵消受热时的拉伸状态）。但是，如前所述，钢板中央部分已达到塑性的压缩状态，其抵消将遵循弹性规律。因此，钢板冷却时一方面是中央部分的压缩变形逐渐被抵消，同时其压应力也立即按比例下降。冷却到某一温度时压应力就被抵消至零，这时压缩变形的弹性部分已经恢复，而塑性变形部分未能恢复。继续冷却时，钢板中央部分将产生逐渐增大的拉应力。因此，钢板冷却终止时，将产生中央部分受拉、两侧部分受压的纵向残余应力。由于受热后阶段钢板中央部分曾发生塑性压缩变形，而后来冷却时未被恢复（受热前阶段的弹性压缩变形冷却时被恢复），因而钢板冷却终止时其长度将小于钢板原始长度，即钢板发生了残余缩短变形。如钢板受热或冷却不对称时，还将发生残余弯曲或其他变形。由此可知，只有在构件受热温度不均匀并使部分钢材产生塑性变形时，才会在冷却至常温后产生残余应力和残余变形。

钢材焊接［如图 4-58（a）所示的对接焊缝连接］就是不均匀的加热和冷却，焊缝及其附近钢材的高温常达 1 600 ℃，并且全钢板温度严重不均匀，因而焊缝和邻近钢材处塑性压缩变形严重，冷却后将产生很大的焊接残余应力和残余变形。焊接加热还有一特点，即钢材中有相当部分高温超过 600 ℃，使钢材处于高温热塑性状态，这时变形模量为零，内应力完全消失至 0。这部分钢材冷却到 600 ℃以下时，进一步冷缩将受邻近温度较低钢材的限制，则应力将由 0 立即转为受拉（250～

600 ℃部分的钢材虽然不是完全热塑性状态，但因高温下屈服强度和变形模量的严重降低，受热时产生的压应力也是较低的，冷却时将很快转为拉应力)。这使焊接残余应力更为严重，焊缝附近通常达到或接近受拉屈服强度 σ_s，并伴有很大的收缩。图 4－58（b）是钢板横截面上纵向残余应力的分布。

残余应力是构件未受荷载时的应力，是自相平衡的，即在任何截面上残余应力均为有拉有压，内力和内力矩平衡。焊接残余应力随焊件和焊缝的形状、位置、尺寸及焊接的工艺、顺序、速度等条件而显著不同。另外，焊件在高温下的塑性和热塑性，以及钢材在高温下的屈服强度和变形模量等都随温度升高而显著变化，因而要精确计算残余应力比较困难，目前常用试验方法对各种典型焊件的残余应力作测定。

图 4－60（a）是三块钢板用角焊缝焊成 H 形截面构件的截面纵向残余应力分布，其翼缘板边为轧制或剪切边。图 4－60（b）是翼缘板边为火焰切割边时的截面纵向残余应力分布。由于翼缘板边焰切并冷却后，板中先已存在板边受拉、中部受压的焰切影响纵向残余应力，故焊接后截面总的纵向残余应力除在焊缝附近为较大拉应力外，在翼缘板边部位（即截面四角处）也是拉应力。图 4－60（c）是焊接方管截面构件的截面纵向残余应力分布。

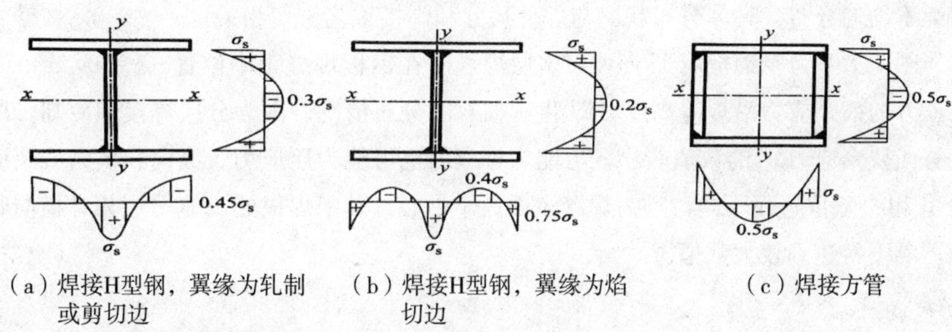

（a）焊接H型钢，翼缘为轧制或剪切边　（b）焊接H型钢，翼缘为焰切边　（c）焊接方管

图 4－60　焊接构件纵向残余应力分布示例

2）横向焊接残余应力 σ_x

焊接结构的横向（垂直于焊缝长度方向）焊接残余应力 σ_x，是由焊缝及其附近塑性变形区纵向收缩所引起的 σ_x'，以及因焊缝全长不同时焊接致使横向收缩的不同时所引起的 σ_x''合成的。

现仍以钢板对接焊缝为例说明。纵向收缩引起的横向焊接残余应力 σ_x'可以这样分析：焊缝纵向收缩使两侧钢板趋向于形成相反方向的弯曲变形，但实际上焊缝将两侧钢板连成整体不能分开，因而就产生中部受拉、两端受压的自相平衡的横向残余应力 σ_x'，如图 4－61（a）（b）所示。横向收缩不同时引起的横向焊接残余应力 σ_x''与焊接方向和顺序有关，如图 4－61（c）（d）（e）所示，每一段焊缝冷却时的横向收缩使其本身横向受拉，而对邻近先焊的已冷却凝固的部分产生横向偏心受压。

图 4-61（f）按图 4-61（c）焊接方向时的综合横向焊接残余应力 $\sigma_x=\sigma_x'+\sigma_x''$。

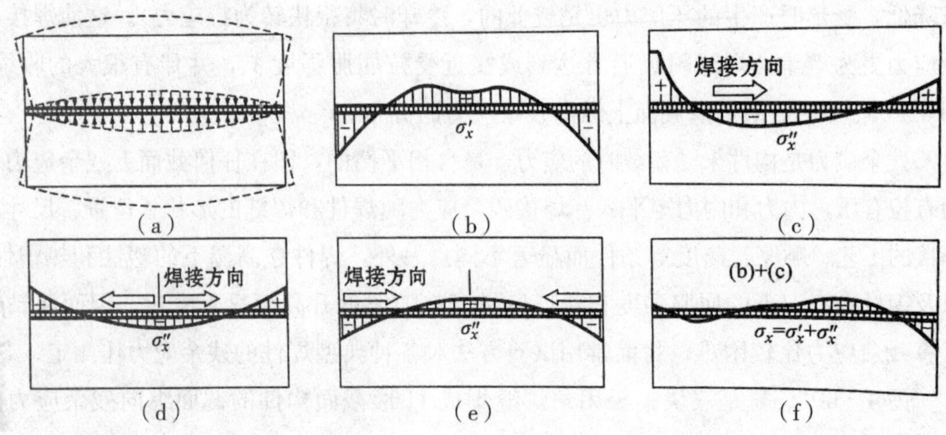

图 4-61　横向焊接残余应力

3）厚度方向焊接残余应力 σ_y

较厚钢板焊接时，厚度中部冷却比表面缓慢，会引起厚度方向的焊接残余应力 σ_y（厚度中部受拉而上下表面为零），且纵向和横向焊接残余应力 σ_z 和 σ_x 在厚度方向为不均匀分布。具体分布状况与焊件尺寸和焊接工艺密切相关。

图 4-62 为厚钢板用 V 形坡口多层焊缝时在钢板焊缝正中位置（$z=0$，$x=0$）处三方向残余应力沿焊缝高度（即沿 y 轴）的分布情况。因为分层焊接和冷却，厚度方向残余应力 σ_y 的数值较小，可能为拉应力也可能为压应力；纵向和横向残余应力 σ_z 和 σ_x 随位置而不同，均为焊缝表面大于中心，其中焊根处 σ_x 在分层累计横向收缩影响下常达到较大数值。

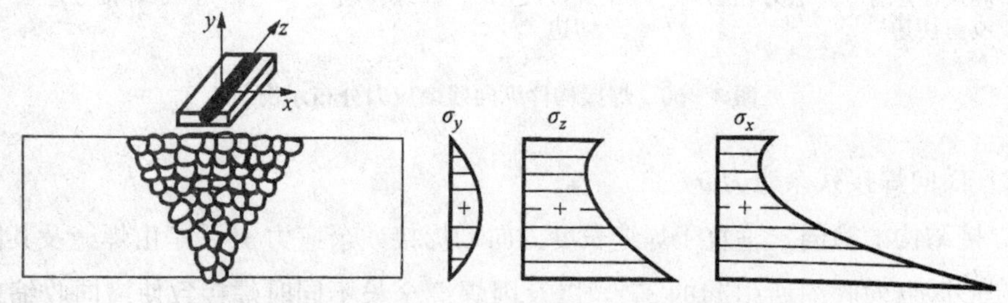

图 4-62　厚钢板 V 形坡口多层焊缝中的焊接残余应力

2. 焊接残余应力的影响

结构构件通常是承受纵向应力为主，故构件纵向残余应力对受力有较大的影响。横向和厚度方向残余应力引起构件的双轴或三轴复杂应力状态，以及焊接时焊缝和钢材热影响区对机械性能的不利影响，也会使钢材变脆和受力不利。

1）对结构构件静强度的影响

没有严重应力集中的焊接结构，只要钢材具有一定的塑性变形能力（没有低温、动力荷载等使钢材变脆的不利因素），残余应力将不影响结构的静强度。

以图 4－63 为例，有焊接残余应力的钢板承受逐渐增大的轴心拉力时［图 4－63（a）（b）］，外荷载引起的拉应力 $\sigma=N/A$ 将叠加于截面残余应力［图 4－63（c）］，因而当 σ 达到 $\sigma_s-\sigma_r$ 时，即叠加总应力达到 σ_s 时，钢板中部就会提前进入塑性［图 4－63（d）］，此后塑性区逐渐发展而其应力保持 σ_s 不变［图 4－63（e）］，最后破坏时仍是全截面达到 σ_s［图 4－63（f）］。由于截面残余应力为自相平衡应力分布，故静力破坏荷载 $N=\sigma_s A$ 不变。

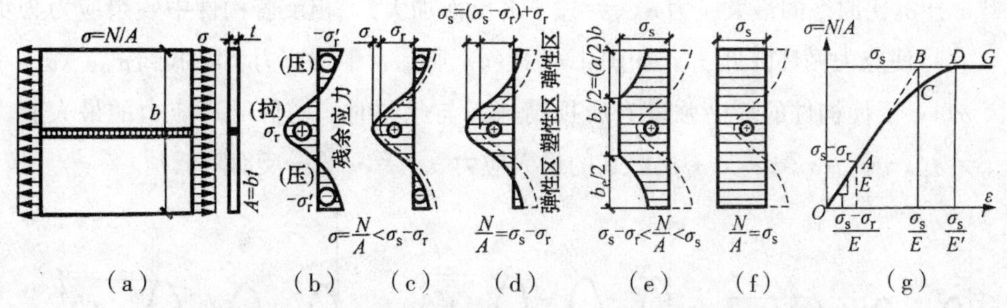

图 4－63　有残余应力钢板受轴心拉力时的应力分布和应力应变曲线

2）对结构构件变形和刚度的影响

当焊接残余应力 σ_r 或残余应力和外荷载应力的合成应力 $\sigma_r+\sigma$ 达到钢材的屈服强度 σ_s 后［图 4－63（d）］，截面的一部分将进入塑性受力状态而丧失继续承受荷载的能力；此后继续受力的有效截面将只是弹性区部分［图 4－63（e）］。本例为轴心受拉的情况，弹性区截面为 $A_e=b_e t=aA$；这时构件变形随承受的外荷载的增大而增大的量比原来要大，也就是说变形模量 $d\sigma/d\varepsilon$ 由原来的弹性模量 E 降低至 aE。图 4－63（g）中折线 OBG 是没有残余应力时的 $\sigma-\varepsilon$ 曲线，曲线 $OACDG$ 是有残余应力时的 $\sigma-\varepsilon$ 曲线。曲线 $OACDG$ 中，OA 段的斜率 $d\sigma/d\varepsilon=E$ 称为弹性模量；ACD 段的斜率 $d\sigma/d\varepsilon=E_t=aE$ 理解为弹塑性受力阶段的切线模量，随 σ 的增加而不断降低，至 $\sigma=\sigma_s$ 时降至零。

3）对结构疲劳性能的影响

焊接残余应力对构件疲劳强度的影响常与其他一些因素交织在一起，通常比较复杂。它可以使疲劳性能降低，也可能使构件疲劳性能有所提高。一般而言，受到以拉力为主的交变应力的构件存在压缩残余应力时，该构件的疲劳性能就会提高；而存在拉伸残余应力时，其疲劳性能就会下降。可以认为在疲劳破坏过程中，残余应力起到改变平均应力的作用，其影响可用简化的 Smith 公式来描述：

$$\sigma_{fm}=\sigma_{f0}-\frac{\sigma_{f0}}{\sigma_b}\sigma_m$$

式中：σ_{fm}——平均应力时的疲劳强度；

σ_{f0}——平均应力为 0 时（循环特性 $r=-1$）的疲劳极限；

σ_b——材料抗拉强度极限。

当被检测件中存在残余应力时，残余应力将始终作用于应力循环中，使应力值偏移一个 σ_0 值。假设由循环荷载引起的平均应力为 σ_m，应力幅为 σ_a，如图 4 - 64 (a)所示。当构件中残余应力 σ_0 为拉应力时，它将与荷载应力相叠加使应力循环提高 σ_0，如图4 - 64 (b)所示，平均应力也将增加到 σ_{m1}（$\sigma_{m1}=\sigma_m+\sigma_0$），即构件的疲劳强度将降低（而与此同时，构件循环应力的最大应力 $\sigma_{max1}=\sigma_{m1}+\sigma_a=\sigma_m+\sigma_0+\sigma_a$ 比原来的最大应力 $\sigma_{max}=\sigma_m+\sigma_a$ 反而加大）。相反若构件中残余应力为负值，它将使应力循环降低 σ_0，如图 4 - 64（c）所示，平均应力将降低到 σ_{m2}（$\sigma_{m2}=\sigma_m-\sigma_0$），反使构件的疲劳强度有所提高（而与此同时，构件循环应力的最大应力 $\sigma_{max2}=\sigma_{m2}+\sigma_a=\sigma_m+\sigma_0+\sigma_a$ 比原来的最大应力 $\sigma_{max}=\sigma_m+\sigma_a$ 反而降低）。

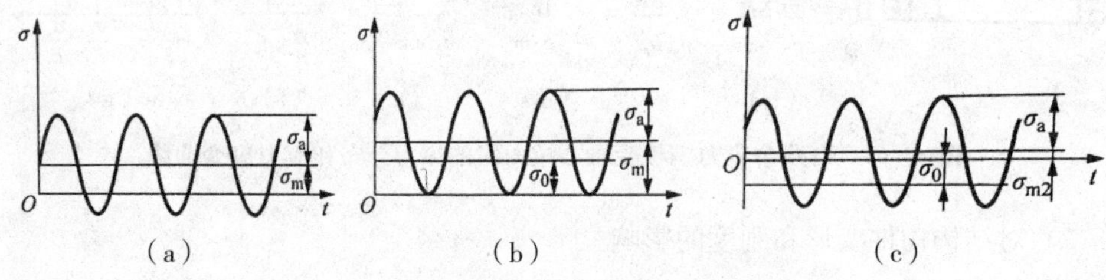

图 4 - 64　焊接应力对应力循环的影响

以上分析暂没有考虑残余应力在荷载作用下的变化。实际上，当应力循环中的最大应力 σ_{max} 到达 σ_s 时，亦即 σ_m 与 σ_a 之和达到 σ_s 时，残余应力将因应力全面达到屈服而下降。

长期以来，金属结构的疲劳计算一直采用应力比法，应力比法认为，结构及其连接的疲劳性能，直接与其所承受的最大应力 σ_{max} 和应力比 $r=\sigma_{min}/\sigma_{max}$ 有关，图 4 - 65 所示为某种材料按对数坐标绘制的一组 $S-N$ 曲线示意图。不同的 r 值对应不同的曲线，由图 4 - 65 可见，结构的疲劳强度与应力比 r 有关。r 值愈小或 σ_{max} 愈大，疲劳强度愈低，$r=-1$ 时最低。这一结论是长期以来人们对疲劳强度的观点，也是许多规范［如 FEM 起重机设计规范、《起重机设计规范》（GB/T 3811—2008）等］制定疲劳计算方法的准则。但是，随着对疲劳认识的提高，发现应力比法只适用于非焊接结构。

研究表明，对于焊接结构，疲劳破坏往往首先在焊接缺陷部位产生裂纹源。由于焊接残余应力的存在，特别是低碳钢材料近缝区的残余应力大多高达屈服强度 σ_s，因而完全改变了该区域的实际应力状态，而与名义应力有很大差别。

4）对结构稳定性的影响

残余应力对结构稳定性的影响有整体稳定性和局部稳定性两个方面。轴心受压、

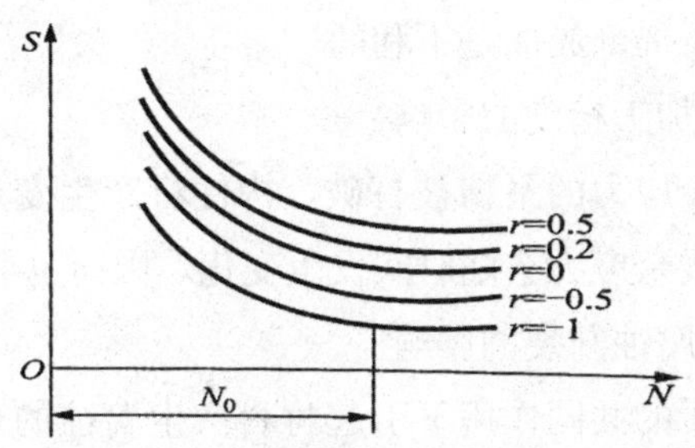

图 4-65 不同应力循环特性下的 S-N 曲线

受弯和压弯构件可能在荷载引起的压应力作用下丧失整体稳定（构件发生屈曲）。这些构件中外荷载引起的压应力与截面残余压应力叠加时，会使该部件截面提前达到受压屈服强度并进入塑性受压状态。这部分截面丧失了继续承受荷载的能力，降低了刚度，对构件的稳定也不能再起作用，因而将降低构件的整体稳定性（在受弯和压弯构件中，有时也可能因拉应力先达到屈服强度导致构件刚度降低而失稳，这时残余拉应力也对稳定性有影响）。对于薄壁焊接结构，残余应力将降低构件中受压板件的局部稳定性。由于局部稳定性的丧失使得部分材料退出承载，使构件内力重新分布，从而导致整体失效，因此，残余应力对局部稳定性的影响应是研究的重点。

以无限长对接板中截下的一段为例（图 4-66）。图 4-66（b）为对接板加载前的残余应力分布，认为焊缝及近缝区残余应力受拉，已达到屈服极限 σ_s。当在端截面上施以压力 P（$\sigma_p+\sigma_2<\sigma_{cr}$），对接板将均匀受压，而当 $\sigma_p+\sigma_2<\sigma_{cr}$ 时处于临界状态，稍有干扰就将失去稳定，发生板的局部屈曲，部分退出承载。因为 σ_p 与 σ_2 同向，$\sigma_p<\sigma_{cr}$，所以焊接残余应力将降低板的临界荷载。

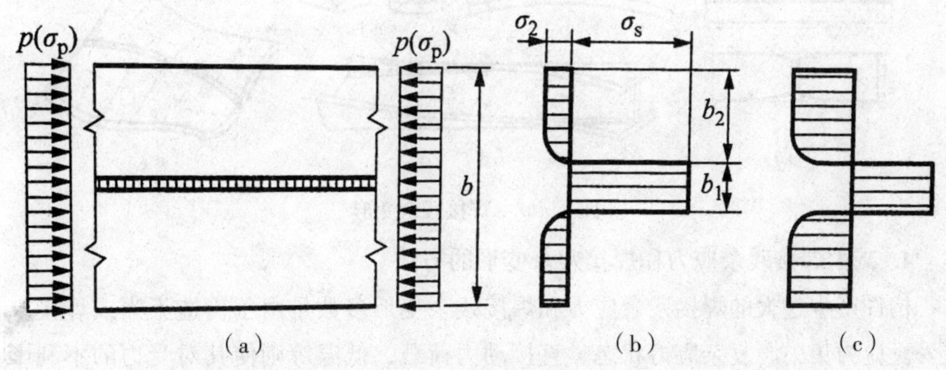

图 4-66 无限长对接板中的焊接残余应力在受压荷载作用下的变化示意图

事实上，在受弯时，由于箱形截面构件弯曲变形的整体性，因而当弯曲中和面的受拉侧有塑性变形、残余应力释放时，受压侧并无塑性变形。卸去荷载（弯矩）后，为维持整个截面上残余压力的合力和合力矩的自平衡，其构件的弯曲变形是自适应的，即受拉侧残余应力部分释放，受压侧残余应力稍有增大，而残余拉应力相应减小，这个效应对受压局部屈曲是不利的。

5）残余应力对机械加工精度的影响

机械加工后，原残余应力的平衡被打破，构件将产生变形。结构件在长期存放和使用过程中，其焊接残余应力会随时间发生变化，因而也会影响构件的尺寸精度。

6）残余应力对应力腐蚀开裂的影响

在拉应力和腐蚀介质的共同作用下引起材料产生腐蚀的现象称为应力腐蚀。应力腐蚀开裂的应力，不论是工作应力还是残余应力，其作用是相同的。构件焊接后存在残余应力，在没有外荷载作用时，焊接残余应力的分布不会发生太大的变化。如果残余拉应力与工作应力叠加，就会促进应力腐蚀。当只有残余应力作用时，腐蚀裂纹尖端处因缺口效应而产生很大的三向拉应力，加大裂纹扩展。

焊接接头区域往往比其他部位的腐蚀速度快，就是因为该区域存在着较大的焊接残余应力。

3. 焊接残余变形

由于焊件在焊接和冷却过程中受热和冷却都不均匀，焊件中除产生焊接残余应力外，还将产生焊接残余变形。一般情况下，如焊接时较严格地限制和约束焊件的变形，则残余变形较小而残余应力增大；反之如允许焊件的自由变形，则残余应力较小而残余变形增大。焊接残余变形主要包括：①尺寸收缩，如纵向收缩和横向收缩［图 4－67（a）］；②形状变形，如弯曲变形［图 4－67（b）］、角变形［图 4－67（c）］、扭曲变形［图 4－67（d）］和波浪变形［图 4－67（e）］等。

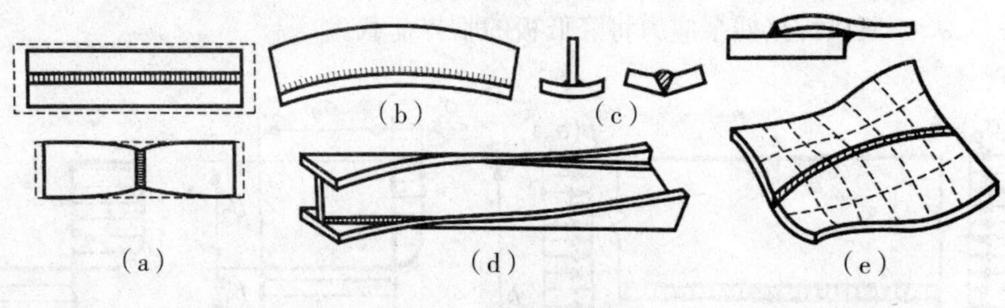

图 4－67　焊接残余变形

4. 减少焊接残余应力和焊接残余变形的方法

构件产生过大的焊接残余应力和焊接残余变形多数是由于构造不当或焊接工艺欠妥。应力集中、复杂应力状态、直接动力荷载、低温等则使其对受力的不利影响更加严重。故应从设计和焊接工艺两方面采取适当措施，超过规定要求的变形应采用机械、人工或结合火焰局部加热进行校正。

1）设计措施

（1）尽量减少焊接的数量和尺寸。一般采用设计所需要的焊缝尺寸，不宜任意加多或加大；搭接角焊缝宜设计成焊脚尺寸适当小一些而长度相应长一些，以避免焊接热量过于集中。上下翼缘严重不对称的工字形截面梁，较小翼缘与腹板的连接焊缝须采用较小的焊脚尺寸，不必与较大的翼缘统一。

(2) 避免焊缝过分集中或多方向焊缝相交于一点。以图 4 - 68 为例，桁架节点处杆件间留一定的空隙［图 4 - 68（a）］，梁的加劲肋、翼缘板拼接、腹板拼接间错开一定距离，加劲肋内面切角以避免其焊缝与受力较为主要的翼缘和腹板间焊缝交叉［图 4 - 68（b）］。

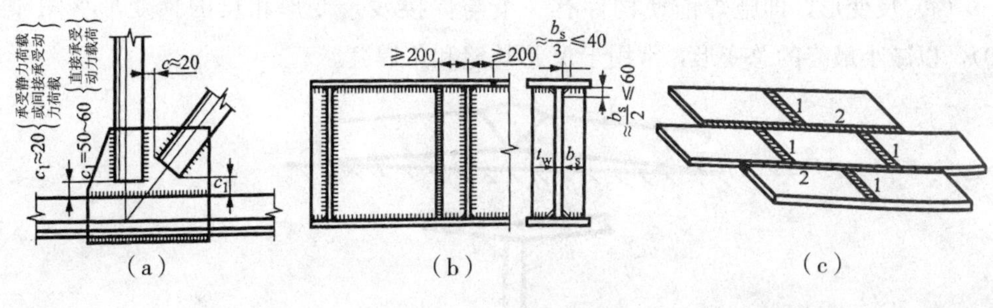

图 4 - 68　焊缝的布置

(3) 焊缝尽可能对称布置，连接过渡尽量平滑，避免截面突变和应力集中现象。例如宽度或厚度不同的钢板拼接时采用≤1∶4 的坡度过渡（图 4 - 46）；直接承受动力荷载的结构的角焊缝采用凹面形或坦式角焊缝（图 4 - 53）等。

(4) 焊缝应布置在焊工便于达到和施焊的位置，并有合适的运转空间和角度，尽量避免仰焊。

2) 焊接工艺措施

(1) 采用适当的焊接顺序和方向。例如采用对称焊［图 4 - 61（d）（e）］、分段退焊［即分段焊接，每段施焊方向与焊接推进的总方向相反，图 4 - 69（a）］、跳焊［图 4 - 69（b）］、多层多道焊［图 4 - 69（a）］等，使各次焊接的残余应力和变形的方向相反和互相抵消。图 4 - 69（a）所示的钢板对接为根部层、中间层、表面层中的Ⅰ、Ⅱ、Ⅲ焊道采用不同划分的分段退焊。

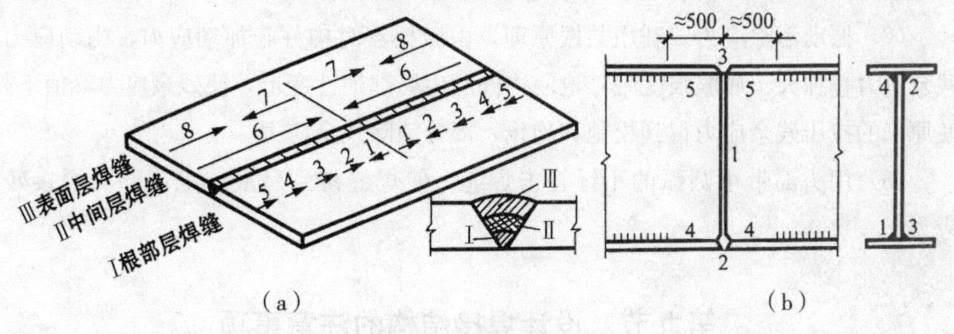

图 4 - 69　焊接顺序

(2) 先焊收缩量较大的焊缝，后焊收缩量较小的焊缝（例如对接焊缝的横向收缩比角焊缝大）；先焊错开的短焊缝，后焊直通的长焊缝［图 4 - 68（c）］，使焊缝有较大的横向收缩余地。

(3) 先焊使用时受力较大的焊缝，后焊受力较次要的焊缝，使受力较大的焊缝在焊接和冷却过程中有一定范围的伸缩余地，可减少焊接残余应力。例如焊接工字形截面梁拼接中［图 4－69（b）］，在拼接两侧各留出一段翼缘与腹板的角焊缝不焊，先焊腹板对接焊缝，再焊受拉和受压翼缘对接焊缝，最后再补焊预留的角焊缝。

(4) 反变形。即施焊前使构件有一个与焊接残余变形相反的预变形（图 4－70)，以减小最终的总变形，常用于 V 形焊缝和角焊缝。

图 4－70　焊接前反变形

(5) 预热、后热。即施焊前先将构件整体或局部预热至 100～300 ℃，焊后保温一段时间，以减小焊接和冷却过程中温度的不均匀程度，从而降低焊接残余应力并减少发生裂纹的危险。较厚钢材或温度低于 0 ℃的情况下进行焊接时，通常应对焊缝附近局部进行预热。

(6) 高温回火（或称消除内应力退火)。在施焊后进行高温回火，即加热至 600～650 ℃（含钒低合金 560～590 ℃)，保持一段时间恒温后缓慢冷却，由于加热已达钢材的热塑性温度，可消除大部分（80％～90％）残余应力。对较小焊件可进行整体高温回火，以减小残余应力（降低峰值和改善分布)。

(7) 振动消除应力。利用共振原理，由激振器对构件施加动应力，当动应力与残余应力叠加大于屈服强度时，迫使构件产生局部塑性变形，使残余应力峰值下降，使原来的拉压残余应力得到松弛和均化，部分消除残余应力。

(8) 用头部带小圆弧的小锤轻击焊缝，使焊缝得到延展，也可降低焊接残余应力。

第九节　设计焊接结构的注意事项

设计焊接结构时，应从焊接工艺过程的特点出发，合理设计焊接接头，在保证焊接接头质量的同时，力求简化工艺，以达到省工、省材、提高劳动生产率、改善工人劳动条件的目的。

根据大量的统计资料表明，金属结构由于疲劳而失效的占失效结构的 80%～90%。因此，疲劳断裂是金属结构失效的主要形式，结构的疲劳断裂目前已成为结构强度和工艺设计中比较突出的问题。

疲劳一般从应力集中处开始，而焊接结构的疲劳往往从焊接接头处产生，特别是当构造因素和工艺缺陷所造成的局部应力集中发生在一起时。为此，设计重要的焊接接头时，应采取措施减小应力集中，提高焊接接头的疲劳强度，具体地说应注意如下几点：

1）合理选材

根据结构使用要求，应尽量选用塑性高、韧性和抗裂性较好，并且焊接以后也不会明显降低机械性能的材料，尤其是采用高强度钢更要慎重。由于高强度钢对应力集中更敏感，如果结构工艺处理不当对疲劳强度影响很大。

2）便于结构施工

在设计焊接接头时，要充分考虑构件的装配顺序和焊接位置，以便于施工，并且尽可能采用自动焊和半自动焊，避免仰焊缝，严格控制工地焊缝。要注意结构焊缝的可焊性，如焊接时焊条的送入角度和操作者的视野等，图 4－71 所示为手工焊的操作空间位置要求。

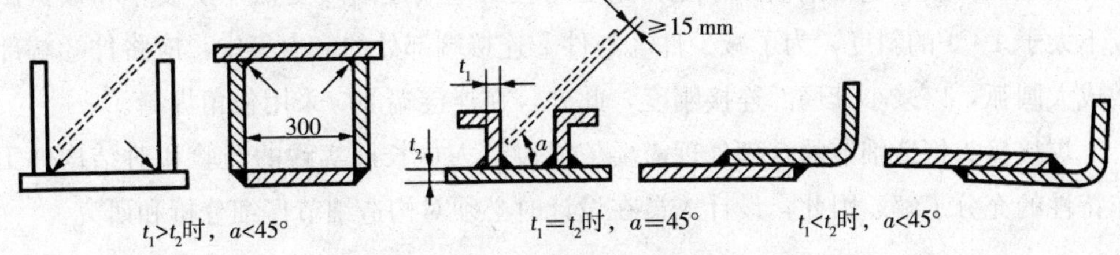

图 4－71 手工焊的操作空间位置要求

3）合理设计焊接接头

应尽量采用应力集中情况比较小的焊接接头。对于传播应力的焊缝，应采用全断面焊透的对接焊缝或连接贴角焊，且应满足焊缝的构造要求。

4）合理设计截面和布置焊缝

构件截面设计应尽量使焊缝能对称布置，以利于减小焊接变形，同时，必须避免截面的力流突变，以减少出现应力集中的危险。焊缝应尽量避免密集和立体交叉，让次要的焊缝中断，主要的焊缝连续。焊缝也不要布置在受拉高应力区，更不宜布置在截面刚度急剧变化的部位。

5）大型结构的处理

必须十分注意部件坯料的加工精度和装配精度。有些情况很难避免少量的错边、间隙、焊接变形等施工误差，所以在设计上也必须对这些加工误差作相应的考虑。

6）结构局部构件构造细节的处理

(1) 在桁架结构中，要注意选择节点板的形状和连接焊缝的构造，如图 4－72 所示，图 4－72（a）是比较合理的；图 4－72（b）和图 4－72（c）都是不太合理的，其中图 4－72（b）由于外形变化引起的应力集中恰好与焊缝的端部相重合，使应力集中的影响较为严重；图 4－72（c）由于采用搭接，使应力集中情况更为严重。

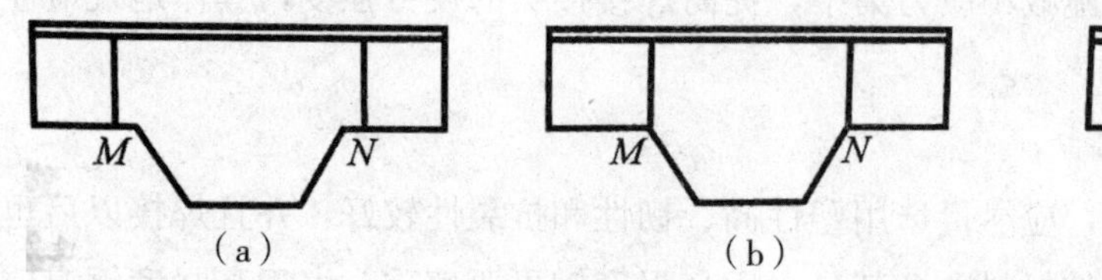

图 4－72　桁架节点板的连接构造比较

(2) 注意与受拉翼缘相连接的零部件的构造细节。例如，在受拉翼缘上焊接连接板时，应采用对接焊缝并把连接板的两端加工成大圆弧过渡，如图 4－73 所示。

(3) 对于受拉构件的设计，要特别注意连接部分的构造细节。如图 4－74 所示为 H 形截面拉杆的端部结构。图 4－74 中件①和件②是由厚度和宽度都不等的板件相对接，在对接焊缝处钢板的厚度和宽度均应从一端逐渐改变，并使板厚和板宽做成不大于 1∶4 的斜度，为了减少件③与件②连接端部处的应力集中，应将件③端部做成大圆弧，以减小其局部连接刚度，此外，在连接端部应采用包角焊缝。

焊接接头构造细节的合理处理需要依靠设计人员长期实践的经验和对结构件工作特性的充分了解。因此，设计人员在设计时必须对构造细节仔细分析和研究。

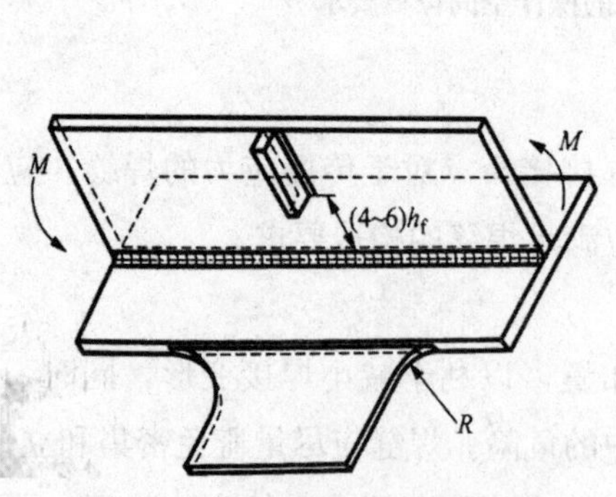

图 4－73　受拉翼缘的连接构造

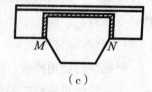

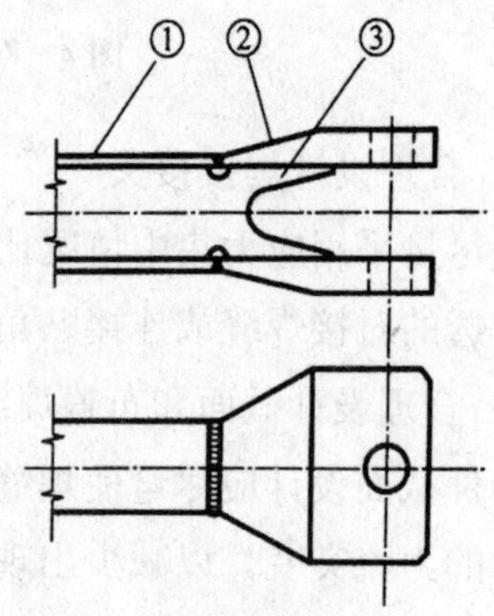

图 4－74　拉杆端部的连接构造细节

第十节　钢结构井道螺栓连接

1. 普通螺栓

普通螺栓如图 4－75 所示。

图 4－75　普通螺栓

2. 螺栓等级及分类

按照性能等级划分，螺栓可分为 3.6、4.6、4.8、5.6、5.8、6.8、8.8、9.8、10.9、12.9 十个等级，其中 8.8 级及以上螺栓材质为低碳合金钢或中碳钢并经热处理，通称为高强度螺栓，8.8 级以下通称普通螺栓。高强度螺栓包括高强度大六角头螺栓、扭剪型高强度螺栓、钢网架螺栓球节点用高强度螺栓。

高强度螺栓连接副是一整套的含义，包括一个螺栓、一个螺母和一个垫圈。

螺栓的制作精度等级分为 A 级、B 级、C 级三个等级。A 级、B 级为精制螺栓，A 级、B 级螺栓应与Ⅰ类孔匹配应用。Ⅰ类孔的孔径与螺栓公称直径相等，基本上无缝隙，螺栓可轻击入孔，类似于铆钉一样受剪及承压（挤压）。但 A 级、B 级螺栓对构件的拼装精度要求很高，价格也贵，工程中较少采用。C 级为粗制螺栓，C 级螺栓常与Ⅱ类孔匹配应用。Ⅱ类孔的孔径比螺栓直径大 1～2 mm，缝隙较大，螺栓入孔较容易，相应其受剪性能较差，C 级普通螺栓适宜于受拉力的连接，受剪时另用支托承受剪力。

3. 高强度大六角头螺栓连接副

1）实际案例展示

高强度大六角头螺栓如图 4－76 所示。

图 4－76　高强度大六角头螺栓

2）特点

高强度大六角头螺栓的头部尺寸比普通六角头螺栓要大，可适应施加预拉力的工具及操作要求，同时也增大连接板间的承压或摩擦面积。其产品标准为《钢结构用高强度大六角头螺栓、大六角螺母、垫圈技术条件》（GB/T 1231—2006）。

3）技术要求

（1）螺栓、螺母、垫圈的性能等级和材料按表 4－12 的规定。

（2）螺栓、螺母、垫圈的使用配合按表 4－13 的规定。

表 4－12　螺栓、螺母、垫圈的性能等级和材料

类别	性能等级	材料	标准编号	适用规格
螺栓	10.9S	20MnTiB ML20MnTiB	GB/T 3077 GB/T 6478	≤M24
		35VB		≤M30
	8.8S	45、43	GB/T 699	≤M20
		20MnTiB、40Cr ML20MnTiB	GB/T 3077 GB/T 6478	≤M24
		35CrMo	GB/T 3077	≤M30
		35VB		
螺母	10H	45、35	GB/T 699	
	8H	ML35	GB/T 6478	
垫圈	35HRC～45HRC	45、35	GB/T 699	

表 4－13　螺栓、螺母、垫圈的使用配合

类别	螺栓	螺母	垫圈
型式尺寸	按 GB/T 1228 规定	按 GB/T 1229 规定	按 GB/T 1230 规定
性能等级	10.9S	10H	35HRC～45HRC
	8.8S	8H	35HRC～45HRC

4）机械性能

（1）螺栓机械性能

①试件机械性能。制造厂应将制造螺栓的材料取样，经与螺栓制造相同的热处理工艺处理后，制成试件进行拉伸试验，应符合表 4－14 的规定。当螺栓的直径≥16 mm 时，根据用户要求，制造厂还应增加常温冲击试验，应符合表 4－14 的规定。

表 4-14　拉伸试验

性能等级	抗拉强度 R_m/MPa	规定非比例延伸强度 $R_{p0.2}$/MPa	断后伸长率 A/%	断后收缩率 Z/%	冲击吸收功 A_{ku2}/J
		不小于			
10.9 S	1 040～1 240	940	10	42	47
8.8 S	830～1 030	660	12	45	63

②实物机械性能。进行螺栓实物楔负载试验时，拉力荷载应在表 4-15 规定的范围内，且断裂应发生在螺纹部分或螺纹与螺杆交接处。

表 4-15　拉力荷载

螺纹规格 d			M12	M16	M20	(M22)	M24	(M27)	M30
公称应力截面面积 A_s/mm²			84.3	157	245	303	353	459	561
性能等级	10.9 S	拉力荷载/N	87 700～104 500	163 000～195 000	255 000～304 000	315 000～376 000	367 000～438 000	477 000～569 000	583 000～696 000
	8.8 S		70 000～86 800	130 000～162 000	203 000～252 000	251 000～312 000	293 000～364 000	381 000～473 000	466 000～578 000

当螺栓 $l/d \leqslant 3$ 时，如不能做楔负载试验，允许做拉力荷载试验或芯部硬度试验。拉力荷载应符合表 4-15 的规定，芯部硬度应符合表 4-16 的规定。

表 4-16　芯部硬度

性能等级	维氏硬度		洛氏硬度	
	min	max	min	max
10.9S	312HV30	367HV30	33HRC	39HRC
8.8S	249HV30	296HV30	24HRC	31HRC

③螺栓的脱碳层按《紧固件机械性能　螺栓、螺钉和螺柱》（GB/T 3098.1—2010）的有关规定。

（2）螺母机械性能。

①螺母的保证荷载应符合表 4-17 的规定。

表 4-17　螺母的保证荷载

螺纹规格 D			M12	M16	M20	(M22)	M24	(M27)	M30
性能等级	10H	保证荷载/N	87 700	163 000	255 000	315 000	367 000	477 000	583 000
	8H		70 000	130 000	203 000	251 000	293 000	381 000	466 000

②螺母的硬度应符合表 4-18 的规定。

表 4-18 螺母的硬度

性能等级	洛氏硬度		维氏硬度	
	min	max	min	max
10H	98HRB	32HRC	222HV30	304HV30
8H	95HRB	30HRC	206HV30	289HV30

(3) 垫圈硬度。垫圈的硬度为 329HV30～436HV30 (35HRC～45HRC)。

5) 连接副的扭矩系数

(1) 高强度大六角头螺栓连接副应按保证扭矩系数供货，同批连接副的扭矩系数平均值为 0.110～0.150，扭矩系数标准偏差应小于或等于 0.010。每一连接副包括 1 个螺栓、1 个螺母、2 个垫圈，并应分属同批制造。

(2) 扭矩系数保证期为自出厂之日起 6 个月，用户如需延长保证期，可由供需双方协议解决。

6) 螺栓、螺母的螺纹

(1) 螺纹的基本尺寸按《普通螺纹 基本尺寸》(GB/T 196—2003) 粗牙普通螺纹的规定。螺栓螺纹公差带按《普通螺纹 公差》(GB/T 197—2018) 的 6G，螺母螺纹公差带按《普通螺纹 公差》(GB/T 197—2018) 的 6H。

(2) 螺纹牙侧表面粗糙度的最大参数值 Ra 应为 12.5 μm。

7) 螺栓的螺纹末端

螺栓的螺纹末端按《钢结构用高强度大六角头螺栓》(GB/T 1228—2006) 和《紧固件 外螺纹零件末端》(GB/T 2—2016) 的规定。

8) 表面缺陷

(1) 螺栓、螺母的表面缺陷分别按《紧固件表面缺陷 螺栓、螺钉和螺柱 一般要求》(GB/T 5779.1—2000) 和《紧固件表面缺陷 螺母》(GB/T 5779.2—2000) 的规定。

(2) 垫圈不允许有裂缝、毛刺、浮锈和影响使用的凹痕、划伤。

9) 其他尺寸及形位公差

螺栓、螺母和垫圈的其他尺寸及形位公差应符合《紧固件公差 螺栓、螺钉、螺柱和螺母》(GB/T 3103.1—2002) 和《紧固件公差 平垫圈》(GB/T 3103.3—2020) 有关 C 级产品的规定。

10) 表面处理

螺栓、螺母和垫圈均应进行保证连接副扭矩系数和防锈的表面处理，表面处理工艺由制作厂选择。

4. 扭剪型高强度螺栓连接副

1）实际案例展示

扭剪型高强度螺栓如图 4－77 所示。

图 4－77　扭剪型高强度螺栓

2）特点

扭剪型高强度螺栓的尾部连着一个梅花头，梅花头与螺栓尾部之间有一沟槽。当用特制扳手拧螺母时，以梅花头作为反拧支点，终拧时梅花头沿沟槽被拧断，并以拧断为准表示已达到规定的预拉力值。其产品标准为《钢结构用扭剪型高强度螺栓连接副》（GB/T 3632—2008）。

3）尺寸

(1）螺栓尺寸

螺栓尺寸应符合图 4－78 及表 4－19、表 4－20、表 4－21 的规定。

尺寸代号和标注符合《紧固件　螺栓、螺钉、螺柱及螺母　尺寸代号和标注》（GB/T 5276—2015）的规定。

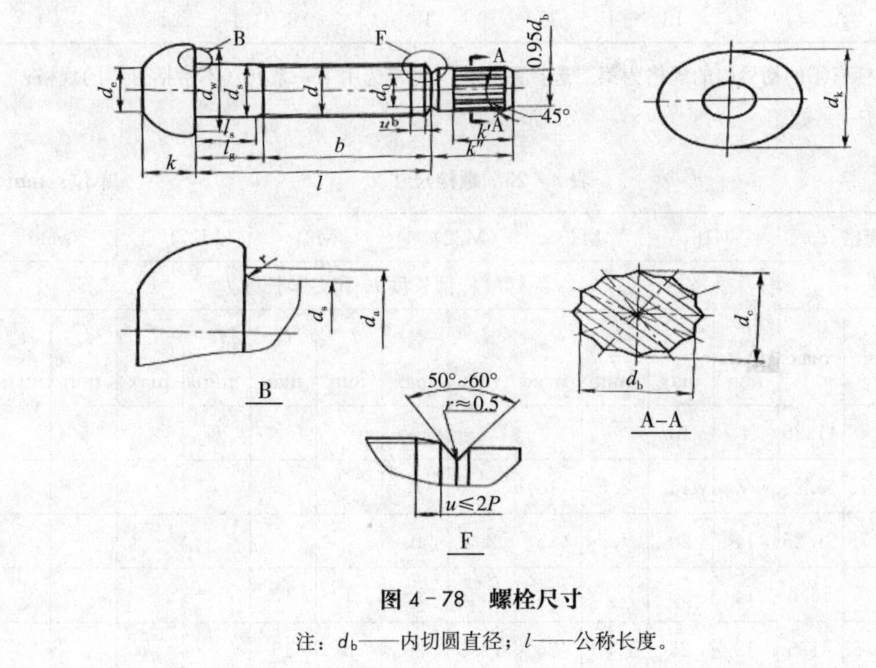

图 4－78　螺栓尺寸

注：d_b——内切圆直径；l——公称长度。

第四章　钢结构井道的连接

表 4－19　螺栓尺寸 1　　单位：mm

螺纹规格 d		M16	M20	（M22）①	M24	（M27）①	M30
P		2	2.5	2.5	3	3	3.5
d_a	max	18.83	24.4	26.4	28.4	32.84	35.84
d_s	max	16.43	20.52	22.52	24.52	27.84	30.84
	min	15.57	19.48	21.48	23.48	26.16	29.16
d_w	min	27.9	34.5	38.5	41.5	42.8	46.5
d_k	max	30	37	41	44	50	55
k	公称	10	13	14	15	17	19
	max	10.75	13.9	14.90	15.90	17.90	20.05
	min	9.25	12.10	13.10	14.10	16.10	17.95
k'	min	12	14	15	16	17	18
k''	max	17	19	21	23	24	25
r	min	1.2	1.2	1.2	1.6	2.0	2.0
d_0	≈	10.9	13.6	15.1	16.4	18.6	20.6
d_b	公称	11.1	13.9	15.4	16.7	19.0	21.1
	max	11.3	14.1	15.6	16.9	19.3	21.4
	min	11.0	13.8	15.3	16.6	18.7	20.8
d_c	≈	12.8	16.1	17.8	19.3	21.9	24.4
d_e	≈	13	17	18	20	22	24

注：1. 标有①的括号内的规格为第二选择系列，应优先选用第一系列（不带括号）的规格；
2. P——螺距。

表 4－20　螺栓尺寸 2　　单位：mm

螺纹规格 d			M16		M20		（M22）①		M24		（M27）①		M30	
l			无螺纹杆部长度 l_s 和夹紧长度 l_g											
公称	min	max	l_s min	l_g max	l_s min	l_g max	l_s min	l_g max	l_s min	l_g max	l_s min	l_g max	l_s min	l_g max
40	38.75	41.25	4	10										
45	43.75	45.25	9	15	2.5	10								
50	48.75	51.25	14	20	7.5	15	2.5	10						
55	53.5	56.5	14	20	12.5	20	7.5	15	1	10				
60	58.5	61.5	19	25	17.5	25	12.5	20	6	15				

表 4 - 20（续）

螺纹规格 d			M16		M20		（M22）①		M24		（M27）①		M30	
l			无螺纹杆部长度 l_s 和夹紧长度 l_g											
公称	min	max	l_s min	l_g max	l_s min	l_g max	l_s min	l_g max	l_s min	l_g max	l_s min	l_g max	l_s min	l_g max
65	63.5	66.5	24	30	17.5	25	17.5	25	11	20	6	15		
70	68.5	71.5	29	35	22.5	30	17.5	25	16	25	11	20	4.5	15
75	73.5	76.5	34	40	27.5	35	22.5	30	18	25	18	25	9.5	20
80	73.5	81.5	39	45	32.5	40	27.5	35	21	30	16	25	14.5	25
85	83.25	86.75	44	50	37.5	45	32.5	40	26	33	21	30	14.5	25
90	88.25	91.75	49	55	42.5	50	37.5	45	31	40	26	35	19.5	30
95	93.25	96.75	54	60	47.5	55	42.5	50	36	45	31	40	24.5	35
100	98.25	101.75	59	65	52.5	60	47.5	65	41	50	38	45	29.5	40
110	108.25	111.75	69	75	62.5	70	57.5	65	61	60	45	55	39.5	50
120	118.26	121.75	79	85	72.5	80	67.5	75	61	70	56	65	49.5	60
130	128	132	89	95	82.5	90	77.5	85	71	80	65	75	59.5	70
140	138	142			93.5	100	87.5	95	81	90	76	85	69.5	80
150	148	152			102.5	110	97.5	105	91	100	86	95	79.5	90
160	156	164			112.5	120	107.5	115	101	110	96	105	89.5	100
170	166	174					117.5	125	111	120	105	115	99.5	110
180	176	184					127.5	135	121	130	116	125	109.5	120
190	185.4	194.6					137.5	145	131	140	126	135	119.5	130
200	195.4	204.6					147.5	155	141	150	136	145	129.5	140
220	215.4	224.6					167.5	175	161	170	156	165	149.5	160

注：标有①的括号内的规格为第二选择系列，应优先选用第一系列（不带括号）的规格。

表 4-21　螺栓尺寸 3　　单位：mm

螺纹规格 d	M16	M20	(M22) ①	M24	(M27) ①	M30	M16	M20	(M22) ①	M24	(M27) ①	M30
公称长度 l			b				每 1 000 件钢螺栓的质量（ρ=7.85 kg/dm³）/kg					
40							106.59					
45	30						114.07	194.59				
50		35					121.54	205.28	261.90			
55			40				128.12	217.99	276.12	332.89		
60							135.60	229.68	290.34	349.89		
65				45			143.08	239.98	304.57	366.88	490.64	
70					50		150.54	251.67	317.23	383.88	511.74	651.05
75						55	158.02	263.37	331.45	398.72	532.83	677.26
80							165.49	275.07	345.68	415.72	552.01	703.47
85	35						172.97	286.77	359.90	432.71	573.11	726.96
90							180.44	298.46	374.12	449.71	594.21	753.17
95		40					187.91	310.17	388.34	466.71	615.30	779.38
100							195.39	331.86	402.57	483.70	636.39	805.59
110			45				210.33	345.25	431.02	517.69	678.59	858.02
120				50			225.28	368.65	459.46	551.68	720.78	910.44
130					55		240.22	392.04	487.91	585.67	762.97	962.87
140						60		415.44	516.34	619.66	805.16	1 015.29
150								438.83	544.80	653.65	847.35	1 067.71
160								462.23	573.24	687.63	889.54	1 120.14
170									601.69	721.62	931.73	1 172.56
180									630.13	755.61	973.92	1 224.95
190									658.68	789.61	1 016.12	1 227.40
200									687.03	823.59	1 058.31	1 329.83
220									743.91	891.57	1 142.69	1 434.67

注：标有①的括号内的规格为第二选择系列，应优先选用第一系列（不带括号）的规格。

（2）螺母尺寸

螺母尺寸应符合图 4-79 及表 4-22 的规定。尺寸代号和标注应符合《紧固件 螺栓、螺钉、螺柱及螺母　尺寸代号和标注》(GB/T 5276—2015）的规定。

（3）垫圈尺寸

垫圈尺寸应符合图 4-80 及表 4-23 的规定。

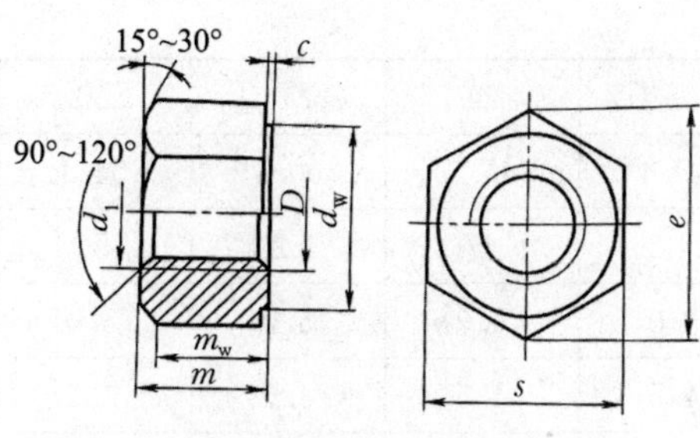

图 4-79 螺母尺寸

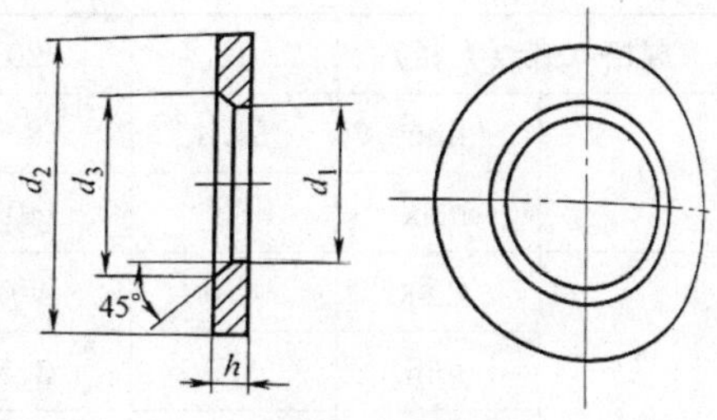

图 4-80 垫圈尺寸

表 4-22 螺母尺寸 单位：mm

螺纹规格 D		M16	M20	(M22) ①	M24	(M27) ①	M30
P		2	2.5	2.5	3	3	3.5
d_1	max	17.3	21.6	23.8	25.9	29.1	32.4
	min	16	20	22	24	27	30
d_w	min	24.9	31.4	33.3	38.0	42.8	46.5
e	min	29.56	37.29	39.55	45.20	50.85	55.37
m	max	17.1	20.7	23.6	24.2	27.6	30.7
	min	16.4	19.4	22.3	22.9	26.3	29.1
m_w	min	11.5	13.6	15.6	16.0	18.4	20.4
c	max	0.8	0.8	0.8	0.8	0.8	0.8
	min	0.4	0.4	0.4	0.4	0.4	0.4
s	max	27	34	36	41	46	50
	min	26.16	33	35	40	45	49
支承面对螺纹轴线的全跳动公差		0.38	0.47	0.50	0.57	0.64	0.70
每 1 000 件钢螺母的质量（$\rho=7.85$ kg/dm^3）/kg		61.51	118.77	146.59	202.67	288.51	374.01

注：标有①的括号内的规格为第二选择系列，应优先选用第一系列（不带括号）的规格。

表 4-23 垫圈尺寸 单位：mm

规格（螺纹大径）		16	20	(22) ①	24	(27) ①	30
d_1	min	17	21	23	25	28	31
	max	17.43	21.52	23.52	25.52	28.52	31.62

表 4-23（续）

规格（螺纹大径）		16	20	（22）①	24	（27）①	30
d_2	min	31.4	38.4	40.4	45.4	50.1	54.1
	max	33	40	42	47	52	56
h	公称	4.0	4.0	5.0	5.0	5.0	5.0
	min	3.5	3.5	4.5	4.5	4.5	4.5
	max	4.8	4.8	5.8	5.8	5.8	5.8
d_3	min	19.23	24.32	26.32	28.32	32.84	35.84
	max	20.03	25.12	27.12	29.12	33.64	36.64
每 1 000 件钢垫圈的质量（$\rho=7.85$ kg/dm^3）/kg		23.40	33.55	43.34	55.76	66.52	75.42

注：标有①的括号内的规格为第二选择系列，应优先选用第一系列（不带括号）的规格。

4）技术要求

（1）性能等级及材料

螺栓、螺母、垫圈的性能等级和推荐材料按表 4-24 的规定。经供需双方协议，也可使用其他材料，但应在订货合同中注明，并在螺栓或螺母产品上增加标志 T（紧跟 S 或 H）。

表 4-24 螺栓、螺母、垫圈的性能等级和推荐材料

类别	性能等级	推荐材料	标准编号	适用规格
螺栓	10.9S	20MnTiB ML20MnTiB	GB/T 3077 GB/T 6478	≤M24
		35VB 35CrMo	（附录 A） GB/T 3077	M27、M30
螺母	10H	45、35 ML35	GB/T 699 GB/T 6478	≤M30
垫圈	—	45、35	GB/T 699	

（2）机械性能

①螺栓机械性能

原材料试件机械性能。制造者应对螺栓的原材料取样，经与螺栓制造中相同的热处理工艺处理后，按《金属材料 拉伸试验 第 1 部分：室温试验方法》（GB/T 228.1—2021）制成试件进行拉伸试验，其结果应符合表 4-25 的规定。根据用户要求，可增加低温冲击试验，其结果应符合表 4-25 的规定。

表 4-25　拉伸试验

性能等级	抗拉强度 R_m/MPa	规定非比例延伸强度 $R_{p0.2}$/MPa	断后伸长率 A/%	断后收缩率 Z/%	冲击吸收功 (−20 ℃) A_{kv2}/J
		不小于			
10.9S	1 040～1 240	940	10	42	27

螺栓实物机械性能。对螺栓实物进行楔负载试验时，允许用拉力荷载试验或芯部硬度试验代替楔负载试验。拉力荷载应符合表 4-26 的规定，芯部硬度应符合表 4-27 的规定。

表 4-26　楔负载试验拉力荷载

螺纹规格 d		M16	M20	M22	M24	M27	M30
公称应力截面面积 A_s/mm²		157	245	303	353	459	561
10.9S	拉力荷载/kN	163～195	255～304	315～376	367～438	477～569	583～696

表 4-27　芯部硬度

性能等级	维氏硬度		洛氏硬度	
	min	max	min	max
10.9S	312HV30	367HV30	33HRC	39HRC

螺栓的脱碳层。螺栓的脱碳层按《紧固件机械性能　螺栓、螺钉和螺柱》(GB/T 3098.1—2010) 中表 3 的规定。

②螺母机械性能

螺母的保证荷载应符合表 4-28 的规定。

表 4-28　螺母的保证荷载

螺纹规格 D		M16	M20	M22	M24	M27	M30
公称应力截面面积 A_s/mm²		157	245	303	353	459	561
保证应力 S_p/MPa		1 040					
10H	保证荷载 ($A_s \times S_p$) /kN	163	255	315	367	477	583

螺母的硬度应符合表 4-29 的规定。

表 4－29 螺母的硬度

性能等级	洛氏硬度		维氏硬度	
	min	max	min	max
10H	98HRB	32HRC	222HV30	304HV30

③垫圈的硬度。垫圈的硬度为 329HV30～436HV30（35HRC～45HRC）。

（3）连接副紧固轴力

连接副紧固轴力应符合表 4－30 的规定。

表 4－30 连接副紧固轴力

螺纹规格		M16	M20	M22	M24	M27	M30
每批紧固轴力的平均值/kN	公称	110	171	209	248	319	391
	min	100	155	190	225	290	355
	max	121	188	230	272	351	430
紧固轴力标准偏差 $\delta\leqslant$/kN		10.0	15.5	19.0	22.5	29.0	35.5

（4）螺栓、螺母的螺纹

螺纹的基本尺寸应符合《普通螺纹　基本尺寸》（GB/T 196—2003）对粗牙普通螺纹的规定。螺栓螺纹公差带应符合 6G（GB/T 197—2018）的规定，螺母螺纹公差带应符合 6H（GB/T 197—2018）的规定。

（5）表面缺陷

①螺栓、螺母的表面缺陷应符合《紧固件表面缺陷　螺栓、螺钉和螺柱　一般要求》（GB/T 5779.1—2000）或《紧固件表面缺陷　螺母》（GB/T 5779.2—2000）的规定。

②垫圈表面不允许有裂纹、毛刺、浮锈和影响使用的凹痕、划伤。

（6）其他尺寸及形位公差

螺栓、螺母、垫圈的其他尺寸及形位公差应符合《紧固件公差　螺栓、螺钉、螺柱和螺母》（GB/T 3103.1—2002）或《紧固件公差　平垫圈》（GB/T 3103.3—2020）有关 C 级产品的规定。

（7）表面处理

为保证连接副紧固轴力和防锈性能，螺栓、螺母和垫圈应进行表面处理（可以是相同的或不同的），并由制造者确定，经处理后的连接副紧固轴力应符合有关规定。

5. 常用紧固标准件的有关标准

常用紧固标准件的有关标准见表 4－31。

表 4-31　常用紧固标准件的有关标准

内容	标准名称及编号
机械性能	《紧固件机械性能　螺栓、螺钉和螺柱》（GB/T 3098.1—2010） 《紧固件机械性能　螺母》（GB/T 3098.2—2015） 《紧固件公差　螺栓、螺钉、螺柱和螺母》（GB/T 3103.1—2002） 《紧固件　验收检查》（GB/T 90.1—2023） 《紧固件　标志与包装》（GB/T 90.2—2002）
高强度螺栓	《钢结构用高强度大六角头螺栓》（GB/T 1228—2006）
	《钢结构用扭剪型高强度螺栓连接副》（GB/T 3632—2008）
	《钢网架螺栓球节点用高强度螺栓》（GB/T 16939—2016）
表面缺陷	《紧固件表面缺陷　螺栓、螺钉和螺柱　一般要求》（GB/T 5779.1—2000） 《紧固件表面缺陷　螺母》（GB/T 5779.2—2000）

6. 普通螺栓连接

1）普通螺栓的分类和连接特点

我国普通螺栓按《六角头螺栓》（GB/T 5782—2016）分 A、B、C 三级。A 级、B 级为精制螺栓，C 级为粗制螺栓。C 级螺栓一般系用低碳或中碳钢锻压后搓丝制成，螺杆表面不经特别加工，性能等级为 4.6、4.8，只要求用Ⅱ类孔（一般用画线制孔而不用钻模制孔来制成设计的孔径）。螺栓孔直径一般比螺杆直径大 1.5～3 mm。C 级螺栓孔径允许偏差见表 4-32。当粗制螺栓连接传递剪力时，其滑移变形较大，各螺栓受力不均匀。由于 C 级螺栓施工简便且传递拉力的性能尚好，因此 C 级螺栓宜用于沿杆轴方向静力受拉的连接（如图 4-81 所示，另设焊接承托来传递剪力，在结构安装时承托还能起定位支承作用），但在下列情况下也可用于受剪连接：

（1）承受动力荷载或间接承受动力荷载结构中的次要连接。

（2）不承受动力荷载的可拆卸结构的连接。

（3）临时固定构件用的安装连接。

表 4-32　粗制螺栓孔径和允许偏差

项次	名称		直径或允许偏差/mm						
1	螺栓杆	公称直径	12	16	20	(22) ①	24	(27) ①	30
		允许偏差	±0.43		±0.52				±0.84
2	螺栓孔	公称直径	13.5	17.5	22	(24) ①	26	(30) ①	33
		允许偏差	+0.43 0		+0.52 0				+0.84 0

表 4-32（续）

项次	名称	直径或允许偏差/mm	
3	圆度（直径差）	1.0	1.5
4	中心线倾斜度	不应大于板厚 3%，且单层不得大于 2 mm，多层板叠组合不得大于 3 mm	

注：标有①的括号内的规格为第二选择系列，应优先选用第一系列（不带括号）的规格。

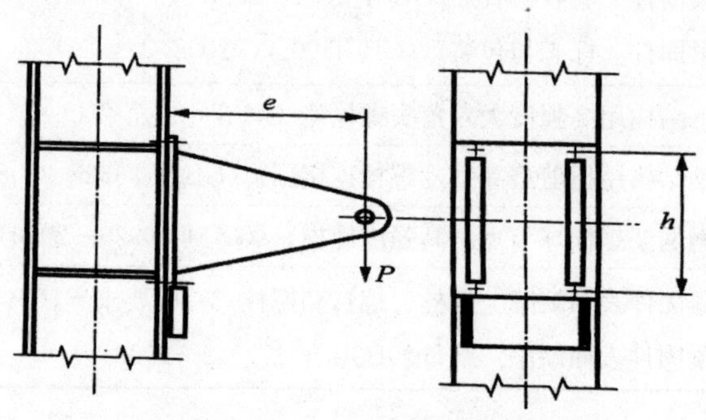

图 4-81　采用承托加强的螺栓连接

A 级、B 级螺栓一般采用中碳钢经锻压热处理车制而成，性能等级为 8.8。螺栓表面光洁，尺寸精确，螺栓杆具有规定的允许误差，其价格较高。在精制螺栓连接中，螺栓孔直径与螺栓杆直径公称尺寸相同，装配间隙靠公差配合来保证（表 4-33），且对螺栓孔制作要求较高，即按Ⅰ类孔的要求制作，公差等级为 IT12。

Ⅰ类孔除了须满足表 4-33 中孔径的允许误差要求外，还应满足一定的位置公差要求，即：

（1）在装配好的结构件上按设计孔径钻的孔。

（2）在单个零件和结构件上按设计孔径分别用钻模钻的孔。

（3）在单个零件上先钻成或冲成较小的孔径，然后在装配好的构件上再扩钻至设计孔径的孔。

表 4-33　精制螺栓杆和螺栓孔径的允许偏差

项次	螺栓杆和螺栓孔公称直径/mm	螺栓杆直径允许偏差/mm	螺栓孔径允许偏差/mm
1	10～18	h12 $\begin{bmatrix}0\\-0.18\end{bmatrix}$	H12 $\begin{bmatrix}+0.18\\0\end{bmatrix}$
2	18～30	h12 $\begin{bmatrix}0\\-0.21\end{bmatrix}$	H12 $\begin{bmatrix}+0.21\\0\end{bmatrix}$
3	30～50	h12 $\begin{bmatrix}0\\-0.25\end{bmatrix}$	H12 $\begin{bmatrix}+0.25\\0\end{bmatrix}$

精制螺栓连接虽然能克服粗制螺栓连接中存在的滑移变形和螺栓受剪不均匀的缺点，但是它却带来了制造、安装费工的缺点，使生产成本提高，因此目前在钢结构连接中并不推荐使用。

由于普通螺栓所采用的材料强度并不高，在安装时螺母拧紧的程度不足以消除被连接件接触表面的间隙，故夹紧力并不很大，在设计中不予考虑。

2）普通螺栓连接的形式

普通螺栓连接按其受力性质或者受力情况可分为三种类型：

(1) 连接在外力作用下，使构件在接合面之间产生相对剪移，螺栓受剪，称为“剪力螺栓”连接。

(2) 连接在外力作用下，使构件在接合面之间产生相对脱开，螺栓受拉，称为“拉力螺栓”连接。

(3) 同时承受剪力和拉力作用的螺栓连接，称为“拉-剪螺栓”连接。

受轴心力作用的“剪力螺栓”连接形式如图 4－82 所示。图 4－82 (a) 为搭接，搭接是将被连接的构件直接相互重叠，由于两构件不在同一平面内，当连接承受荷载时会产生附加弯曲，并由此产生附加应力，且螺栓受单剪，所以这种连接形式仅用于次要的连接；图 4－82 (b) 为带拼接板的对接连接，当仅在一侧采用拼接板时，则受力情况与上面搭接情况一样，当在两侧对称地采用拼接板时，则螺栓受双剪并可防止板材的弯曲，所以连接的受力情况较好；图 4－82 (c) 为桁架节点的连接情况。

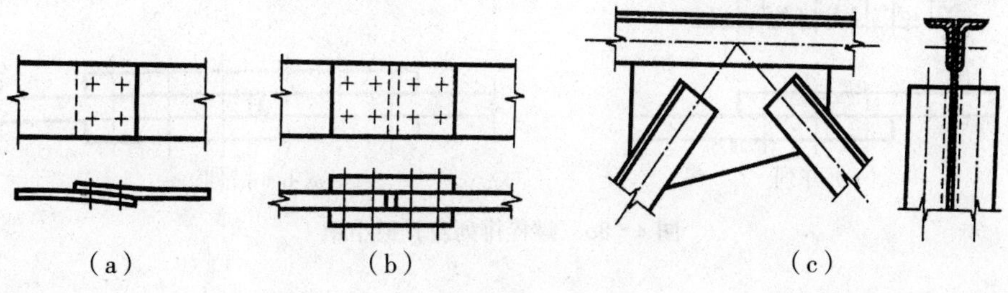

图 4－82　剪力螺栓的几种连接形式

受偏心力作用的“剪力螺栓”连接形式如图 4－83 所示，由于作用在连接上的力线不通过重心，连接存在偏心力矩作用。如图 4－84 所示是螺栓受拉力的连接形式。在工程实际中，螺栓仅仅受拉力的连接情况并不多见，螺栓同时受拉和受剪的连接情况较多见（图 4－85）。

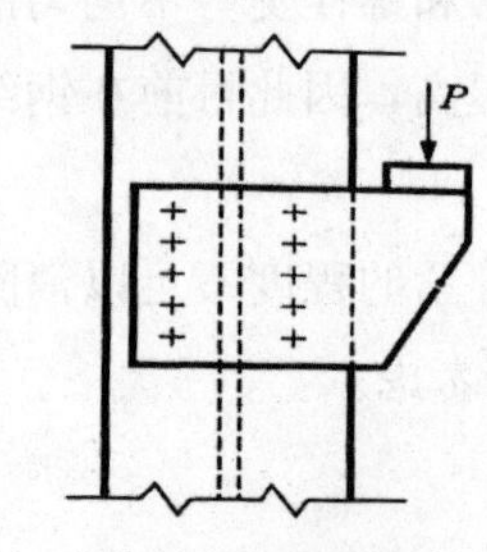

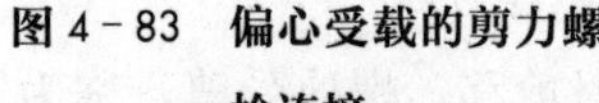

图 4-83　偏心受载的剪力螺栓连接

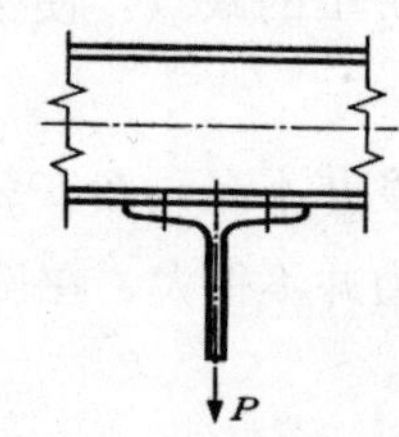

图 4-84　受拉螺栓连接

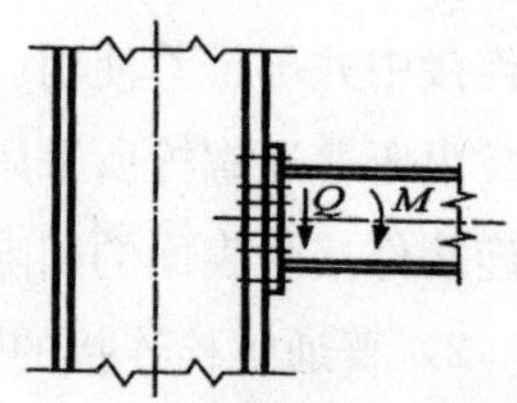

图 4-85　在拉剪联合作用下的螺栓连接

3）普通螺栓连接的布置

螺栓应根据构件的截面大小和受力特点进行布置，在满足连接构造要求和便于施工的条件下，应力求使构造简单，紧凑可靠。

螺栓布置方式有两种：并列［图 4-86（a）］和错列［图 4-86（b）］。并列布置比较简单，制造中画线钻孔方便，故应用较多；错列布置通常可以减少对构件截面的削弱，在型钢肢窄而又需布置两行钉线时，常被采用。

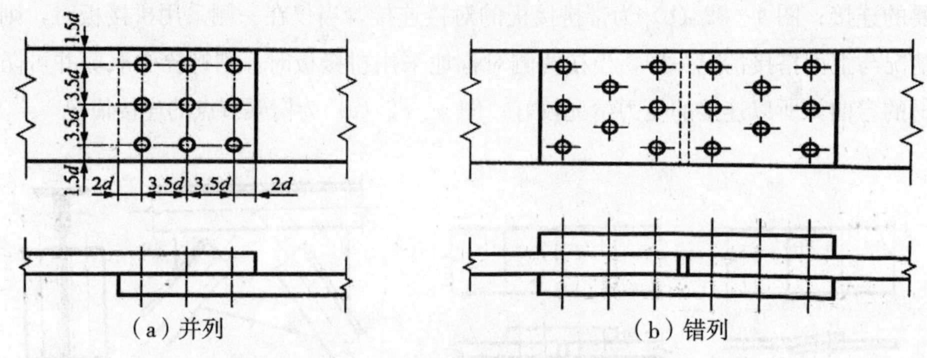

图 4-86　螺栓排列及其最小距

螺栓孔的中心总是布置在具有一定尺寸间距且互成直角的格子线的交点上以便施工，通常将与构件轴线平行或作用力平行的钉孔连接线称为钉线。沿钉线相邻钉孔的中心距称为钉距。相邻钉线间的垂直距离称为线距。边缘钉孔中心至板边的距离，顺内力方向者称为端距，垂直内力方向者称为边距。螺栓布置的极限尺寸应符合表 4-34 的规定。

表 4－34　螺栓布置的极限尺寸

<table>
<tr><td>名称</td><td colspan="3">布置与方向</td><td colspan="2">最大允许距离
（取两者中较小者）</td><td>最小允许距离</td></tr>
<tr><td rowspan="5">中心间距</td><td colspan="3">外排（垂直内力方向或沿内力方向）</td><td colspan="2">$8d$ 或 12δ</td><td rowspan="5">$3d$</td></tr>
<tr><td rowspan="3">中间排</td><td colspan="2">垂直内力方向</td><td colspan="2">$16d$ 或 24δ</td></tr>
<tr><td rowspan="2">沿内力方向</td><td>受压构件</td><td colspan="2">$12d$ 或 18δ</td></tr>
<tr><td>受拉构件</td><td colspan="2">$16d$ 或 24δ</td></tr>
<tr><td colspan="3">沿对角线方向</td><td colspan="2">—</td></tr>
<tr><td rowspan="3">中心到构件边缘的距离</td><td colspan="3" rowspan="3">沿内力方向
垂直于内力方向</td><td colspan="2">$4d$ 或 8δ
剪切边或手工气割边</td><td>$2d$</td></tr>
<tr><td rowspan="2">轧制边、自动气割或锯割边</td><td>高强度螺栓</td><td>$1.5d$</td></tr>
<tr><td>其他螺栓</td><td>$1.2d$</td></tr>
</table>

注：1. 表中 d 为螺栓孔径，δ 为外层薄板件的厚度；

2. 钢板边缘处与刚性构件（如角钢、槽钢等）相连的螺栓的最大间距，可按中间排的数值选用。

规范对螺栓最大允许距离的规定主要是为了保证被连接的板层贴合紧密，以免潮气侵入而引起锈蚀；规范对螺栓最小允许距离的规定主要是为了便于拧紧螺母和避免过分的钉孔削弱。

角钢、槽钢及工字钢等型钢的螺栓连接应注意型钢尺寸对螺栓布置和大孔径的限制，详细规范见表 4－35（a）及表 4－35（b），或者按有关手册的规定采用，必要时也可根据具体情况作适当改动。

表 4－35（a）　角钢上的线距　　单位：mm

单行			双行错列				双行并列			
肢宽 b	线距 e	最大孔径 d_{max}	肢宽 b	线距 e_1	线距 e_2	最大孔径 d_{max}	肢宽 b	线距 e_1	线距 e_2	最大孔径 d_{max}
45	25	11	125	55	90	23.5	125	45	100	23.5
50	30	13	140	60	100	23.5	140	45	115	23.5
56	30	13	160	60	130	26	160	55	130	26
63	35	17	180	65	145	26	180	55	145	26

表 4-35 (a) (续)

肢宽 b	线距 e	最大孔径 d_{max}	肢宽 b	线距 e_1	线距 e_2	最大孔径 d_{max}	肢宽 b	线距 e_1	线距 e_2	最大孔径 d_{max}
70	40	20	200	80	160	26	200	70	160	26
75	40	21.5								
80	45	21.5								
90	50	23.5								
100	55	23.5								
110	60	26								
125	70	26								

注：e、e_1、e_2均为角钢肢上钉孔中心至角钢外缘的距离。

表 4-35（b） 工字钢和槽钢上的线距 单位：mm

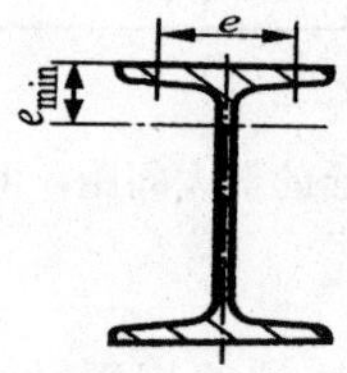

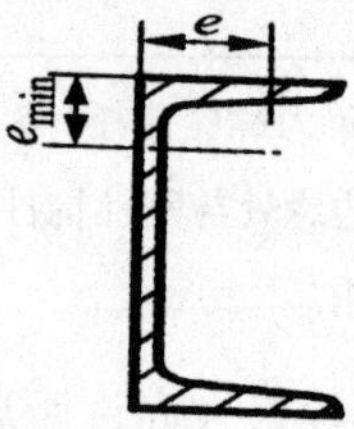

型钢号	翼缘		腹板		型钢号	翼缘		腹板	
	线距 e	最大孔径 d_{max}	最小线距 e_{min}	相应孔径 d		线距 e	最大孔径 d_{max}	最小线距 e_{min}	相应孔径 d
10	—	—	30	11	5	20	11	25	7
12.6	42	11	40	13	6.3	25	11	31.5	11
14	46	13	44	17	8	25	13	35	11
16	48	15	48	19.5	10	30	15	40	15
18	52	15	52	21.5	12.6	30	17	40	15
20a 20b	58	17	60	25.5	14a 14b	35	17	45	17
22a 22b	60	19.5	62	25.5	16a 16b	35	19.5	50	17
25a 25b	64	21.5	64	25.5	18a 18b	40	21.5	55	21.5

表 4 - 35（b）（续）

<table>
<tr><th rowspan="2">型钢号</th><th colspan="2">翼缘</th><th colspan="2">腹板</th><th rowspan="2">型钢号</th><th colspan="2">翼缘</th><th colspan="2">腹板</th></tr>
<tr><th>线距
e</th><th>最大孔径
d_{max}</th><th>最小线距
e_{min}</th><th>相应孔径
d</th><th>线距
e</th><th>最大孔径
d_{max}</th><th>最小线距
e_{min}</th><th>相应孔径
d</th></tr>
<tr><td>28a</td><td rowspan="2">70</td><td rowspan="2">21.5</td><td rowspan="2">66</td><td rowspan="2">25.5</td><td>20a</td><td rowspan="2">45</td><td rowspan="2">21.5</td><td rowspan="2">60</td><td rowspan="2">25.5</td></tr>
<tr><td>28b</td><td>20b</td></tr>
<tr><td>32a</td><td>74</td><td rowspan="3">21.5</td><td rowspan="3">68</td><td rowspan="3">25.5</td><td>22a</td><td rowspan="2">45</td><td rowspan="2">23.5</td><td rowspan="2">65</td><td rowspan="2">25.5</td></tr>
<tr><td>32b</td><td>76</td><td>22b</td></tr>
<tr><td>32c</td><td>78</td><td>25a</td><td rowspan="3">45</td><td rowspan="3">23.5</td><td rowspan="3">65</td><td rowspan="3">25.5</td></tr>
<tr><td>36a</td><td>76</td><td rowspan="3">23.5</td><td rowspan="3">70</td><td rowspan="3">25.5</td><td>25b</td></tr>
<tr><td>36b</td><td>78</td><td>25c</td></tr>
<tr><td>36c</td><td>80</td><td>28a</td><td rowspan="3">50</td><td rowspan="3">25.5</td><td rowspan="3">67</td><td rowspan="3">25.5</td></tr>
<tr><td>40a</td><td>82</td><td rowspan="3">23.5</td><td rowspan="3">72</td><td rowspan="3">25.5</td><td>28b</td></tr>
<tr><td>40b</td><td>84</td><td>28c</td></tr>
<tr><td>40c</td><td>86</td><td>32a</td><td rowspan="3">50</td><td rowspan="3">25.5</td><td rowspan="3">70</td><td rowspan="3">25.5</td></tr>
<tr><td>45a</td><td>86</td><td rowspan="3">25.5</td><td rowspan="3">74</td><td rowspan="3">25.5</td><td>32b</td></tr>
<tr><td>45b</td><td>88</td><td>32c</td></tr>
<tr><td>45c</td><td>90</td><td>36a</td><td rowspan="3">60</td><td rowspan="3">25.5</td><td rowspan="3">74</td><td rowspan="3">25.5</td></tr>
<tr><td>50a</td><td>92</td><td rowspan="3">25.5</td><td rowspan="3">78</td><td rowspan="3">25.5</td><td>36b</td></tr>
<tr><td>50b</td><td>94</td><td>36c</td></tr>
<tr><td>50c</td><td>96</td><td>40a</td><td rowspan="3">60</td><td rowspan="3">25.5</td><td rowspan="3">78</td><td rowspan="3">25.5</td></tr>
<tr><td>56a</td><td>98</td><td rowspan="3">25.5</td><td rowspan="3">80</td><td rowspan="3">25.5</td><td>40b</td></tr>
<tr><td>56b</td><td>100</td><td>40c</td></tr>
<tr><td>56c</td><td>102</td><td rowspan="4"></td><td rowspan="4"></td><td rowspan="4"></td><td rowspan="4"></td><td rowspan="4"></td></tr>
<tr><td>63a</td><td>104</td><td rowspan="3">28.5</td><td rowspan="3">90</td><td rowspan="3">25.5</td></tr>
<tr><td>63b</td><td>106</td></tr>
<tr><td>63c</td><td>108</td></tr>
</table>

此外，为了保证螺栓连接的可靠性，规范还规定每一杆件在节点处或接头的一侧螺栓数不得少于两个；沿受力方向，每行螺栓数不宜多于 5 个。

对于重要结构，为了使连接受力合理，应尽量使螺栓群的重心落在杆件的重心线上，以免产生不必要的附加力矩。为了便于制造和安装，在整个结构中或同一类型的构件中，应尽量减少螺栓的直径规格。

7. 剪力螺栓连接的计算

1）剪力螺栓连接的破坏形式和计算假定

当作用在普通螺栓连接中的剪力较小时，螺栓夹紧力在板层间产生的摩擦阻力可以传递外载，连接处于弹性工作状态，当外载继续增大，摩擦阻力被克服，构件间即出现非弹性相对滑移，如图 4－87 所示，于是螺栓连接除了通过摩擦传力外还通过孔壁承压和螺栓受剪传力。

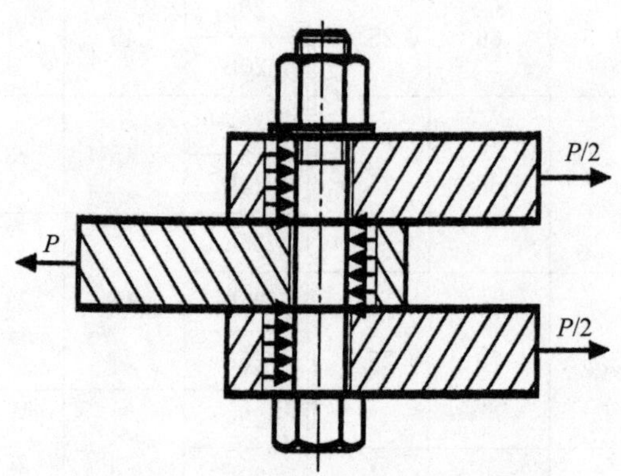

图 4－87　剪力螺栓的工作情况示意图

由于普通螺栓的夹紧力很小，所以连接在受载后很快出现滑移，螺栓连接发生滑移后的实际工作状态是非常复杂的。螺栓连接在超过其极限承载荷载作用下发生破坏时，一般有如图 4－88 所示的几种破坏情况。图 4－88（a）螺栓杆被剪断，图 4－88（b）钢板孔壁被挤压坏，图 4－88（c）板端被剪裂，图 4－88（d）板端被拉裂，图 4－88（e）横贯钉孔的钢板截面被拉断。

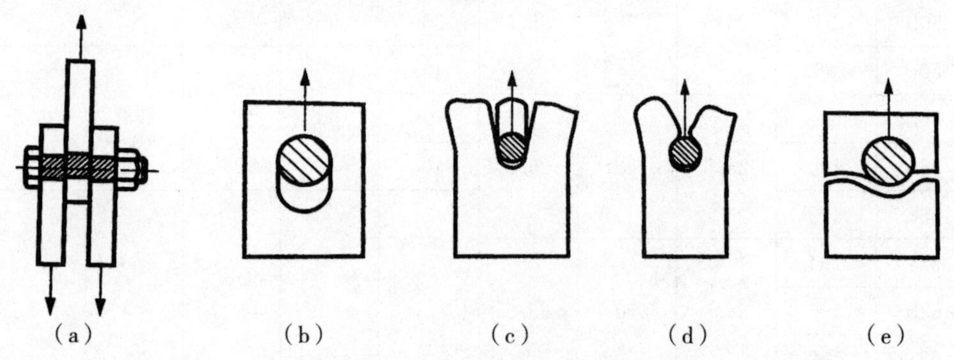

图 4－88　螺栓连接接头的几种破坏情况

当端距满足规范规定的值时，不会发生图 4－88（c）（d）所示的两种破坏情况。因此，剪力螺栓连接接头的承载能力由螺栓的抗剪强度、钢板孔壁的承载能力和受钉孔削弱的钢板截面的抗拉强度这三者中的弱者所控制。所以，当三者的承载能力相等时，可以得到剪力螺栓连接的最经济的设计。

剪力螺栓连接受载时各部分的应力状态是极为复杂的，上述三者不管哪一种，要严格地确定其应力，然后进行强度计算是很困难的。因此在设计中常采用如下的计算假定：

(1) 不考虑钢板间的摩擦力。

(2) 假定钢板是刚性的。

(3) 各螺栓与孔钉的初始配合状态是完全相同的。

(4) 钉杆受剪时截面上的剪应力按均布考虑。

(5) 钢板孔壁压应力在钉孔直径平面上按均布考虑。

(6) 不考虑钢板孔边的局部应力集中。

使用实践和连接破坏试验证实，采用上述计算假定能较满意地解决工程实用计算问题。

2) 单个剪力螺栓连接的承载能力计算

由抗剪强度条件确定的一个螺栓的许用承载力为：

$$[P_{j1}]=n_j \cdot \frac{\pi d^2}{4}[\tau_{j1}]$$

式中：n_j——一个螺栓的受剪面数目；

d——螺栓杆的直径；

$[\tau_{j1}]$——螺栓杆的许用剪应力，见表 4-36。

由承压强度条件确定的一个螺栓的许用承载力为：

$$[P_{c1}]=d\Sigma\delta[\sigma_{c1}]$$

式中：$\Sigma\delta$——同方向承压的构件的较小总厚度；

$[\sigma_{c1}]$——螺栓孔壁承压许用应力，见表 4-36。

表 4-36　铆钉、普通螺栓和销轴连接的许用应力

接头种类	应力种类	符号	铆钉、螺栓和销轴的许用应力	被连接构件承压许用应力 $[\sigma_c]$
铆钉连接（Ⅰ类孔）	单剪	$[\tau_{jm}]$	0.6 $[\sigma]$	1.5 $[\sigma]$
	双剪、复剪	$[\tau_{jm}]$	0.8 $[\sigma]$	2.0 $[\sigma]$
	拉伸	$[\sigma_{tm}]$	0.2 $[\sigma]$	—
A级、B级螺栓连接（Ⅰ类孔）	拉伸	$[\sigma_{l1}]$	$0.8\sigma_{sp}/n$	—
	单剪切	$[\tau_{j1}]$	$0.6\sigma_{sp}/n$	—
	双剪切	$[\tau_{j2}]$	$0.8\sigma_{sp}/n$	—
	孔壁承压	$[\sigma_{c1}]$	—	1.8 $[\sigma]$
C级螺栓连接（Ⅱ类孔）	拉伸	$[\sigma_{l1}]$	$0.8\sigma_{sp}/n$	—
	剪切	$[\tau_{j1}]$	$0.6\sigma_{sp}/n$	—
	孔壁承压	$[\sigma_{c1}]$	—	1.4 $[\sigma]$

表 4-36（续）

接头种类	应力种类	符号	铆钉、螺栓和销轴的许用应力	被连接构件承压许用应力 $[\sigma_c]$
销轴连接	弯曲	$[\sigma_{wx}]$	$[\sigma]$	—
	剪切	$[\tau_{jx}]$	$0.6[\sigma]$	—
	孔壁承压	$[\sigma_{cx}]$	—	$1.4[\sigma]$

注：1. 工地安装的连接铆钉，其许用应力宜适当降低（乘以 0.9）；

2. 当为埋头或半埋头铆钉时，表中数值乘以 0.8 予以降低；

3. $[\sigma]$ ——与铆钉、螺栓、销轴或构件相应钢材的基本许用应力；

4. σ_{sp} ——与螺栓性能等级相应的螺栓保证应力，按 GB/T 3098.1 规定选取；

5. n——安全系数；

6. 当销轴在工作中可能产生微动时，其承压许用应力宜适当降低（乘以 0.5）。

根据上面计算的结果，取其较小者作为单个剪力螺栓的实际许用承载力。

3）轴心外力作用的受剪螺栓连接的计算

当外力 N 通过螺栓群中心时，根据计算假定（2）和（3），可以将外力平均分配于每个连接螺栓上，因此，需要的螺栓数 n 可按下式计算：

$$n \geqslant \frac{N}{[P_1]_{min}}$$

式中：$[P_1]_{min}$——按前式算得的 $[P_{j1}]$ 和 $[P_{c1}]$ 中的较小值。

对于用拼接板的单面不对称的搭接连接，考虑到传力偏心使螺栓受到附加弯矩的作用，螺栓数目应按计算结果增加 10%；当利用短角钢连接型钢（角钢或槽钢）的外伸肢时，在短角钢的任一肢上，所用的螺栓数目应按计算结果增加 50%。

对构件还应验算被连接构件的净截面强度，应满足：

$$\sigma = \frac{N}{A_j} \leqslant [\sigma]$$

式中：$[\sigma]$ ——构件材料的许用应力；

A_j——从构件的总横截面面积（或称毛截面面积）中扣除钉孔部分的截面积，并称其为净截面面积。

根据螺栓的布置和被连接件的破坏形式，净截面面积的计算有以下两种情况：螺栓并列布置时，构件在第一列钉孔处的截面最危险，构件可能沿该净截面发生破坏；螺栓错列布置时，如图 4-89 所示，构件可能沿垂直于其轴线的净截面 abc 发生破坏，取决于螺栓行列间距及孔径大小。

因此，构件的危险截面的净截面面积可按以下两式计算：

（1）对于垂直于轴线的净截面：

$$A_j = A - n_1 d\delta$$

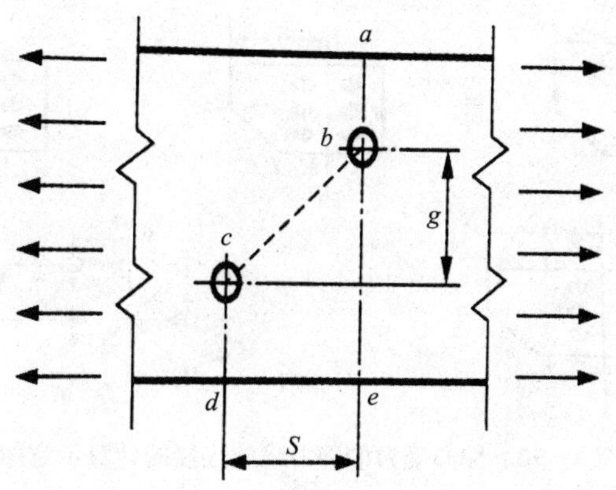

图 4-89 构件净截面的计算简图

式中：A——没有钉孔削弱时构件的截面积，即毛截面面积；

n_1——第 1 列螺栓的数目；

δ——构件的厚度；

d——螺栓孔的直径。

(2) 对于锯齿形净截面：

可以采用国外有关规范通常使用的经验公式计算：

$$A_j = A - (n_1 + n_2)d\delta + \sum_{i=1}^{n_1+n_2-1} \frac{S_{i_2}}{4g_i} \cdot \delta$$

式中：n_1，n_2——分别为第 1 列和第 2 列螺栓的数目；

S_i，g_i——如图 4-89 所示，分别为螺栓错列布置时的钉距和线距。

上式最后一项 $\sum_{i=1}^{n_1+n_2-1} \frac{S_{i_2}}{4g_i} \cdot \delta$ 是由斜面增补的当量面积，其中 n_1+n_2-1 为斜面数。

4) 偏心外力作用的受剪螺栓连接的计算

当外力没有通过螺栓群中心时，螺栓连接处于偏心受力的情况，如图 4-81 所示的牛腿式支座连接以及梁腹板的并接连接均属于这种情况。

外力向螺栓群中心 O 转化，则该问题就由偏心受剪转化为轴心受剪的叠加，如图 4-90 所示，在轴心力 P 的作用下，可以认为各个螺栓受剪相等。若螺栓群共有 n 个螺栓，则每个螺栓受力为 P/n，其方向与 P 力平行。

在扭转力矩 $M = P \cdot e$ 作用下，其计算的基本假定是：

(1) 被连接的构件是绝对刚性的，而螺栓是弹性的；

(2) 被连接的构件绕螺栓群中心 O 产生相对转动而使螺栓受剪。

根据上述基本假定可以得到：每个螺栓受剪力 R_i 的大小与其到中心 O 的距离 r_i 成正比，方向垂直于 r_i，即

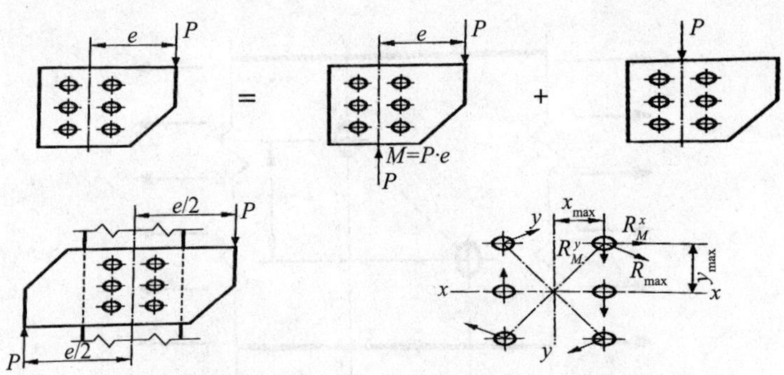

图 4-90　偏心受力的剪力螺栓连接的计算示意图

$$\frac{R_1}{r_1}=\frac{R_2}{r_2}=\frac{R_3}{r_3}=\cdots=\frac{R_i}{r_i}=\frac{R_{\max}}{r_{\max}}=k$$

由平衡条件

$$M=\sum_{i=1}^{n}R_i\cdot r_i=k\sum_{i=1}^{n}r_i^2=k\sum_{i=1}^{n}(x_i^2+y_i^2)=k(\sum_{i=1}^{n}x_i^2+\sum_{i=1}^{n}y_i^2)$$

离螺栓群中心最远的一个螺栓受力最大，其值为：

$$R_{\max}=k\cdot r_{\max}=\frac{M}{\sum x_i^2+\sum y_i^2}\cdot r_{\max}$$

计算该螺栓的水平分力 R_M^x 和垂直分力 R_M^y：

$$R_M^x=\frac{M}{\sum x_i^2+\sum y_i^2}\cdot y_{\max}$$

$$R_M^y=\frac{M}{\sum x_i^2+\sum y_i^2}\cdot x_{\max}$$

因此，这时离螺栓群中心最远的螺栓所受的合力应满足：

$$R=\sqrt{(R_M^x)^2+\left(R_M^y+\frac{P^2}{n}\right)^2}\leqslant[P_1]_{\min}$$

以上计算螺栓群扭矩受剪的方法称为极惯性矩法。当 $y_{\max}>3x_{\max}$ 时，则 $\sum x_i^2+\sum y_i^2\approx\sum y_i^2$，而垂直分力 $R_M^y\approx0$，此时可用下面的近似公式计算最大受力螺栓所受的力：

$$R_M^y\approx\frac{M}{\sum y_i^2}\cdot y_{\max}$$

此时，螺栓所受的合力应满足

$$R=\sqrt{(R_M^x)^2+\left(\frac{P}{n}\right)^2}\leqslant[P_1]_{\min}$$

这就是螺栓群扭转受剪计算的轴惯性矩法。

8. 拉力螺栓连接的计算

拉力螺栓通常用于T字形或法兰连接接头中。拉力螺栓受力时一般都存在较大的偏心，接头受力后会发生较大的变形，根据被连接件的不同刚度，接头在连接平面上会产生不同程度的附加杠杆反力，使拉力螺栓除受外力外，还要受附加杠杆反力。

由于计算杠杆反力比较困难，通常都采取降低许用应力的办法来考虑其影响。此外，拉力螺栓通常都断裂在丝扣的根部，因为丝扣根部存在较大的应力集中，考虑到上述这些不利因素，在普通螺栓中，螺栓的抗拉许用应力取 $[\sigma_{11}]=0.8\sigma_{sp}/n$，$\sigma_{sp}$ 为螺栓性能等级相应的螺栓保证应力。

1）单个拉力螺栓的许用承载力：

$$[P_{11}]=\frac{\pi d_e^2}{4}[\sigma_{11}]$$

式中：d_e——螺栓有效直径（mm），可按表 4－37 采用；

$[\sigma_{11}]$——螺栓的抗拉许用应力，见表 4－36。

表 4－37　螺栓有效直径 d_e 和螺栓有效面积 A_e

螺栓直径 d/mm	螺距 P/mm	螺栓有效直径 d_e/mm	螺栓有效面积 A_e/mm²	螺栓直径 d/mm	螺距 P/mm	螺栓有效直径 d_e/mm	螺栓有效面积 A_e/mm²
12	1.75	10.358 2	84.27	48	5	43.309 0	1 473
16	2	14.123 6	156.7	52	5	47.309 0	1 758
18	2.5	15.654 5	192.5	56	5.5	50.839 9	2 030
20	2.5	17.654 5	244.8	60	5.5	54.839 9	2 362
22	2.5	19.654 5	303.4	64	6	58.370 8	2 676
24	3	21.185 4	352.5	68	6	62.370 8	3 055
27	3	24.185 4	459.4	72	6	66.370 8	3 460
30	3.5	26.716 3	560.6	76	6	70.370 8	3 889
33	3.5	29.716 3	693.6	80	6	74.370 8	4 344
36	4	32.247 2	816.7	85	6	79.370 8	4 948
39	4	35.247 2	975.8	90	6	84.370 8	5 591
42	4.5	37.778 1	1 121	95	6	89.370 8	6 273
45	4.5	40.778 1	1 306	100	6	94.370 8	6 995

2）轴心力作用下的受拉螺栓连接计算

可以按轴心力 N 平均分配于每个螺栓进行计算，因此连接所需的螺栓数为：

$$n\geqslant\frac{N}{[P_{11}]}$$

式中：n——连接所需的螺栓数目。

第五章 钢结构井道安装准备

第一节 文件资料与技术准备

1. 图样会审和设计变更

钢结构井道安装前应进行图样会审，在会审前施工单位应熟悉并掌握设计文件内容，发现设计中影响构件安装的问题，并查看与其他专业工程配合不适宜的方面。图样会审的内容一般包括：

（1）设计单位的资质是否满足，图样是否经设计单位正式签署。

（2）设计单位做设计意图说明并提出工艺要求，制作单位介绍钢结构主要制作工艺。

（3）各专业图样之间有无矛盾。

（4）各图样之间的平面位置、标高等是否一致，标注是否有遗漏。

（5）各专业工程施工程序和施工配合有无问题。

（6）安装单位的施工方法能否满足设计要求。

2. 施工组织设计

1）施工组织设计的编制依据

（1）合同文件。上级主管部门批准的文件、施工合同、供应合同等。

（2）设计文件。设计图、施工详图、施工布置图、其他有关图样。

（3）调查资料。现场自然资源情况（如气象、地形）、技术经济调查资料（如能源、交通)、社会调查资料（如政治、文化）等。

（4）技术标准。现行的施工验收规范、技术力量、操作规程等。

（5）其他。建设单位提供的条件、施工单位自有情况、企业总施工计划、国家法规等其他参考资料。

2）施工组织设计和施工方案

施工组织设计和施工方案应由总工程师审批，应包括以下内容：

（1）工程概况及特点介绍。

（2）施工总平面布置、能源、道路及临时建筑设施等的规划。

（3）施工程序及工艺设计。

（4）主要起重机械的布置及吊装方案。

（5）构件运输方法、堆放及场地管理。

（6）施工网络计划。

（7）劳动组织及用工计划。

（8）主要机具、材料计划。

（9）技术质量标准。

（10）技术措施降低成本计划。

（11）质量、安全保证措施。

3）作业设计

作业设计由专责工程师审批，应包括以下内容：

（1）施工条件情况说明。

（2）安装方法、工艺设计。

（3）吊具、卡具和垫板等设计。

（4）临时场地设计。

（5）质量、安全技术实施办法。

（6）劳动力配合。

第二节　作业条件准备

1. 中转场地的准备

高层钢结构井道安装根据规定的安装流水顺序进行，钢构件必须按照流水顺序的需要配套供应。如果制造厂的钢构件供货是分批进行的，同结构安装流水顺序不一致，或者现场条件有限时，就要设置钢构件中转堆场用以起调节作用。中转堆场的主要作用是：

（1）储存制造厂的钢构件（工地现场没有条件储存大量构件）。

（2）根据安装施工流水顺序进行构件配套，组织供应。

（3）对钢构件质量进行检查和修复，保证合适的构件送到现场。

钢构件通常在专门的钢结构加工厂制作，然后运至工地经过组装后进行吊装。钢结构构件应按安装程序保证及时供应，现场场地应能满足堆放、检验、油漆、组装和配套供应的需要。钢构件按平面布置进行堆放，堆放时应注意下列事项：

（1）堆放场地要坚实。

（2）堆放场地要排水良好，不得有积水和杂物。

（3）钢结构构件可以铺垫木水平堆放，支座间的距离应不使钢结构产生残余变形。

（4）多层叠放时垫木应在一条垂线上。

（5）不同类型的构件应分类堆放。

（6）钢结构构件堆放位置要考虑施工安装顺序。

（7）堆放高度一般不大于 2 m，屋架、桁架等宜立放，紧靠立柱支撑稳定。

（8）堆垛之间须留出必要的通道，一般宽度为 2 m。

（9）构件编号应旋转在构件醒目处。

（10）构件堆放在铁路或公路旁，并配备装卸机械。

2. 钢结构的核查、编号与弹线

（1）清点构件的型号、数量，并按设计和规范要求对构件质量进行全面检查，包括构件强度与完整性（有无严重裂缝、扭曲、侧弯、损伤及其他严重缺陷）；外形、几何尺寸、平整度；预留孔位置、尺寸和数量；有无出厂合格证。如超出设计或规范规定的偏差，应在吊装前纠正。

（2）现场构件进行排放，场外构件进场及排放。

（3）按图样对构件进行编号。不易辨别上下、左右、正反的构件，应在构件上用记号注明，以免吊装时搞错。

（4）在构件上根据就位、校正的需要弹好就位线和校正线。柱弹出三面中心线、牛腿面与柱顶面中心线、±0.000 线（或标高基准线）、吊点位置；基础杯口应弹出纵横轴线；吊车梁、屋架等构件应在端头与顶面及支承处弹出中心线及标高线；在屋架（屋面梁）上弹出天窗架、屋面板或檩条的安装就位控制线，在两端及顶面弹出安装中心线。

3. 钢构件的接头及基础准备

1）接头准备

（1）准备和分类整理好各种金属支撑件及安装接头用连接板、螺栓、铁件和安装垫铁；施焊必要的连接件（如屋架、吊车梁垫板、柱支撑连接件及其余与柱连接相关的连接件）以减少高空作业。

（2）清除构件接头部位及埋设件上的污物、铁锈。

（3）对于需组装拼装及临时加固的构件，按规定要求使其达到具备吊装条件。

（4）在基础杯口底部，根据柱子制作实际长度（从牛腿至柱脚尺寸）误差，调整杯底标高，用1∶2水泥砂浆找平，标高允许偏差为±5 mm，以保持吊车梁的标高在同一水平面上；当预制柱采用垫板安装或重型钢柱采用杯口安装时，应在杯底设垫板处局部抹平，并加设小钢垫板。

（5）柱脚或杯口侧壁未划毛的，要在柱脚表面及杯口内稍加凿毛处理。

（6）钢柱基础要根据钢柱实际长度、牛腿间距离、钢板底板平整度检查结果，在柱基础表面浇标高块（标高块成十字式或四点式），标高块强度不小于30 MPa，表面埋设16～20 mm厚钢板，基础上表面也应凿毛。

2）基础准备

基础准备包括轴线误差的量测、基础支承面的准备、支承面和支座表面标高与水平度的检验、地脚螺栓位置和伸出支承面长度的测量等。

（1）柱子基础轴线与标高的正确是确保钢结构安装质量的基础，应根据基础的验收资料复核各项数据，并标注在基础表面上。

（2）基础支承面的准备有两种做法：一种是基础一次浇筑到设计标高，即基础表面先浇筑到设计标高以下20～30 mm处，然后在设计标高处设角钢或槽钢导架，测准其标高，再以导架为依据用水泥砂浆仔细铺筑支座表面；另一种是基础预留标高，安装时做足，即基础表面先浇筑至距设计标高50～60 mm处，柱子吊装时，在基础面上放钢垫板以调整标高，待柱子吊装就位后，再在钢柱脚底板下浇筑细石混凝土。

（3）基础顶面直接作为柱的支承面和基础顶面预埋钢板或支座作为柱的支承面时，其支承面、地脚螺栓（锚栓）位置的允许偏差应符合表5-1的规定。

表5-1 支承面、地脚螺栓（锚栓）位置的允许偏差

项目		允许偏差
支承面	标高	±3.0 mm
	水平度	1/1 000
地脚螺栓（锚栓）	螺栓中心偏移	5.0 mm
预留孔中心偏移		10.0 mm

（4）钢柱脚采用钢垫板作支承时，应符合下列规定：

①钢垫板面积应根据基础混凝土的抗压强度、柱脚底板下细石混凝土二次浇筑前柱底承受的荷载和地脚螺栓（锚栓）的紧固拉力计算确定。

②垫板应设置在靠近地脚螺栓（锚栓）的柱脚底板加劲板下，每根地脚螺栓

（锚栓）侧应设 1～2 组垫板，每组垫板不得多于 5 块。垫板与基础面和柱底面的接触应平整、紧密。当采用成对斜垫板时，其叠合长度不应大于垫板长度的 2/3。二次浇筑混凝土前垫板间应焊接固定。

③采用坐浆垫板时，应采用无收缩砂浆。柱子吊装前砂浆试块强度应高出基础混凝土强度一个等级。坐浆垫板的允许偏差应符合表 5－2 的规定。

表 5－2　坐浆垫板的允许偏差

项目	允许偏差/mm	项目	允许偏差
顶面标高	0	水平度	1/1 000
	−3.0	位置	20.0 mm

④地脚螺栓（锚栓）尺寸的允许偏差应符合表 5－3 的规定，地脚螺栓（锚栓）的螺纹应受到保护。

表 5－3　地脚螺栓（锚栓）尺寸的允许偏差

项目	允许偏差/mm	项目	允许偏差/mm
螺栓（锚栓）露出的长度	＋30	螺纹长度	＋30
	0.0		0.0

第六章
钢结构井道吊装施工

第一节　钢结构井道吊装机具

1. 轮胎式起重机

轮胎式起重机是一种装在专用轮胎式行走底盘上的全回转起重机，按传动方式分可分为机械式（QL)、电动式（QLD）和液压式（QLY）三种。

轮胎式起重机的构造与履带式起重机的构造基本相同，不同的是行驶装置，轮胎式起重机把起重机构安装在加重型轮胎和轮轴组成的特制盘上，重心低，起重平衡，底盘结构牢固，车轮间距大，两侧装有可伸缩的支腿，如图 6－1 所示。

图 6－1　轮胎式起重机示意图

轮胎式起重机常用型号有 QLY－8、QLY－16、QLY－40 等，以及日产多田野 TR－200E、TR－350E 和 TR－400E 型液压越野轮胎式起重机。

2. 独脚拔杆

独脚拔杆按材料分可分为木独脚拔杆、钢管独脚拔杆和型钢格构式独脚拔杆三种。

木独脚拔杆已很少使用，起重高度可达 20 m，起重量可达 150 kN；钢管独脚拔杆的起重高度可达 30 m，起重量可达 300 kN；型钢格构式独脚拔杆的起重高度可达 60 m，起重量可达 1 000 kN。

独脚拔杆的使用应遵守该拔杆性能的有关规定；为便于吊装，当倾斜使用时倾斜角度不宜大于 10°；拔杆的稳定主要依靠缆风绳，缆风绳一般为 5～12 根，缆风绳与地面夹角一般为 30°～45°（图 6－2）。

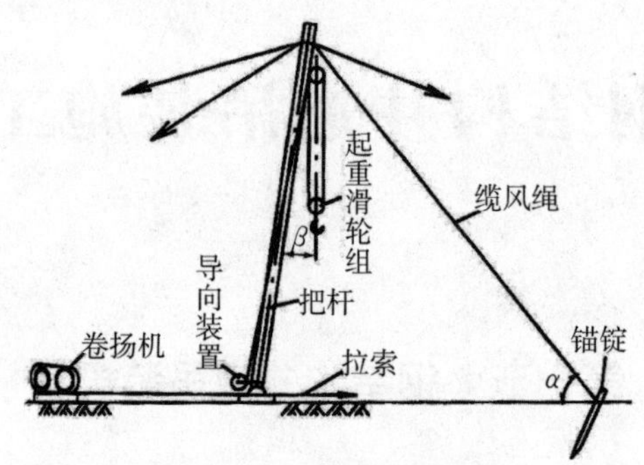

图 6－2　独脚拔杆示意图

第二节　索具设备

1. 千斤顶

千斤顶可以用来校正构件的安装偏差和校正构件的变形，也可以顶升和提升构件。常用千斤顶有螺旋式和液压式两种。

2. 卷扬机

电动卷扬机按其速度可分为快速、中速、慢速卷扬机。快速卷扬机可分为单筒和双筒，钢丝绳牵引速度为 25～50 m/min，单头牵引力为 4～80 kN，可用于垂直运输和水平运输等。慢速卷扬机多为单筒式，钢丝绳牵引速度为 6.5～22 m/min，单头牵引力为 5～10 kN，可用于大型构件安装等。

3. 地锚

地锚用来固定缆风绳、卷扬机、滑车、拔杆的平衡绳索等。常用的地锚有桩式地锚和水平地锚两种。桩式地锚是将圆木打入土中，承担拉力，用于固定受力不大的缆风绳。水平地锚是将一根或几根圆木绑扎在一起，水平埋入土中而成，如图

6－3所示。

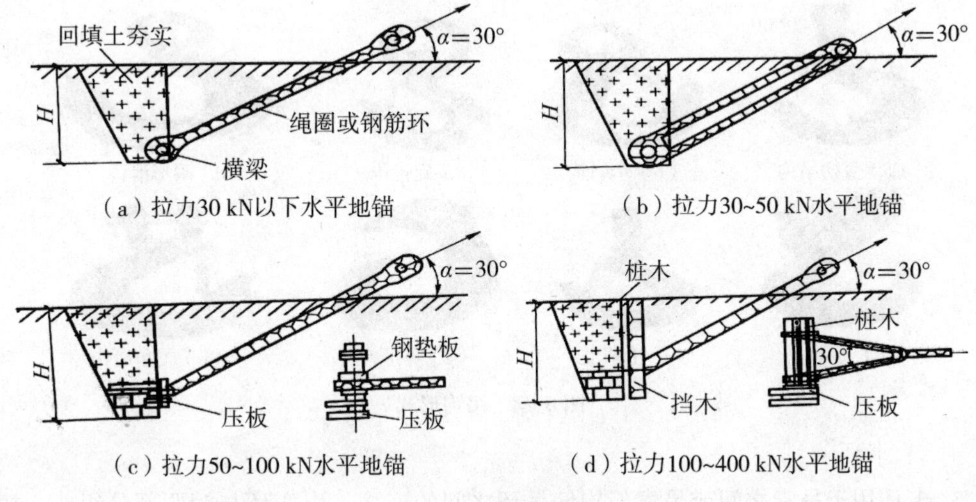

图 6－3　地锚形式

4. 倒链

倒链又称手拉葫芦、神仙葫芦，用来起吊轻型构件，拉紧缆风绳及拉紧捆绑构件的绳索等。

5. 滑车、滑车组

滑车又称葫芦。按其滑轮的多少可分为单门、双门、多门等；按滑车的夹板是否可以打开可分为开口滑车、闭口滑车；按其使用方式不同可分为定滑车、动滑车。定滑车可以改变力的方向，但不能省力；动滑车可以省力，但不能改变力的方向。

滑车组是由一定数量的定滑车和动滑车及绕过它们的绳索组成。根据跑头（滑车组的引出绳头）引出方向的不同可分为跑头自动滑车引出、跑头自定滑车引出、双联滑车组。

6. 钢丝绳

钢丝绳是吊装中的主要绳索，具有强度高、弹性大、韧性好、耐磨、能承受冲击荷载、工作可靠等特点。

结构吊装中常用的钢丝绳是由 6 束绳股和一根绳芯（一般为麻芯）捻成。每束绳股由许多高强钢丝捻成。

钢丝绳按绳股数及每股中的钢丝数区分，有 6 股 7 丝、6 股 19 丝、6 股 37 丝、6 股 61 丝等。吊装中常用的有 6 股 19 丝、6 股 37 丝两种。6 股 19 丝钢丝绳一般用做缆风强和吊索；6 股 37 丝钢丝绳一般用于穿绕滑车组和用作吊索；6 股 61 丝钢丝绳用于重型起重机。

7. 吊装工具

1）吊钩

吊钩常用优质碳素钢锻制而成，分为单吊钩和双吊钩两种。吊钩形式如图 6－4

所示。

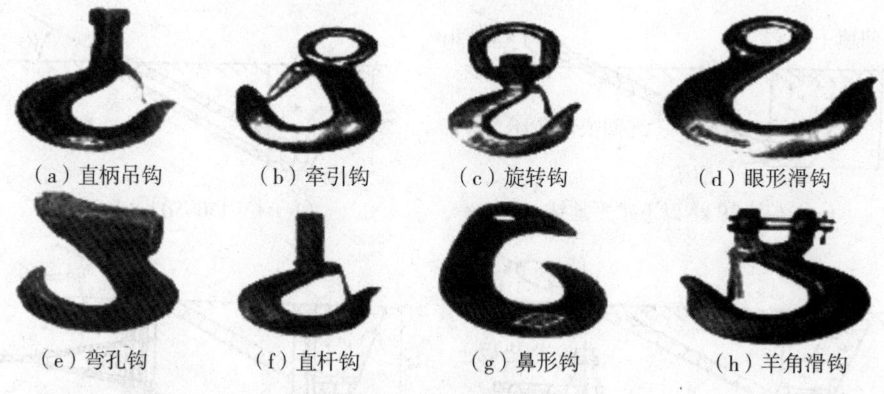

图 6-4　吊钩形式

2）卡环

卡环用于吊索之间或吊索与构件吊环之间的连接，由弯环与销两部分组成。按弯环形式分，有 D 形卡环和弓形卡环，如图 6-5 所示；按销与弯环的连接形式分，有螺栓式卡环和活络式卡环。

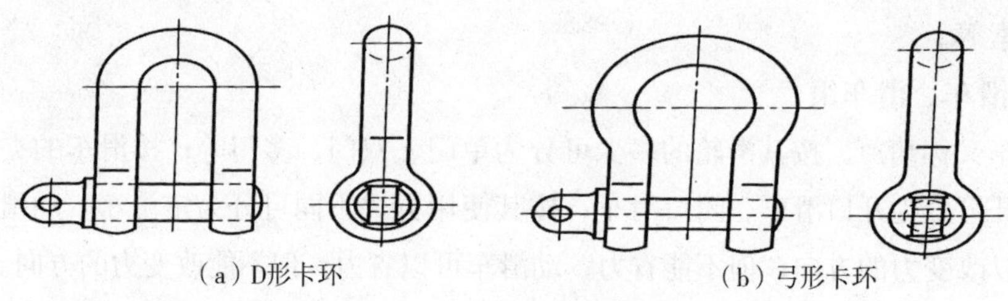

图 6-5　卡环按弯环形式分类

螺栓式卡环的销和弯环采用螺纹连接；活络式卡环的孔眼无螺纹，可直接抽出。螺栓式卡环使用较多，但在柱子吊装中多采用活络式卡环。

3）吊索

吊索又称千斤索。吊索是由钢丝绳制成的，因此钢丝绳的允许拉力即为吊索的允许拉力，在使用时，其拉力不应超过其允许拉力。轻便吊索如图 6-6 所示。吊索有环状吊索和开式吊索两种，具体形式如图 6-7 所示。

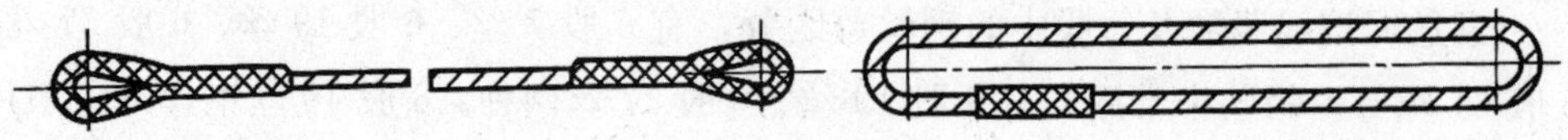

图 6-6　轻便吊索

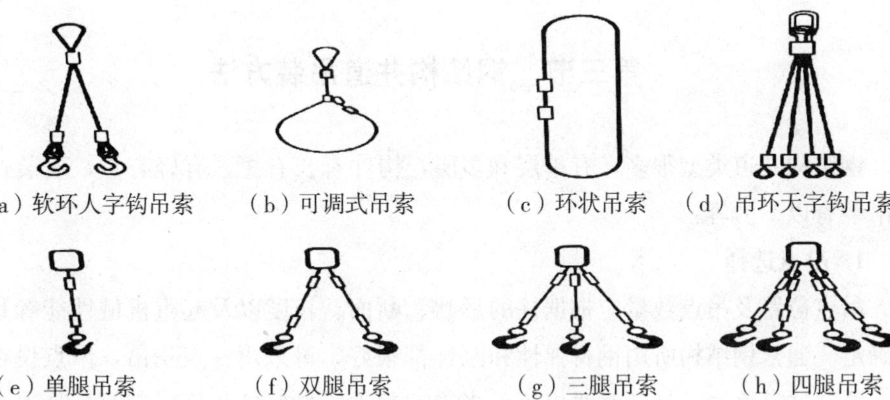

图 6－7　起重吊索形式

4）横吊梁

横吊梁又称铁扁担，常用于柱和屋架等构件的吊装。吊装柱子时容易使柱身直立而便于安装、校正；吊装屋架等构件时，可以降低起升高度和减小对构件的水平压力。

常用的横吊梁有滑轮横吊梁、钢板横吊梁、钢管横吊梁，如图 6－8、图 6－9、图 6－10 所示。吊装用平衡梁形式如图 6－11 所示。

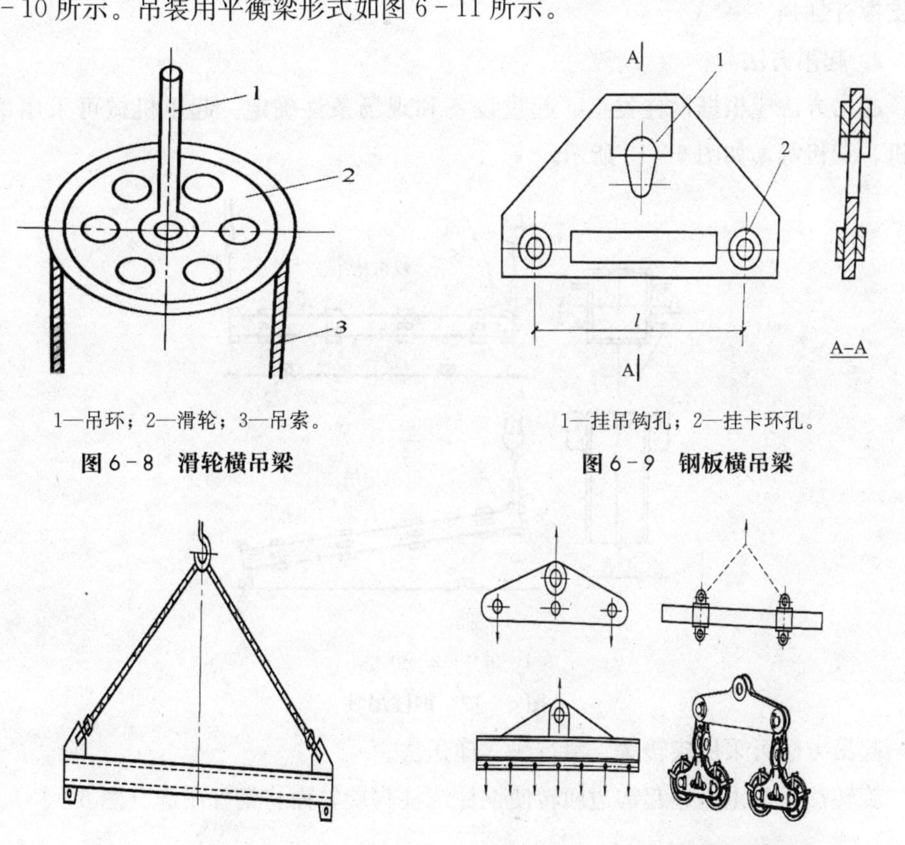

1—吊环；2—滑轮；3—吊索。

图 6－8　滑轮横吊梁

1—挂吊钩孔；2—挂卡环孔。

图 6－9　钢板横吊梁

图 6－10　钢管横吊梁

图 6－11　吊装用平衡梁形式

第三节　钢结构井道吊装方法

钢结构井道类型很多，有单层和多层，构件有长有短，有轻有重，安装过程中的吊装有以下内容：

1. 吊点选择

吊点位置及吊点数量应根据柱的形状、断面、长度以及起重机械性能等具体情况确定。通常钢结构所用钢材弹性和刚性都很好，可采用一点正吊，吊点设在柱顶处。这样柱身垂直，易于对线校正。当受到起重机械臂杆长度限制时，吊点也可设在柱长 1/3 处，此时吊点斜吊，对线校正较难。对细长钢柱，为防止钢柱变形，也可采用两点或三点吊。

为了保证吊装时索具安全及便于安装校正，吊装钢柱时在吊点部位预先装有吊耳，吊装完毕再割去。如不采用在吊点部位焊接吊耳，也可采用直接用钢丝绳绑扎钢柱，此时绑扎点处钢柱四角应用半圆钢管或方形木条做包角保护，以防钢丝绳割断。工字形钢柱为防止局部受挤压破坏，可加一加强肋板；吊装格构柱，绑扎点处加支撑杆加强。

2. 起吊方法

起吊方法应根据钢柱类型、起重设备和现场条件确定。起重机械可采用单机、双机、三机等，如图 6－12 所示。

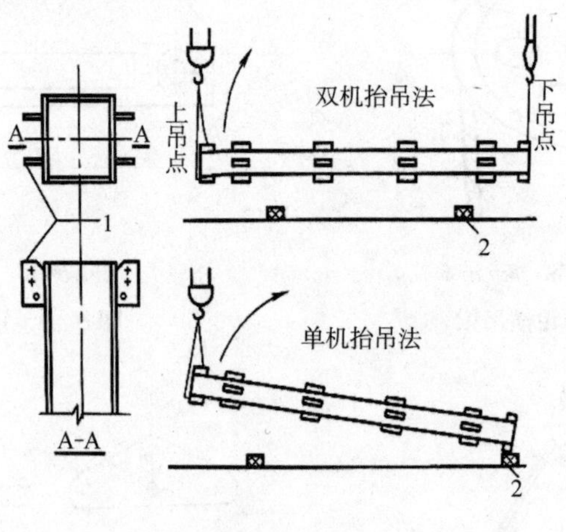

1—吊耳；2—垫木。

图 6－12　钢柱吊装

起吊方法可采用旋转法、滑行法、递送法。

旋转法是起重机边起钩边回转使钢柱绕柱脚旋转而将钢柱吊起（图 6－13）。

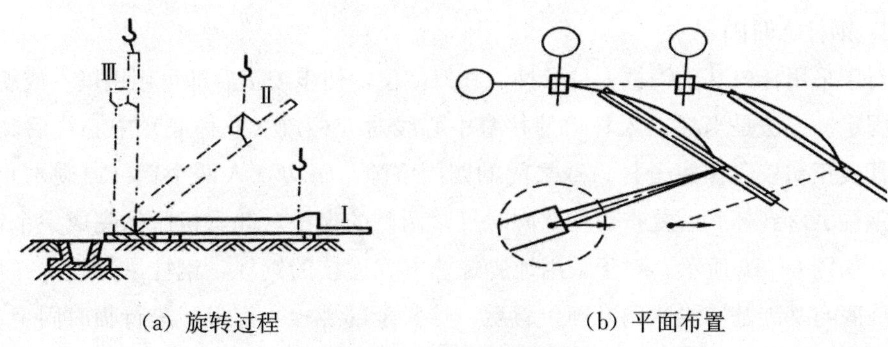

(a) 旋转过程　　(b) 平面布置

图 6－13　用旋转法吊柱

滑行法是采用单机或双机抬吊钢柱，起重机只起钩，使柱滑行而将钢柱吊起。为减小钢柱与地面的摩擦阻力，需要柱脚下铺设滑行道（图 6－14）。

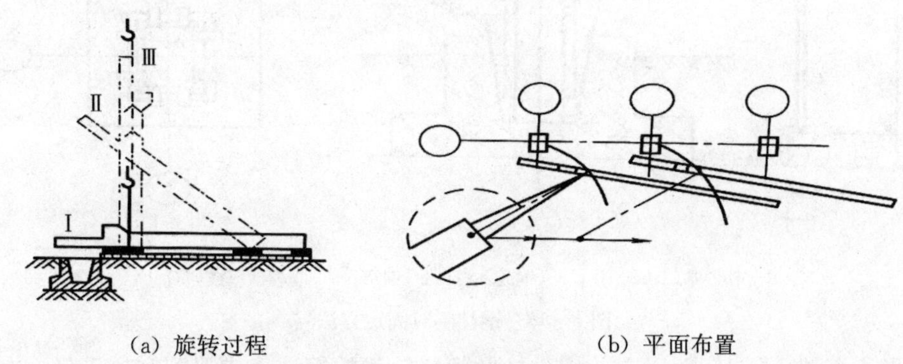

(a) 旋转过程　　(b) 平面布置

图 6－14　用滑行法吊柱

递送法采用双机或三机抬吊钢柱。一台为副机吊点选在钢柱下面，起吊时配合主机起钩，随着主机的起吊，副机行走或回转。在递送过程中副机承担了一部分荷载，将钢柱脚递送到柱基础顶面，副机脱钩卸去荷载，此时主机满荷，将柱就位（图 6－15）。

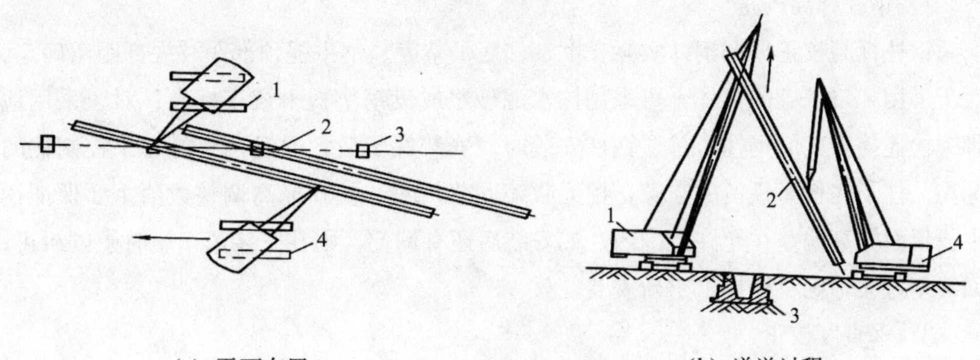

(a) 平面布置　　(b) 递送过程

1—主机；2—柱子；3—基础；4—副机。

图 6－15　双机抬吊递送法

3. 钢柱临时固定

对于采用杯口基础钢柱，柱子插入杯口就位，初步校正后即可用钢楔（或硬木）临时固定。方法是当柱插入杯口使柱身中心线对准杯口（或杯底）中心线后刹车，用撬杆拨正初校，在柱子杯口壁之间的四周空隙，每边塞入两个钢（或硬木）楔，再将钢柱下落到杯底后复查对位，同时打紧两侧的楔子，起重机脱钩完成一个钢柱吊装，如图 6－16 所示。对于采用地脚螺栓方式连接的钢柱，钢柱吊装就位并初步调整柱底与基础基准线达到准确位置后，拧紧全部螺栓、螺母，进行临时固定，达到安全后摘除吊钩。

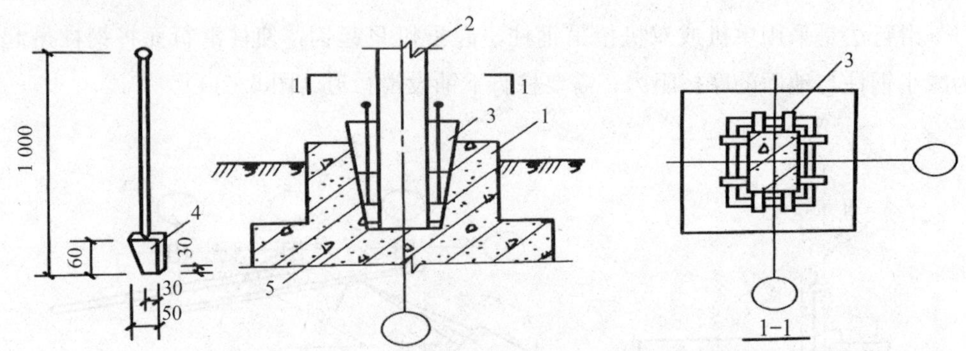

1—杯形基础；2—柱；3—钢或木楔；4—钢塞；5—嵌小钢塞或卵石。

图 6－16　钢柱临时固定方法

对于重型或高 10 m 以上的细长柱及杯口较浅的钢柱，或遇到刮风天气，有时还在钢柱大面两侧加设缆风绳或支撑来临时固定。

4. 钢柱的校正

钢柱的校正工作一般包括平面位置、标高及垂直度三个内容。钢柱的校正工作主要是校正垂直度和复查标高，钢柱的平面位置在钢柱吊装时基本校正完毕。

1）钢柱标高校正

钢柱标高校正根据钢柱实际长度、柱底平整度、钢牛腿顶部距柱底部距离确定。对于采用杯口基础的钢柱，可采用抹水泥砂浆或设钢垫板来校正标高；对于采用地脚螺栓连接方式的钢柱，首层钢柱安装时，安装柱子后，通过调整螺母来控制柱的标高；柱子底板下预留的空隙，用无收缩砂浆填实。基础标高调整数值主要保证钢牛腿顶面标高偏差在允许范围内。如安装后还有偏差，则在安装吊车梁时予以纠正；如偏差过大，则将柱拔出重新安装。

2）垂直度校正

钢柱垂直度校正可以采用两台经纬仪或吊线坠测量的方式进行观测，如图 6－17 所示。校正方法可以采用松紧钢楔、千斤顶顶推柱身、使柱子绕柱脚转动来校正垂直度；或采用不断调整柱底板下的螺母进行校正，直到校正完毕，将柱底板下的螺母拧紧。

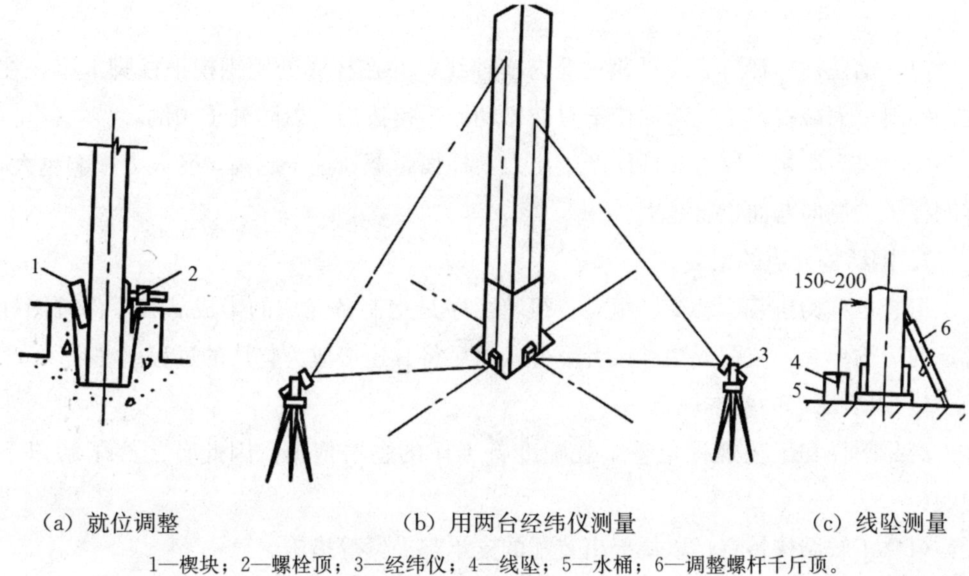

（a）就位调整　　（b）用两台经纬仪测量　　（c）线坠测量

1—楔块；2—螺栓顶；3—经纬仪；4—线坠；5—水桶；6—调整螺杆千斤顶。

图 6-17　柱子校正示意图

5. 最后固定

钢柱最后校正完毕后，应立即进行最后固定。

对无垫板安装钢柱的固定方法，是在柱子与杯口的空隙内灌注细石混凝土。灌注前，先清理并湿润杯口，灌注分两次进行，第一次灌注至楔子底面，待混凝土强度等级达到 25%后，拔出楔子，第二次灌注至杯口。对采用缆风绳校正法校正的柱子，须待第二次灌注混凝土强度等级达到 70%时，方可拆除缆风绳。

对有垫板安装钢柱的二次灌注方法，通常采用赶浆法或压浆法。赶浆法是在杯口一侧灌强度等级高一级的无收缩砂浆或细石混凝土，用细振动棒振捣使砂浆从柱底另一侧挤出，待填满柱底周围约 10 cm 高，接着在杯口四周均匀地灌细石混凝土至与杯口平。压浆法是在杯口空隙内插入压浆管与排气管，先灌 20 cm 高混凝土，并插捣密实，然后开始压浆，待混凝土被挤压上拱，停止顶压；再灌 20 cm 高混凝土顶压一次即可拔出浆管和排气管，继续灌注混凝土至与杯口平。本法适用截面很大、垫板高度较薄的杯底灌浆。

对于采用地脚螺栓连接方式的钢柱，当钢柱校正后拧紧螺母进行最后固定。

6. 钢柱安装的注意事项

（1）钢柱的校正应先校正偏差大的一面，后校正偏差小的一面，如两个面偏差数字相近，则应先校正小面，后校正大面。

（2）钢柱在两个方向垂直度校正好后，应再复查一次平面轴线和标高，如符合要求，则打紧柱四周八个楔子使其松紧一致，以免在风力作用下向松的一面倾斜。

（3）钢柱垂直度校正须用两台精密经纬仪观测，观测的上测点应设在柱顶，仪器架设位置应使其望远镜的旋转面与观测面尽量垂直（夹角应大于 75°），以避免产生测量误差。

(4) 钢柱插入杯口后应迅速对准纵横轴线，并在杯底处用钢楔把柱脚卡牢，在柱子倾斜一面敲打楔子，对面楔子只能松动，不得拔出，以防柱子倾倒。

(5) 风力影响。风力对柱面产生压力，柱面越宽、柱子越高，受风力影响越大，影响柱子的侧向弯曲也就越大。

7. 钢结构井道的组装

组装也称为拼装、装配、组立。组装工序是把制备完成的半成品和零件按图样规定的运输单元，装配成构件或者部件，然后将其连接成为整体的过程。

1) 组装工序的基本规定

产品图样和工艺规程是整个装配准备工作的主要依据，因此首先要了解以下问题：

(1) 了解结构特点，以便提出装配的支承与夹紧等措施。

(2) 了解各构件的相互配合关系、使用材料及其特性，以便确定装配方法。

(3) 了解装配工艺规程和技术要求，以便确定控制程序、控制基准及主要控制数值。

拼装必须按工艺要求的次序进行，当有隐蔽焊缝时，必须先予施焊，经检验合格后方可覆盖。当复杂部位不易施焊时，必须按工艺规定分别先后拼装和施焊。

组装前，零件、部件的接触面和沿焊缝边缘每边 30～50 mm 范围内的铁锈、毛刺、污垢、冰雪等应清除干净。布置拼装胎具时，其定位必须考虑预放出焊接收缩量及齐头、加工的余量。为减少变形，尽量采取小件组焊，经矫正后再大件组装。胎具及装出的首件必须经过严格检验，方可大批进行装配工作。组装时的点固焊缝长度宜大于 40 mm，间距宜为 500～600 mm，点固焊缝高度不宜超过设计焊缝高度的 2/3。

板材、型材的拼接，应在组装前进行；构件的组装应在部件组装、焊接、矫正后进行，以便减少构件的焊接残余应力，保证产品的制作质量。构件的隐蔽部位应提前进行涂装。

桁架结构的杆件装配时要控制轴线交点，其允许偏差不得大于 3 mm。装配时要求磨光顶紧的部位，其顶紧接触面应有 75%以上的面积紧贴，用 0.3 mm 的塞尺检查，其塞入面积应小于 25%，边缘间隙不应大于 0.8 mm。拼装好的构件应立即用油漆在明显部位编号，写明图号、构件号和件数，以便查找。

2) 钢结构构件组装方法

(1) 地样法。用 1∶1 的比例在装配平台上放出构件实样，然后根据零件在实样上的位置，分别组装起来成为构件。此装配方法适用于桁架、构架等小批量结构的组装。

（2）仿形复制装配法。先用地样法组装成单面（单片）的结构，然后定位点焊牢固，将其翻身，作为复制胎模，在其上面装配另一单面结构，往返两次组装。此种装配方法适用于横断面互为对称的桁架结构。

（3）立装。立装是根据构件的特点及其零件的稳定位置，选择自上而下或自下而上的顺序装配。此法用于放置平稳、高度不大的结构或者大直径的圆筒。

（4）卧装。卧装是将构件旋转于卧的位置进行的装配。卧装适用于断面不大但长度较大的细长构件。

（5）胎模装配法。胎模装配法是将构件的零件用胎模定位在其装配位置上的组装方法。此种装配法适用于制造构件批量大、精度高的产品。

钢结构组装方法的选择，必须根据构件特性和技术要求、制作厂的加工能力、机械设备等，选择有效的、满足要求的、效益高的方法。

3）组装工程的质量验收

钢结构组装工程的质量验收由主控项目和一般项目组成，其具体内容和要求按钢结构有关验收规范执行。

8. 电梯钢结构井道构件的矫正

在钢结构井道制作过程中，原材料变形、切割变形、焊接变形、运输变形等会经常影响构件的制作及安装。钢结构矫正就是通过外力或加热作用，使钢材较短部分的纤维伸长或使较长部分的纤维缩短，最后迫使钢材反变形，以使材料或构件达到平直及一定几何形状要求，并符合技术标准的工艺方法。

1）矫正的原理

利用钢材的塑性、热胀冷缩的特性，以外力或内应力作用迫使钢材反变形，消除钢材的弯曲、翘曲、凹凸不平等缺陷，以达到矫正的目的。

2）矫正的分类

按加工工序分为原材料矫正、成形矫正、焊后矫正等；按矫正时的外因可分为机械矫正、火焰矫正、高频热点矫正、手工矫正、热矫正等；按矫正时的温度可分为冷矫正、热矫正等。

机械矫正是在矫正机上进行，在使用时要根据矫正机的技术性能和实际使用情况进行选择。手工矫正多数用在小规格的各种型钢上，依靠锤击力进行矫正。火焰矫正是在构件局部用火焰加热，利用金属热胀冷缩的物理性能，冷却时产生很大的冷缩应力来矫正变形。

型钢在矫正前首先要确定弯曲点的位置，这是矫正工作不可缺少的步骤。目测法是现在常用的找弯方法，确定型钢的弯曲点时应注意型钢自重下沉产生的弯曲会影响准确性，对于较长的型钢放在水平面上，用拉线法测量。型钢矫正后的允许偏差按相应规范执行。

第七章
钢结构井道的防护

第一节　防锈处理

1. 防锈处理

所有暴露于空气中的材料均会随时间老化。钢材易受大气腐蚀，通常需要一定程度的防护措施。钢材防护须从以下几个方面进行认真地评估：①环境的侵蚀性；②结构要求的寿命；③维护计划；④制作和安装的方法；⑤美学。

众所周知，在空气与水分同时存在的情况下才会发生锈蚀。因此即使与水接触，倘若土壤具有气密性而使空气被隔离，则永久埋入的钢桩不会锈蚀。同样道理，空心截面的内部如果完全封闭，能够阻止潮湿空气的持续进入，则也不会被锈蚀。

适用的防护体系很多，可为钢结构提供经济、有效的保护。细部构造对防护措施的寿命有重要的影响。尤其对于外部构造，要避免水分和污垢在面层和构件之间积留。表 7-1 为有关锈蚀的注意事项。如果端部采用焊接封闭，则空心截面不需要进行内部防锈处理。对于在内部采用加劲肋并需要在以后进行检查的大型内部加强空心截面构件，如箱形大梁和浮筒，通常对其内部采取防锈措施。出入孔需要用带垫圈的盖板封闭，以尽量阻止水分的进入，这样就可以采用较经济的防锈措施。对于潜没式结构（如浮筒）难以接近进行维护，可采用阴极保护进行防锈。

表 7－1　防锈维护的合理细部构造

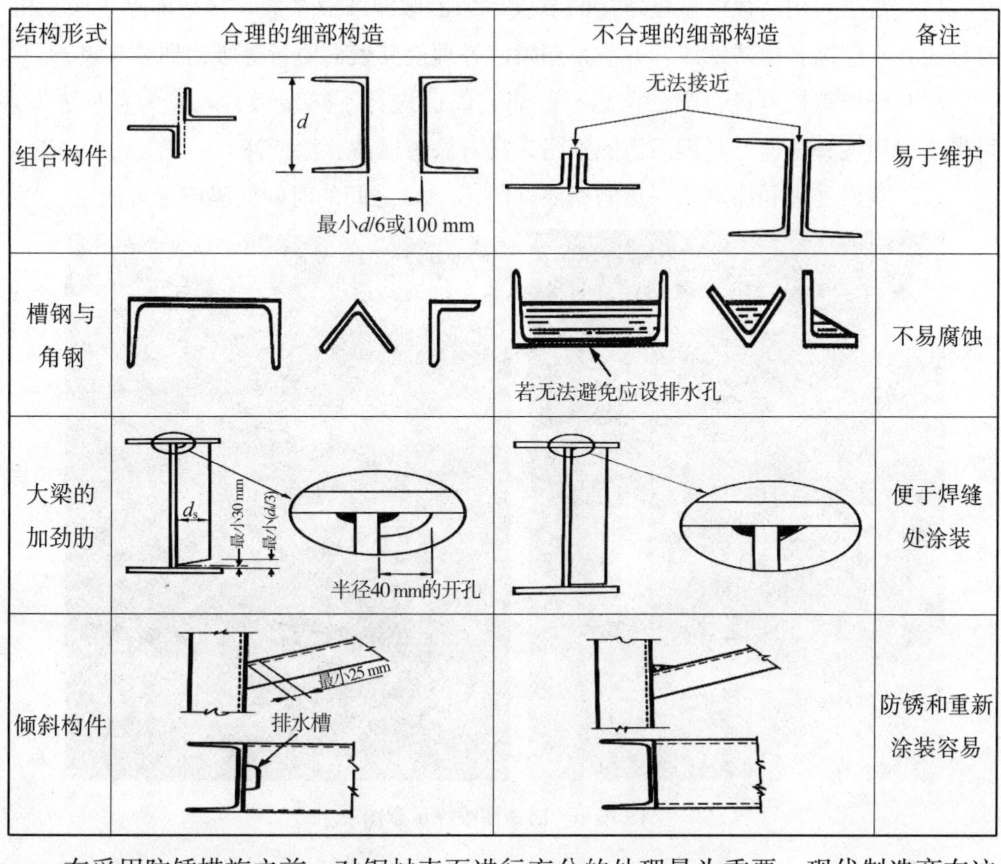

结构形式	合理的细部构造	不合理的细部构造	备注
组合构件			易于维护
槽钢与角钢			不易腐蚀
大梁的加劲肋			便于焊缝处涂装
倾斜构件			防锈和重新涂装容易

在采用防锈措施之前，对钢材表面进行充分的处理最为重要。现代制造商在这方面配备了精良的设备，极大地延长了防锈体系的寿命。

在外部环境中，将钢材表面的氧化皮全部清除掉尤其重要，它是轧制钢的高温表面与空气反应形成的氧化物。若不清除掉，它最终会锈蚀穿透构件。喷砂除锈广泛用于表面处理，其他的处理方法如手工除锈虽然可用于轻度锈蚀的情况，但是效率不高。

2. 防锈体系的选择

（1）金属涂层如热浸镀锌和喷铝可提供耐久的防锈层，对现场运输中的磨损更具抵抗力，但是通常费用较高。

（2）热浸镀锌不适用于厚度小于 5 mm 的钢板。焊接构件，尤其是细长的构件，因残余应力的释放容易产生变形，需要进行矫直。热浸镀锌特别适合在运输过程中易受到损坏的小构件，如运输中带有现场螺栓连接的塔架和格构大梁。

（3）大多数规格和形状的钢制品可采用热浸镀锌，但是镀锌槽的大小限制了可热浸镀锌的结构部件的大小和形状。大于镀锌槽尺寸不多的部件有时可采用两次浸入进行镀锌。虽然通常采用一次浸入镀锌，但两次浸入镀锌的防锈效果与一次浸入镀锌的效果没有什么不同。

(4) 对于采用高强度螺栓连接的节点，为了增加摩擦系数，接触面除了涂无机富锌漆外不应涂其他防锈漆，并应采用喷砂处理使其表面质量等级达到 2.5 级。

(5) 现场螺栓可进行喷砂除锈，除非它们已进行了热浸镀锌，作为备选方案，可考虑采用镀锌螺栓。紧固后清除油污，接着涂防锈漆、涂面漆。

(6) 表面处理和涂刷第一道防锈漆（图 7－1）之间的时间间隔应尽可能短。

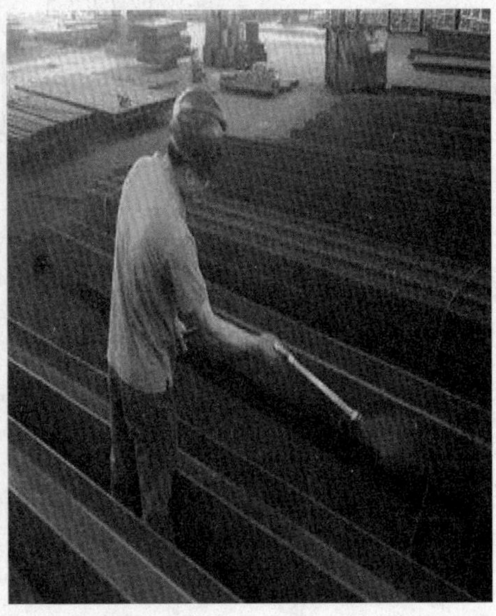

图 7－1　防锈漆喷涂示意图

第二节　防火涂装工程

钢构件虽然是非燃烧体，但未保护的钢柱、钢梁、钢楼板和屋顶承重构件的耐火极限仅为 0.25 h，为满足规范规定的 1～3 h 的耐火极限要求，必须施加防火保护。钢结构防火保护的目的就是在其表面提供一层绝热或吸热的材料，隔离火焰直接燃烧钢结构，阻止热量迅速传向钢基材，推迟钢结构温度升高的时间，使之达到规范规定的耐火极限要求，有利于安全疏散和消防灭火，避免和减轻火灾损失。

1. 钢结构井道防火涂料

钢结构防火涂料的选用应符合有关耐火极限的设计要求，其分类技术要符合现行国家标准《钢结构防火涂料》（GB 14907—2018）和《钢结构防火涂料应用技术规范》（CECS 24：90）的规定。

1）钢结构防火涂料按所用黏结剂的不同可分为有机类型防火涂料和无机类型防火涂料两大类，其分类如下：

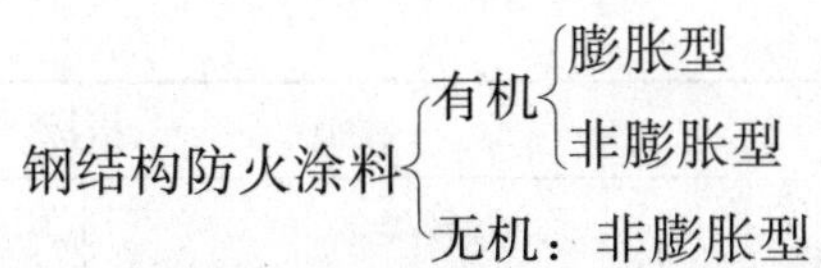

2）钢结构防火涂料按其涂层厚度及性能特点可分为B类和H类。

（1）B类：为膨胀型防火涂料，主要分为超薄型和薄涂型防火涂料。

这类涂料的基本成分组成（质量分数）是：黏结剂有机树脂或有机与无机复合物为10%～30%；有机和无机绝热材料为30%～60%；颜料和化学助剂为5%～15%；溶剂和稀释剂为10%～25%。它一般分为底涂、中涂和面涂（装饰层）涂料。涂层厚度小于等于3 mm的为超薄型防火涂料，涂层厚度大于3 mm且小于等于7 mm的为薄涂型防火涂料。

膨胀型防火涂料层薄、质量轻、抗振性好，具有较好的装饰性，高温时能膨胀增厚，可将钢构件的耐火极限由0.25 h提高到2 h左右；缺点是施工时气味较大，涂层易老化，若处于吸湿受潮状态会失去膨胀性。室内裸露的钢结构、轻型屋盖钢结构及有装饰要求的钢结构，宜优先用该种防火涂料。

（2）H类：为非膨胀型防火涂料，称为厚涂型防火涂料。

这类涂料又称为无机轻体喷涂材料或无机耐火喷涂物，其基本成分组成（质量分数）是：胶结料（硅酸盐水泥无机高温黏结剂等）为10%～40%；骨料（膨胀蛭石、膨胀珍珠岩或空心微珠等）为30%～50%；化学助剂（增稠剂、硬化剂、防水剂等）为1%～10%；自来水为10%～30%。根据设计要求，不同厚度的涂层可满足防火规范对各钢构件耐火极限的要求，涂层厚度一般为8～50 mm。这类涂料干密度小，热导率低，耐火隔热性好，能将钢构件的耐火极限由0.25 h提高到1.5～4 h。

厚涂型防火涂料一般不燃、无毒，具有耐老化、耐久性，适用于永久性建筑。室内隐蔽钢结构、高层全钢结构及多层厂房钢结构，当规定其耐火极限在1.5 h以上时，宜选用这种防火涂料。

另外，钢结构防火涂料应不含石棉，不用苯类溶剂，在涂装实干后应无刺激性气味，不腐蚀钢材；在预定的使用期内须保持其性能。露天钢结构所选用的防火涂料除与室内防火涂料具有相同耐火极限要求外还应具有优良的耐候性。

B类、H类防火涂料的技术性能应符合表7-2的规定。

表7-2　钢结构防火涂料的技术性能表

项目	指标	
	B类	H类
在容器中的状态	经搅拌后呈均匀液态或厚稠液体，无结块	经搅拌后呈均匀厚稠液体，无结块

表 7-2（续）

项目		指标	
		B类	H类
干燥时间（表干）/h		⩽12	⩽24
初期干燥抗裂性		一般不应出现裂纹，如有1～3条裂纹，其宽度应不大于0.5 mm	一般不应出现裂纹，如有1～3条裂纹，其宽度应不大于1 mm
外观与颜色		外观与颜色同样品相比，应无明显差别	
黏结强度/MPa		⩾0.15	⩾0.04
抗压强度/MPa			⩾0.3
干密度/（kg/m³）			⩽500
热导率/［W/（m·K）］			⩽0.116
抗振性		挠曲 $L/200$，涂层不起层、不脱落	
抗弯性		挠曲 $L/200$，涂层不起层、不脱落	
耐水性/h		⩾24	⩾24
耐冻融循环性/次		⩾15	⩾15
耐火性能	涂层厚度/mm	3.0、5.5、7.0	8、15、20、30、40、50
	耐火极限不低于/h	0.5、1.0、1.5	0.5、1.0、1.5、2.0、2.5、3.0

3）钢结构防火涂料按其使用场所可分为室内钢结构防火涂料和室外钢结构防火涂料。

（1）室内钢结构防火涂料：用于建筑物室内或隐蔽工程的钢结构表面。

（2）室外钢结构防火涂料：用于建筑物室外或露天工程的钢结构表面。

2. 钢结构防火涂料的命名

钢结构防火涂料的命名以汉语拼音字母的缩写为代号，N和W分别代表室内和室外，CB、B和H分别代表超薄型、薄型和厚型三类，各类涂料名称与代号对应关系如下：

（1）室内超薄型钢结构防火涂料（NCB）。

（2）室内薄型钢结构防火涂料（NB）。

（3）室内厚型钢结构防火涂料（NH）。

（4）室外超薄型钢结构防火涂料（WCB）。

（5）室外薄型钢结构防火涂料（WB）。

（6）室外厚型钢结构防火涂料（WH）。

3. 钢结构防火涂料的性能指标

室内钢结构防火涂料技术性能应符合表 7－3 的要求，室外钢结构防火涂料技术性能应符合表 7－4 的要求。

表 7－3　室内钢结构防火涂料技术性能

<table>
<tr><th rowspan="2">序号</th><th rowspan="2" colspan="2">检验项目</th><th colspan="3">技术指标</th><th rowspan="2">缺陷分类</th></tr>
<tr><th>NCB</th><th>NB</th><th>NH</th></tr>
<tr><td>1</td><td colspan="2">在容器中的状态</td><td>经搅拌后呈均匀细腻状态，无结块</td><td>经搅拌后呈均匀液态或稠厚液体状态，无结块</td><td>经搅拌后呈均匀稠厚液体状态，无结块</td><td>C</td></tr>
<tr><td>2</td><td colspan="2">干燥时间(表干)/h</td><td>≤8</td><td>≤12</td><td>≤24</td><td>C</td></tr>
<tr><td>3</td><td colspan="2">外观与颜色</td><td>涂层干燥后，外观与颜色同样品相比应无明显差别</td><td>涂层干燥后，外观与颜色同样品相比应无明显差别</td><td>—</td><td>C</td></tr>
<tr><td>4</td><td colspan="2">初期干燥抗裂性</td><td>不应出现裂纹</td><td>允许出现 1～3 条裂纹，其宽度≤0.5 mm</td><td>允许出现 1～3 条裂纹，其宽度≤1 mm</td><td>C</td></tr>
<tr><td>5</td><td colspan="2">黏结强度/MPa</td><td>≥0.20</td><td>≥0.15</td><td>≥0.04</td><td>B</td></tr>
<tr><td>6</td><td colspan="2">抗压强度/MPa</td><td>—</td><td>—</td><td>≥0.3</td><td>C</td></tr>
<tr><td>7</td><td colspan="2">干密度/（kg/m³）</td><td>—</td><td>—</td><td>≤500</td><td>C</td></tr>
<tr><td>8</td><td colspan="2">耐水性/h</td><td>≥24，涂层应无起层、发泡、脱落现象</td><td>≥24，涂层应无起层、发泡、脱落现象</td><td>≥24，涂层应无起层、发泡、脱落现象</td><td>B</td></tr>
<tr><td>9</td><td colspan="2">耐冷热循环性/次</td><td>≥15，涂层应无开裂、剥落、起泡现象</td><td>≥15，涂层应无开裂、剥落、起泡现象</td><td>≥15，涂层应无开裂、剥落、起泡现象</td><td>B</td></tr>
<tr><td rowspan="2">10</td><td>耐火性能</td><td>涂层厚度(不大于)/mm</td><td>2.00±0.20</td><td>5.00±0.50</td><td>25±2</td><td rowspan="2">A</td></tr>
<tr><td colspan="2">耐火极限（不低于）/h(以 136b 或 140b 标准工字钢梁作基材)</td><td>1.0</td><td>1.0</td><td>2.0</td></tr>
</table>

注：裸露钢梁耐火极限为 15 min（136b、140b 标准工字钢梁验证数据），作为表中 0 mm 涂层厚度耐火极限基础数据。

表 7-4　室外钢结构防火涂料技术性能

检验项目	技术指标			缺陷分类
	WCB	WB	WH	
在容器中的状态	经搅拌后呈均匀细腻状态，无结块	经搅拌后呈均匀液态或稠厚液体状态，无结块	经搅拌后呈均匀稠厚液体状态，无结块	C
干燥时间（表干）/h	≤8	≤12	≤24	C
外观与颜色	涂层干燥后，外观与颜色同样品相比应无明显差别	涂层干燥后，外观与颜色同样品相比应无明显差别	—	C
初期干燥抗裂性	不应出现裂纹	允许出现 1～3 条裂纹，其宽度≤0.5 mm	允许出现 1～3 条裂纹，其宽度≤1 mm	C
黏结强度/MPa	≥0.20	≥0.15	≥0.04	B
抗压强度/MPa	—	—	≥0.5	C
干密度/（kg/m^3）	—	—	≤650	C
耐曝热性/h	≥720，涂层应无起层、脱落、空鼓、开裂现象	≥720，涂层应无起层、脱落、空鼓、开裂现象	≥720，涂层应无起层、脱落、空鼓、开裂现象	B
耐湿热性/次	≥504，涂层应无起层、脱落现象	≥504，涂层应无起层、脱落现象	≥504，涂层应无起层、脱落现象	B
耐冻融循环性/次	≥15，涂层应无开裂、剥落、起泡现象	≥15，涂层应无开裂、剥落、起泡现象	≥15，涂层应无开裂、剥落、起泡现象	B
耐酸性/h	≥360，涂层应无起层、脱落、开裂现象	≥360，涂层应无起层、脱落、开裂现象	≥360，涂层应无起层、脱落、开裂现象	B
耐碱性/h	≥360，涂层应无起层、脱落、开裂现象	≥360，涂层应无起层、脱落、开裂现象	≥360，涂层应无起层、脱落、开裂现象	B
耐盐雾腐蚀性/次	≥30，涂层应无起泡、明显的变质、软化现象	≥30，涂层应无起泡、明显的变质、软化现象	≥30，涂层应无起泡、明显的变质、软化现象	B

表 7-4（续）

检验项目		技术指标			缺陷分类
		WCB	WB	WH	
耐火性能	涂层厚度(不大于)/mm	2.00±0.20	5.00±0.50	25±2	A
	耐火极限(不低于)/h(以 136b 或 140b 标准工字钢梁作基材)	1.0	1.0	2.0	

注：裸露钢梁耐火极限为 15 min（136b、140b 标准工字钢梁验证数据），作为表中 0 mm 涂层厚度耐火极限基础数据，耐久性项目（耐曝热性、耐湿热性、耐冻融循环性、耐酸性、耐碱性、耐盐雾腐蚀性）的技术要求除表中规定外，还应满足附加耐火性能的要求，方能判定该对应项性能合格。耐酸性和耐碱性可仅进行其中一项测试。

4. 钢结构防火涂装作业条件的一般规定

（1）防火涂料涂装施工前，钢结构工程已检查验收合格，并符合设计要求。

（2）通常情况下，应在钢结构安装就位，与其相连的吊杆、马道、管架及其相关联的构件安装完毕，并经验收合格之后，才能进行喷涂施工。如若提前施工，对钢构件实施防火喷涂后，再进行吊装，则安装好后应对损坏的涂层及钢结构的接点进行补喷。

（3）喷涂前，钢结构表面应除锈，并根据使用要求确定防锈年限。除锈和防火处理应符合现行国家标准《钢结构工程施工质量验收标准》（GB 50205—2020）中有关规定。对大多数钢结构而言，需要涂防锈底漆。防锈底漆与防火涂料不应发生化学反应。

（4）喷涂前，钢结构表面的尘土、油污、杂物等应清除干净。钢构件连接处 4～12 mm 宽的缝隙应采用防火涂料或其他防火材料，如硅酸铝纤维棉、防火堵料等填补堵平。当钢构件表面已涂防锈面漆，涂层硬而光亮，明显影响防火涂料黏结力时，应采用砂纸适当打磨再喷。

（5）钢结构防火涂料的施工应在室内装饰之前和不被后期工程所损坏的条件下进行。施工时，对不需作防火保护的墙面、门窗、机器设备和其他构件应采用塑料布遮挡保护。刚施工的涂层，应防止雨淋、脏液污染和机械撞击。

（6）施工时的环境温度宜保持 5～38 ℃，相对湿度不大于 90%，空气应流通。当风速大于 5 m/s 或雨天和构件表面有结露时，不宜作业。

（7）在同一工程中，每使用 100 t 薄涂型钢结构防火涂料应抽样检测一次黏结强度，每使用500 t厚涂型钢结构防火涂料应抽样检测一次黏结强度和抗压强度。

（8）钢结构防火涂料出厂时，产品质量应符合有关标准的规定，并应附有涂料品种名称、技术性能、制造批号、储存期限和使用说明。

（9）钢结构的防火涂料必须有国家检测机构的耐火极限检测报告和理化性能检测报告，必须有防火监督部门核发的生产许可证和生产厂方的产品合格证。

5. 主要机具

防火涂装的主要机具见表7－5。

表7－5　防火涂装的主要机具

序号	机具名称	型号	单位	用途
1	便携式搅拌机		台	配料
2	压送式喷涂机		台	厚涂型涂料喷涂
3	重力式喷枪		台	薄涂型涂料喷涂
4	空气压缩机	0.6～0.9 m^3/min	台	喷涂
5	抹灰刀		把	手工涂装
6	砂布		张	基层处理

6. 工艺流程

防火涂装的工艺流程如图7－2所示。

图7－2　防火涂装的工艺流程

7. 涂装处理及喷涂方式

1）薄涂型钢结构防火涂料的涂装

（1）薄涂型钢结构防火涂料的底层（或主涂层）宜采用重力式喷枪喷涂，配能够自动调压的0.6～0.9 m^3/min的空压机，喷嘴直径为4～6 mm，空气压力为0.4～0.6 MPa。局部修补和小面积施工可用手工抹涂。面层装饰涂料可刷涂、喷涂或滚涂，一般采用喷涂施工。

（2）双组分装的涂料应按说明书规定在现场调配；单组分装的涂料应充分搅拌。喷涂后不应发生流淌和下坠。

（3）当钢基材表面除锈和防锈处理符合要求，尘土等杂物清除干净后方可进行底层施工。底层一般喷2～3遍，施工间隔4～24 h。待前一遍涂层基本干燥后再喷涂一遍，第一遍喷涂盖住钢材基面70%即可，第二、第三遍喷涂厚度不应超过2.5 mm。

（4）底层喷涂时手握喷枪要稳，喷嘴与钢材表面垂直或成70°角，喷口到喷面距离为40～60 cm，要求旋转喷涂，注意搭接处颜色一致，厚薄均匀。喷涂时应确保涂层完全闭合，轮廓清晰，厚薄均匀，防止漏涂和面层流淌。

（5）底层喷涂后，如果喷涂形成的涂层是粒状表面，当设计要求涂层表面要平整光滑时，待喷涂完最后一遍，应采用抹灰刀等工具进行抹平处理，确保外表面均匀平整。

（6）当底层厚度符合设计规定，并基本干燥后，方可施工面层涂料。面层涂料一般涂饰1～2遍，如果第一遍是从左至右喷，第二遍则应从右至左喷，以确保全部覆盖住底涂层。对于露天钢结构的防火保护，喷好防火的底涂层后，也可选用适合建筑外墙用的面层涂料作为防水装饰层。

2）厚涂型钢结构防火涂料的涂装

（1）厚涂型钢结构防火涂料宜采用压送式喷涂机喷涂，配能够自动调压的0.6～0.9 m^3/min的空压机，空气压力为0.4～0.6 MPa，喷枪口径宜为6～10 mm。局部修补可采用抹灰刀等工具手工抹涂。

（2）由工厂制造好的单组分湿涂料，现场应采用便携式搅拌器搅拌均匀。由工厂提供的干粉料，在现场加水或其他稀释剂调配时，应按涂料说明书规定配比混合搅拌，边配边用。由工厂提供的双组分涂料，按涂料说明书规定配比混合搅拌，边配边用，特别是化学固化干燥的涂料，配制的涂料必须在规定的时间内用完。搅拌的调配涂料，应使稠度适宜，既能在输送管道中畅通流动，又能使喷涂后不会流淌和下坠。

（3）喷涂应分若干次完成，第一次喷涂以基本盖住钢构件基材面即可，以后每次喷涂厚度为5～10 mm，一般以7 mm左右为宜。必须在前一次喷涂层基本干燥或固化后，再喷涂一遍，喷涂保护方式、喷涂遍数与涂层厚度应根据施工设计要求确定。喷涂时，持枪手紧握喷枪，注意移动速度，不能在同一位置久留，造成涂料堆积流淌；配料及往挤压泵加料均要连续进行，不得停顿。施工过程中，操作者应采用测厚针检测涂层厚度，直到符合设计规定的厚度方可停止喷涂。喷涂后的涂层要适当维修，对明显的乳突应采用抹灰刀等工具剔除，以确保涂层表面均匀。

（4）涂层应在规定的时间内干燥固化，各层间黏结牢固，不出现粉化、串鼓、脱落和明显裂纹。钢结构的接头、转角处的涂层应均匀一致，无漏涂出现。涂层厚度应达到设计要求，如某些部位的涂层厚度未达到规定厚度值的85%，或者虽达到规定厚度值的85%但未达到规定厚度部位的连续面积的长度超过1 m时应补喷，使其符合规定的厚度。

第三节　高处作业一般要求

（1）高处作业的安全技术措施及其所需料具，必须列入工程的施工组织设计。

(2) 单位工程施工负责人应对工程的高处作业安全技术负责并建立相应的责任制。施工前应逐级进行安全技术教育及交底，落实所有安全技术措施和人身防护用品，未经落实时不得进行施工。

(3) 高处作业中的设施、设备必须在施工前进行检查，确认其完好方能投入使用。

(4) 攀登和悬空作业人员，必须经过专业技术培训及专业考试合格，持证上岗，并必须定期进行身体检查。

(5) 施工中对高处作业的安全技术设施，发现有缺陷和隐患时，必须及时解决；危及人身安全时，必须停止作业。

(6) 施工作业场所有坠落可能的物件，应一律先进行撤除或加以固定。高处作业中所用的物料均应堆放平稳，不妨碍通行和装卸。随手用工具应放在工具袋内。作业中走道内的余料应及时清理干净，不得任意乱掷或向下丢掷。传递物件禁止抛掷。

(7) 雨天和雪天进行高处作业时，必须采取可靠的防滑、防寒和防冻措施。有水、冰、霜、雪时均应及时清除。对进行高处作业的高耸建筑物，应事先设计避雷设施，遇有六级以上强风、浓雾等恶劣气候，不得进行露天攀登与悬空高处作业。暴风雪及台风暴雨后，应对高处作业安全设施逐一加以检查，发现问题立即修理完善。

(8) 钢结构吊装前应进行安全防护设施的逐项检查和验收，验收合格后方可进行高处作业。

第四节　临边作业安全要求

(1) 基坑周边，尚未安装栏杆或栏板的阳台、料台和挑平台周边，雨篷与挑檐边，无外脚手架的屋面与楼面周边及水箱与水塔周边，桁架、梁上工作人员行走处，柱顶工作平台，拼装平台等处，都必须设防护栏杆。

(2) 多层、高层及超高层楼梯口和梯段边，必须安装临时护栏。顶层楼梯口应随工程结构进度安装正式防护栏杆。

(3) 井架、施工用电梯和脚手架等与建筑物通道的两侧边，必须设防护栏，地面通道上部应装设安全防护棚。

(4) 各种垂直运输接料平台，除两侧设防护栏杆外，平台口还应设计安全的或活动的防护栏杆，接料平台两侧的栏杆必须自上而下加挂安全立网。

(5) 防护栏杆具体做法及技术要求应符合《建筑施工高处作业安全技术规范》(JGJ 80—2016) 的有关规定。

第五节 洞口作业安全要求

进入洞口作业，以及在因工程和工序需要而产生的使人与物有坠落危险或危及人身安全的其他洞口进行高处作业时，必须设置防护设施。

(1) 板与墙的洞口，必须设置牢固的盖板、防护栏杆、安全网或其他防坠落的防护设施。

(2) 电梯井口必须设防护栏杆或固定栅门，电梯井内应每隔两层并最多隔 10 m 设一层安全平网。

(3) 施工现场通道附近的各类洞口与坑槽等处，除应设置防护设施与安全标志外，夜间还应设红灯示警。

(4) 桁架间安装支撑前应加设安全网。

(5) 洞口防护设施具体做法及技术要求应符合《建筑施工高处作业安全技术规范》(JGJ 80—2016) 的有关规定。

第六节 攀登作业安全要求

现场登高应借助建筑结构或脚手架上的登高设施，也可采用载人的垂直运输设备，进行攀登作业时，也可使用梯子或采用其他攀登设施。

(1) 柱、梁和行车梁等构件吊装所需的直爬梯及其他登高用的攀件，应在构件施工图或说明内作出规定。攀登的用具在结构构造上必须牢固可靠。

(2) 梯脚底部应垫实，不得垫高使用，梯子上端应有固定措施。

(3) 钢柱安装登高时，应使用钢挂梯或设置在钢柱上的爬梯。钢柱的接柱施工应使用梯子或操作台。

(4) 登高安装钢梁时，应视钢梁高度在两端设置挂梯或搭设钢管脚手架。梁面上需行走时，其一侧的临时护栏横杆可采用钢索，当改为扶手绳时，绳的自然下垂度不应大于 $L/20$，并应控制在 100 mm 以内。

(5) 在钢屋架上下弦登高操作时，对于三角形屋架应在屋脊处，梯形屋架应在两端，设置攀登时上下的梯架。钢屋架吊装前，应在上弦设置防护栏杆，并应预先在下弦挂设安全网，吊装完毕后，即将安全网铺设固定。

(6) 登高用的梯子必须安装牢固，梯子与地面夹角以 60°～70°为宜。

第七节 悬空作业安全要求

悬空作业处应有牢固的立足处，并必须视具体情况配置防护拦网、栏杆或其他安全设施。

(1) 悬空作业所用的索具、脚手架、吊笼、平台等设备，均需经过技术鉴定或验证方可使用。

(2) 钢结构的吊装，构件应尽可能在地面组装，并应搭设进行临时固定、电焊、高强度螺栓连接等工序的高空安全设施，随构件同时上吊就位。拆卸时的安全措施，也应一并考虑落实。高空吊装大型构件前，也应搭设悬空作业中所需的安全设施。

(3) 进行预应力张拉时，应搭设站立操作人员和设置张拉设备用的牢固可靠的脚手架或操作平台。预应力张拉区域应设指示明显的安全标志，禁止非操作人员进入。

(4) 悬空作业人员必须系好安全带。

第八节　交叉作业安全要求

(1) 结构安装过程各工程进行上下立体交叉作业时，不得在同一垂直方向上操作，下层作业的位置必须处于依上层高度确定的可能坠落范围半径以外，不符合以上条件时，应设置安全防护层。

(2) 楼梯口、通道口、脚手架边缘等处，严禁堆放任何拆下的构件。

(3) 结构施工自二层起，凡人员进出的通道口（包括井架、施工用电梯的进出通道口）均应搭设安全防护棚。高度超出 24 m 的层次上的交叉作业，应设双层防护。

(4) 由于上方施工可能坠落物件或处于起重机把杆回转范围之内的通道，在其受影响的范围内，必须搭设顶部能防止穿透的双层防护廊。

第九节　起吊安装作业安全要求

(1) 起重机的行驶道路必须坚实可靠。起重机不得停在斜坡上工作，也不允许起重机两个履带一高一低。

(2) 严禁超载吊装，超载有两种危害：一是断绳重物下坠，二是“倒塔”。

(3) 禁止斜吊，斜吊会造成超负荷及钢丝绳出槽，甚至造成拉断绳索和翻车事故；斜吊会使物体在离开地面后发生快速摆动，可能会砸伤人或砸坏其他物体。

(4) 要尽量避免满负荷行驶，构件摆动越大，超负荷就越多，就可能发生翻车事故。短距离行驶，只能将构件离地 30 cm 左右，且要慢行，并将构件转至起重机的前方，拉好溜绳，控制构件摆动。

（5）有些起重机的横向与纵向的稳定性相差很大，必须熟悉起重机纵横两个方向的性能，进行吊装工作。

（6）双机抬吊时，要根据起重机的起重能力进行合理的负荷分配（每台起重机的负荷不宜超过其安全荷载的80%），并在操作时要统一指挥。两台起重机的驾驶员应互相密切配合，防止一台起重机失重而使另一台起重机超载。在整个抬吊过程中，两台起重机的吊钩滑车组均应基本保持铅垂状态。

（7）绑扎构件的吊索须经过计算，所有起重机工具应定期进行检查，对损坏者做出鉴定，绑扎方法应正确牢靠，以防吊装中吊索破断或从构件上滑脱，使起重机失重而倾翻。

（8）风载会造成“倒塔”，工作完毕后遇有大风或台风警报时，应拉好缆风绳。

（9）吊装前安全技术交底应交代清楚以下内容：

①吊装构件的特性特征、质量、重心位置、几何尺寸、吊点位置、安装高度及安装精度等。

②所选用的起重机械的主要机械性能和使用注意事项。

③指挥信号及信号传递系统要求。

④吊装方法、吊装顺序及进度计划安排。

（10）各类起重机的操作人员和起重机的指挥人员必须是经过专门的操作技术和安全技术培训，并考核合格，取得操作证和指挥合格证者，严禁无证人员操作起重机或指挥起重机作业。

（11）起重机具、起重机械各部件等应定期检查，发现问题立即解决。

第十节　防止高空坠落和物体落下伤人

（1）为防止高处坠落，操作人员在进行高处作业时，必须正确使用安全带。安全带一般应高挂低用，即将安全带绳端挂在高的地方，而人在较低处操作。

（2）在高处安装构件时，要经常使用撬杠校正构件的位置，必须防止因撬杠滑脱而引起的高空坠落。

（3）在雨期、冬期施工时，构件上常因潮湿或积有冰雪而容易使操作人员滑倒，采取清扫积雪后再安装，高空作业人员必须穿防滑鞋方可操作。

（4）高空作业人员在脚手板上通行时应思想集中，防止踏上探头板而从高空坠落。

（5）地面操作人员必须戴好安全帽。

（6）高空操作人员使用的工具及安装用的零部件，应放入随身佩戴的工具袋内，不可随便向下丢掷。

（7）高空用气割或电焊切割时，应采取措施防止切割下的金属或火花落下伤人。

（8）地面操作人员尽量避免在高空作业的正下方停留或通过，也不得在起重机的吊杆和正在吊装的构件下停留或通过。

（9）构件安装后，必须检查连接质量无误后，才能松钩或拆除临时固定工具，以防构件掉下伤人。

（10）设置吊装禁区，禁止与吊装作业无关的人员入内。

第十一节　防止触电

（1）电焊机的电源线电压为 380 V，由于电焊机经常移动，为防止电源线磨破，一般长度不超过 5 m，并应架高。手把线的正常电压为 60～80 V，如果电焊机原线圈损坏，手把线电压就会和供电线电压相同，因此手把线质量应该是很好的，如果有破皮情况，必须及时用绝缘胶布严密包扎或更换。此外，电焊机的外壳应该接地。

（2）使用塔式起重机或长吊杆的其他类型起重机时，应有避雷防触电设施。轨道式起重机当轨道较长时，每隔 20 m 应加装一组接地装置。

（3）各种起重机严禁在架空输电线路下面工作，在通过架空输电线路时应将起重臂落下，并确保与架空输电线的安全距离符合表 7－6 的规定。

表 7－6　起重机与架空输电线的安全距离

输电线电压/kV	垂直安全距离/m	水平安全距离/m
1	1.3	1.5
1～20	1.5	2.0
35～110	2.5	4
154	2.5	5
220	2.5	6

（4）电器设备不得超铭牌规格使用。

（5）使用手操式电动工具或在雨期施工时，操作人员应戴绝缘手套或站在绝缘台上。

（6）严禁带电作业。

（7）一旦发生触电事故，必须尽快使触电者脱离带电体。

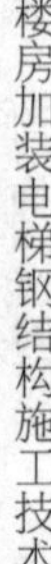

第十二节　防止氧气瓶、乙炔瓶爆炸

（1）氧气瓶与乙炔瓶的安全距离应保持 5 m 以上。

（2）氧气瓶不应放在阳光下暴晒，更不可接近火源，要求与火源距离不小于10 m。

（3）在冬期，如果瓶的阀门发生冻结，应该用干净的热布把阀门烫热，不可用火熏。

（4）氧气遇油也会引起爆炸，因此不能用油手接触氧气瓶，还要防止起重机或其他机械油落到氧气瓶上。

第八章

钢结构识图

第一节 钢结构识图基本知识

1. 建筑制图标准及相关规定

钢结构工程制图隶属于建筑制图，为了统一建筑工程图样的画法，住房和城乡建设部颁发了《房屋建筑制图统一标准》（GB/T 50001—2017）、《总图制图标准》（GB/T 50103—2010）、《建筑制图统一标准》（GB 50104—2010）、《建筑结构制图标准》（GB/T 50105—2010），详细规定了建筑制图的要求。工程建筑人员应熟悉并严格遵守国家标准的有关规定。

2. 图幅

图幅即图纸幅面的大小。为了使图纸规整，便于装订和保管，《房屋建筑制图统一标准》（GB/T 50001—2017）对图纸的幅面作了统一的规定。所有设计图纸的幅面必须符合国家标准的规定（表 8 - 1）。

表 8 - 1 图纸幅面及图框尺寸 单位：mm

尺寸代号	幅面代号				
	A0	A1	A2	A3	A4
$b \times l$	841×1 189	594×841	420×594	297×420	210×297
c	10			5	
a	25				

必要时允许加长 A0～A3 图纸幅的长度，其加长部分应符合表 8－2 的规定。

表 8－2　图纸幅面及图框尺寸　　　　单位：mm

幅面代号	长边尺寸	长边加长后尺寸
A0	1 189	1 486、1 635、1 783、1 932、2 080、2 230、2 378
A1	841	1 051、1 261、1 471、1 682、1 892、2 102
A2	594	743、891、1 041、1 189、1 338、1 486、1 635、1 783、1 932、2 080
A3	420	630、841、1 051、1 261、1 471、1 682、1 892

注：有特殊需要的图纸，可采用 $b\times l$ 为 841 mm×891 mm 与 1 189 mm×1 261 mm 的幅面。

图纸以短边作为垂直边称为横式，如图 8－1（a）所示，以短边作为水平边称为立式，如图 8－1（b）（c）所示。一般 A0～A3 图纸宜横式使用，必要时也可立式使用，而 A4 图纸只能立式使用。

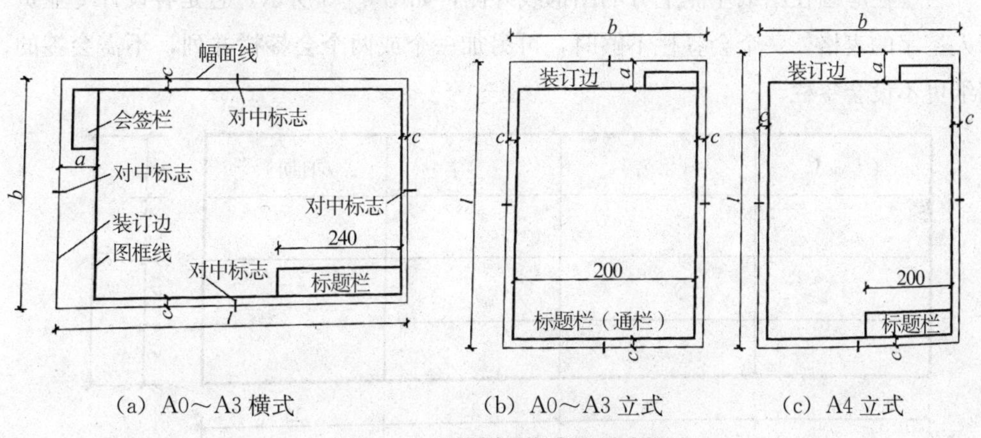

（a）A0～A3 横式　　（b）A0～A3 立式　　（c）A4 立式

图 8－1　图纸幅面格式及尺寸代号

3. 标题栏与会签栏

1）标题栏

在图框内侧右下角的表格为标题栏（简称图标），用以填写工程名称、设计单位、图名、设计人员签名、图纸编号等内容，如图 8－2 所示。涉外工程的标题栏内，各项主要内容的中文下方应附有译文，设计单位的上方或左方应加注“中华人民共和国”字样。

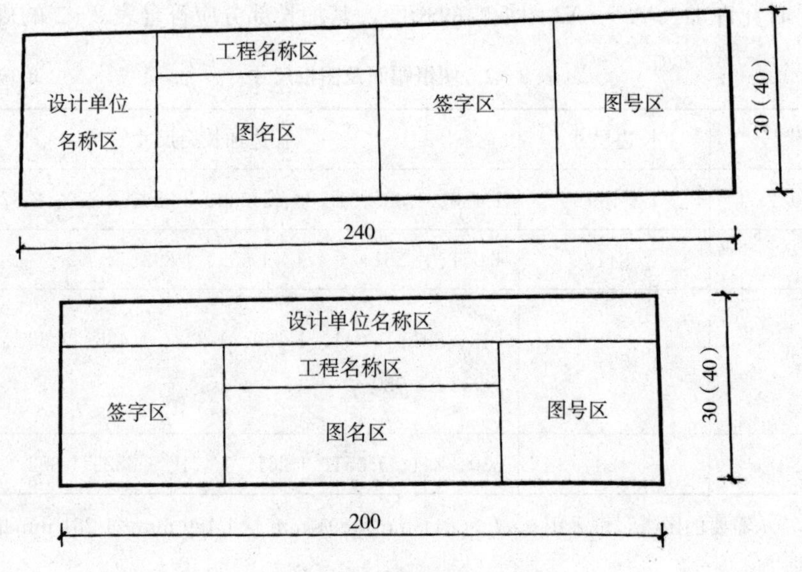

图 8－2　标题栏（mm）

2）会签栏

会签栏应画在图纸左侧上方的图框线外侧，如图 8－3 所示。它是各设计专业负责人签字的表格。一个会签栏不够时，可另加一个或两个会签栏并列，不需会签的图纸可不设会签栏。

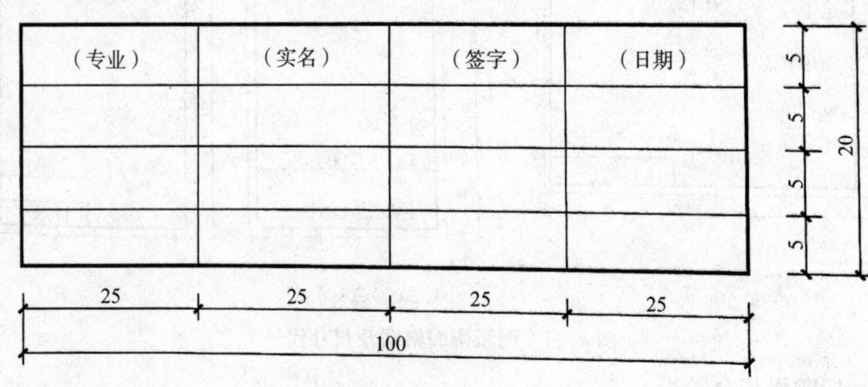

图 8－3　会签栏（mm）

4. 图线

1）图线宽度

画在图纸上的线条统称为图线。为了使图样主次分明、形象清晰，国家制图标准对此作了明确规定，图纸的宽度为 b，应根据图样的复杂程度与比例大小，宜从下列线宽系列中选取：2.0 mm、1.4 mm、1.0 mm、0.7 mm、0.50 mm、0.35 mm。建筑工程图样中各种线型分粗、中、细三种图线宽度。先选定基本线宽 b，再选用表 8－3 所示的相应线宽组。

表 8－3　线宽组　　单位：mm

线宽比	线宽组					
b	2.0	1.4	1.0	0.7	0.5	0.35
0.5b	1.0	0.7	0.5	0.35	0.25	0.18
0.25b	0.5	0.35	0.25	0.18	—	—

注：1. 需要微缩的图纸，不宜采用 0.18 mm 及更细的线宽；

2. 同一张图纸内，各不同线宽中的细线，可统一采用较细的线宽组的细线。

图纸的图框线、标题栏线的宽度选用见表 8－4。

表 8－4　图框线、标题栏线的宽度　　单位：mm

幅面代号	图框线	标题栏外框线	标题栏分格线、会签栏线
A0、A1	1.4	0.7	0.35
A2、A3、A4	1.0	0.7	0.35

2）建筑制图图线

建筑专业、室内设计专业制图采用的各种图线、线宽及其主要用途见表 8－5。

表 8－5　建筑制图图标

名称		线型	线宽	一般用途
实线	粗		b	主要可见轮廓线
	中		0.5b	可见轮廓线
	细		0.25b	可见轮廓线、图例线
虚线	粗		b	见各有关专业制图标准
	中		0.5b	不可见轮廓线
	细		0.25b	不可见轮廓线、图例线
单点长画线	粗		b	见各有关专业制图标准
	中		0.5b	见各有关专业制图标准
	细		0.25b	中心线、对称线等
双点长画线	粗		b	见各有关专业制图标准
	中		0.5b	见各有关专业制图标准
	细		0.25b	假想轮廓线、成型前原始轮廓线
折断线			0.25b	断开界线
波浪线			0.25b	断开界线

3）建筑结构制图图线

建筑结构专业制图采用的各种线型、线宽及其主要用途见表 8-6。

表 8-6　建筑结构制图图线

名称		线型	线宽	一般用途
实线	粗		b	螺栓、结构平面图中的单线结构构件线、支撑及系杆线，图名下横线、剖切线
	中		$0.5b$	结构平面图及详图中剖到或可见的墙身轮廓线，基础轮廓线，钢、木结构轮廓线，箍筋线，板钢筋线
	细		$0.25b$	可见的钢筋混凝土构件的轮廓线、尺寸线、标注引出线、标高符号、索引符号
虚线	粗		b	不可见的钢筋、螺栓线，结构平面图中不可见的单线结构构件线及钢、木支撑线
	中		$0.5b$	结构平面图中的不可见构件、墙身轮廓线及钢、木构件轮廓线
	细		$0.25b$	基础平面图中的管沟轮廓线，不可见的钢筋混凝土构件轮廓线
单点长画线	粗		b	柱间支撑、垂直支撑、设备基础轴线图中的中心线
	细		$0.25b$	定位轴线、对称线、中心线
双点长画线	粗		b	预应力钢筋线
	细		$0.25b$	原有结构轮廓线
折断线			$0.25b$	断开界线
波浪线			$0.25b$	断开界线

4）图线识图时注意事项（图 8-4）

（1）在同一张图纸内，相同比例的各个图样，应选用相同的线宽组，同类线应粗细一致。

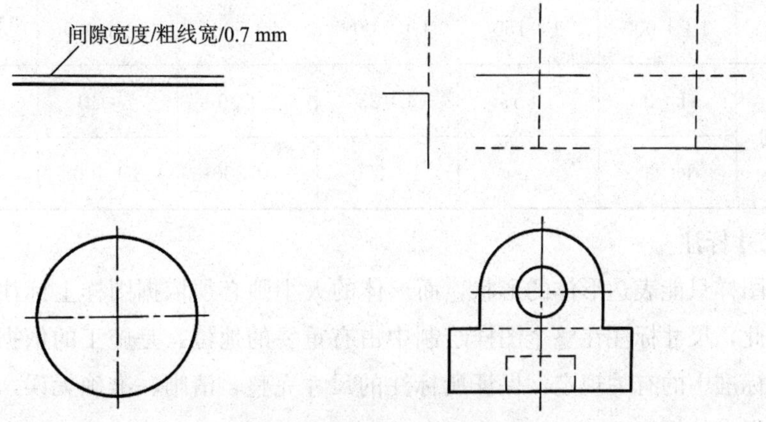

图 8-4　图线识图时注意事项

（2）图纸的图框和标题栏线可采用表 8-4 中规定的线宽。

（3）相互平行的图线，其间隔不宜小于其中粗线的宽度，且不宜小于 0.7 mm。

（4）单点长画线或双点长画线，当在较小图形中绘制有困难时，可用实线代替。

（5）点画线与点画线或点画线与其他图线交接时，应是线段交接。

（6）虚线与虚线交换或虚线与其他图线交接时，应是线段交接，不要相交在空白处。

5. 比例

图样的比例是图形和实物相对应的线性尺寸之比。比例的大小是指比值的大小，用阿拉伯数字表示，如 2∶1、1∶1、1∶10 等。比值大于 1 的比例称为放大比例，如 2∶1 表示图纸所画物体比实体放大 2 倍。比值小于 1 的比例称为缩小比例，如 1∶10 表示图纸所画物体比实体缩小 10 倍。比例 1∶1 表示图纸所画物体与实体一样大。建筑工程图样上常采用缩小比例。

在图纸上注写比例时，若整张图纸只用一种比例，可将比例注写在标题栏中；若一张图纸中有多个图形并各自选用不同比例，则可将比例注写在图名的右侧，并与图名的基准线取平，比例的字高应比图名的字高小 1 号或 2 号，如图 8-5 所示。

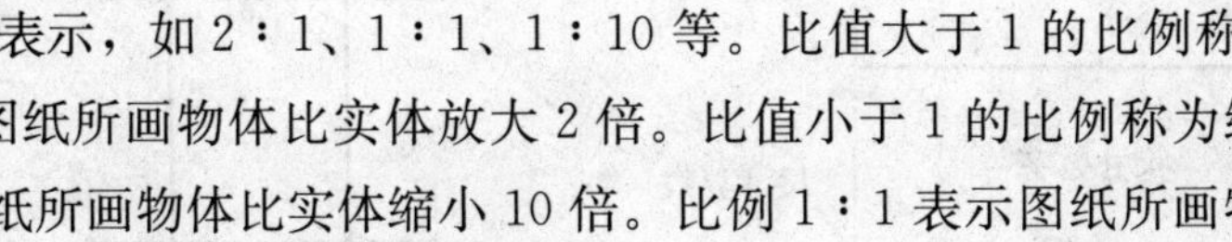

钢结构 1:100　　⑦ 1:25

（a）施工图的注写　　（b）节点图的注写

图 8-5　比例的注写

绘图所用的比例，根据图样的用途与被绘对象的复杂程度，从表 8-7 中选用，并优先用表中常用比例。

表 8-7　绘图所用的比例

常用比例	1∶1	1∶2	1∶5	1∶10	1∶20	1∶50
	1∶1 000	1∶150	1∶2 000	1∶500	1∶1 000	1∶2 000
可用比例	1∶3	1∶15	1∶25	1∶30	1∶40	1∶60
	1∶80		1∶250	1∶300	1∶400	1∶600

6. 尺寸标注

工程图样只能表达形体的形状，而形体的大小则必须依据图样上标注的尺寸来确定。因此，尺寸标注在整个图样绘制中占有重要的地位，是施工的依据，应严格遵照国家标准中的有关规定，保证所标注的尺寸完整、清晰、准确无误，否则会给施工造成很大的损失。

1）尺寸的组成与基本规定

图样上的尺寸由尺寸界线、尺寸线、尺寸起止符号和尺寸数字四部分组成，如图 8-6 所示。

(1) 尺寸界线用细实线绘制，表示被标注尺寸的范围。一般应与被标注长度垂直，其一端应离开图样轮廓线不小于 2 mm，另一端超出尺寸线 2～3 mm。必要时图样轮廓线、中心线及轴线可用作尺寸界线，如图 8-7 所示。

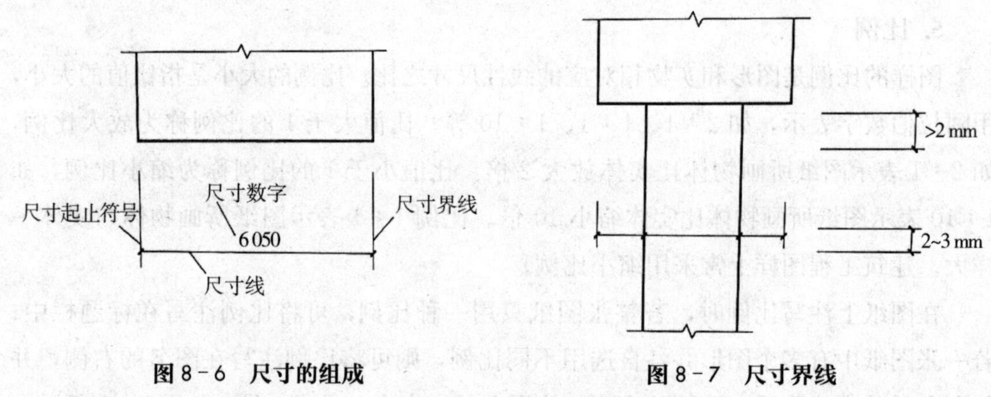

图 8-6　尺寸的组成　　图 8-7　尺寸界线

(2) 尺寸线用细实线绘制，尺寸线在图上表示各部位的实际尺寸，与被标注长度平行且不宜超出尺寸界线。尺寸线与图样最外轮廓线的间距不宜小于 10 mm，每道尺寸线之间的距离一般宜为 7～10 mm，如图 8-8 所示。

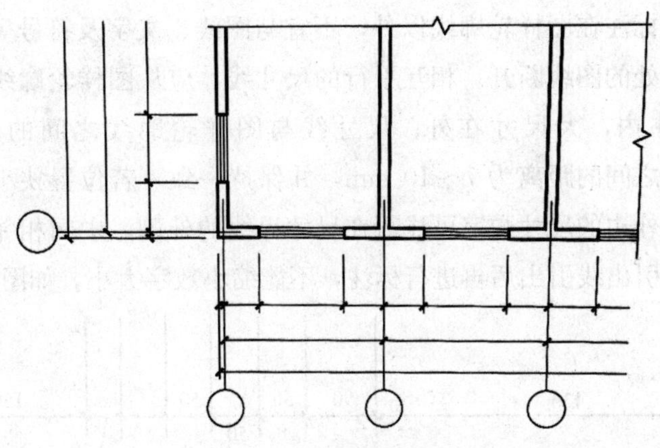

图 8－8　尺寸的排列

（3）尺寸起止符号一般用中粗斜短线绘制，其倾斜方向应与尺寸界线成顺时针45°角，长度宜为 2～3 mm，半径、直径、角度与弧长的尺寸起止符号应用箭头表示，如图 8－9 所示。

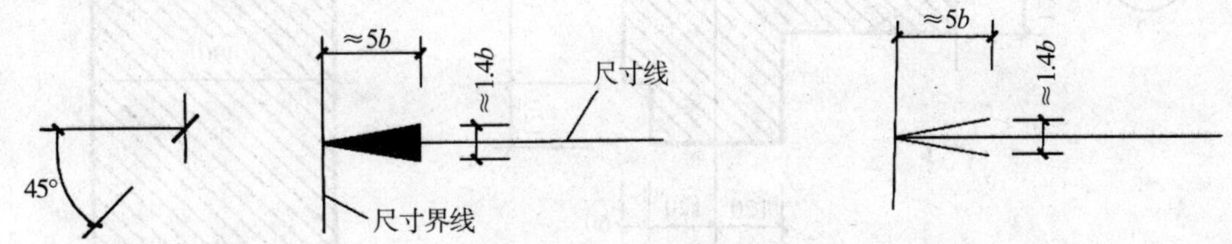

图 8－9　尺寸起止符号

（4）尺寸数字表示被注尺寸的实际大小。应靠近尺寸线，平行标注在尺寸线中央位置。图样上的尺寸应以尺寸数字为准，不得从图上直接量取。图样上的尺寸单位，除标高及总平面图以米（m）为单位外，其他一律以毫米（mm）为单位，图样上的尺寸数字不再注写单位，同一张图样中，尺寸数字的大小应一致。水平尺寸要从左至右注在尺寸线上方，竖直尺寸要从下到上注在尺寸线左侧。其他方向的尺寸数字按图 8－10（a）所示的形式注写，当尺寸数字位于 30°斜线区内时，宜按图 8－10（b）所示的形式注写。

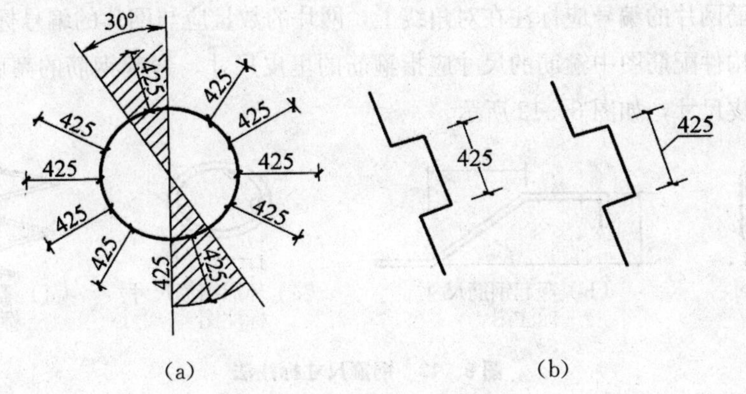

图 8－10　尺寸数字的注写方向

（5）尺寸宜标注在图样轮廓线以外，不宜与图线、文字及符号等相交，不可避免时，应将数字处的图线断开。相互平行的尺寸线，应从图样轮廓线由内向外整齐排列，小尺寸在内，大尺寸在外；尺寸线与图样轮廓线之间的距离不宜小于10 mm，尺寸线之间的距离为7～10 mm，并保持一致。若位置狭小，尺寸数字没有位置注写，最外边的尺寸数字可注写在尺寸界线的外侧，中间相邻的尺寸数字可错开注写，或用引出线引出后再进行标注，不能缩小数字大小，如图8-11所示。

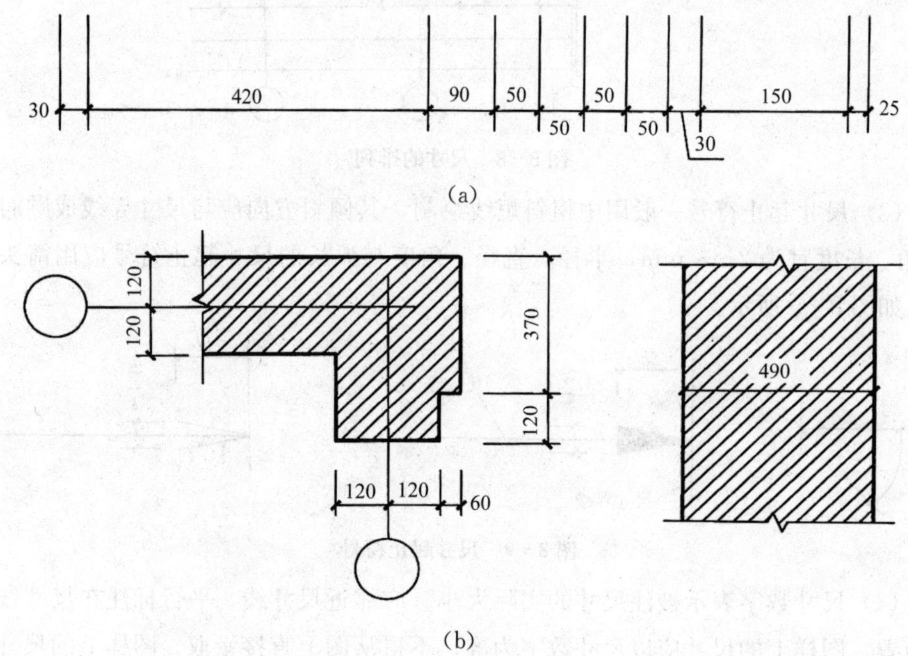

图8-11　尺寸数字的注写

2）建筑结构构件尺寸标注

（1）钢筋、钢丝束及钢筋与钢筋网片应按下列规定标注：

①钢筋、钢丝束的说明应写明钢筋的代号、直径、数量、间距、编号及所在位置，其说明应沿钢筋的长度标注或标注在相关钢筋的引出线上。

②钢筋网片的编号应标注在对角线上，网片的数量应与网片的编号标注在一起。

（2）构件配筋图中箍筋的尺寸应指箍筋的里皮尺寸，弯起钢筋的高度尺寸应指钢筋的外皮尺寸，如图8-12所示。

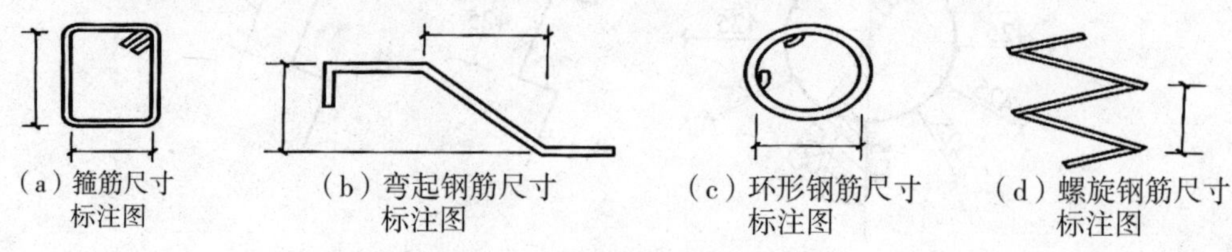

（a）箍筋尺寸标注图　（b）弯起钢筋尺寸标注图　（c）环形钢筋尺寸标注图　（d）螺旋钢筋尺寸标注图

图8-12　钢箍尺寸标注法

（3）两构件的两条重心线很近时，应在交汇处将其各自向外错开，如图 8－13 所示。

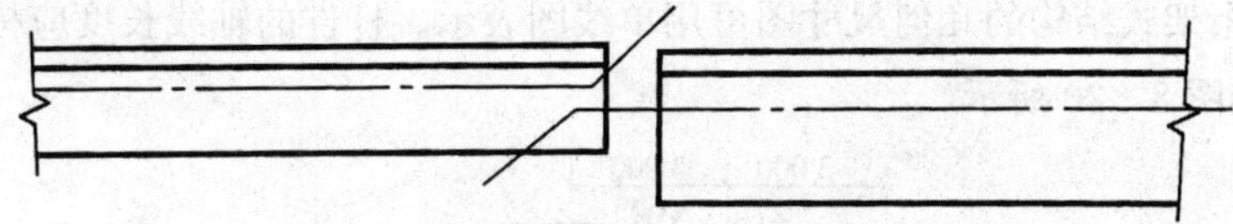

图 8－13　两构件重心线不重合的表示方法

（4）弯曲构件的尺寸应沿其弧度的曲线标注弧的轴线长度，如图 8－14 所示。

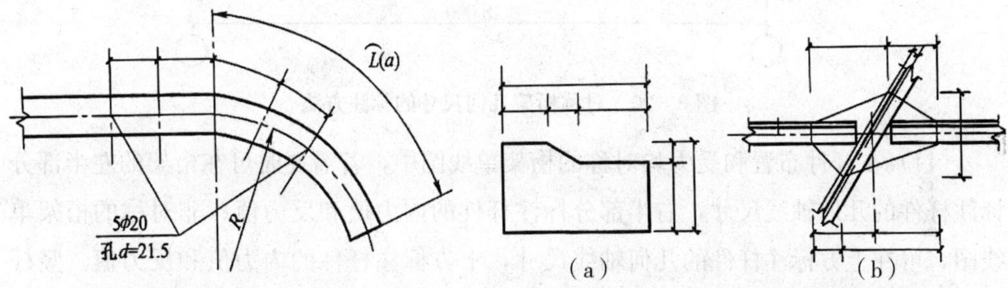

图 8－14　弯曲构件尺寸的标注方法　　图 8－15　切割板材尺寸的标注方法

（5）切割的板材应标注各线段的长度及位置，如图 8－15 所示。

（6）构件为不等边角钢时，必须标注出角钢一肢的尺寸，如图 8－16 所示。

（7）节点尺寸，应注明节点板的尺寸和各杆件螺栓孔中心或中心距，以及杆件端部至几何中心线交点的距离，如图 8－16、图 8－17 所示。

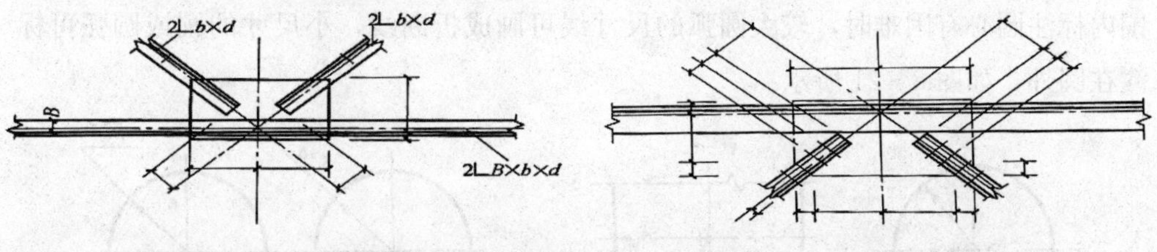

图 8－16　节点尺寸及不等边角钢的标注方法　　图 8－17　节点尺寸的标注方法

（8）双型钢组合截面的构件，应注明缀板的数量及尺寸，如图 8－18 所示。引出横线上方标注缀板的数量及缀板的宽度、厚度，引出横线下方标注缀板的长度尺寸。

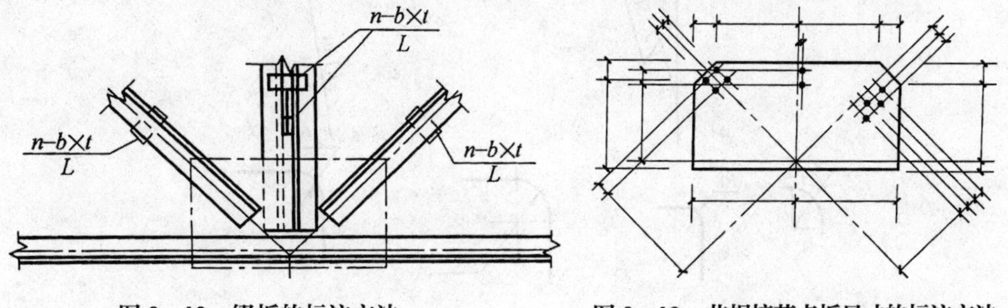

图 8－18　缀板的标注方法　　图 8－19　非焊接节点板尺寸的标注方法

（9）非焊接的节点应注明节点板的尺寸和螺栓孔中心与几何中心线交点的距离，如图 8－19 所示。

（10）桁架式结构的几何尺寸图可用单线图表示。杆件的轴线长度应标注在构件的上方，如图 8－20 所示。

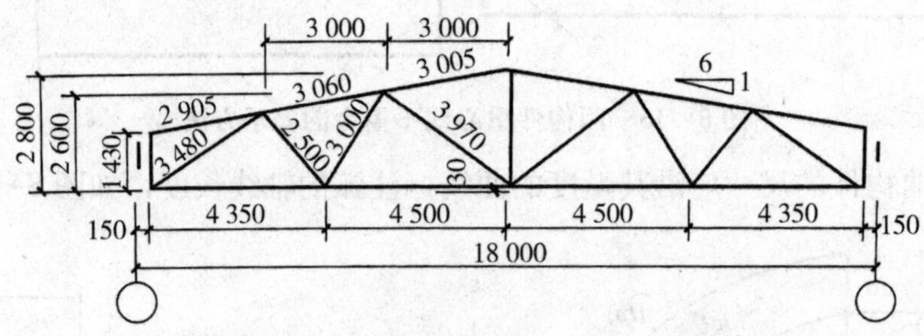

图 8－20　对称桁架几何尺寸的标注方法

（11）在杆件布置和受力均对称的桁架单线图中，若需要时可在桁架的左半部分标注杆件的几何轴线尺寸，右半部分标注杆件的内力值和反力值；非对称的桁架单线图，可在上方标注杆件的几何轴线尺寸，下方标注杆件的内力值和反力值。竖杆的几何轴线尺寸可标注在左侧，内力值标注在右侧。

3）直径、半径的尺寸标注

标注圆的直径或半径尺寸时，在直径数字前应加直径符号“ϕ”。在圆内标注的直径尺寸线应通过圆心画成斜线，两端画箭头指至圆弧。圆内半径尺寸线应一端从圆心开始，另一端画箭头指向圆弧。半径数字前应加注半径符号“*R*”。当在图样范围内标注圆心有困难时，较大圆弧的尺寸线可画成折断线，小尺寸的圆或圆弧可标注在圆外，如图 8－21 所示。

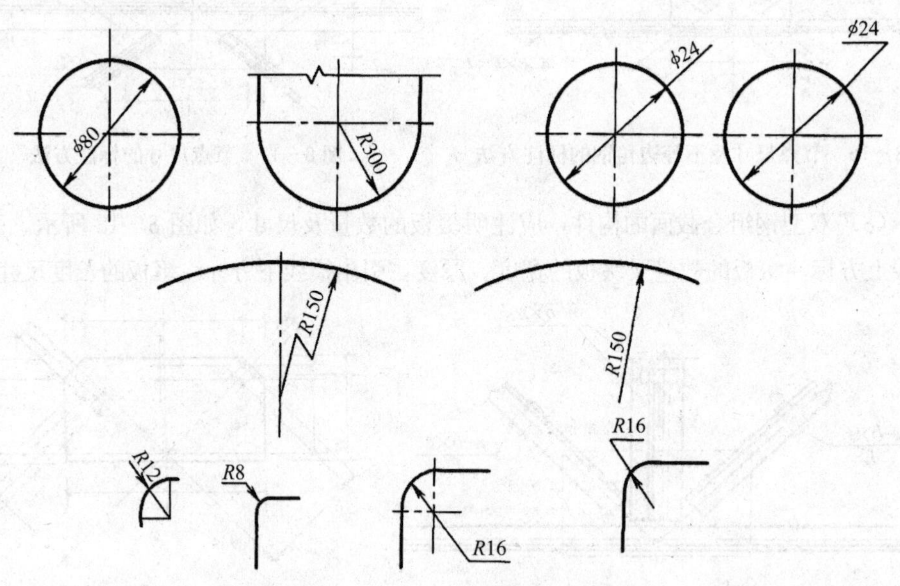

图 8－21　直径、半径的尺寸的标注

4）角度、弧长、弦长的尺寸标注

（1）角度的尺寸线画成圆弧，圆心应是角的顶点，角的两条边为尺寸界线，角度数字一律水平书写。起止符号应以箭头表示，如没有足够位置画箭头，可用圆点代替，如图 8－22（a）所示。

（2）标注圆弧的弧长时，尺寸线应以与该圆弧线同心的圆弧表示，尺寸界线应垂直于该圆弧的弦，用箭头表示起止符号，弧长数字的上方应加注圆弧符号“⌒”，如图 8－22（b）所示。

（3）标注圆弧的弦长时，尺寸线应以平行于该弦的直线表示，尺寸界线应垂直于该弦，起止符号用中粗斜短线表示，如图 8－22（c）所示。

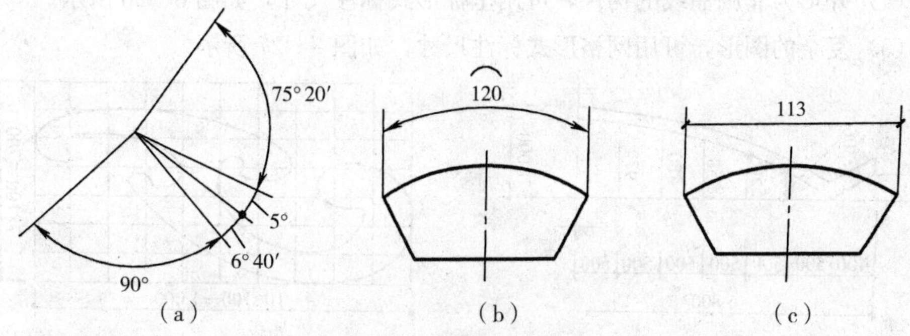

图 8－22　角度、弧长及弦长的尺寸标注

5）坡度、薄板厚度、正方形、非圆曲线等的尺寸标注

（1）坡度可采用百分数或比例的形式标注。标注坡度（也称斜度）时，在坡度数字下应加注坡度符号“⇀”（单面箭头），箭头应指向下坡方向，如图 8－23（a）所示。坡度也可用由斜边构成的直角三角形的对边与底边之比的形式标注，如图 8－23（b)所示。

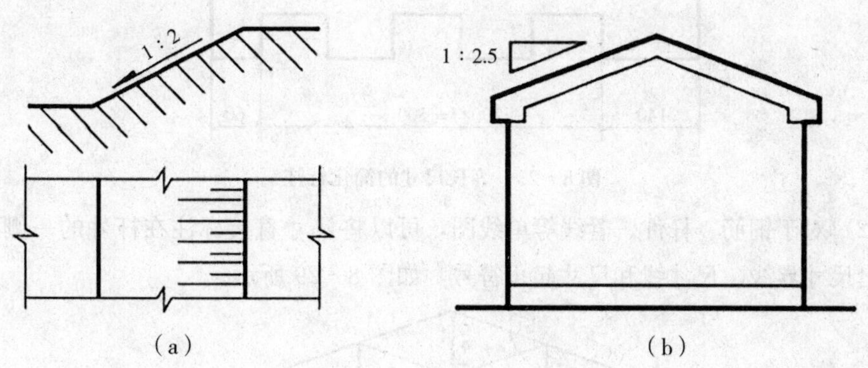

图 8－23　坡度的尺寸标注

（2）在薄板板面标注板厚尺寸时，应在表示厚度的数字前加注厚度符号“t”，如图 8－24 所示。

（3）标注正方形的尺寸，可用“边长×边长”的形式表示，也可在边长数字前加正方形符号"□"，如图 8-25 所示。

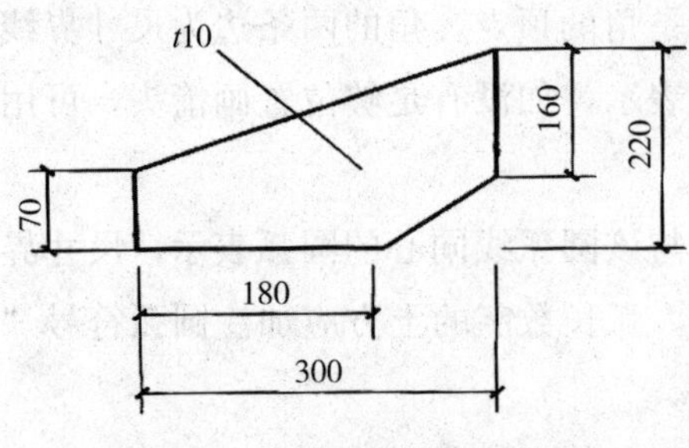

图 8-24　薄板厚度的尺寸标注

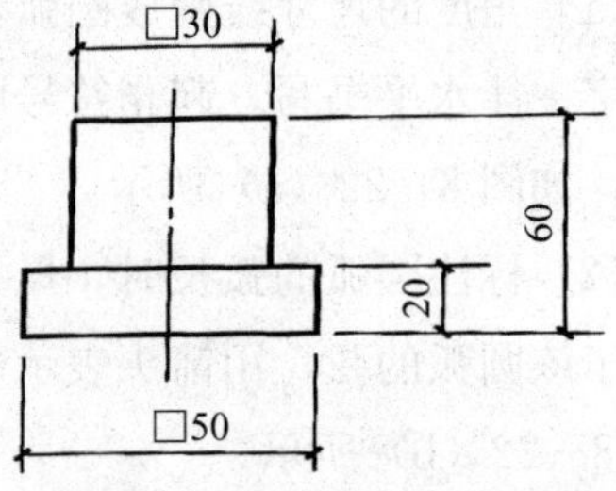

图 8-25　正方形尺寸标注

(4) 外形为非圆曲线的构件，可用坐标形式标注尺寸，如图 8-26 所示。

(5) 复杂的图形，可用网格形式标注尺寸，如图 8-27 所示。

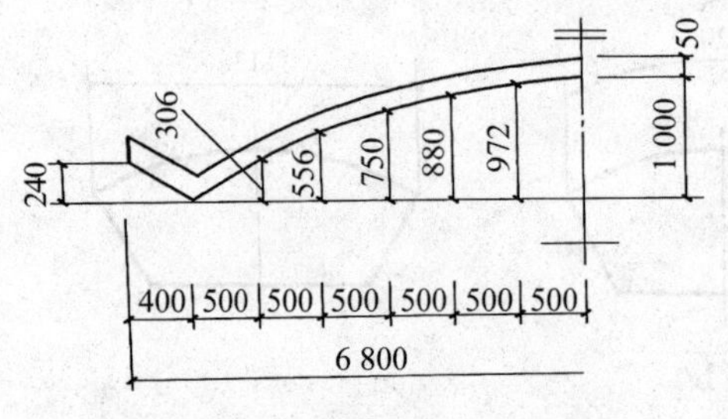

图 8-26　非圆曲线的尺寸标注

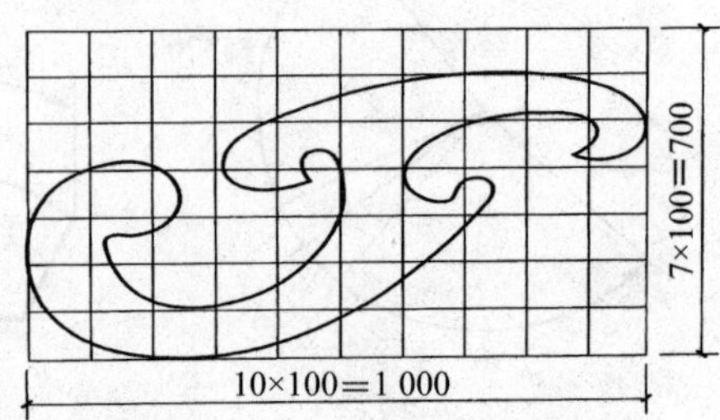

图 8-27　复杂图形的尺寸标注

6) 尺寸的简化标注

(1) 对于较多相等间距的连接尺寸，可以标注成乘积形式，用"个数×等长尺寸=总长"的形式标注，如图 8-28 所示。

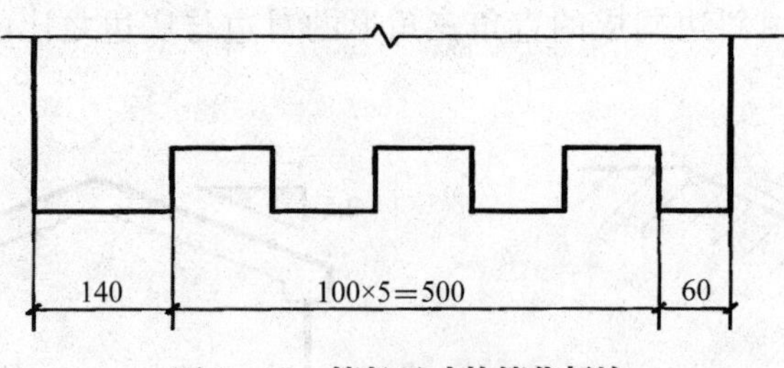

图 8-28　等长尺寸的简化标注

(2) 对于钢筋、杆件、管线等单线图，可以将尺寸直接标注在杆件的一侧，无须画出尺寸界线、尺寸线和尺寸起止符号，如图 8-29 所示。

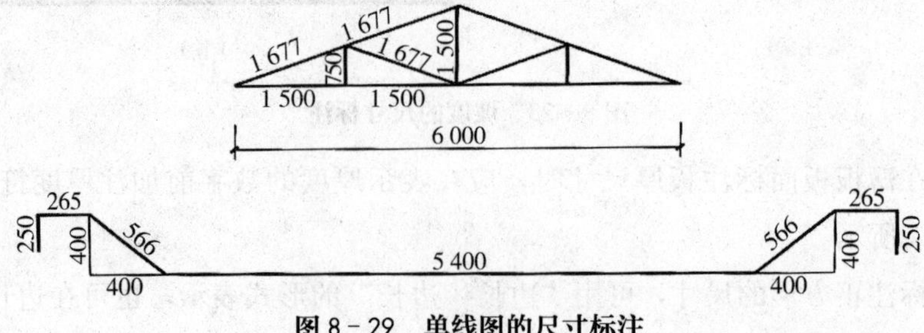

图 8-29　单线图的尺寸标注

（3）构配件内具有诸多相同构造要求（如孔、槽等）时，可只标注其中一个要素的尺寸，如图 8－30 所示。

（4）对称构配件可采用对称省略画法，该对称构配件的尺寸线应略超过对称符号，仅在尺寸线的一端画尺寸起止符号，尺寸数字应按整体全尺寸注写，其注写位置宜与对称符号对齐，如图 8－31 所示。

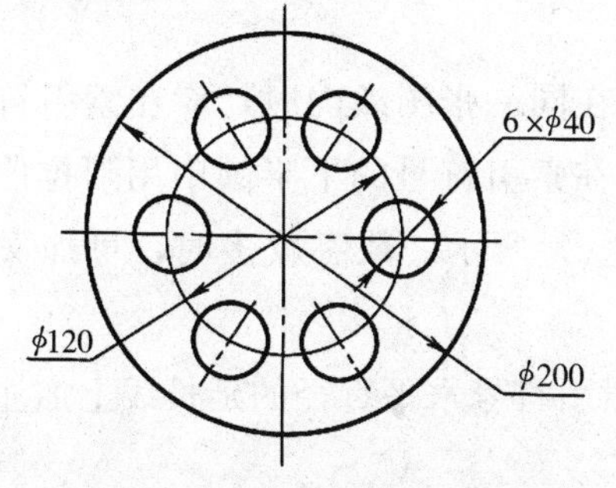

图 8－30　相同要素的尺寸标注

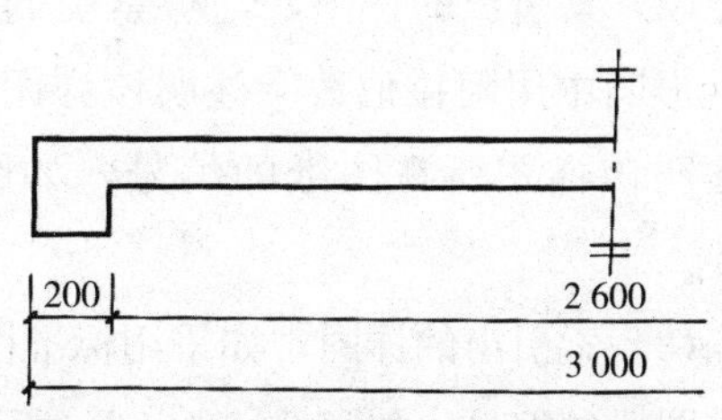

图 8－31　对称构件的尺寸标注

（5）两个构配件，如个别尺寸数字不同，可画在同一图样中，在同一图样中将其中一个构配件的不同尺寸数字注写在括号内，该构配件的名称也应注写在相应的括号内，如图 8－32 所示。

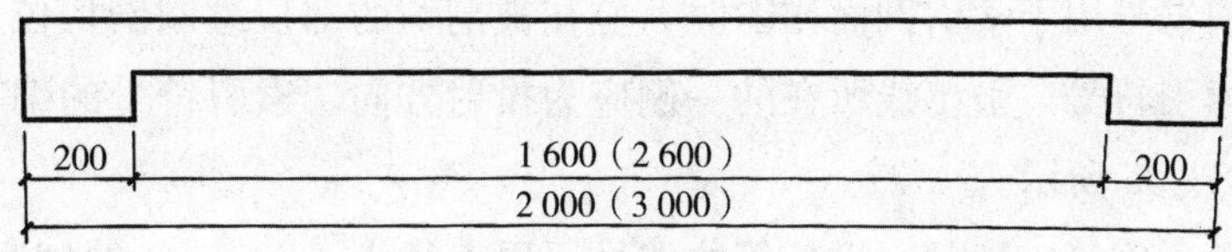

图 8－32　形体相似构件的尺寸标注

（6）数个构配件，如其图样样式相同仅某些尺寸不同，这些有变化的尺寸数字，可用拉丁字母注写在同一个图样中，其具体尺寸另列表格写明，如图 8－33 所示。

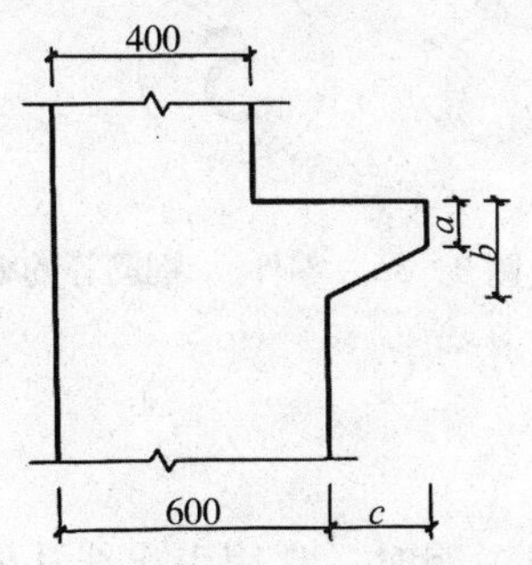

构件编号	*a*	*b*	*c*
z-1	200	200	200
z-2	250	450	200
z-3	200	450	250

图 8－33　多个相似构件尺寸的列表标注

7. 索引和详图符号的使用

学会索引符号及详图符号的使用，是正确查阅图纸、明确前后图关系的重要一步。在工程图样中经常有这种情况，一个图样无法清楚地表达出某一个构件的局部结构，需另见引出的详图，用来引出的符号称索引符号，如图 8－34（a）所示。索引符号由直径为 10 mm 的圆和水平直径组成，圆及水平直径均应以细实线绘制。索引符号应按下列规定编写：

（1）索引出的详图，与被索引的详图在同一张图纸内时，应在索引符号的上半圆中用阿拉伯数字注明该详图的编号，并在下半圆中间画一段水平细实线，如图 8－34（b）所示。

（2）索引出的详图，与被索引的详图不画在同一张图纸内时，应在索引符号的上半圆中用阿拉伯数字注明该详图的编号，在索引符号的下半圆中用阿拉伯数字注明该详图所在图纸的编号，如图 8－34（c）所示。数字较多时，可加文字标注。

（3）索引出的详图，如采用标准图，应在索引符号水平直径的延长线上加注该标准图册的编号，如图 8－34（d）所示。

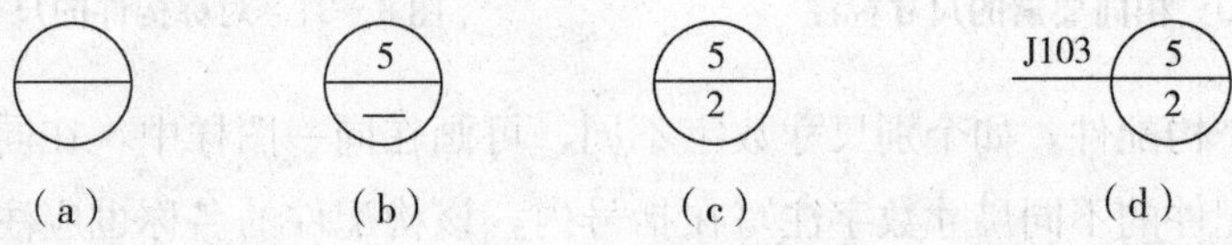

图 8－34 索引符号

（4）索引符号用于索引剖面详图时，应在被剖切的部位绘制剖切位置线，并以引出线引出索引符号，引出线所在的一侧应为投射方向。索引符号的编写同上条的规定，如图 8－35 所示。

（5）零件、钢筋、杆件、设备等的编号，用直径为 4～6 mm 的细实线圆表示，其编号应用阿拉伯数字按顺序编写，如图 8－36 所示。

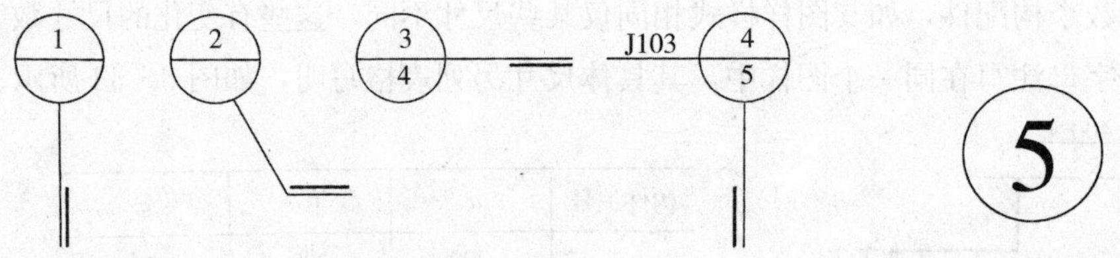

图 8－35 用于索引剖面详图的索引符号　　**图 8－36 零件、钢筋等的编号**

8. 常用索引和详图符号

1）引出线

（1）建筑物的某些部件须用详图或必要的文字加以说明时，常用引出线从该部位引出。引出线用细实线绘制，宜采用水平方向的直线以及与水平方向成 30°、45°、60°、90°的直线，或经上述角度再折成水平的折线，如图 8－37 所示。

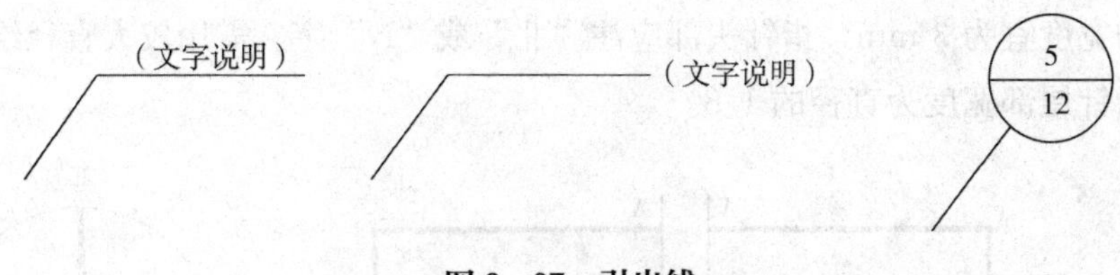

图 8－37　引出线

（2）同时引出几个相同部分的引出线，应互相平行，或画成集中于一点的放射线，如图 8－38 所示。

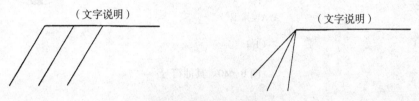

图 8－38　共同引出线

（3）多层构造或多层管道的引出线应通过被引出的各层，文字说明宜注写在横线的上方，也可注写在横线的端部，说明的顺序应由上至下，并与被说明的层次相互一致；如层次为横向排列，则由上至下的说明顺序应与由左至右的层次相互一致，如图 8－39 所示。

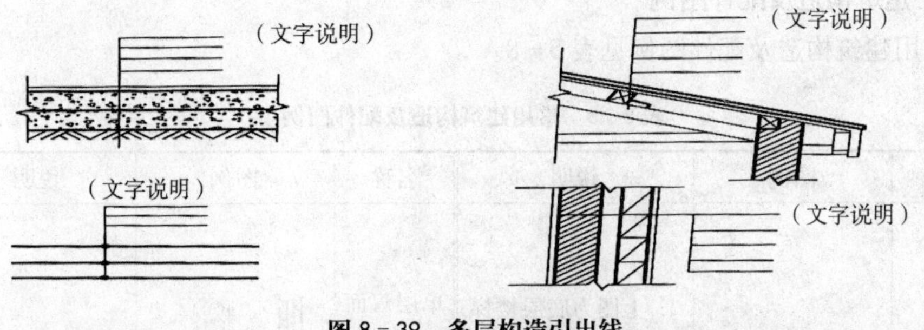

图 8－39　多层构造引出线

2）对称符号

对称符号由对称线和两端的两对平行线组成。对称线用细单点画线绘制；平行线用细实线绘制，其长度宜为 6～10 mm，每对的间距宜为 2～3 mm，对称线垂直平分于两对平行线，两端超出平行线宜为 2～3 mm，如图 8－40（a）所示。

3）连接符号

一个构配件，如绘制位置不够，可分成几个部分绘制，并用连接符号表示。连接符号应以折断线表示需要连接的部位。两部分相距过远时，折断线两端靠图样一侧应标注大写拉丁字母表示连接符号。两个被连接的图样必须用相同的字母编号，如图 8－40（b）所示。

4）指北针

指北针的形状如图 8－40（c）所示，其圆的直径为 24 mm，用细实线绘制，指针尾部的宽度宜为 3 mm，指针头部应注“北”或“N”字。需用较大直径绘制指北针时，指针尾部宽度为直径的 1/8。

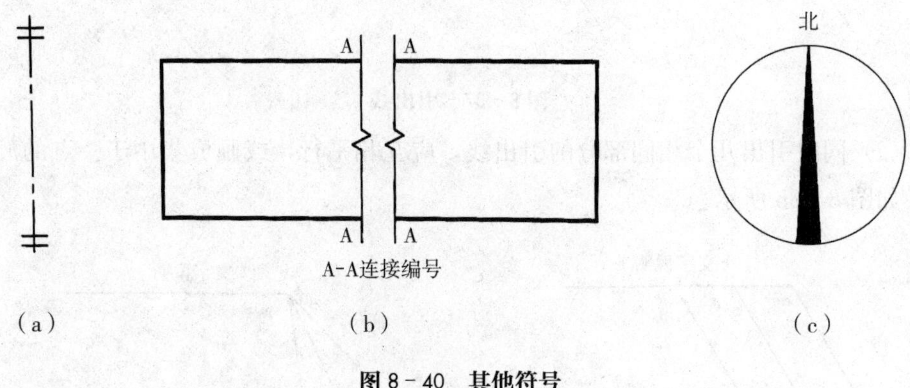

图 8－40　其他符号

第二节　钢结构工程施工图常用图例

图例是施工图纸上用图形来表示一定含意的符号，具有一定的形象性，可向读图者表达所代表的内容。

1. 建筑构造及配件图例

常用建筑构造及配件图例见表 8－8。

表 8－8　常用建筑构造及配件图例

名称	图例	说明	名称	图例	说明
楼梯	上 下 上 下	1. 上图为底层楼梯平面，中图为中间层楼梯平面，下图为顶层楼梯平面； 2. 楼梯的形式及梯段踏步数应按实际情况绘制	单层双面弹簧门		
			双扇双面弹簧门		

表 8-8（续）

名称	图例	说明	名称	图例	说明
烟道	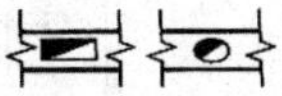		单层固定窗	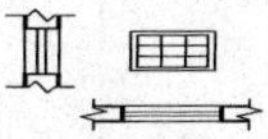	1. 窗的名称代号用 C 表示； 2. 立面图中的斜线表示窗的开启方向，实线为外开，虚线为内开；开启方向线交角的一侧为安装合页的一侧，一般设计图中可不表示； 3. 图例中剖面图所示左为外、右为内，平面图所示下为外、上为内； 4. 窗的立面形式应按实际绘制； 5. 小比例绘图时，平、剖面的穿线可用单粗实线表示
孔洞				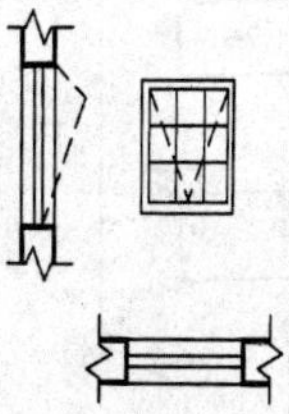	
通风道	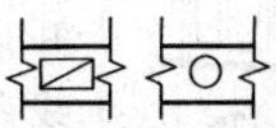	烟道与墙体为同一材料，其相接处墙身线应断开	单层内开下悬窗		
墙体	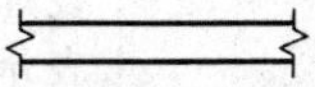				
单扇门（包括平开门或单面弹簧门）	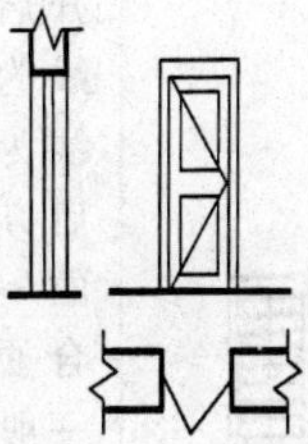	1. 门的名称代号用 M 表示； 2. 图例中剖面图所示左为外、右为内，平面图所示下为外、上为内； 3. 立面图上开启方向线交角的一侧为安装合页的一侧，实线为外开，虚线为内开； 4. 平面图上门线应 90°或 45°开启，开启弧线宜绘出	单层外开平开窗	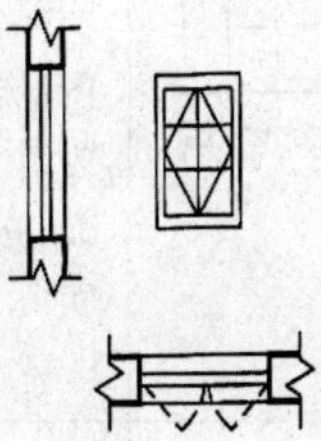	

表 8-8（续）

名称	图例	说明	名称	图例	说明
坡道	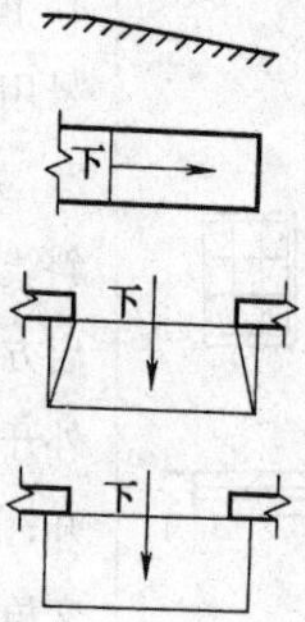	1. 上图为长坡道； 2. 下图为门口坡道	转门	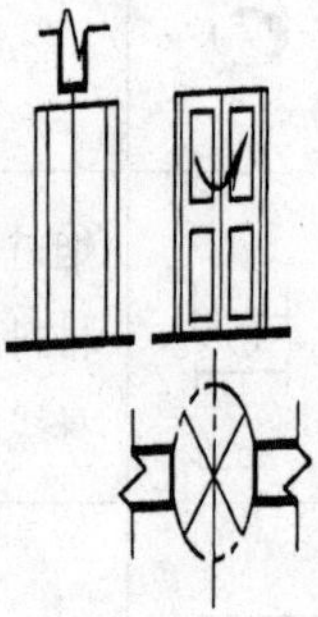	1. 门的名称代号用 M 表示； 2. 图例中剖面图所示左为外、右为内，平面图所示下为外、上为内； 3. 平面图上门线应 90°或 45°开启，开启弧线宜绘出； 4. 立面图上的开启线在一般设计图中可不表示，在详图及室内设计图上应表示； 5. 立面形式应按实际情况绘制
自动门	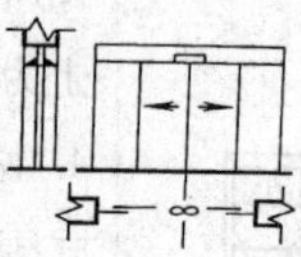	1. 门的名称代号用 M 表示； 2. 图例中剖面图所示左为外、右为内，平面图所示下为外、上为内； 3. 立面形式应按实际情况绘制	百叶窗	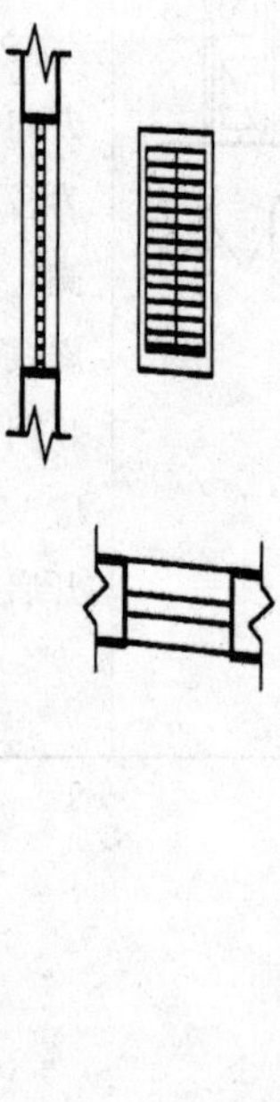	1. 窗的名称代号用 C 表示； 2. 立面图中的斜线表示窗的开启方向，实线为外开，虚线为内开；开启方向线交角的一侧为安装合页的一侧，一般设计图中可不表示； 3. 图例中剖面图所示左为外、右为内，平面图所示下为外、上为内； 4. 平面图和剖面图上的虚线仅说明开关方式，在设计图中不需表示； 5. 窗的立面形式应按实际绘制
竖向卷帘门	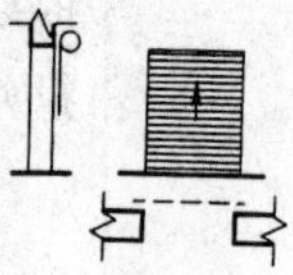	1. 门的名称代号用 M 表示； 2. 图例中剖面图所示左为外、右为内，平面图所示下为外、上为内； 3. 立面形式应按实际情况绘制			
提升门	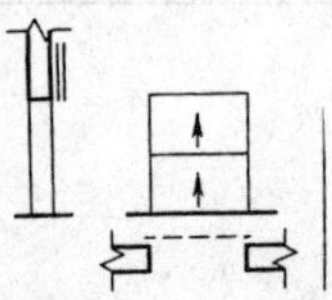				

2. 常用建筑材料图例

为简化作图，工程图样中采用各种图例表示所用的建筑材料，称为建筑材料图例，标准规定常用建筑材料应按表 8－9 所示图例绘制。

表 8－9　常用建筑材料图例

名称	图例	备注
自然土壤		包括各种自然土壤
夯实土壤		
砂、灰土		靠近轮廓线绘制较密的点
石材		应注明大理石或花岗岩及光洁度
毛石		应注明石料块面大小及品种
普通砖	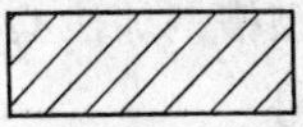	包括实心砖、多孔砖、砌块等砌体，断面较窄不易绘出图例线时，可涂红
饰面砖	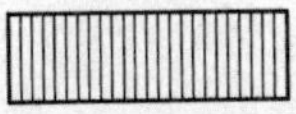	包括铺地砖、马赛克、陶瓷锦砖、人造大理石等
焦渣、矿渣	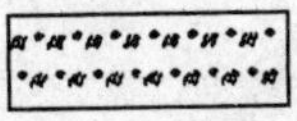	包括与水泥、石灰等混合而成的材料
多孔材料		包括水泥珍珠岩、沥青珍珠岩、泡沫混凝土、非承重加气混凝土、软木、蛭石制品等
混凝土		1. 本图例是指能承重的混凝土及钢筋混凝土； 2. 包括各种强度等级、骨料、添加剂的混凝土； 3. 在剖面图上画出钢筋时，不画图例线； 4. 断面图形小不易画出图例线时，可涂黑
钢筋混凝土		
木材		1. 上图为横断面，上左图为垫木、木砖或木龙骨； 2. 下图为纵断图
玻璃	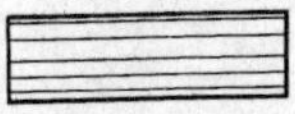	本图例为玻璃断面图，包括平板玻璃、磨砂玻璃、夹丝玻璃、钢化玻璃、中空玻璃、夹层玻璃等
防水材料		一般构造层次多或比例大时采用此图例
粉刷	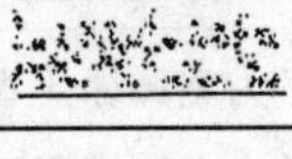	本图例采用较稀的点

第三节　常用型钢的标注方法

1. 标注方法

常用的型钢有等边角钢、不等边角钢、工字钢、槽钢、方钢、扁钢、钢板及圆钢等，具体常用型钢的标注方式见表 8 - 10。

表 8 - 10　常用型钢的标注方式

序号	名称	截面	标注	说明
1	等边角钢	∟	∟ $b\times t$	b 为肢宽，t 为肢厚
2	不等边角钢	B∟	∟$B\times b\times t$	B 为长肢宽，b 为短肢宽，t 为肢厚
3	工字钢	I	I N　Q I N	轻型工字钢加注 Q，N 为工字钢的型号
4	槽钢	[	[N　Q [N	轻型槽钢加注 Q，N 为槽钢的型号
5	方钢	b	□b	
6	扁钢	b	—$b\times t$	
7	钢板	—	$\frac{-b\times t}{l}$	$\frac{宽\times厚}{板长}$
8	圆钢	◎	ϕd	
9	钢管	○	$DN\times\times$ $d\times t$	内径 外径×壁厚
10	薄壁方钢管	□	B □$b\times t$	薄壁型钢加注 B，t 为壁厚
11	薄壁等肢角钢	∟	B∟ $b\times t$	
12	薄壁等肢卷边角钢	a	B∟$b\times a\times t$	
13	薄壁槽钢	h	B[$h\times b\times t$	
14	薄壁卷边槽钢	a	B[$h\times b\times a\times t$	
15	薄壁卷边 Z 型钢	h a	B[$h\times b\times a\times t$	
16	T 型钢	┬	TW×× TM×× TN××	TW 为宽翼缘 T 型钢 TM 为中翼缘 T 型钢 TN 为窄翼缘 T 型钢

表 8-10（续）

序号	名称	截面	标注	说明
17	H 型钢	H	HW×× HM×× HN××	HW 为宽翼缘 H 型钢 HM 为中翼缘 H 型钢 HN 为窄翼缘 H 型钢
18	起重机钢轨		⊥IQU××	详细说明产品规格型号
19	轻轨及钢轨		⊥××kg/m钢轨	

2. 常用焊缝表示方法

焊缝符号一般由指引线、基本符号、辅助符号、补充符号和焊缝尺寸等组成。引出线由横线和带箭头的斜线组成。箭头指到图形上的相应焊缝处，横线的上面和下面用来标注焊缝的图形符号和焊缝尺寸。为了方便必要时也可在焊缝符号中增加用以说明焊缝尺寸和焊接工艺要求的内容。焊接钢构件的焊缝标注除应符合现行国家标准《焊缝符号表示法》（GB/T 324—2008）的规定外，还应符合下列各项规定。

（1）单面焊缝的标注方法如下。

①当箭头指向焊缝所在的一面时，应将图形符号和尺寸标注在横线的上方，如图 8-41（a）所示；当箭头指向焊缝所在另一面（相对应的那面）时，应将图形符号和尺寸标注在横线的下方，如图 8-41（b）所示。

②表示环绕工作件周围的焊缝时，其围焊焊缝符号为圆圈，绘在引出线的转折处，并标注焊脚尺寸 K，如图 8-41（c）所示。

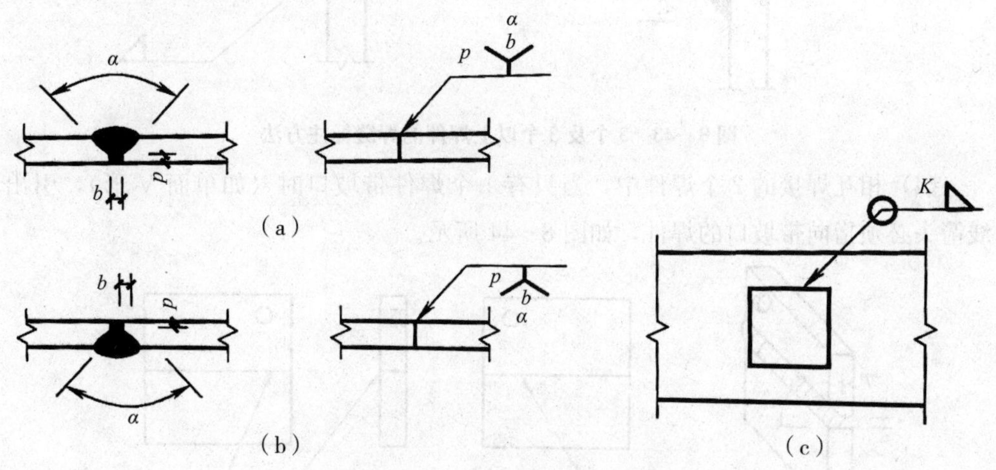

图 8-41　单面焊缝的标注方法

（2）双面焊缝的标注应在横线的上、下都标注符号和尺寸。上方表示箭头一面的符号和尺寸，下方表示另一面的符号和尺寸，如图 8-42（a）所示；当两面的焊缝尺寸相同时，只需在横线上方标注焊缝的符号和尺寸，如图 8-42（b）（c）（d）所示。

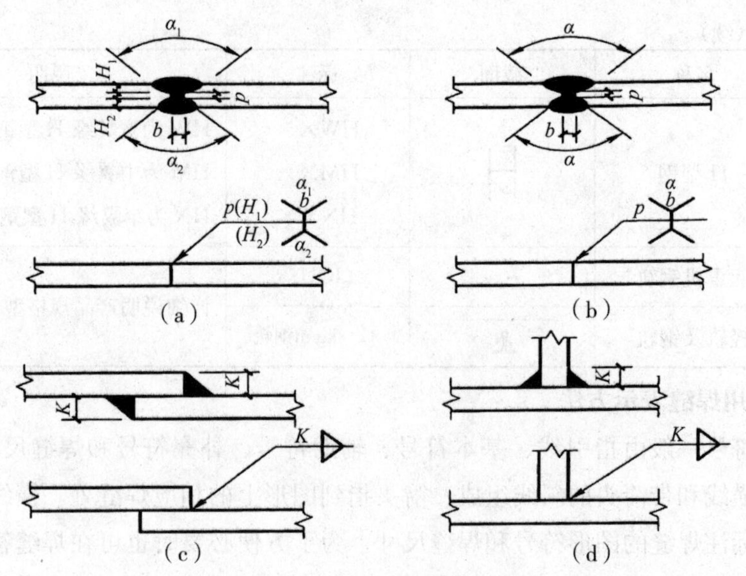

图 8-42 双面焊缝的标注方法

（3）3 个及 3 个以上的焊件相互焊接的焊缝，不得作为双面焊缝标注。其焊缝符号和尺寸应分别标注，如图 8-43 所示。

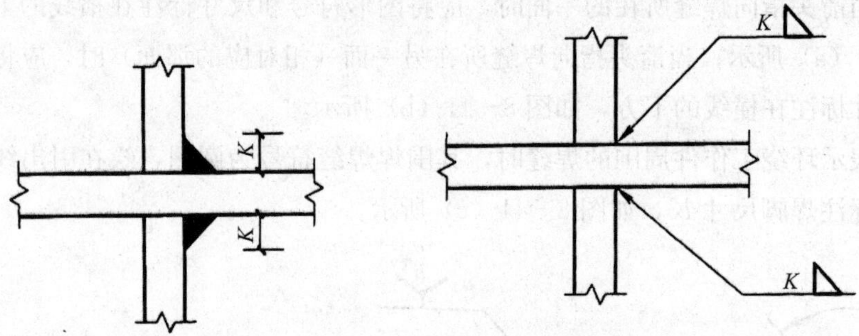

图 8-43 3 个及 3 个以上焊件的焊缝标注方法

（4）相互焊接的 2 个焊件中，当只有 1 个焊件带坡口时（如单面 V 形），引出线箭头必须指向带坡口的焊件，如图 8-44 所示。

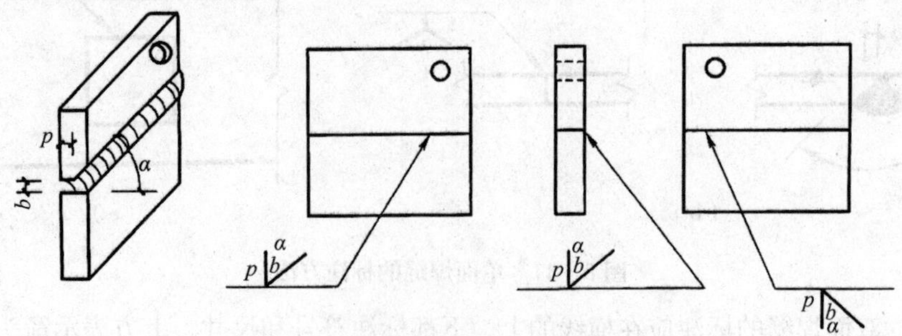

图 8-44 1 个焊件带坡口的焊缝标注方法

（5）相互焊接的 2 个焊件，当单面带双边不对称坡口焊接时，引出线箭头必须指向较大坡口的焊件，如图 8-45 所示。

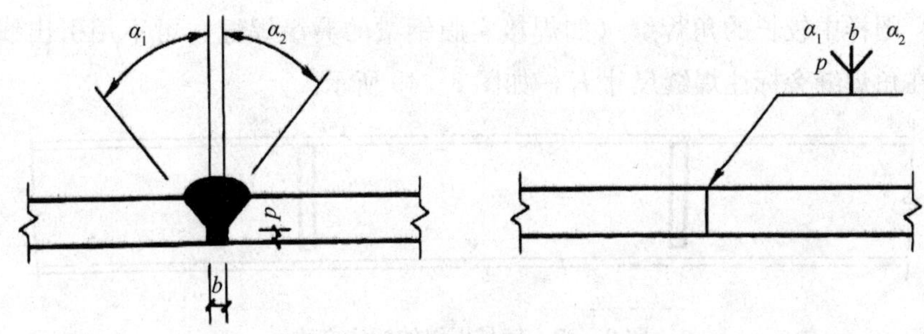

图 8-45　不对称坡口焊缝的标注方法

（6）当焊缝分布不规则时，在标注焊缝符号的同时，宜在焊缝处加中实线表示可见焊缝，或加细栅线表示不可见焊缝，如图 8-46 所示。

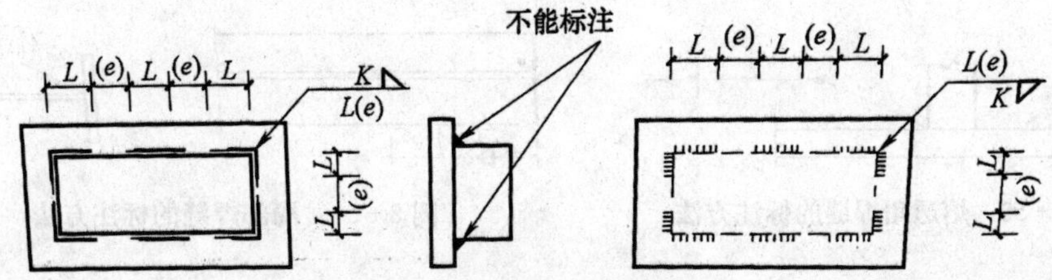

图 8-46　不规则焊缝的标注方法

（7）相同焊缝符号应按下列方法表示：

①在同一图形上，当焊缝形式、断面尺寸和辅助要求均相同时，可只选择一处标注焊缝的符号和尺寸，并加注相同焊缝符号，相同焊缝符号为 3/4 圆弧，绘在引出线的转折处，如图 8-47（a）所示。

②在同一图形中，当有数种相同的焊缝时，可将焊缝分类编号标注。在同一类焊缝中可选择一处标注焊缝符号和尺寸。分类编号采用大写字母的拉丁字母 A、B、C……，如图 8-47（b）所示。

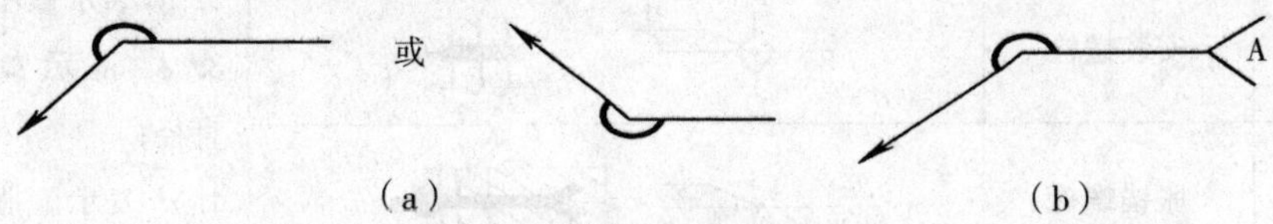

图 8-47　相同焊缝的标注方法

（8）需要在施工现场进行焊接的焊件焊缝，应标注现场焊缝符号。现场焊缝符号为涂黑的三角形旗号，绘在引出线的转折处，如图 8-48 所示。

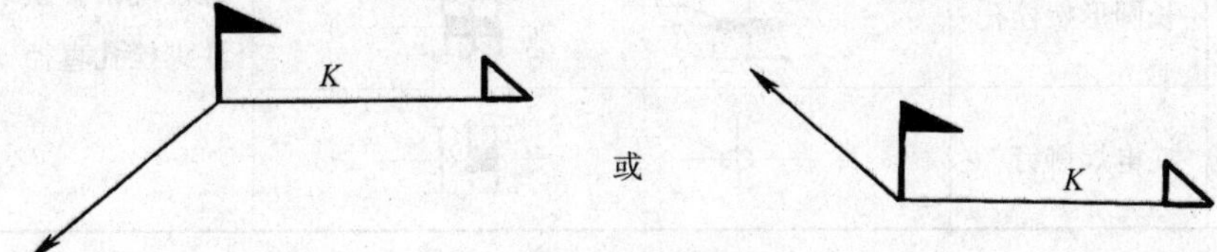

图 8-48　现场焊缝的标注方法

（9）图样中较长的角焊缝（如焊接实腹钢梁的翼缘焊缝）可不用引出线标注，而直接在角焊缝旁标注焊缝尺寸 K，如图 8－49 所示。

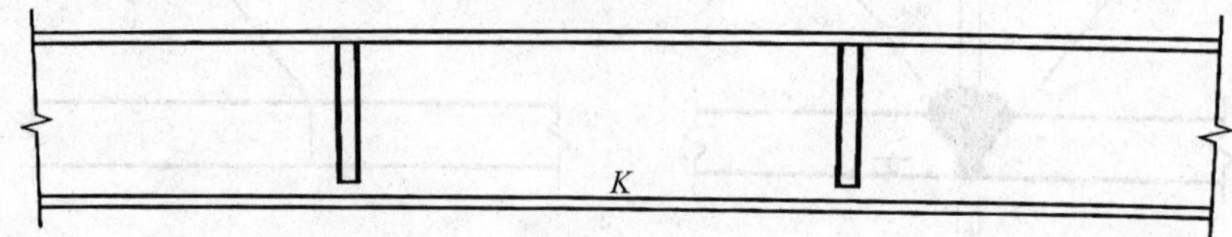

图 8－49　较长焊缝的标注方法

（10）熔透角焊缝的符号应按图 8－50 所示的方式标注。熔透角焊缝的符号为涂黑的圆圈，绘在引出线的转折处。

（11）局部焊缝的标注方法如图 8－51 所示。

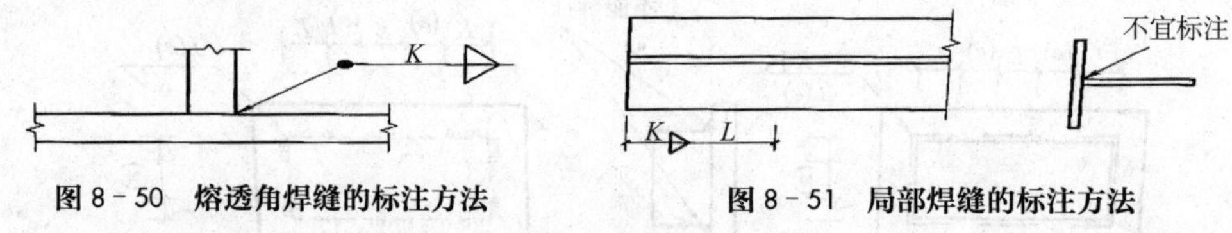

图 8－50　熔透角焊缝的标注方法　　**图 8－51　局部焊缝的标注方法**

3. 螺栓、螺栓孔、电焊铆钉的标注方式

常用螺栓、螺栓孔、电焊铆钉的标注方式见表 8－11。

表 8－11　常用螺栓、螺栓孔、电焊铆钉的标注方式

序号	名称	图例	说明
1	永久螺栓	M ϕ	1. 细“十”线表示定位线； 2. M 表示螺栓型号； 3. ϕ 表示螺栓孔直径； 4. d 表示膨胀螺栓、电焊铆钉直径； 5. 采用引出线标注螺栓时，横线上标注螺栓规格，横线下标注螺栓孔直径
2	高强螺栓	M ϕ	
3	安装螺栓	M ϕ	
4	胀锚螺栓	d	
5	圆形螺栓孔	ϕ	
6	长圆形螺栓孔	ϕ b	
7	电焊铆钉	d	

附录 A

钢结构井道施工方案

钢结构井道施工方案

编制：

审核：

批准：

××工程投标项目

1. 编制依据

(1) ××电梯井钢结构深化图纸。

(2)《钢结构工程施工质量验收标准》(GB 50205—2020)。

(3)《钢结构焊接规范》(GB 50661—2011)。

(4)《建筑结构可靠度设计统一标准》(GB 50068—2018)。

(5)《钢结构设计标准》(GB 50017—2017)。

(6)《施工现场临时用电安全技术规范》(JGJ 46—2005)。

(7)《建筑施工安全检查标准》(JGJ 59—2011)。

2. 工程概况

××电梯井道钢结构施工。

3. 施工部署

1) 工期目标

本工程预计工期见表A1。

表A1 工程预计工期

工程名称	开始工期	结束工期
××	××年××月××日	××年××月××日
××	××年××月××日	××年××月××日
××	××年××月××日	××年××月××日

2) 主要管理人员

(1) 领导小组

组长:××

副组长:××、××

(2) 工作小组

专业工程师:××、××

项目施工员:××、××

项目质量员兼测量员:××

4. 施工准备

1) 劳动力准备

(1) 选用具有同类工程施工经验、信誉良好、有资质的施工队伍来承担该项工程的施工;选择管理能力强、技术水平高、经验丰富的人员负责该工程的施工全过程,确保工程质量与进度。

(2) 审查并考核特殊工种上岗人员,提前进行培训。

(3) 根据总进度计划,确定分阶段进场的队伍人数、工种等,确保不影响施工

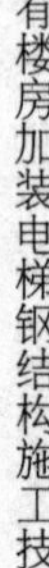

进度和不窝工。

(4) 对进场人员及时做好安全文明方面的教育，对作业工种做好相应的技术交底。

(5) 根据本工程要求，结合现场实际情况，将投入足够的人力、物力以确保工程如期完成，各专业各阶段投入劳动力的数量详见表 A2。

表 A2 劳动力计划表

序号	工 种	人 数
1	架子工	
2	电焊工	
3	测量工	
4	普工	
…		

2) 物资准备

(1) 材料

钢材：钢柱采用××型钢；钢梁采用××型钢；采用××钢板。

锚栓：采用××锚栓。

焊条：采用××型焊条，用于型钢与型钢焊接、型钢与埋件连接。

脚手架：采用 ϕ××无缝钢管搭设满堂架。架体上铺设脚手板作为操作平台。

(2) 机械设备

机械设备见表 A3。

表 A3 机械设备

序号	机具名称	单位	数量	性能说明
1	电焊机	台	××	正常
2	葫芦	个	××	正常
3	水准仪	台	××	正常
4	经纬仪	台	××	正常
5	磁力线坠	个	××	正常
6	钢尺	把	××	正常
7	水平尺	根	××	正常
8	钢丝绳	米	××	正常
9	气割设备	套	××	正常
…				

5. **施工工艺**

由于本工程为室内安装，无法使用吊车进行整体吊装。构件原则上为散装构件，构件最大荷载为××kg，故选用 ϕ××钢丝绳、高强度尼龙吊带与主体结构作可靠连接，葫芦拉装。在电梯井外围及内侧搭设钢管脚手架以便于施工。

1）工艺流程

脚手架搭设→弹线定位→后置埋件固定→钢材下料→钢结构构件试拼装→钢立柱吊装及焊接→钢横梁吊装及焊接→防腐涂料涂装→氟碳漆涂装→脚手架拆除。

2）操作工艺

（1）脚手架搭设

本工程需搭设脚手架辅助施工，脚手架方案采用满堂脚手架，脚手架满铺脚手板，外挂安全网。注意事项如下：

①脚手架底座要装设牢固，底座垫板要铺平，立杆必须稳固地落在底座上。

②横杆至少应长于两跨，并要用扣件与各立杆连接紧固，横杆接头应设于立杆附近，相邻横杆的对接接头应错开。

③剪刀撑应设在脚手架的外侧，构成剪刀撑的斜杠必须与立杆连接牢固，各个接头必须既能受拉又能受压。

④脚手架应坚固、稳定，能满足施工应承受的荷载，在荷载作用下不变形、不倾斜、不摇晃。

⑤脚手板在施工前都必须检查，脚手板本身无不安全因素存在，如裂纹、残边等。

⑥凡高度 2 米以上脚手架须加挂立封安全网且将网的下口封牢，每 6 米用安全网做防护层。

（2）钢结构井道施工

钢结构井道施工主要包括以下几个方面：

①弹线定位：利用水准仪、经纬仪、红外线、钢尺根据施工图在结构上放出钢立柱及钢横梁的定位轴线和标高线。

②后置埋件固定：根据定位轴线在结构板上进行钻孔，用高强化学锚栓使钢板与结构板可靠连接。地面钻孔完成后必须用毛刷清刷孔壁，用吹气泵吹出灰尘后方可放入胶剂。锚栓植入后静置时间内不可动摇锚栓，等胶剂固化后方可使用，支承面、地脚螺栓（锚栓）位置的允许偏差见表 A4。

表 A4　支承面、地脚螺栓（锚栓）位置的允许偏差

项目		允许偏差/mm
支承面	标高	±2.0
	水平度	L/1 000
地脚螺栓（锚栓）	螺栓中心偏移	2.0

③钢材下料：根据施工图对现场的实际尺寸进行测量，明确钢结构的各构件、紧固件、连接件的型号及实际尺寸。将钢材切割成所需的长度并编号，切割完成后必须对钢材断面进行刨、铣等方式加工，保证断面的垂直度。下料前必须了解原材料的材质及规格，检查原材料的质量。不同规格、不同材质的零件应分别下料。并根据先大后小的原则依次下料。钢材如有较大的弯曲、凹凸不平时，应先进行矫正。尽量使相同宽度和长度的零件一起下料，需要拼接的同一种构件必须一起下料。长度不够需要焊接拼接时，在接缝处必须注意焊缝的大小及形状再焊接和矫正。

a）切割

钢材下料常用的方法有氧割、机械切割（剪切、锯切、砂轮切割）。氧割的工艺要求如下：

（a）气割前，应去除钢材表面的油污、浮锈和其他杂物，并在下面留一定的空间。

（b）大型工件的切割，应先从短边开始。

（c）在钢板上切割不同形状的工件时，应靠边靠角，合理布置，先割大件，后割小件；先割较复杂的，后割简单的；窄长条形板的切割，采用两长边同时切割的方法，以防止产生侧弯。机械切割的允许偏差见表 A5，气割的允许偏差见表 A6。

表 A5　机械切割的允许偏差

项目	允许偏差/mm
零件宽度、长度	±3.0
边缘缺棱	1.0
型钢端部垂直度	2.0

表 A6　气割的允许偏差

项目	允许偏差/mm
零件宽度、长度	±3.0
切割面平面度	0.05t，但不大于 2.0
割纹深度	0.3
局部缺口深度	1.0

b）矫正和成型

（a）碳素结构钢在环境温度低于－16 ℃、低合金结构钢在环境温度低于－12 ℃时，不应进行冷矫正和冷弯曲。碳素结构钢和低合金结构钢在加热矫正时，加热温度不应超过 900 ℃。低合金结构钢在加热矫正后应自然冷却。

（b）当零件采用热加工成型时，加热温度应控制在 900～1 000 ℃；碳素结构钢和低合金结构钢加热温度分别下降到 700～800 ℃之前，应结束加工。

（c）矫正后的钢材表面，不应有明显的凹面或损伤，划痕深度不得大于 0.5 mm，且不应大于该钢材厚度负允许偏差的 1/2。

c）边缘加工和端部加工

（a）气割或机械切割的零件，需要进行边缘加工时，其刨削量不应小于 2.0 mm。

（b）焊接坡口加工宜采用自动切割、半自动切割、坡口机、刨边等方法进行。

（c）边缘加工一般采用刨、铣等方式加工。边缘加工应注意加工面的垂直度和表面粗糙度。边缘及端部加工的允许偏差见表 A7。

表 A7　边缘及端部加工的允许偏差

项目	允许偏差
零件宽度、长度	±3.0 mm
加工边直线度	L/1 000，但不大于 2.0 mm
相邻两边夹角	±6.0′
加工面垂直度	0.025t，但不大于 0.5 mm
加工面粗糙度	Ra50

d）制孔

（a）制孔通常采用钻孔和冲孔方法：钻孔是钢结构制造中普遍采用的方法，能用于几乎任何规格的钢板、型钢的孔加工；冲孔一般只用于较薄钢板和非圆孔加工，而且要求孔径一般不小于钢材的厚度。

（b）当螺栓孔的偏差超过允许值时，允许先采用与钢材材质相配的焊条对孔洞进行补焊，再重新制孔，但严禁采用钢块填塞的方法处理。钢构件加工完成后，堆放时应水平放置，并确保平稳，分布均匀，构件下必须放置垫木。

④钢结构试拼装：将加工好的钢构件在地面进行试拼装，看结构尺寸是否满足设计要求。

⑤钢立柱、钢横梁吊装及焊接：在电梯井顶部预留吊装电梯用吊钩的位置固定葫芦，采用葫芦进行拉装。钢结构构件的吊点位置选择在柱长的 1/3 处，确保钢丝绳或高强度尼龙吊带与构件形成可靠连接再进行吊装。钢构件吊装至指定位置时，

先初步进行固定、定位，待校准排序合格后方可进行焊接。钢结构构件安装允许偏差见表 A8。

表 A8　钢结构构件安装允许偏差

项目	主体结构的允许偏差/mm
整体垂直度	(H/2 500+10.0)，且不应大于 50.0
主体结构的整体平面弯曲度	L/1 500，且不应大于 25.0
上、下接口处的错口	3.0
同一根梁两端顶面的高差	L/1 000，且不大于 10.0

a）焊接材料要求

焊接材料应符合国家标准《非合金钢及细晶粒钢焊条》（GB/T 5117—2012）、《热强钢焊条》（GB/T 5118—2012）的规定。焊条、焊丝、焊剂和药芯焊丝在使用前，必须按产品说明书及有关工艺文件的规定进行烘干。低氢型焊条烘干温度为 350～380 ℃，保温时间应为 1.5～2 h，烘干后应缓冷放置于 110～120 ℃的保温箱中存放待用；使用时应置于保温筒内；烘干后的低氢型焊条在大气中放置时间超过 4 h 应重新烘干；烘干次数不应超过 2 次；受潮的焊条不应使用。焊材直径的选择见表 A9。

表 A9　焊材直径选择

焊件厚度/mm	4～6	6～12	>12
焊条直径/mm		3.2～4	
焊丝直径/mm		1.2	

b）对接要求

焊件坡口形式要考虑在施焊和坡口加工可能的条件下，尽量减少焊接变形，节省焊材，提高劳动生产率，降低成本。一般主要根据板厚选择。

不同板厚及宽度的材料对接时，应做平缓过渡：不同板厚的板材或管材对接接头受拉时，其允许厚度偏差值应符合表 A10 中的规定；不同宽度的材料对接时，应根据工地条件采用热切割、机械加工或砂轮打磨的方法使之平缓过渡，其连接处最大允许坡度值为 1∶2.5。

表 A10　不同板厚的钢材对接允许厚度偏差　　单位：mm

较薄板厚度 t_1	≥5～9	10～12	>12
允许厚度偏差	2	3	4

c）作业条件

当手工电弧焊焊接作业区风速超过 8 m/s、气体保护焊及药芯焊丝电弧焊焊接作业区风速超过 2 m/s 时，应设防风棚或其他防风措施。焊接作业区的相对湿度不得大于 90％，当焊件表面潮湿或有冰雪覆盖时，应采取加热去湿除潮措施。

焊接作业区环境温度低于 0 ℃时，应将构件焊接区各方向大于或等于两倍钢板厚度且不小于 100 mm 范围内的母材，加热到 20 ℃时方可施焊。且焊接过程中不得低于这个温度。

d）焊接施工工序

焊接施工工序见图 A1。

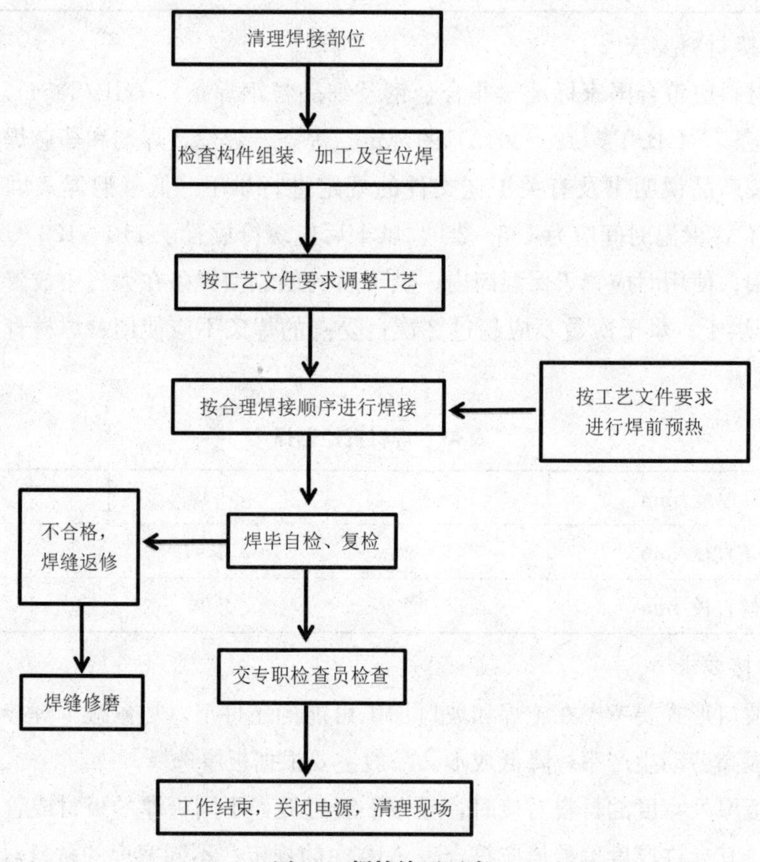

图 A1　焊接施工工序

施焊时应选择合理的焊接顺序，以减小焊接变形和焊接应力。减小焊接变形还可采用反变形措施，多处焊接的情况下，要求左右对称同时施焊，先中间然后向两边延伸。焊缝表面不得有裂纹、焊瘤、表面气孔、夹渣等缺陷。

（3）钢结构涂装

钢结构安装工程隐蔽验收通过后，方可进行涂装工作。钢结构涂装施工环境温度应在 5～38 ℃之间，相对湿度不大于 85％。涂装时钢结构不应有结露。涂装前钢材表面应进行处理，表面不得有焊渣、焊疤、灰尘、油污、水和毛刺。涂装中不得误涂、漏涂、凹陷，更不得有宽度大于0.5 mm的裂纹。涂装后4 h应保护免雨淋。

①防腐涂装工艺流程

防腐涂装工艺流程：基层除锈→环氧富锌底漆两遍→检查验收。

a）钢结构涂装前的表面处理（除锈）

建筑钢结构工程的油漆涂装应在钢结构制作安装验收合格后进行。油漆涂刷前，应采取适当的方法将需要涂装部位的铁锈、焊缝药皮、焊接飞溅物、油污、尘土等杂物清理干净。

基面清理、除锈质量的好坏，直接影响到涂层质量的好坏。因此涂装工艺的基面除锈质量等级应符合设计文件的规定要求。钢结构除锈质量等级分类执行国家标准《涂覆涂料前钢材表面处理　表面清洁度的目视评定　第1部分：未涂覆过的钢材表面和全面清除原有涂层后的钢材表面的锈蚀等级和处理等级》（GB/T 8923.1—2011）的规定。钢构件表面除锈方法根据要求不同可采用手工除锈、机械除锈、喷砂除锈、酸洗除锈等方法。

b）防腐涂料涂装方法

合理的施工方法，对保证涂装质量、施工进度、节约材料和降低成本有很大的作用。常用涂料的施工方法有刷涂法、手工滚涂法、浸涂法、空气喷涂法、雾气喷涂法。

c）钢结构涂装施工要求

环境要求：环境温度应按照涂料的产品说明书要求，当产品说明书无要求时，环境温度宜在5～38 ℃之间，相对湿度不应大于85%；涂装时构件表面不得有结露、水汽等；涂装后4 h内应保护不受雨淋。

设计要求或钢结构施工工艺要求：禁止涂装的部位为防止误涂，在涂装前必须进行遮蔽保护。如地脚螺栓和底板结合面、高强度螺栓结合、与混凝土紧贴或埋入的部位。

涂料开桶前，应充分摇匀。开桶后，原漆应不存在结皮、结块、凝胶等现象，有沉淀应搅起，有漆皮应除掉。

涂装施工过程中，应控制油漆的黏度，兑制时应充分搅拌，使油漆色泽、黏度均匀一致。调整黏度必须使用专用的稀释剂，如需代用，必须经过试验。

涂刷遍数及涂层厚度应执行设计要求规定，涂装间隔时间根据各种涂料产品说明书确定。涂刷第一层底漆时，涂刷方向应一致，接槎整齐。钢结构安装后，进行防腐涂料第二次涂装。涂装前，首先利用砂布、电动钢丝刷、空气压缩机等工具将钢构件表面处理干净，然后对涂层损坏部分和未涂部位进行补涂，最后按照设计要求规定进行二次涂装施工。

涂装完工后，经自检和专业检并作记录。涂层有缺陷时，应分析并确定缺陷原因，及时修补。修补的方法和要求与正式涂层部分相同。

构件涂装后，应加以临时围护隔离，防止踩踏，损伤涂层；并不要接触酸类液体，防止咬伤涂层；需要运输时，应防止磕碰、拖拉损伤涂层。

d）涂料涂装检验

钢结构防腐涂料、面漆、稀释剂和固化剂等材料的品种、规格、性能和质量等，应符合现行国家产品标准和设计要求。

②氟碳漆涂装工艺流程

a）工艺流程

氟碳漆涂装工艺流程：表面处理→氟碳漆底漆→氟碳漆面漆→涂层检查、维护。

b）涂料的使用

涂料的使用首先要检查涂料和稀释剂是否符合要求。具体使用时要注意以下事项。

混合：各组分涂料要按规定比例混合，并用机械搅拌均匀。

稀释：温度变化时为改善涂料的施工性能，根据实际情况加入稀释剂，但应注意过度稀释涂料会使涂膜变薄，出现流挂现象，导致涂膜性能和遮盖力变差。

过滤：如果涂料中有小的结皮和粒子，应用200～300目的金属网或尼龙网加以过滤。

适用期：双组分涂料在各组分混合后应在规定的时间内用完。未用完的涂料不得下次继续使用。

覆涂间隔：底漆和面漆工序间隔时间为24 h以上。

c）氟碳漆施工

涂刷孔、接缝和边缘等较难涂装的部位应用刷子先进行涂装。刷子不应浸入涂料内过深，这样易使刷毛根部充满涂料而难于施工，而且涂料干后会影响刷毛的柔软性。涂刷时，刷子应与被涂表面成45°角，将刷子上的适量涂料分配在相当的被涂范围内，先纵向扩展，然后横向理顺，循序渐进，不得漏涂，使涂料分布均匀，最后用刷子轻刷刷痕和搭接处使之平顺，在大范围内的最后轻刷应按垂直方向进行。

刷涂时用力不必过大，刷涂完成后，应将刷子用规定的溶剂清洗干净。

涂膜的控制。为达到长久的保护作用，施工钢结构氟碳漆时必须注意涂膜的均匀性。最小膜厚不得低于标准膜厚的90%；膜厚低于最小膜厚的区域应补修至膜厚值超过最小膜厚。

养护期。在漆膜表干和实干之后，须在常温下放置7天以上，待漆膜完全固化以后才能正式投入使用。

（4）脚手架拆除

待钢结构井道验收合格后，人工拆除脚手架。拆除区域严禁进入与工程无关的人员。拆除时应从上往下拆，禁止向下抛掷。拆除的杆件、构件要及时清理出场。

6. 工程质量保证措施

1）质量管理技术措施

建立健全的质量保证体系，使每个职工树立创优意识，建立质量责任制，切实加强质量检查，严格工序管理，认真做好自检、互检、交接检；切实抓好施工准备、施工生产、质量评定、资料管理的每一个环节。

2）技术保证措施

建立以项目技术负责人为首的各级技术管理班子，着重解决工种间、工序间的交接、检查和验收。

组织学习“分项工程工艺标准”，必须按工艺标准组织施工操作，做到施工有规范，验收有标准。

认真细致地搞好施工图纸的自审和会审工作，将设计错误消除在工程开工前。

3）质量控制措施

工程的质量管理严格按照 ISO 9001 标准进行监控，使所有工序在受控下进行，在施工过程中严格执行自检、互检、交接检的“三检制”。

钢结构使用的钢材、焊接材料、涂装材料和紧固件等应具有质量证明书，必须符合设计要求和现行标准的规定。进场的原材料，除必须有生产厂的质量证明书外，还应按照合同要求和现行有关规定在甲方、监理的见证下，进行现场见证取样、送样、检验和验收，做好检查记录。

特别要加强专项检查，把问题解决在萌芽状态，尤其是钢结构制作和焊接两个工序上，更应严格把关。焊工必须具有通过考试获得的焊工证。

7. 安全保证措施

1）钢结构制作、组装安全措施

（1）必须按国家规定的法规条例，对各类操作人员进行安全教育和安全学习。对生产场地必须留有安全通道，设备之间的最小距离不得小于 1 m。进入施工现场的所有人员，应戴好劳动防护用品，并应注意观察和检查周围的环境。

（2）操作者必须遵守各岗位的操作规程，以免损及自身和伤害他人，对危险源应做出相应的标志、信号、警戒等，以免现场人员遭受伤害。

（3）所有构件的堆放、搁置应十分稳固，对不稳定的构件应设置支撑或紧固定位，超过自身高度的构件的并列间距应大于自身高度。构件安置要求平稳、整齐。

（4）索具、吊具要经常检查，不得超过额定荷载。焊接构件时不得留存、连接起吊索具。

(5) 钢结构制作中，半成品和成品胎具的制造和安装应进行强度验算，不得凭经验自行估算。

(6) 钢结构生产过程的每一工序所使用的氧气、乙炔、电源必须有安全防护措施，定期检测泄漏和接地情况。

(7) 起吊构件的移动和翻身，只能听从一人指挥，不得两人并列指挥或多人指挥。起重构件移动时，不得有人在本区域投影范围内滞留和通过。

(8) 所有制作场地的安全通道必须畅通。

2) 钢结构焊接安全措施

(1) 认真执行国家有关安全生产法规，认真贯彻执行有关施工安全规程。同时结合公司实际，制定安全生产制度和奖罚条例，并认真执行。

(2) 所有施工人员必须戴安全帽，高空作业必须系安全带；所有电缆、用电设备的拆除、照明等均由专业电工担任。要使用的电动工具必须安装漏电保护器，值班电工要经常检查、维护用电线路及机具，认真执行《施工现场临时用电安全技术规范》(JGJ 46—2005) 标准，保持良好状态，保证用电安全。

(3) 氧气、乙炔、二氧化碳气体要放在规定的安全处，并按正确规定使用，工具房、操作平台等处设置足够数量的灭火器材。电焊、气割时，应先注意周围环境有无易燃物后再进行工作。

(4) 做好防暑降温、防风、防雨、防雪和职工劳动保护工作。起重指挥要果断，指令要简单、明确，按“十不吊”操作规程认真执行。

3) 钢结构安装安全措施

(1) 高空作业一般要求

①高空作业的安全技术措施及其所需料具，必须列入工程的施工组织设计。高空作业的设施、设备必须在施工前进行检查，确认其完好后方能投入使用。

②施工前逐级进行安全教育及交底，落实所有安全技术措施和人身防护用品，未经落实不得进行施工。

③攀登和悬空作业人员必须持证上岗，定期进行专业知识考核和体格检查。施工中对高空作业的安全技术措施，发现有缺陷和隐患应及时解决；危及人身安全时，必须停止作业。

④施工现场所有可能坠落的物体，应一律先进行拆除或加以固定；高空作业所用的物料，应堆放平稳，不妨碍通行和装卸；随手用的工具应放在工具袋内；作业中，走道内的余料应及时清理干净，不得任意抛丢。

⑤钢结构吊装前，应进行安全防护设施的逐项检查和验收，合格后方可进行高空作业。

(2) 交叉作业

①结构安装过程中，各工种进行上下立体交叉作业时，不得在同一垂直方向上操作。下层作业的位置，必须处于依上层高度确定的可能坠落范围半径之外，不符合上述条件时，应安装设置安全防护层。

②楼层边口、通道口、脚手架边缘处，严禁堆放任何拆下的构件。

(3) 防高空坠落

①为防高空坠落，操作人员在进行高处作业时，必须正确使用安全带，安全带一般应高挂低用。操纵人员必须戴安全帽。

②安装构件时，使用撬杠校正构件的位置要注意安全，必须防止因撬杠滑脱而引起的高空坠落；在雨天构件上常因潮湿容易使操作人员滑倒，高空作业人员必须穿防滑鞋方可操作。

③高空作业人员在脚手板上通行时，应思想集中，防止踏上探头板而坠落。使用的工具及安全带的零部件，应放入随身携带的工具袋里，不可向下丢抛。

④在高空气割或电焊切割作业时，应采取措施防止割下的金属或火花落下伤人或引起火灾。地面操作人员应尽量避免在高空作业的下方停留或通过。

⑤构件安装后，必须检查连接质量，无误后才能摘钩或拆除临时固定工具，以防构件掉落伤人。设置吊装禁区，禁止与吊装无关的人员入内。

(4) 防止触电

①随时检查电焊机的手把线，防止破损；电焊机的外壳应有接地保护；各种起重机严禁在架空输电线路下工作，在通过架空输电线路时，应将起重臂落下，并确保与架空输电线的安全距离。

②严禁带电作业；电气设备不得超负荷运行；手工操作时电工应戴绝缘手套或站在绝缘台上。钢结构是良好导体，施工过程中应做好接地工作。

(5) 气割作业

氧气瓶、乙炔瓶放置安全距离应大于10米；氧气瓶、乙炔瓶不应放在太阳下暴晒，更不可接近火源，要求与火源的距离不小于10米。

(6) 消防管理

①施工现场的消防安全，由施工单位负责，建设单位应督促施工单位做好消防安全工作。施工现场实行逐级防火责任制，施工单位应确定一名防火责任人，全面负责施工现场的消防安全工作。

②使用电气设备和化学危险物品，必须符合技术规范和操作规程，严格防火措施，确保安全，禁止违章作业。施工中使用化学易燃物品时，应限额领料，禁止交叉作业。

③施工材料的存放、保管应符合防火安全要求。易燃材料必须专库储备，化学危险物品和压缩可燃性气体容器等，应按其性质设置专用库房分类存放。

④进行电、气切割作业等，必须由持证的电工、焊工操作。

⑤配备相应的消防器材和安排足够的消防水源。施工现场的消防器材和设施不得埋压、圈占和挪作他用。

4）涂料涂装安全措施

（1）涂料施工现场不允许堆放易燃物品，并应远离易燃物品仓库；严禁烟火，并有明显的严禁烟火的宣传标志；必须备有消防水源和器材。

（2）涂料涂装施工时，禁止使用铁棒等金属物品敲击金属物体和漆桶；使用的照明灯应有防爆装置，临时电气设备应使用防爆型，并定期检查电路和设备的绝缘情况，严禁使用闸刀开关。

（3）所有进入防腐涂料涂装现场的施工人员，应穿安全鞋、安全服，戴防毒口罩和防护眼镜。

5）脚手架搭设拆除安全措施

（1）操作者应持有特种作业上岗证，身体健康，并在本工程项目部的安全交底之后才可上岗。

（2）施工时应佩戴安全帽，系好安全带，严禁向下抛扣件等物品，上部施工时，地面应有专人警戒防护。

（3）作业人员应衣着灵便，但不准赤身，穿软底防滑鞋。

（4）施工过程中应边搭设边铺脚手板，并将脚手板稳固好，不准有空头板，用铁丝扎牢，以防滑脱。安全有效的维护设施应同步跟上，连墙杆也同步跟上。

（5）脚手架的搭设或拆除，均不得上、下同时作业。

（6）严禁在强风、雨天或夜间的情况下进行高空搭设和拆除作业。

（7）各种电线不得直接在钢管脚手架上缠绕。

附录B
钢结构井道设计、施工示例图

结构设计说明

一、工程设计描述

1. 本项目结构形式：钢框架结构。

2. 本工程设计使用年限 25 年，结构安全等级二级，抗震设防烈度为 7 度（0.15 g），设计分组为第一组，抗震设防类别为丙类，建筑抗震设计等级为三级，场地类型为Ⅲ类。

3. 设计主要使用荷载取值见下表。

设计主要使用荷载

	基本风压	基本雪压	不上人屋面	连廊
荷载标准值 /（kN/m^2）	0.60	0.30	0.5	2.0

注：1）基本风压、基本雪压标准值按 100 年一遇荷载取值。

2）如在施工期间或工程竣工之后使用期间需要在结构上增加荷载时，必须征得设计单位的同意。

二、规范和设计依据

1. 甲方提供的原结构设计蓝图及设计资料。
2.《工程结构可靠度设计统一标准》（GB 50153—2008）。
3.《建筑结构可靠性设计统一标准》（GB 50068—2018）。
4.《建筑结构荷载规范》（GB 50009—2012）。
5.《混凝土结构设计规范（2015 年版）》（GB 50010—2010）。
6.《混凝土结构加固设计规范》（GB 50367—2013）。
7.《建筑抗震设计规范（2016 年版）》（GB 50011—2010）。
8.《建筑工程抗震设防分类标准》（GB 50223—2008）。
9.《钢结构设计标准》（GB 50017—2017）。
10.《建筑地基基础设计规范》（GB 50007—2011）。
11.《冷弯薄壁型钢结构技术规范》（GB 50018—2002）。
12.《混凝土结构后锚固技术规程》（JGJ 145—2013）。
13.《门式刚架轻型房屋钢结构技术规范》（GB 51022—2015）。
14.《钢结构焊接规范》（GB 50661—2011）。
15.《钢结构工程施工质量验收标准》（GB 50205—2020）。
16.《建筑结构加固工程施工质量验收规范》（GB 50550—2010）。
17.《建筑结构制图标准》（GB/T 50105—2010）。
18.《砌体结构设计规范》（GB 50003—2011）。

三、材料

1. 本工程钢材采用 Q235B 钢（注明者除外）。其性能除应符合《碳素结构钢》（GB/T 700—2006）规定的要求外，还应符合《建筑抗震设计规范》第 3.9.2 条第 3 款的要求，尚应保证屈服点的要求和碳、磷、硫的含量要求，且满足断后伸长率不应小于 26%。

2. 手工焊接时，Q235 钢之间或 Q235 钢与 Q345 钢之间焊接，采用 E4301～E4312 系列焊条；Q345 钢之间焊接，采用 E5003～E5016 系列焊条，其技术条件应符合《非合金钢及细晶粒钢焊条》（GB/T 5117—2012）

和《热强钢焊条》（GB/T 5118—2012）的规定，自动焊或半自动焊的焊丝和焊剂应与主体金属力学性能相适应，并应符合现行国家标准的规定。

3. 普通螺栓：C 级 4.6 级，应符合现行国家标准《六角头螺栓 C 级》（GB/T 5780—2016）和《六角头螺栓》（GB/T 5782—2016）的规定。高强螺栓：10.9 级摩擦型高强螺栓，其技术条件须符合《钢结构用高强度大六角头螺栓》（GB/T 1228—2006）、《钢结构用高强度大六角螺母》（GB/T 1229—2006）、《钢结构用高强度垫圈》（GB/T 1230—2006）、《钢结构用高强度大六角头螺栓、大六角螺母、垫圈技术条件》（GB/T 1231—2006）的规定。

4. 钢材、钢筋、连接材料、焊条、焊丝、焊剂及螺栓、涂料底漆、面漆、结构胶等均应附有质量证明书。

四、钢结构制作、安装

1. 本图中的钢结构构件必须由具有相应资质和专门机械设备的建筑金属结构制造厂加工制作。施工前须依据本图绘制钢结构加工图。

2. 焊接型钢应采用埋弧自动焊或半自动焊焊接；双面贴角焊缝的焊缝厚度除图中注明者外，不小于 5 mm，长度均为满焊，钢板边缘应加工处理。

3. 构件的翼缘与端板的连接应采用全熔透对接焊缝，坡口形式应符合现行国家标准《气焊、焊条电弧焊、气体保护焊和高能束焊的推荐坡口》（GB/T 985.1—2008）的规定。

4. 所有焊接材料、焊接工艺应满足《钢结构焊接规范》（GB 50661—2011）的规定。

5. 高强螺栓孔应采用钻成孔，孔径比螺栓公称直径大 1.5 mm，当螺栓孔位置不对或误差较大时，安装人员不得随意扩孔或烧孔。

6. 所有构件均应铣两端，并与柱、梁轴线成标准角度，所有节点零件尺寸以现场放样为准。

7. 高强螺栓连接处构件接触面做喷砂处理，抗滑移系数对于 Q235 钢不得小于 0.45。

8. 板件拼接焊缝、端板与焊接型钢的连接焊缝以及所有的其他对接焊缝均为二级焊缝。

9. 除出厂前不需涂漆的部位外，所有构件除锈后均刷防锈底漆两道。

10. 梁柱上的加劲板、支承板等采用手工电弧焊，在加工车间完成施焊工艺，板材上的刨口尺寸应符合《气焊、焊条电弧焊、气体保护焊和高能束焊的推荐坡口》（GB/T 985.1—2008）的规定，需要在原结构梁柱上焊接加劲板、支承板的情况，在满足施焊条件下进行现场施焊。刨口焊施焊后在焊缝背面清除焊根后补焊。柱脚处底板支座支承板要求刨平顶紧后施焊，加劲板在焊缝相交处切角 20 mm × 20 mm。

11. 钢结构的制作、安装和验收除本设计图要求外，尚应满足《钢结构工程施工质量验收标准》（GB 50205—2020）。

12. 钢结构制作前须现场测量尺寸，绘制加工图，依据加工图纸下料，钢结构加工图中所注板件尺寸为钢构件成品尺寸，所以放样时应考虑加工余量，核对无误后方可下料。

13. 钢结构安装必须按施工组织设计进行，先安装柱和梁形成刚架，并用临时支撑固定以保持稳定，再逐次组装檩条、墙梁和支撑体系，调整柱距、标高和轴线合格后，再最终固定且必须保证结构的稳定，不得强行安装以免导致结构或构件的永久塑性变形。

14. 钢结构单元及逐次安装过程中，应及时调整消除累计偏差，使总安装偏差最小，以符合设计要求。

15. 化学锚栓、特殊倒锥型锚栓安装：首先按设计要求的孔位、孔径、孔深钻孔，再用吹风机和刷子清理孔道

标记	处数	更改文件号	签字	日期	图样标记	重量	比例
设计		标准化					
审核							
工艺		日期			共　页	第　页	

直至孔内壁无浮尘水渍为止。要求孔壁无油污，锚栓无浮锈。

16. 植筋胶粘剂选用 A 级胶，必须采用专门配制的改性环氧类结构胶粘剂或改性乙烯基脂类结构胶粘剂。其固化剂不应使用乙二胺；其安全性能指标必须符合规范《混凝土结构加固设计规范》（GB 50367—2013）的有关规定。胶粘剂填料必须在工厂制胶时添加，严禁在施工现场掺入。

17. 植筋钻孔前，应认真进行孔位的放样和定位，经核对无误后方可进行钻孔作业；植筋的钢筋在使用前，应清除表面的浮锈和污渍；植筋的锚固深度允许偏差应满足《混凝土结构后锚固技术规程》（JGJ 145—2013）中表 9.9.2-2 钻孔深度允许偏差的要求。

18. 结构安装前，应对全部锚栓位置、标高、轴线和混凝土强度等进行检查并验收合格。

五、钢结构涂装

1. 除锈：钢材表面应进行喷射除锈，再涂防锈底漆，详见“钢结构构件涂漆工程表”。

2. 涂漆：除锈后应在 6 h 内喷涂防锈底漆，详见“钢结构构件涂漆工程表”。

3. 钢构件出厂前不需要涂漆的部位：（1）高强度螺栓节点摩擦面；（2）方钢管内的封闭区；（3）地脚螺栓和底板；（4）工地焊接部位及两侧 100 mm 范围内且要满足超声波探伤要求的范围。

4. 构件安装后需补涂漆的部位：（1）接合部的外露部位和紧固件，如高强螺栓未涂漆部分；（2）工地焊接区；（3）经碰撞脱落的工厂油漆部分；（4）高强螺栓构件连接处的缝隙应嵌刮耐腐蚀密封膏。

5. 钢结构耐火等级为二级。

六、其他

1. 除注明者外，设计图中所注尺寸均以毫米（mm）计，标高以米（m）计，均为相对标高，质量单位为千克（kg）。

2. 对于冷弯薄壁型钢构件在使用期间每隔 10 年应进行检查与维护一次。

3. 未经技术鉴定或设计许可，不得改变结构用途和使用环境。

4. 应定期检查钢构件油漆状况，及时补漆防锈。

5. 其他未尽事宜按国家相关规范、规定执行。

结构混凝土耐久性的基本要求

环境等级	最大水胶比	最低强度等级	最大氯离子含量 /%	最大碱含量 /（kg/m³）
一	0.60	C20	0.30	不限制
二 a	0.55	C25	0.20	3.0
二 b	0.50（0.55）	C30（C25）	0.15	
三 a	0.45（0.50）	C35（C30）	0.15	
三 b	0.40	C40	0.10	

注：1）氯离子含量系指其占胶凝材料总量的百分比。

2）处于严寒和寒冷地区二 b、三 a 类环境中的混凝土应使用引气剂，并可采用括号中的有关参数。

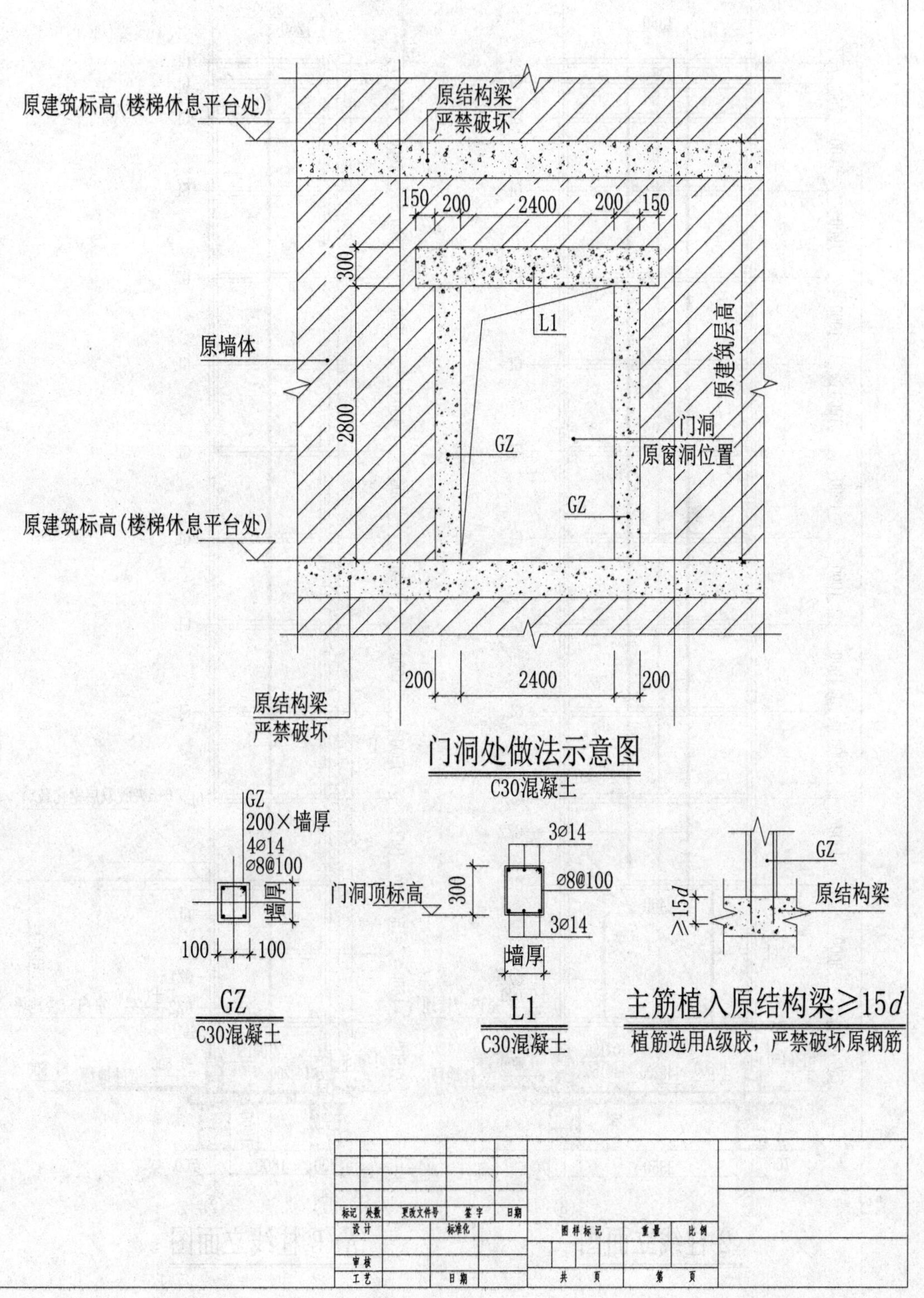
原建筑标高(楼梯休息平台处)
原结构梁
严禁破坏
150
200
2400
200
150
300
L1
原墙体
原建筑层高
2800
GZ
门洞
原窗洞位置
GZ
原建筑标高(楼梯休息平台处)
200
2400
200
原结构梁
严禁破坏
门洞处做法示意图
C30混凝土
GZ
200×墙厚
4⌀14
⌀8@100
墙厚
100
100
GZ
C30混凝土
3⌀14
300
门洞顶标高
⌀8@100
3⌀14
墙厚
L1
C30混凝土
GZ
原结构梁
≥15d
主筋植入原结构梁≥15d
植筋选用A级胶，严禁破坏原钢筋
标记
处数
更改文件号
签字
日期
设计
标准化
图样标记
重量
比例
审核
工艺
日期
共 页
第 页

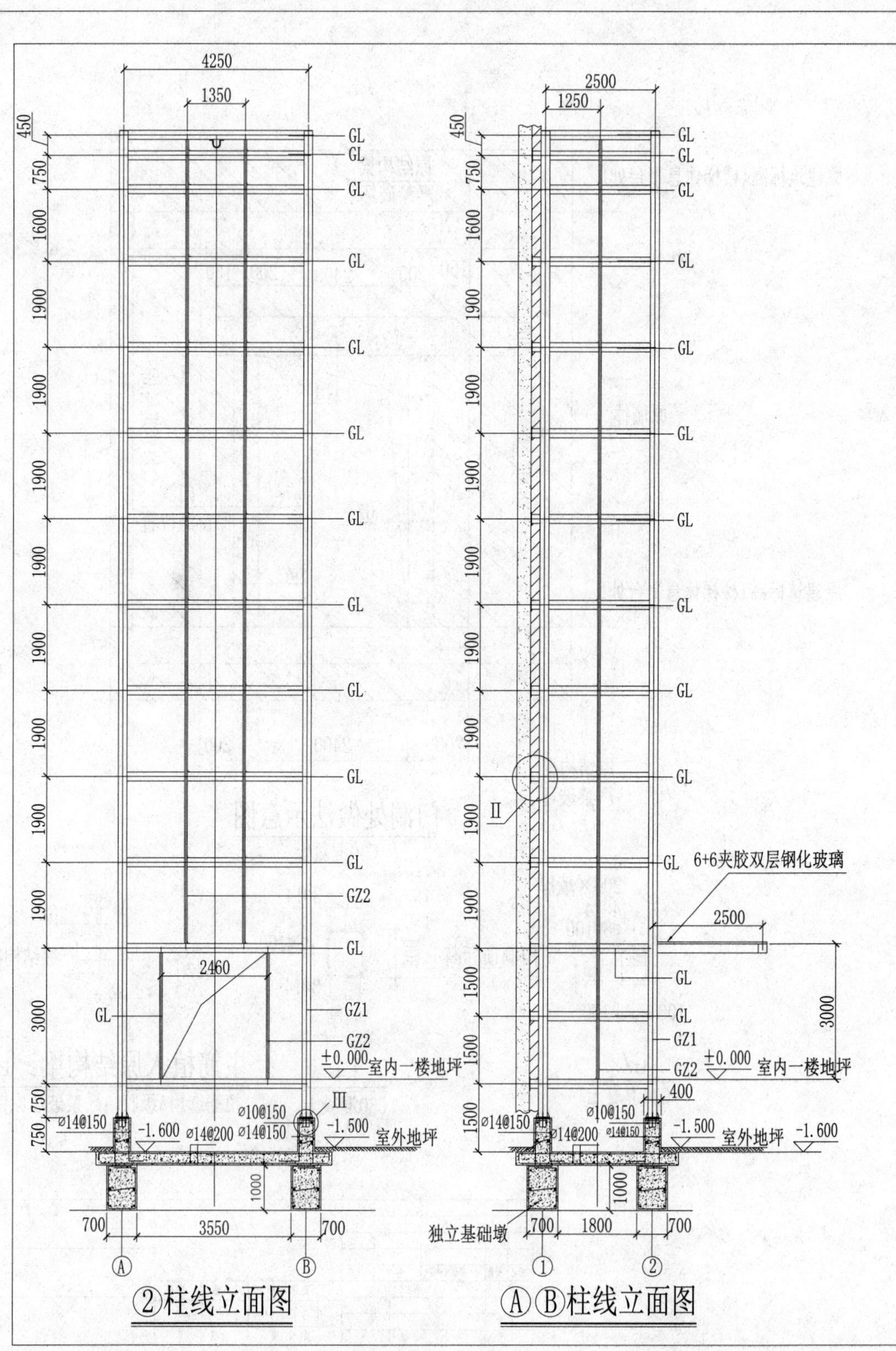

②柱线立面图

Ⓐ Ⓑ柱线立面图

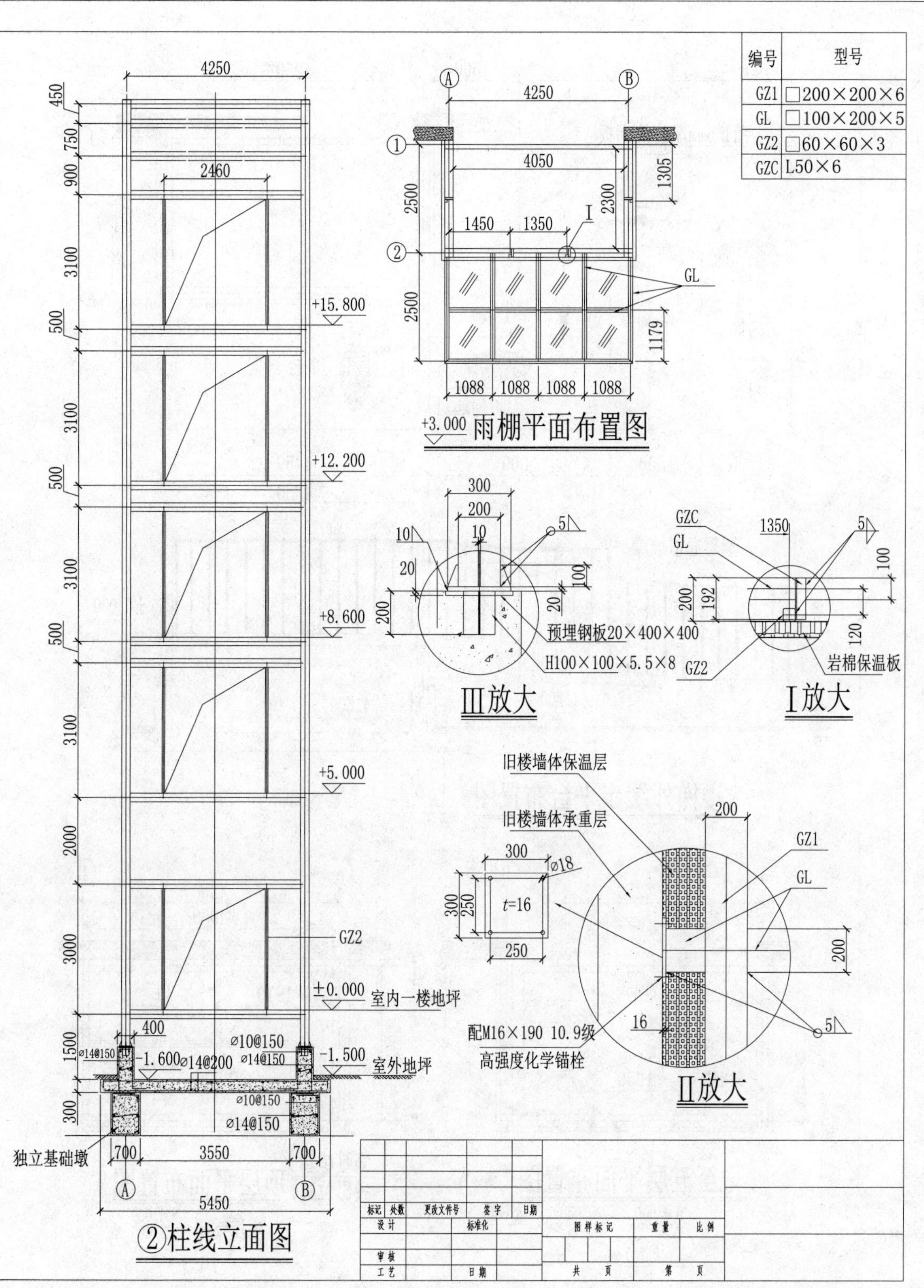

编号	型号
GZ1	□200×200×6
GL	□100×200×5
GZ2	□60×60×3
GZC	L50×6

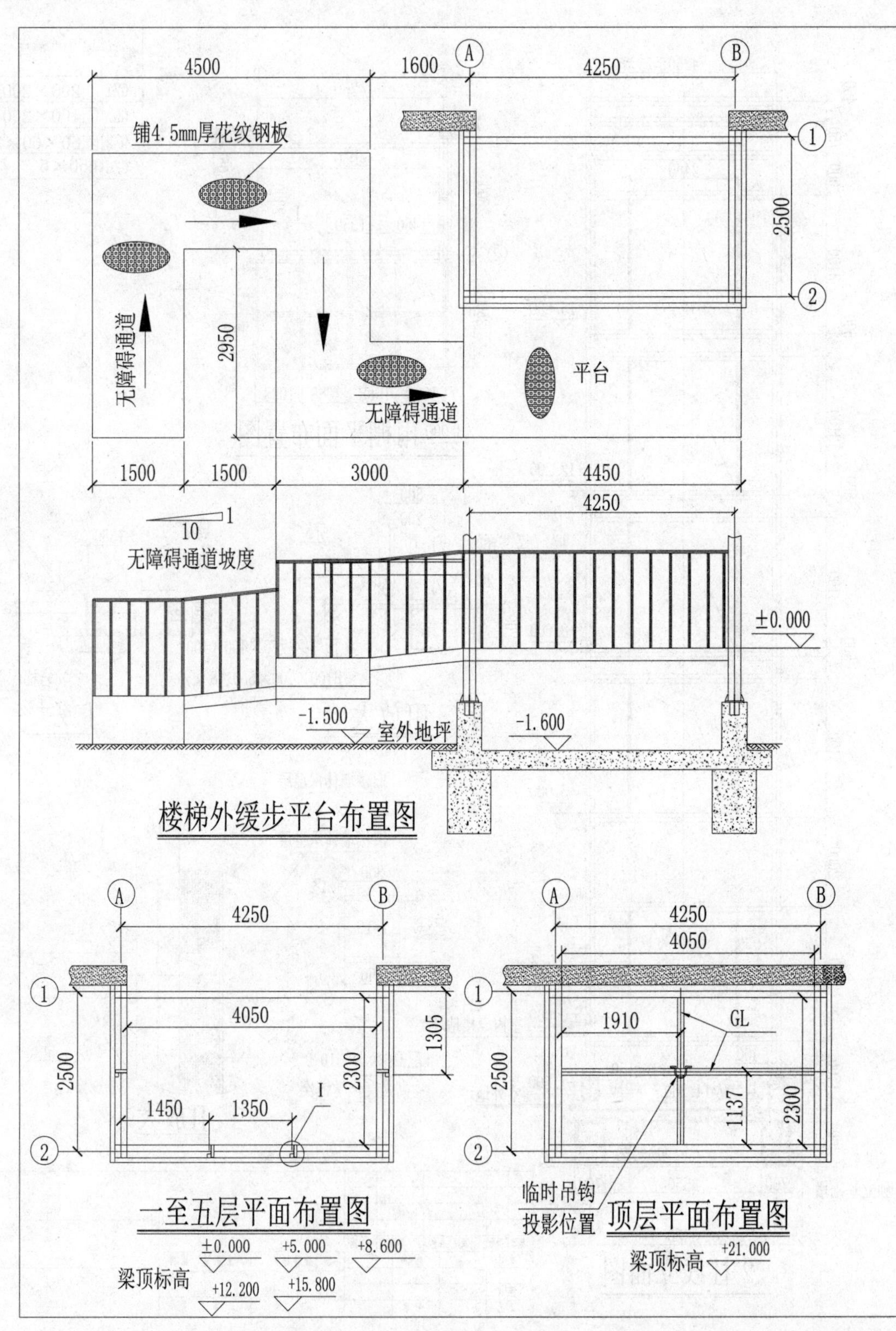

楼梯外缓步平台布置图

一至五层平面布置图

顶层平面布置图

说明

1. 本工程 ±0.000 标高相当于首层入户门处室内起步标高，室外地坪标高结合首层平面图由现场确定（约 -1.5 m）。

2. 图中尺寸以 mm 计，标高以 m 计。

3. 未注明长度的焊缝全部满焊。

4. 未注明焊脚尺寸的角焊缝全部取 6 mm。

5. 未注明的肋板切角尺寸为 20 mm × 20 mm。

6. 未注明的板材材质均为 Q235B 钢。

7. 实际施工请结合现场确认后放样施工。

8. 节点连接及焊缝构造未尽事宜，请参阅《多、高层民用建筑钢结构节点构造详图》（01SG519）。

9. 图中高强螺栓为 10.9 级摩擦型高强螺栓，接触面喷砂处理，抗滑移系数 0.45。

10. 本图的定位尺寸及标高须经过放样及现场测量，确认无误后方可进行加工制作。

11. 本图与图 GJZ-001 同阅。

12. 本工程根据甲方提供的设计资料进行设计，本工程基础采用筏板基础，地基承载力特征值 100 kPa，基础若未坐在持力层上须进行换填，填方部分用级配砂石分层夯实，换填垫层厚度不小于 0.5 m，且不大于 3.0 m，基底部分压实系数不低于 0.96，确保地基承载力达到设计要求。

13. 基础要坐在老土层的持力层上，基坑开挖后必须进行轻便触探，并组织有关部门进行验槽，合格后方可进行下道工序。

14. 锚栓位置误差不得大于 5 mm，基础底部混凝土保护层厚度为 40 mm，地梁及混凝土短柱混凝土保护层厚度为 35 mm。

15. 基础、地梁、短柱混凝土强度等级为 C30，混凝土抗渗等级为 P6。基坑底面垫层采用 C15 混凝土。

16. 柱脚应采用 C15 混凝土包裹，并应使混凝土高出地面 150 mm，混凝土保护层厚度不小于 50 mm。

标记	处数	更改文件号	签字	日期			
设计		标准化		图样标记		重量	比例
审核							
工艺		日期		共 页		第 页	

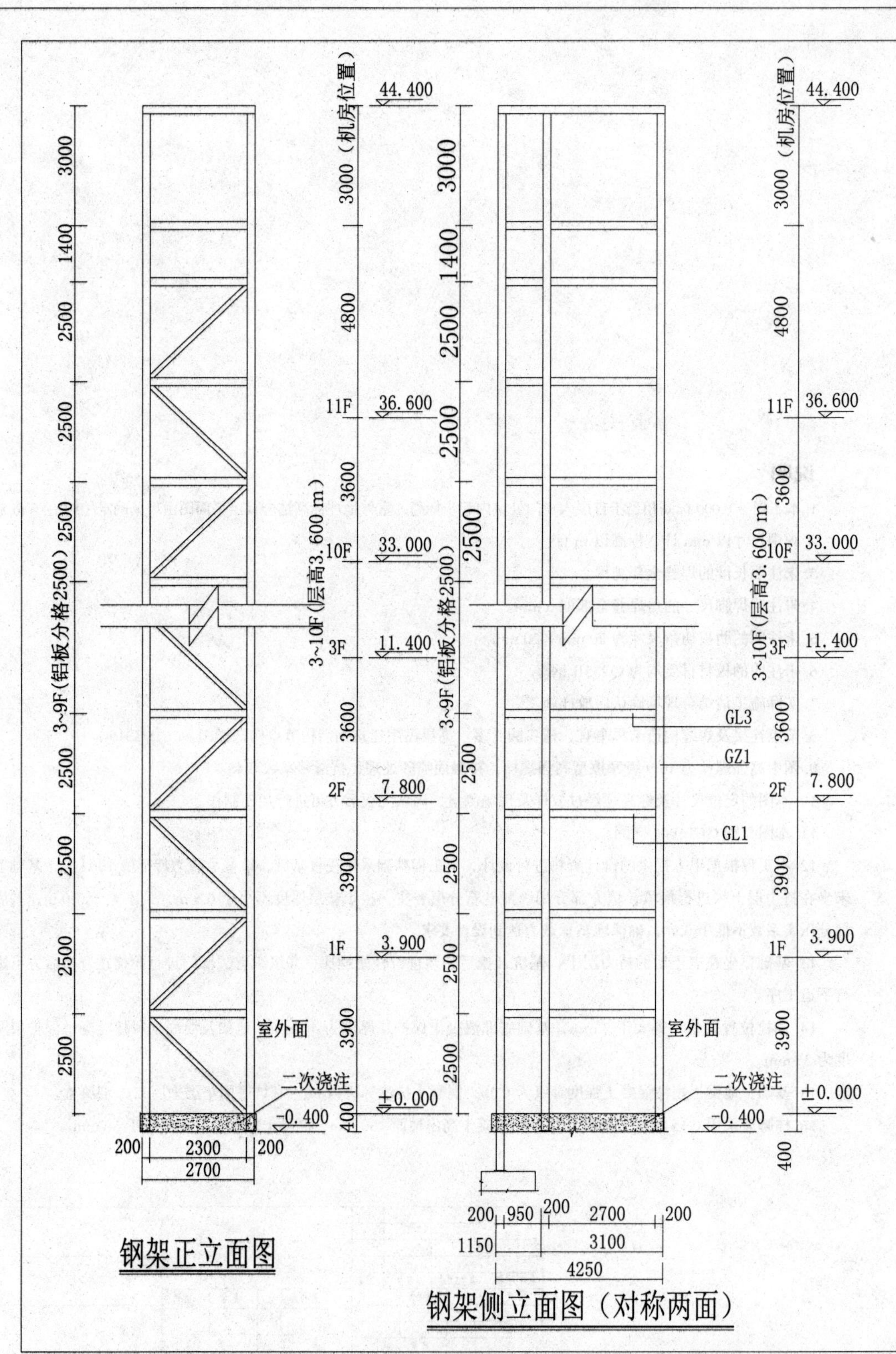

44.400
3000（机房位置）
4800
11F
36.600
3600
10F
33.000
3~10F(层高3.600 m)
3F
11.400
3600
2F
7.800
3900
1F
3.900
3900
400
±0.000
-0.400
室外面
二次浇注
3000
1400
2500
3~9F(铝板分格2500)
200
2300
2700
GL3
GZ1
GL1
950
3100
1150
4250
钢架正立面图
钢架侧立面图（对称两面）

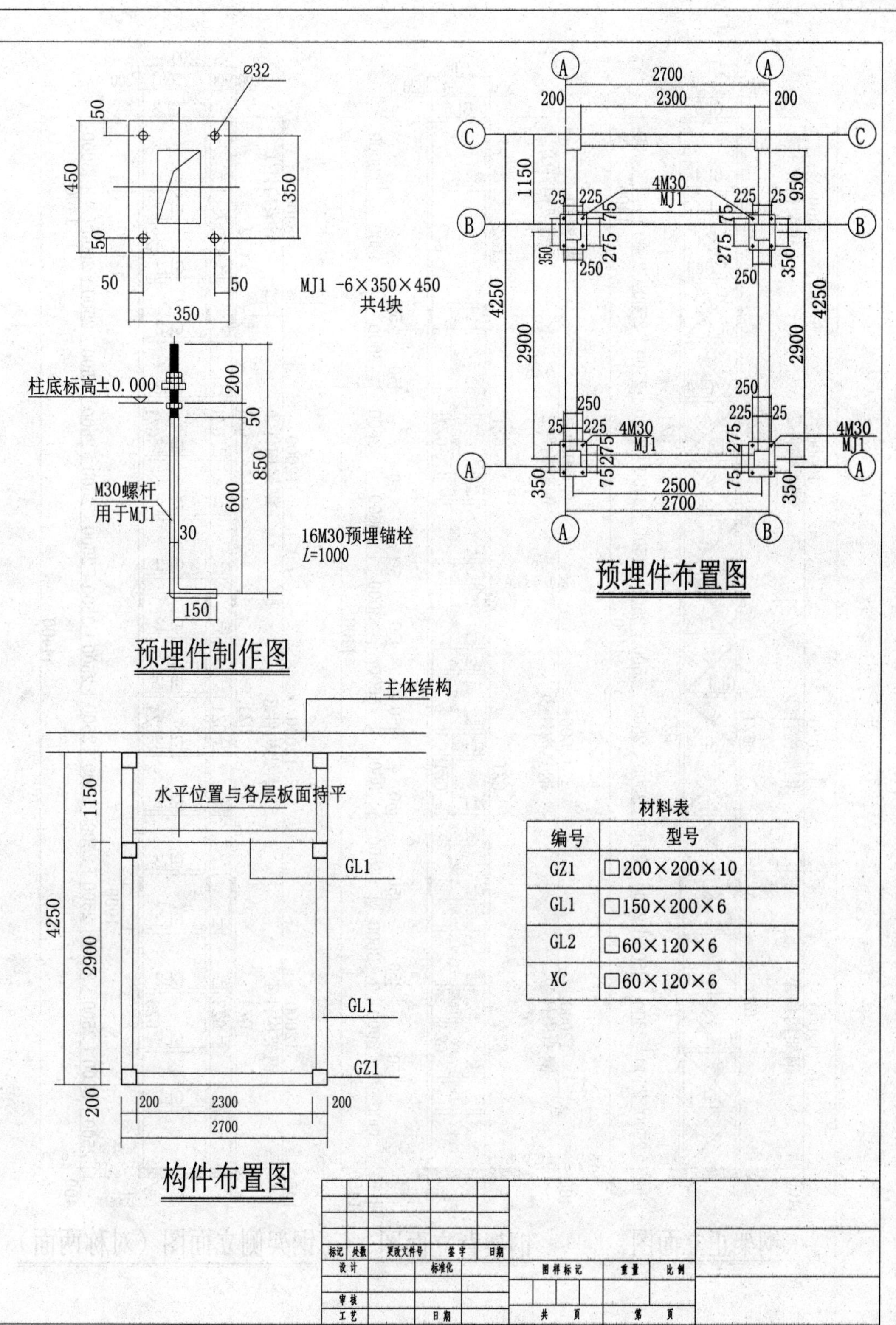

材料表

编号	型号	
GZ1	□200×200×10	
GL1	□150×200×6	
GL2	□60×120×6	
XC	□60×120×6	

标记	处数	更改文件号	签字	日期	图样标记	重量	比例
设计		标准化					
审核							
工艺		日期			共　页	第　页	

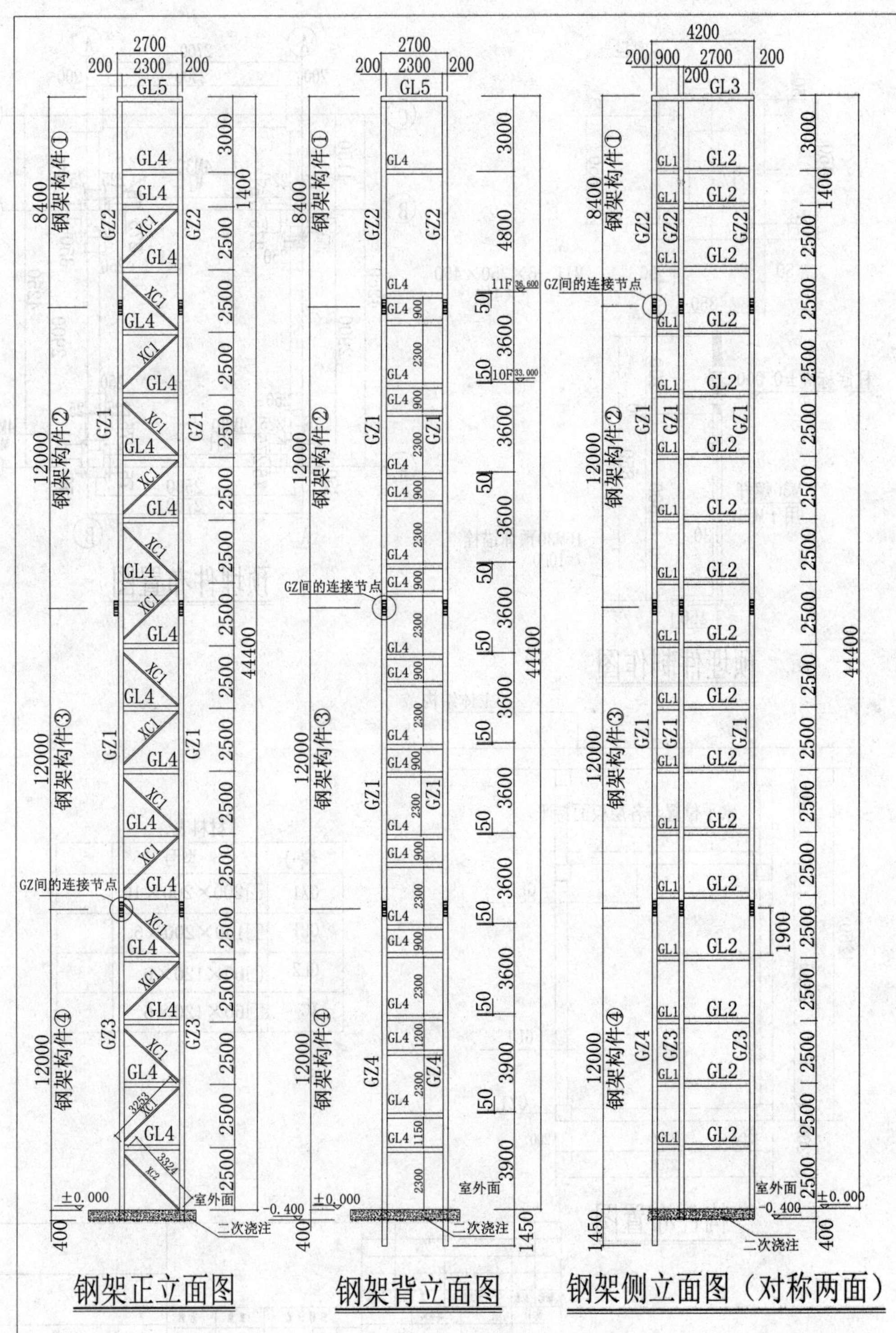

钢架正立面图

钢架背立面图

钢架侧立面图（对称两面）

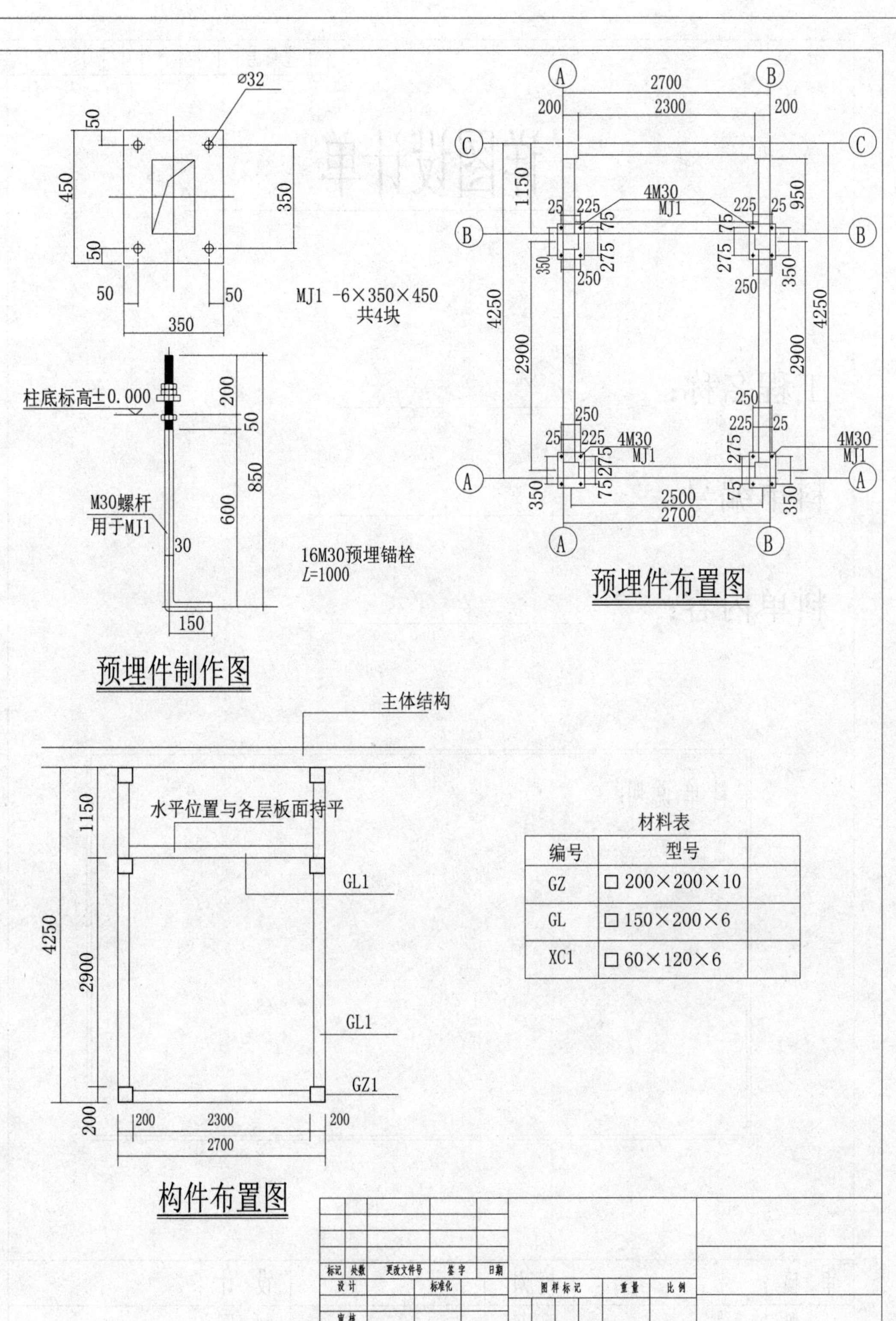

材料表

编号	型号	
GZ	□ 200×200×10	
GL	□ 150×200×6	
XC1	□ 60×120×6	

标记	处数	更改文件号	签字	日期
设计		标准化		
审核				
工艺		日期		

图样标记	重量	比例
共 页	第 页	

工程编号												

详图设计单

工程名称：

料单编号：

料单内容：

料单说明：

审 核		校对		设 计	
日 期		页码		制 图	

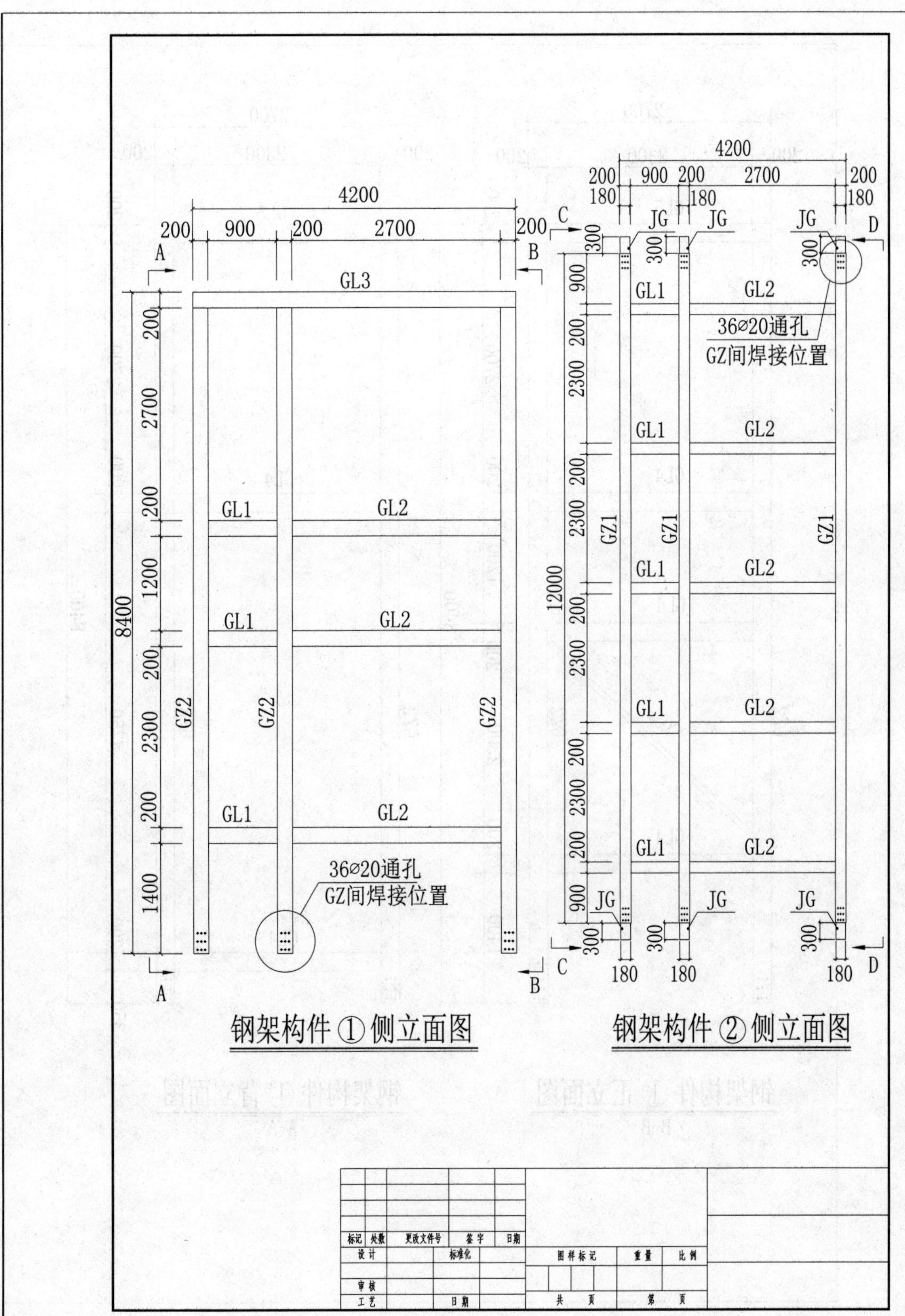
4200
200
900
200
2700
200
A
B
GL3
GL1
GL2
GZ2
8400
2700
1200
2300
1400
36⌀20通孔
GZ间焊接位置
钢架构件①侧立面图
180
C
D
JG
300
GZ1
12000
钢架构件②侧立面图
标记
处数
更改文件号
签字
日期
设计
标准化
图样标记
重量
比例
审核
工艺
日期
共 页
第 页

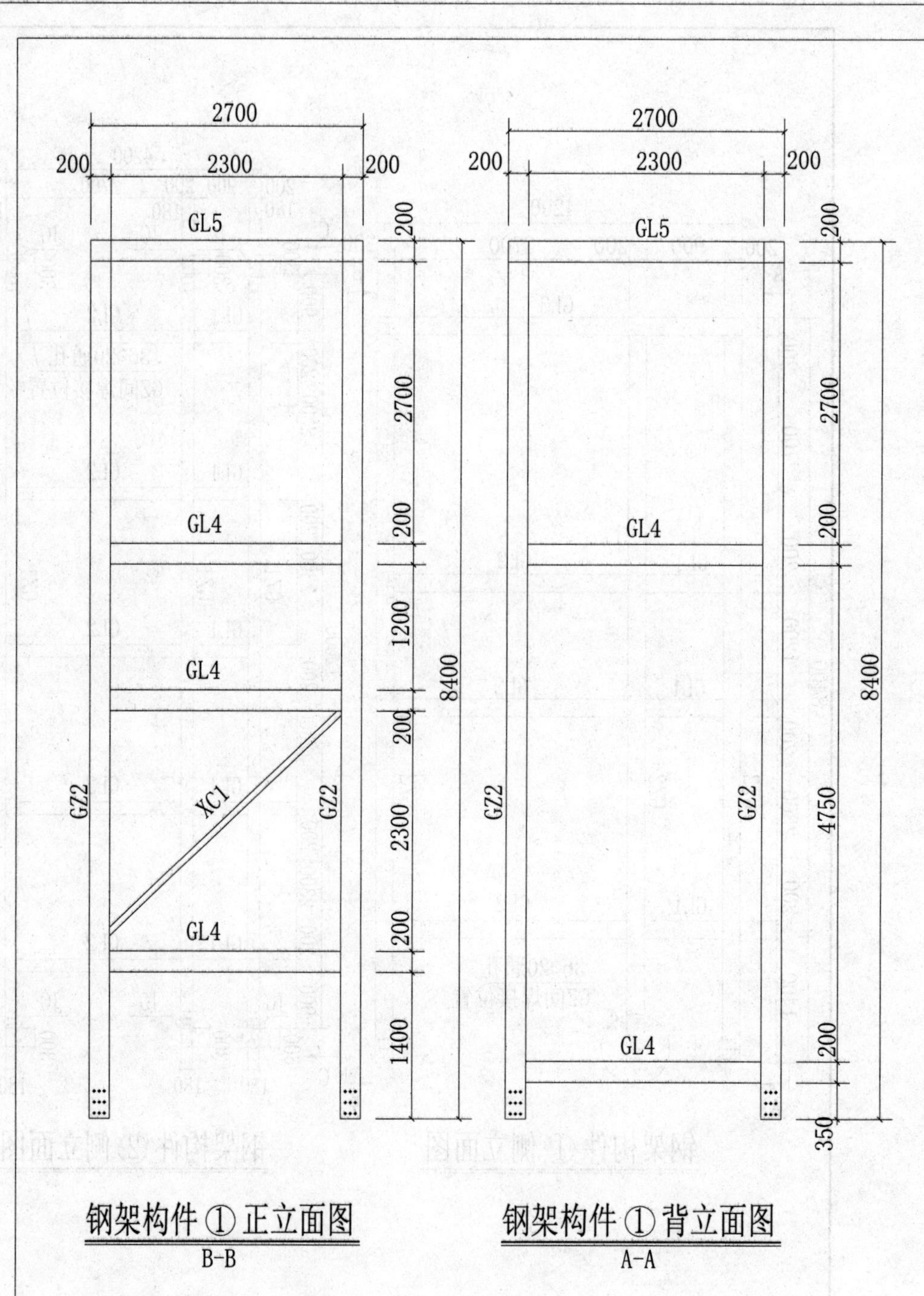

钢架构件 ① 正立面图
B-B

钢架构件 ① 背立面图
A-A

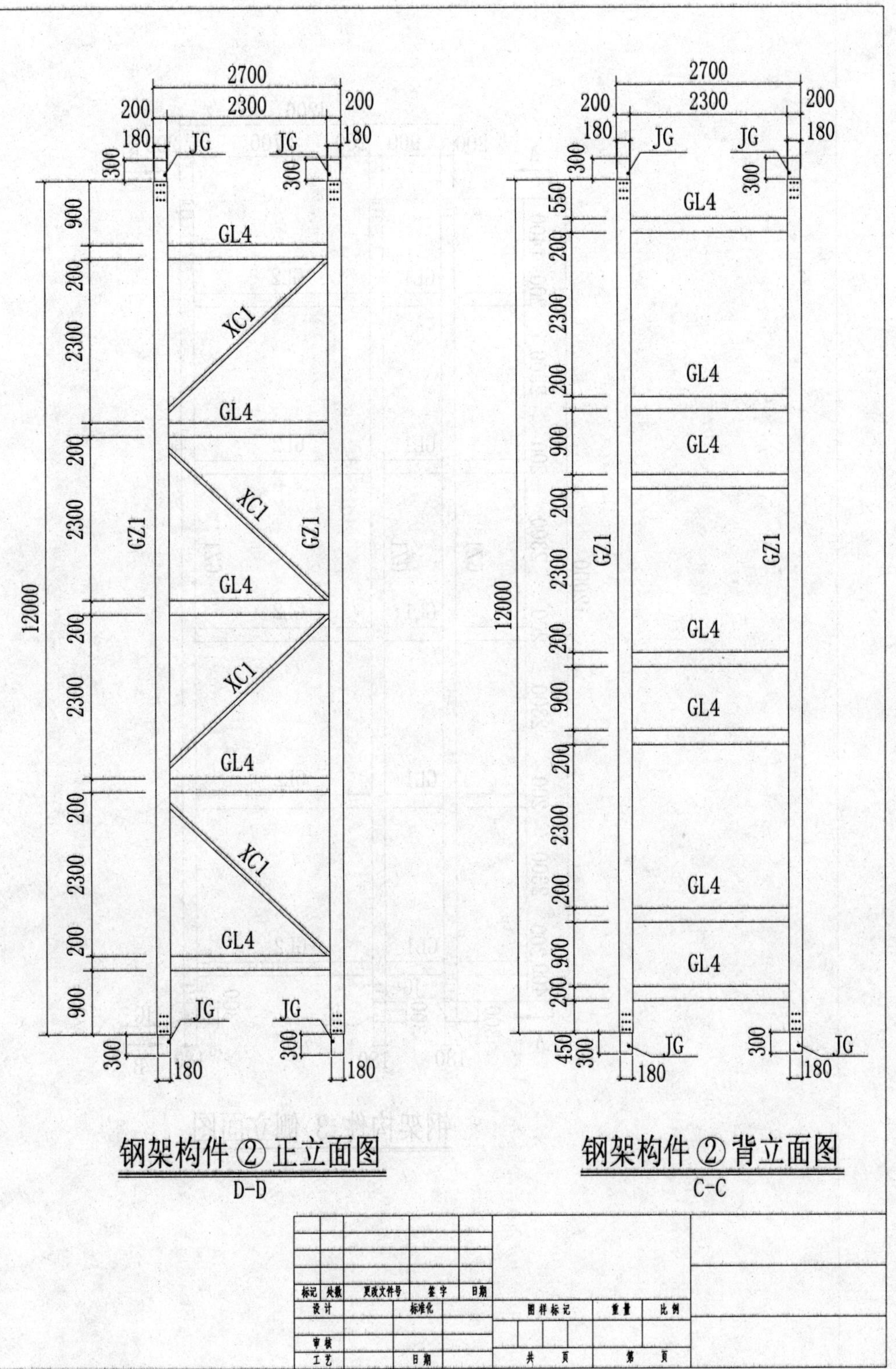

钢架构件 ② 正立面图

D-D

钢架构件 ② 背立面图

C-C

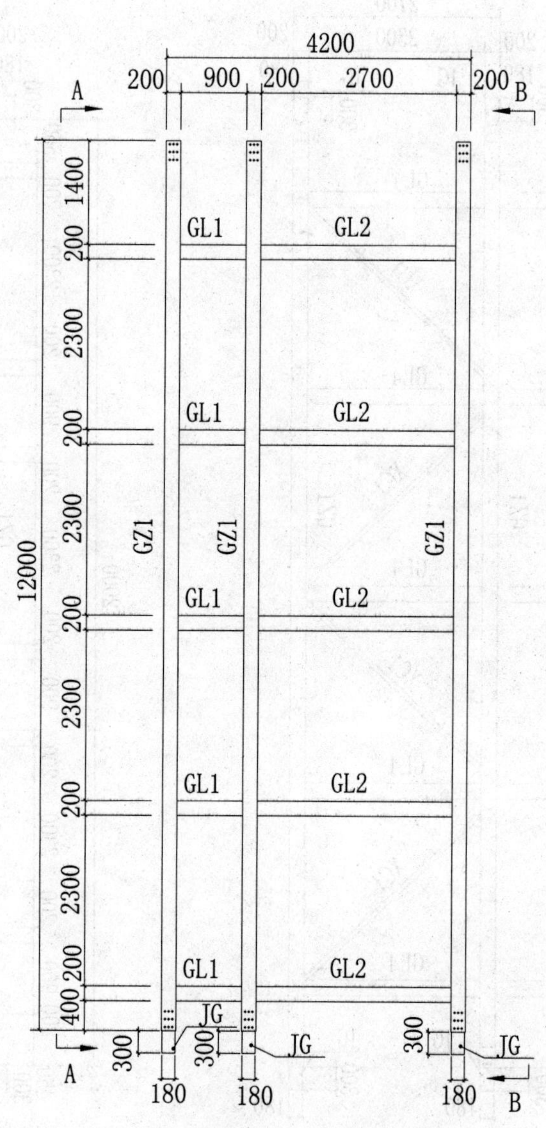
4200
200
900
200
2700
200
A
B
1400
200
2300
200
2300
200
2300
200
200
400
12000
GL1
GL2
GZ1
JG
300
180
钢架构件③侧立面图

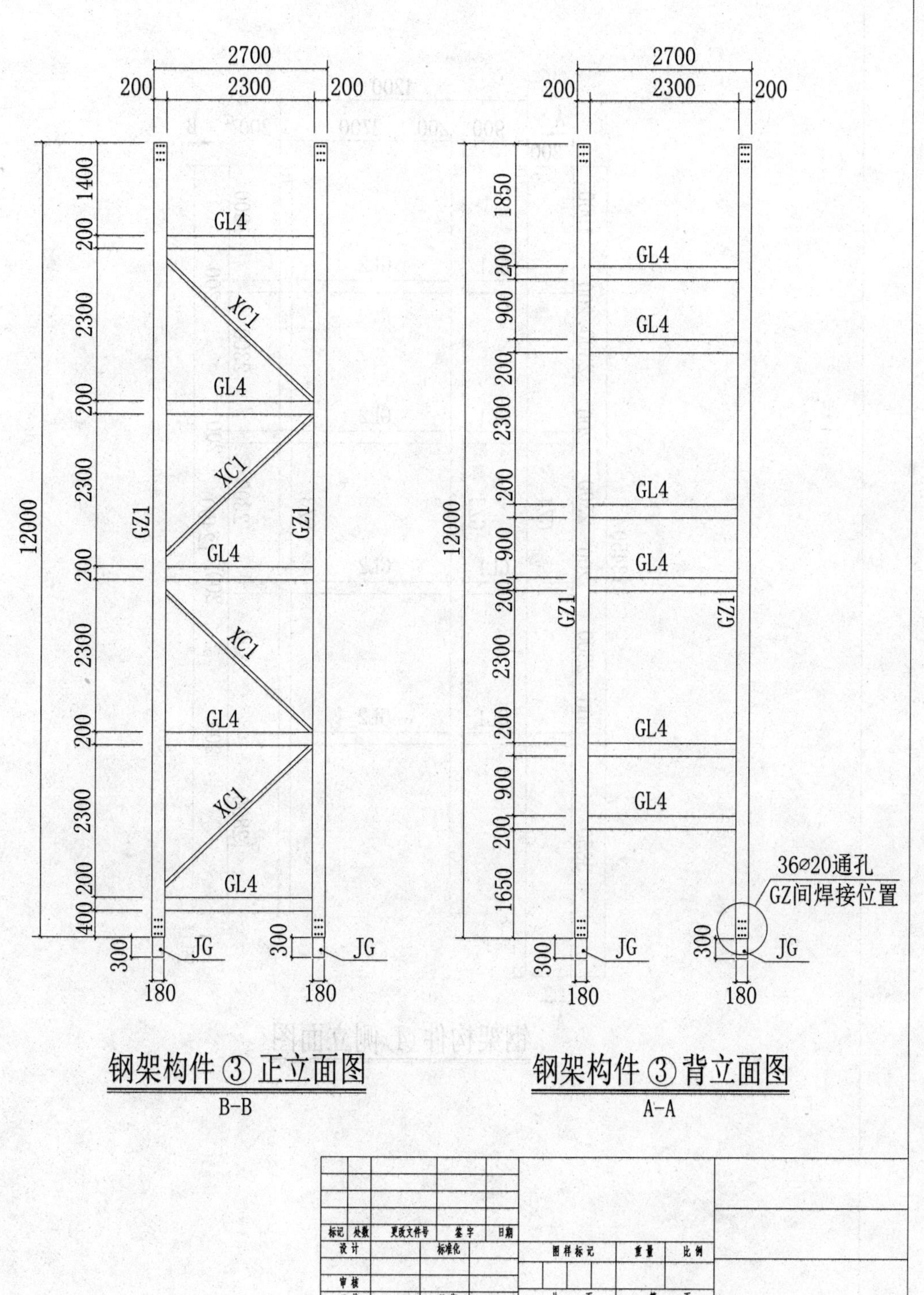
2700
200
2300
200
1400
200
GL4
2300
XC1
GL4
XC1
12000
GZ1
GZ1
GL4
XC1
GL4
XC1
GL4
400
300
JG
180
钢架构件 ③ 正立面图
B-B
1850
900
1650
36⌀20通孔
GZ间焊接位置
钢架构件 ③ 背立面图
A-A
标记
处数
更改文件号
签字
日期
设计
标准化
图样标记
重量
比例
审核
工艺
日期
共 页
第 页

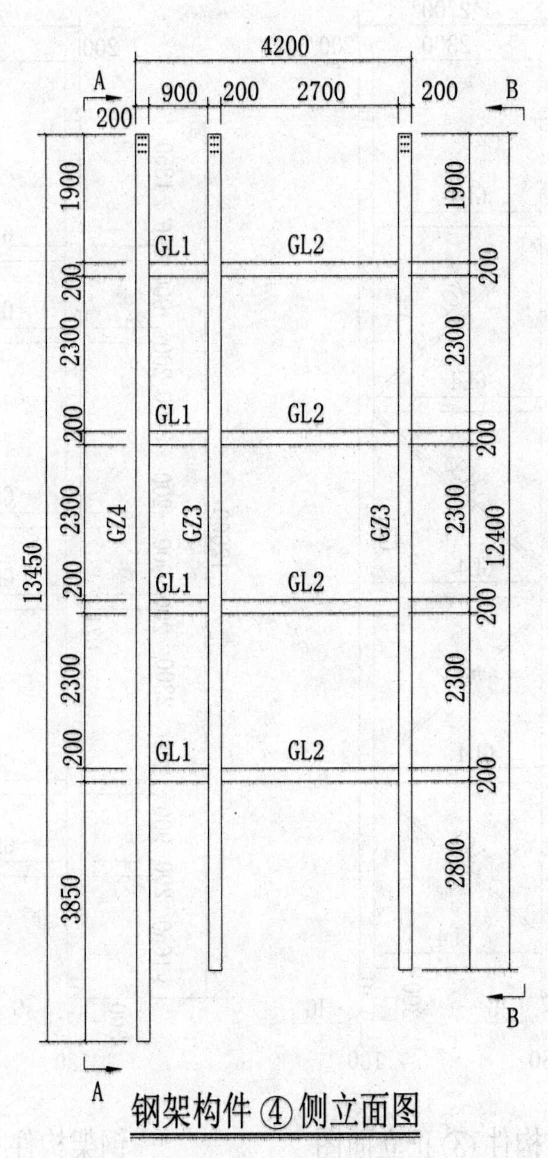
4200
A
900
200
2700
200
B
200
1900
GL1
GL2
1900
200
200
2300
2300
GL1
GL2
200
200
2300
GZ4
GZ3
GZ3
2300
12400
13450
200
GL1
GL2
200
2300
2300
200
GL1
GL2
200
2800
3850
B
A

钢架构件④侧立面图

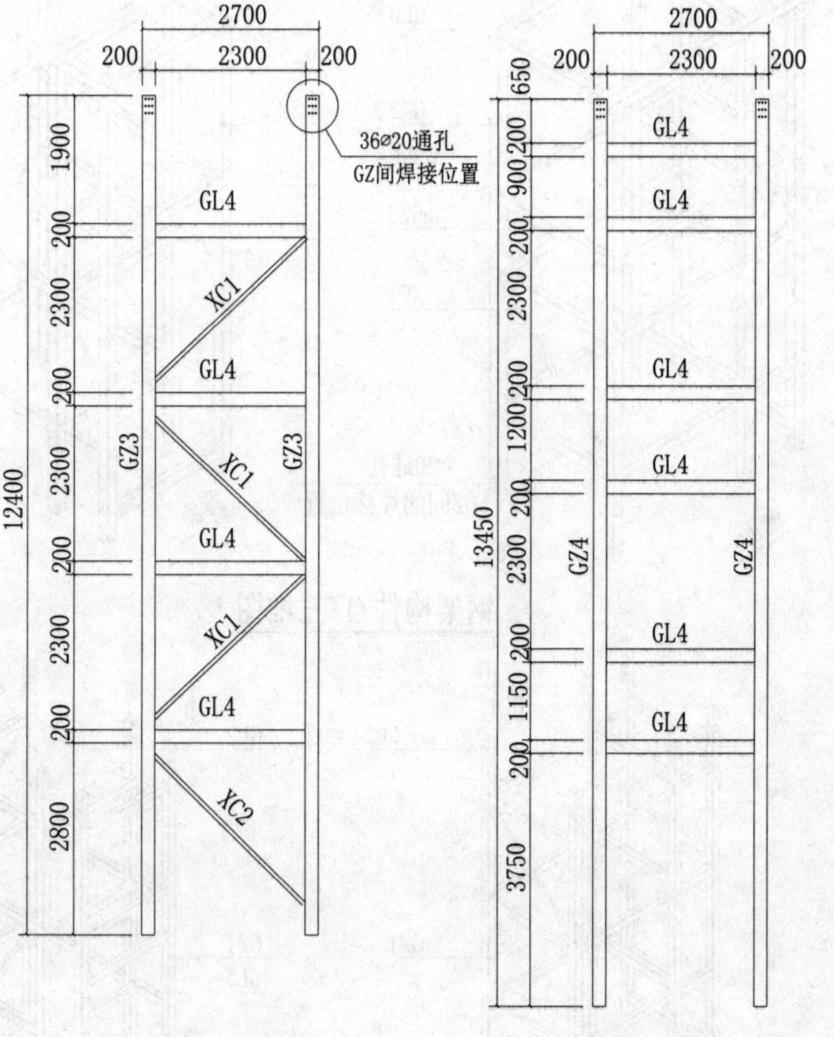

36⌀20通孔
GZ间焊接位置

钢架构件④正立面图
B-B

钢架构件④背立面图
A-A

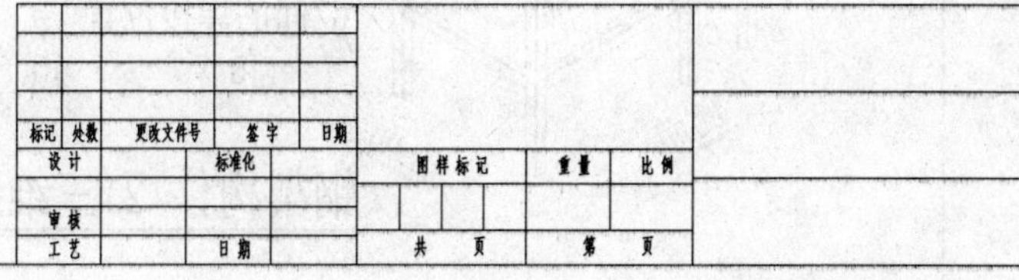

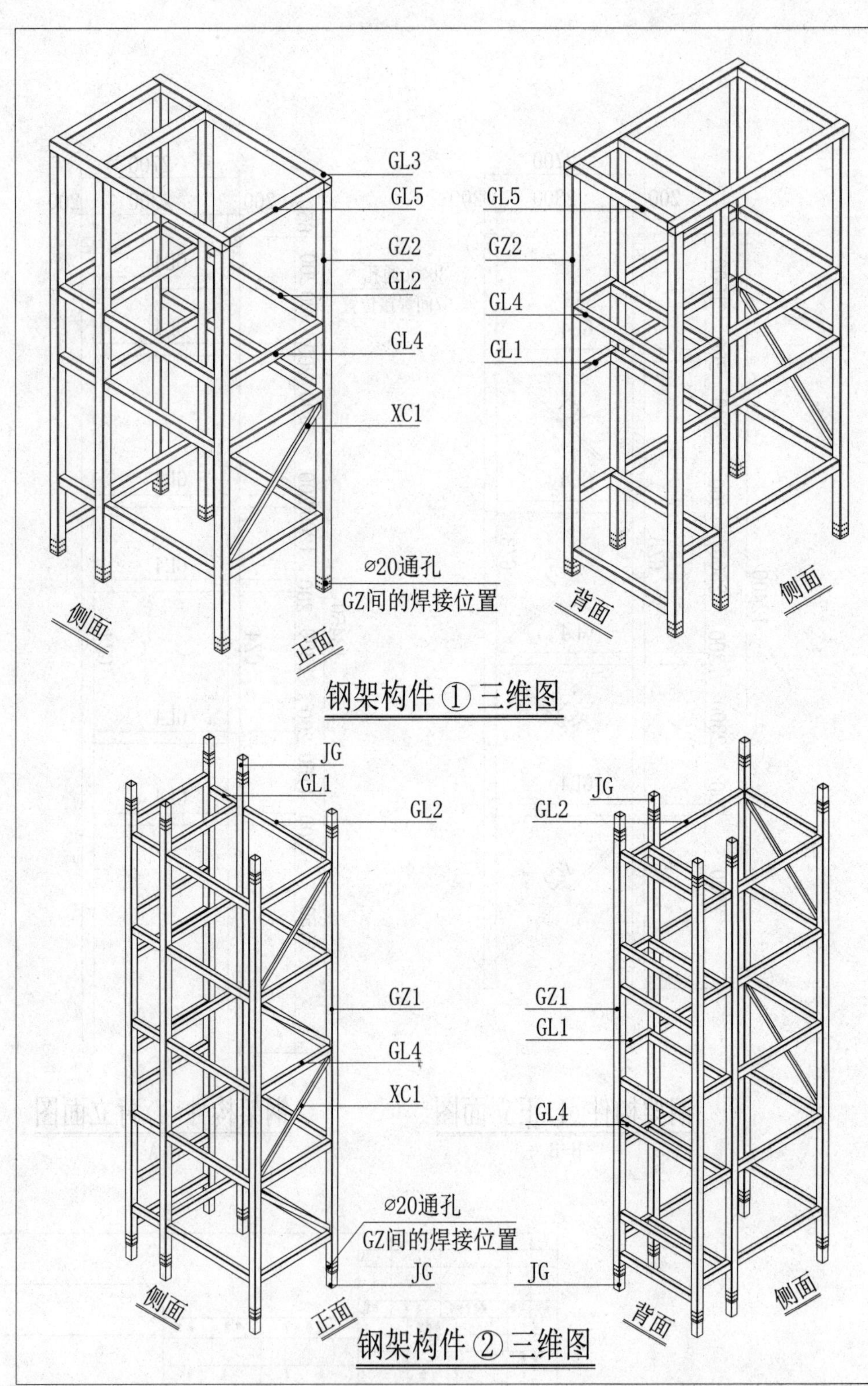

钢架构件①三维图

钢架构件②三维图

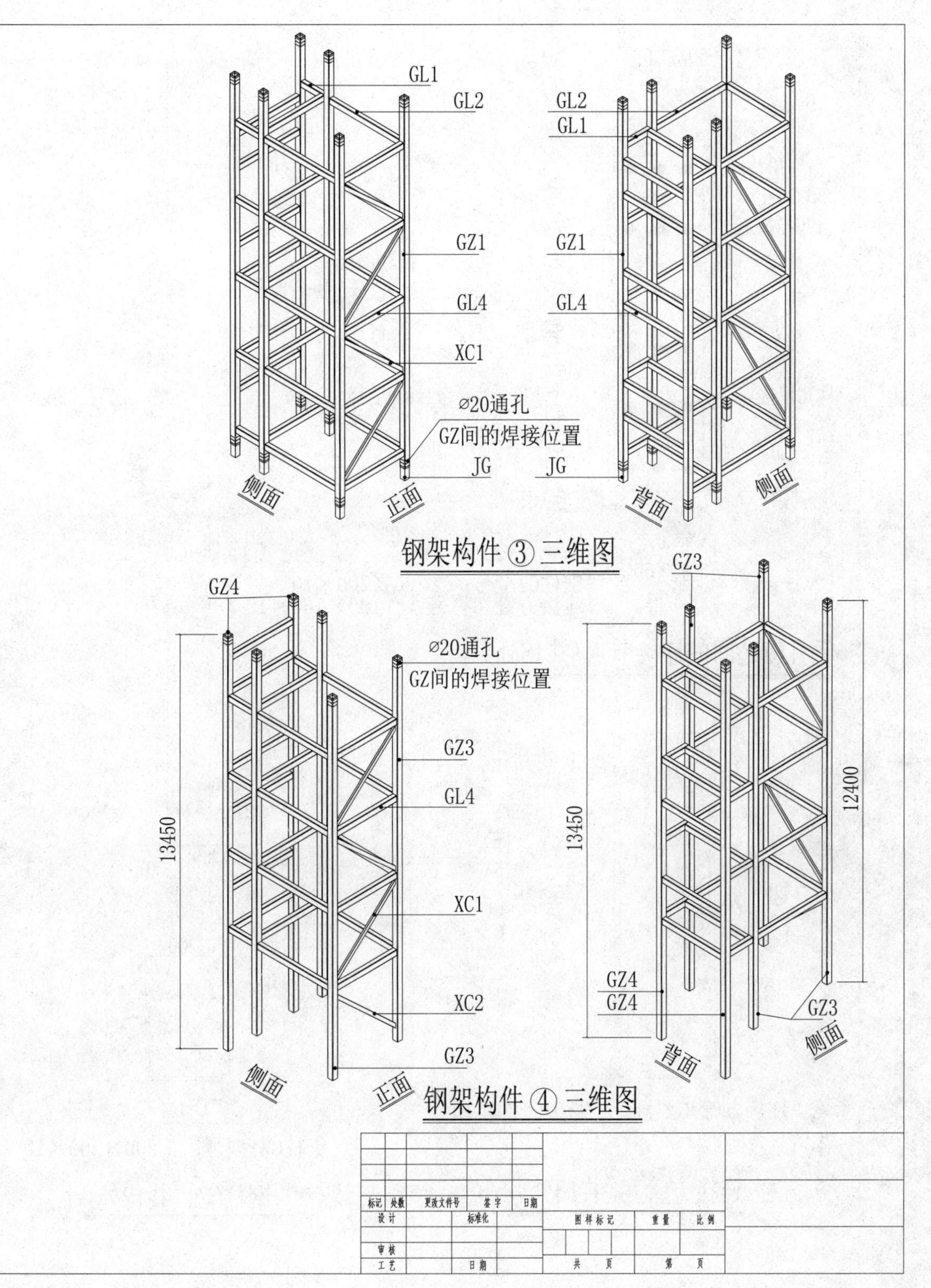
GL1
GL2
GL2
GL1
GZ1
GZ1
GL4
GL4
XC1
⌀20通孔
GZ间的焊接位置
JG
JG
侧面
正面
背面
侧面
钢架构件③三维图
GZ3
GZ4
⌀20通孔
GZ间的焊接位置
GZ3
GL4
13450
13450
12400
XC1
GZ4
GZ4
XC2
GZ3
GZ3
侧面
正面
背面
侧面
钢架构件④三维图
标记
处数
更改文件号
签字
日期
设计
标准化
图样标记
重量
比例
审核
工艺
日期
共 页
第 页

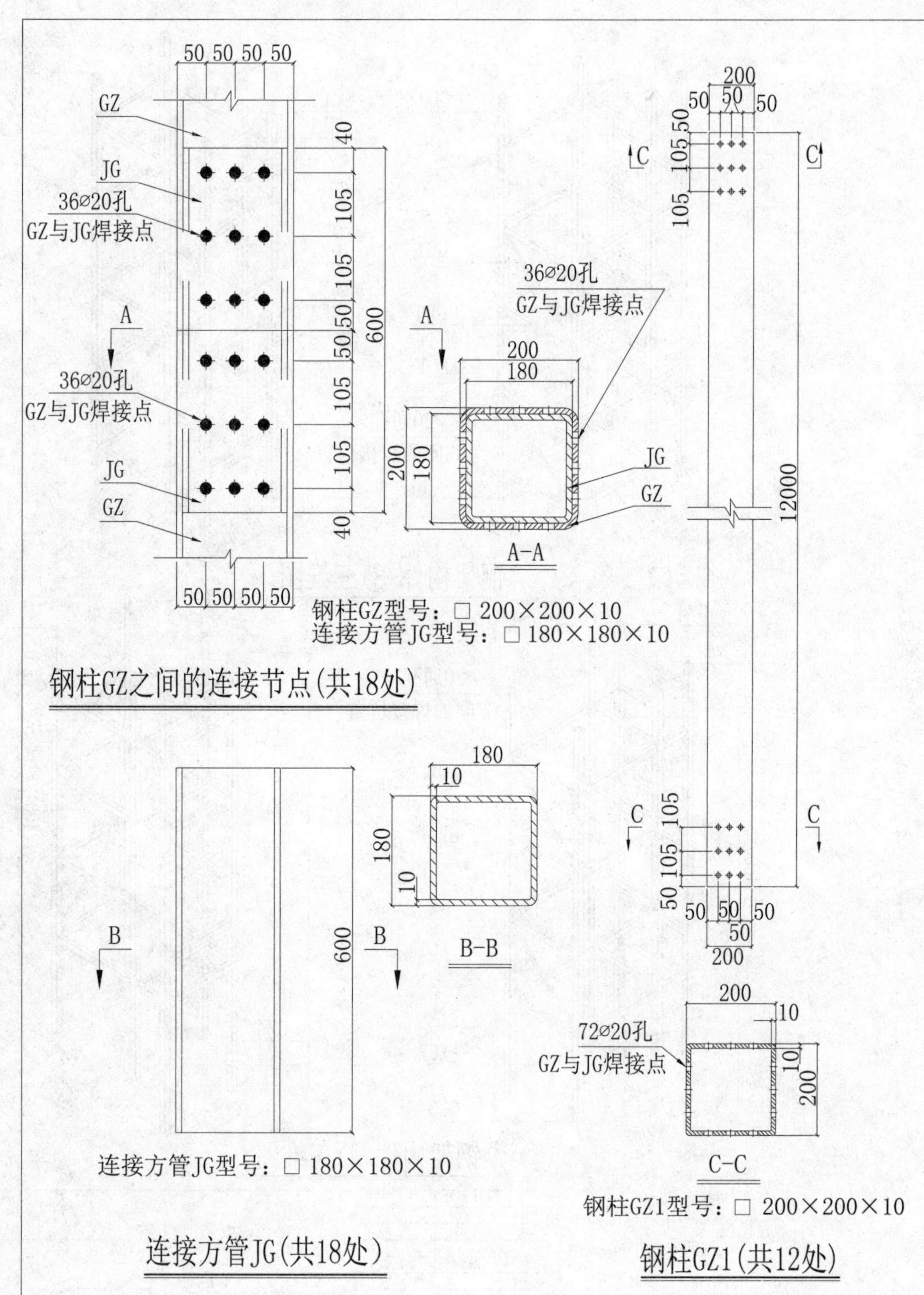
50 50 50 50
GZ
JG
36⌀20孔
GZ与JG焊接点
A
40
105
105
50
50
105
105
40
600
36⌀20孔
GZ与JG焊接点
JG
GZ
200
180
200
180
A-A
钢柱GZ型号：□ 200×200×10
连接方管JG型号：□ 180×180×10
钢柱GZ之间的连接节点(共18处)
180
10
180
10
B
600
B-B
连接方管JG型号：□ 180×180×10
连接方管JG(共18处)
200
50 50 50
C
105
12000
72⌀20孔
GZ与JG焊接点
200
10
10
200
C-C
钢柱GZ1型号：□ 200×200×10
钢柱GZ1(共12处)

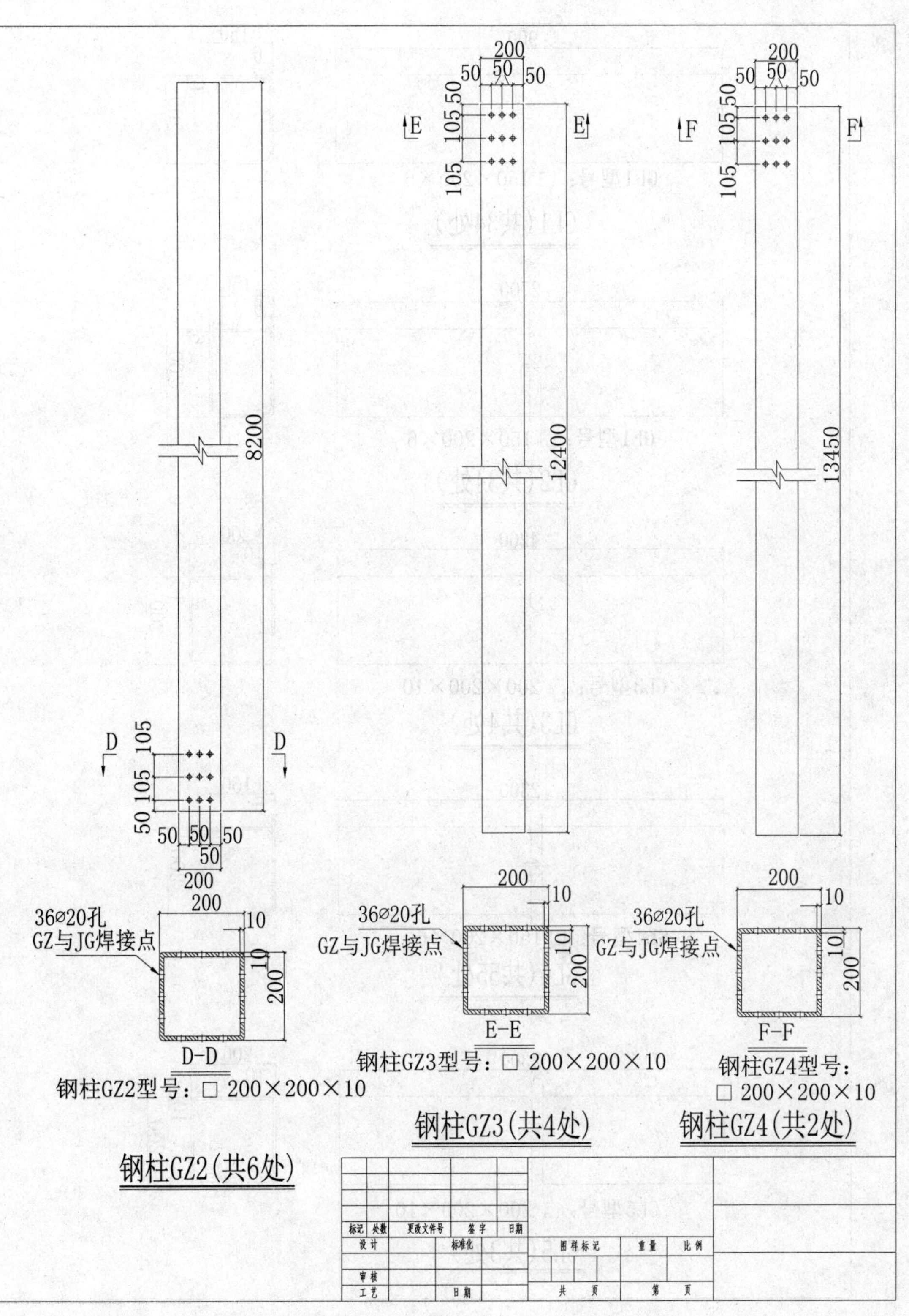

钢柱GZ2(共6处)
钢柱GZ3(共4处)
钢柱GZ4(共2处)
钢柱GZ2型号：□ 200×200×10
钢柱GZ3型号：□ 200×200×10
钢柱GZ4型号：□ 200×200×10
36⌀20孔
GZ与JG焊接点
D-D
E-E
F-F
8200
12400
13450

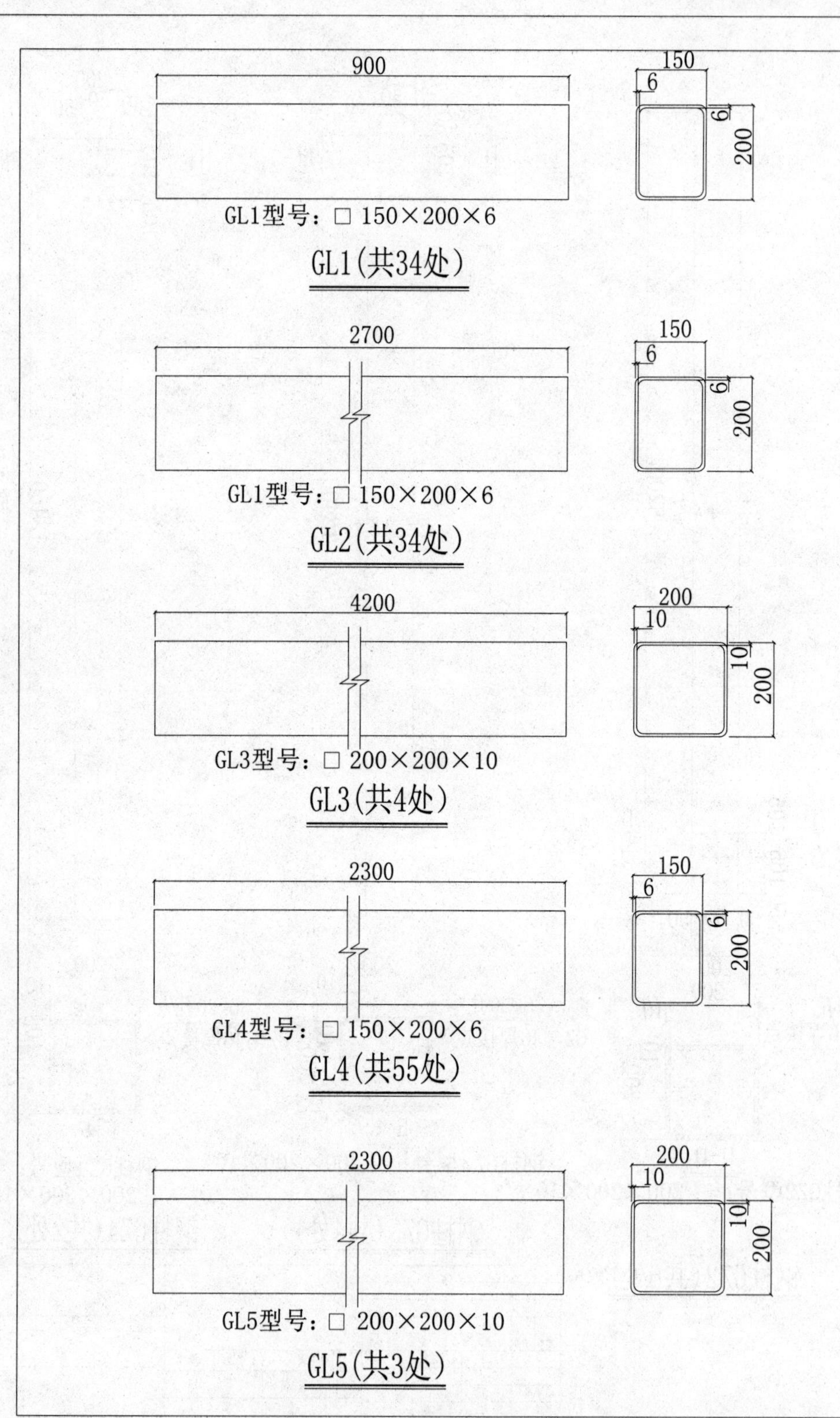
900
150
6
6
200
GL1型号：□ 150×200×6
GL1(共34处)
2700
150
6
6
200
GL1型号：□ 150×200×6
GL2(共34处)
4200
200
10
10
200
GL3型号：□ 200×200×10
GL3(共4处)
2300
150
6
6
200
GL4型号：□ 150×200×6
GL4(共55处)
2300
200
10
10
200
GL5型号：□ 200×200×10
GL5(共3处)

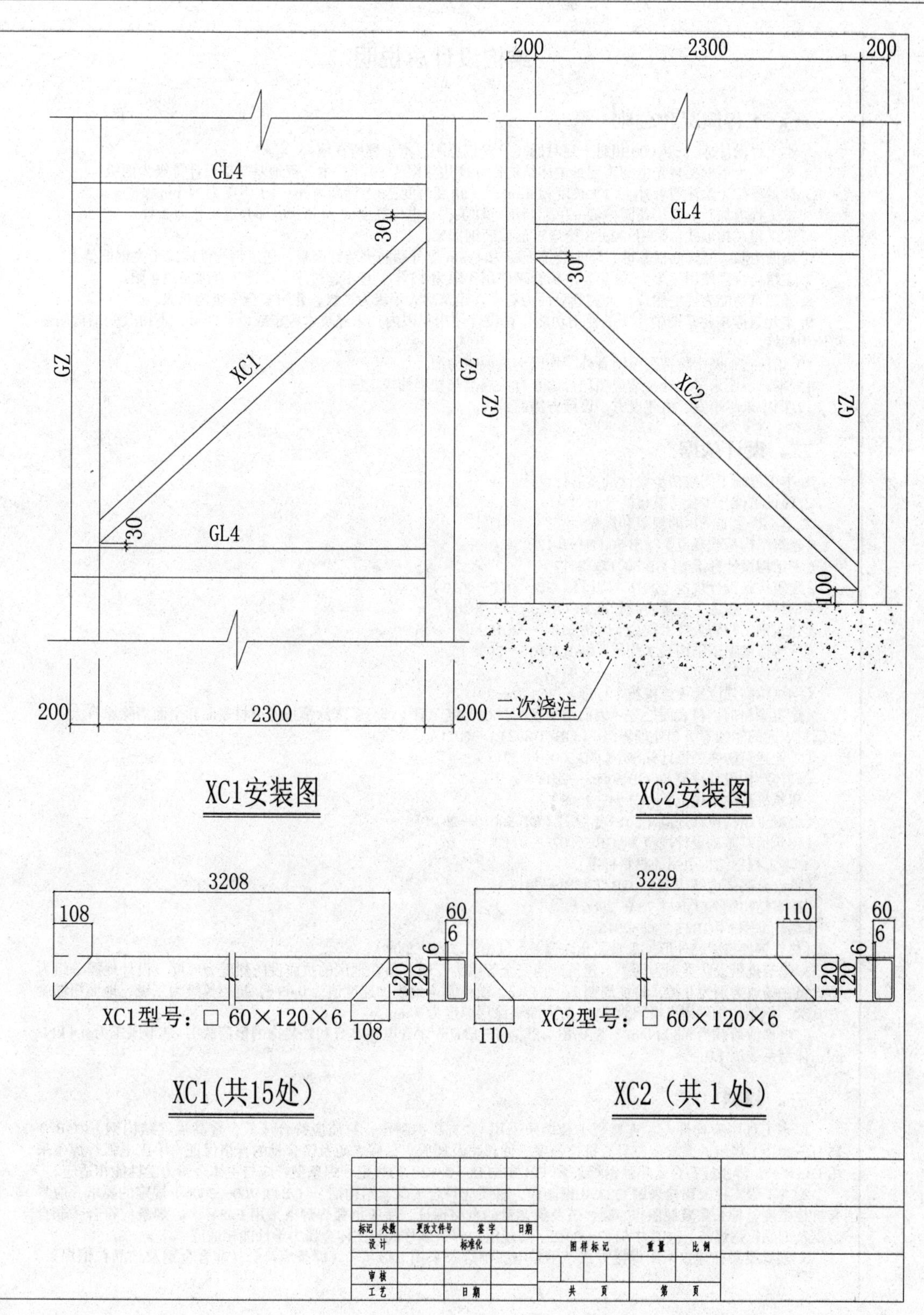
200
2300
200
GL4
30
GZ
XC1
30
GL4
200
2300
200
GL4
30
GZ
XC2
GZ
GZ
100
二次浇注
XC1安装图
XC2安装图
3208
108
60
6
6
120
120
XC1型号：□ 60×120×6
108
3229
110
60
6
6
120
120
110
XC2型号：□ 60×120×6
XC1(共15处)
XC2（共1处）
标记
处数
更改文件号
签字
日期
设计
标准化
图样标记
重量
比例
审核
工艺
日期
共 页
第 页

结构设计总说明

一、工程概况和总则

1. 本工程设计标高±0 .000 相对于绝对标高见建筑总图。本工程所在地：××。

2. 本工程为钢框架观光电梯工程，主体结构设计使用年限为 50 年。本工程地基基础设计等级为丙级。

3. 计量单位（除注明者外）：1）长度为 mm；2）角度为度；3）标高为 m；4）强度为 N/mm^2。

4. 本工程为加新·新华花园一栋一单元新增电梯工程，电梯高度为 24 m，电梯井道尺寸为 2.41 m × 2.26 m。

5. 本工程结构形式：采用 Q235B 冷弯矩形截面钢框架。

6. 墙面为防火装饰面板幕墙，防火装饰面板为 4 mm 厚外墙防火装饰面板，通过钢构件连接于主钢框架上。

7. 主结构合理使用年限为 50 年。电梯合理使用年限为 15 年。且不超过原主体建筑合理使用年限。

8. 该建筑功能为住宅建筑，火灾危险性为乙类，建筑耐火等级为二级，建筑安全等级为二级。

9. 本建筑应按建筑图中注明的使用功能，在设计使用年限内，未经技术鉴定或设计许可，不得改变结构用途和使用环境。

10. 结构施工图中除特别注明者外，均以本总说明为准。

11. 本总说明未尽之处，请遵照现行国家有关规范与规程的规定施工。

12. 图中未尽事宜，由建设方、设计方协商解决。

二、设计依据

1. 本工程施工图按初步设计批文进行设计。

2. 建设单位与本公司签订的合同。

3. 本工程主要采用的规范和规程：

《建筑结构荷载规范》（GB 50009—2012）

《钢结构设计标准》（GB 50017—2017）

《建筑抗震设计规范（2016 年版）》（GB 50011—2010）

《钢结构工程施工质量验收标准》（GB 50205—2020）

《建筑钢结构防火技术规范》（GB 51249—2017）

《冷弯薄壁型钢结构技术规范》（GB 50018—2002）

《钢结构焊接规范》（GB 50661—2011）

《钢结构高强度螺栓连接技术标准》（JGJ 82—2011）

《涂覆涂料前钢材表面处理　表面清洁度的目视评定　第 1 部分：未涂覆过的钢材表面和全面清除原有涂层后的钢材表面的锈蚀等级和处理等级》（GB/T 8923.1—2011）

《工业建筑防腐蚀设计标准》（GB 50046—2018）

《砌体结构设计规范》（GB 50003—2011）

《建筑桩基技术规范》（JGJ 94—2008）

《混凝土结构设计规范（2015 年版）》（GB 50010—2010）

《建筑地基基础设计规范》（GB 50007—2011）

4. 本工程钢结构引用的材料标准：

《低合金高强度结构钢》（GB/T 1591—2018）

《碳素结构钢》（GB/T 700—2006）

《热轧型钢》（GB/T 706—2016）

《热轧钢棒尺寸、外形、重量及允许偏差》（GB/T 702—2008）

5. 建筑抗震设防类别为丙类，建筑结构安全等级为二级，所在地区的抗震设防烈度为 6 度，设计地震分组为第二组，场地类别为Ⅱ类，特征周期 Tg=0.4 sec，设计基本地震加速度值为 0.05 g，抗震等级为三级，地面粗糙度为 B 类，钢结构构件耐火极限为 2 h，防火涂料涂层厚度为 7 mm。

6. 电梯活荷载为 3.5 kN/m^2；电梯恒荷载为 4.5 kN/m^2（含电梯本身和外装饰的恒荷载）；基本风压为 0.4 kN/m^2；体型系数取 1.0。

三、材料

1. 本工程刚架构件（含连接板）及檩条采用 Q235B 钢制作，材质应符合《低合金高强度结构钢》（GB/T 1591—2018）规定的要求，应具有抗拉强度、伸长率及屈服点，碳、硫及磷含量的合格保证，手工电弧焊焊条采用 E43××，焊条应符合《热强钢焊条》（GB/T 5118—2012）的规定，焊条型号应与主体金属力学性能相适应。

2. 本工程支撑及锚栓采用 Q235B 钢制作，材质应符合《碳素结构钢》（GB/T 700—2006）规定的要求，应具有抗拉强度、伸长率及屈服点，碳、硫及磷含量的合格保证，手工电弧焊焊条采用 E43××，焊条应符合《非合金钢及细晶粒钢焊条》（GB/T 5117—2012）的规定，焊条型号应与主体金属力学性能相适应。

3. 梁梁及梁柱连接采用焊接方式，手工电弧焊焊条采用 E43××，焊条应符合《非合金钢及细晶粒钢焊条》

（GB/T 5117—2012）的规定，焊条型号应与主体金属力学性能相适应。

4. 所有钢材及连接材料应具有材料力学性能及化学成分合格证明，所有钢材还应该符合以下规定：

（1）钢材的屈服强度实测值与抗拉强度实测值的比值不应大于 0.85。

（2）钢材有明显的屈服台阶，且伸长率不应小于 20%。

（3）钢材应有良好的焊接性和合规的冲击韧性。

四、钢结构制造

1. 所有钢构件在制作前均需按 1∶1 放样，复核无误后方可下料；钢材加工前应进行校正，使之平整，以免影响制作精度；单个构件制作完毕后，应立即编号分类放置。

2. 钢构件制作完成后，应按照施工图和《钢结构工程施工质量验收标准》（GB 50205—2020）的规定进行验收，并提供相应合格证明资料。

3. 各类构件的加工制作应在工厂完成，须提供相应的加工合格证明。

4. 各类构件的加工制作及预拼装偏差不应超过《钢结构工程施工质量验收标准》（GB 50205—2020）的要求。

5. 所有焊缝交接处应对构件交接角倒角切除，切角尺寸 25 mm × 25 mm。

6. 施焊时，应选择合理的焊接顺序，或采用预热及锤击或其他有效方法以减少焊接应力和变形。

7. 焊逢：

（1）主材的拼接，对接焊缝应采用全熔透对接焊缝，为二级焊缝。

（2）梁、柱端翼缘板及腹板与端板的连接焊缝应采用全熔透坡口焊缝，为二级焊缝，其余焊逢为三级焊缝。

（3）未注明的构件连接，皆采用沿接触边满焊的角焊缝连接，焊缝高度 h_f 为较薄焊件厚度。

五、结构安装

1. 在安装钢柱及钢梁前，应检查预埋锚栓间的距离尺寸，检查螺纹是否有损伤（施工时注意保护）。

2. 结构吊装时应采取适当的措施，以防止过大的弯扭变形和倾倒。

3. 结构吊装就位后，应及时系牢支撑及其他联系构件，保证结构的稳定性。

4. 所有上部构件的吊装，必须在下部结构就位，校正并系牢支撑构件以后才能进行。

5. 构件重焊时，应先去掉构件上的油漆再焊，焊毕除锈后钢构件表面用两道防锈漆打底。

6. 应根据场地和起重设备条件，最大限度地将扩大拼装工作在地面完成。

7. 构件悬吊应选择合理的吊点，大跨度构件的吊点须经计算确定。对于侧向刚度小、腹板宽厚比大的构件，应采取防止构件扭曲和损坏的措施。构件的捆绑和悬吊部位，应采取防止构件局部变形和损坏的措施。

8. 不得利用已安装就位的构件起吊其他重物。不得在主要受力部位焊其他物件。

9. 刚架在施工中应及时安装支撑，必要时增设缆风绳充分固定。

10. 钢柱安装按图纸要求设置后浇混凝土层保证钢柱柱脚与混凝土紧密接触。

11. 钢结构主刚架安装完成应按《钢结构工程施工质量验收标准》（GB 50205—2020）验收合格后，方可进行围护结构的安装。

12. 本工程与主体连接位置采用化学螺栓进行连接。化学螺栓规格为 M16 × 190 锚固深度为 130 mm，螺栓抗拔设计值为 15 kN。

13. 本工程需满足《建筑抗震设计规范（2016 年版）》（GB 50011—2010）第 8.3.6 条的规定：梁与柱刚性连接时，柱在梁翼缘上下各 500 mm 的范围内，柱翼缘与柱腹板间或箱形柱壁板间的连接焊缝应采用坡口全焊透焊缝。

六、钢结构油漆和防火

1. 所有钢构件在涂装前均应彻底清理，做到无锈蚀、无油污、无水渍及无灰尘等，采用喷砂或抛丸除锈，除锈质量等级应不低于现行国家标准《涂覆涂料前钢材表面处理　表面清洁度的目视评定　第 1 部分：未涂覆过的钢材表面和全面清除原有涂层后的钢材表面的锈蚀等级和处理等级》（GB/T 8923.1—2011）的 Sa2.5 级。

2. 所有钢构件出厂前均需涂装铁红防锈底漆两道，待现场吊装完毕后再按建筑设计要求涂装醇酸磁漆两道或者根据设计耐火等级要求涂刷相应的防火涂料；表面处理后到涂底漆的时间间隔不应超过 6 h，在此期间表面应保持洁净，严禁沾水及油污等；漆膜固化时间与环境温度及相对湿度和涂料品种有关，每道涂层涂装后表面至少在 4 h 内不得被雨淋和玷污；涂层干漆膜总厚度室外不应小于 150 μm，室内不应小于 125 μm；构件涂底漆后，应在明显位置标注构件代号。

3. 工地安装焊接焊缝两侧 200 mm 范围暂不涂刷油漆，施焊完毕后应及时进行质量检查，经合格认可后按常规涂装。

4. 钢结构防火涂料应满足建筑防火要求，钢柱按耐火极限 2.5 h，钢梁按耐火极限 1.5 h 处理；当喷刷防火涂料时，选用薄型防火涂料；耐火极限大于 1.5 h 用厚型，耐火极限为 2.5 h 涂 40 mm 厚；应符合《钢结构防火涂料》（GB

				建设单位		设计号
				工程名称		日 期
						图 别
设 计		项目负责				图 号
校 对		审 核				第 页 共 页
专业负责		审 定				版本

14907—2018）的规定。

5. 位于±0.000 标高以下的钢结构表面涂刷掺水泥质量 2% 的 $NaNO_2$ 水泥砂浆，再用 C20 混凝土包至室内地面以上 150 mm 处，包脚混凝土的厚度为 50 mm。

6. 钢结构使用过程中，应根据材料特性（如涂装材料使用年限、结构使用环境条件等）定期对结构进行必要的维护（如对钢结构重新进行涂装，更换损坏构件等），以确保使用过程中的结构安全。

七、制造与安装标准

1. 总则

钢结构制作、运输和验收必须根据设计说明及相关规程规范要求进行。制造厂在放样时必须按规程要求通过 1∶1 足尺放样号料，或用电脑 1∶1 放样并按设计图的节点详图设置加劲板。制造厂在制作构件时，应考虑制作地点与安装现场环境温度差异的影响。对钢结构制作质量的检查，首先由制造厂自检，提交产品出厂合格证书，然后由发包单位和安装部门进行检查验收，构件出厂前应进行结构预组装，以对连接部件确认无误。

2. 组装

构件出厂前应进行试组装，组装范围应与安装部门另行协商，对连接部件确认无误后方可出厂。焊接连接组装的允许偏差应符合《钢结构焊接规范》（GB 50661—2011）和《钢结构工程施工质量验收标准》（GB 50205—2020）的规定。翼缘板的接料位置应避开节点 100 mm，腹板接料位置要与翼缘板位置错开 200 mm 以上。用角焊缝连接的构件，应保证钢板密贴，焊条应选用与母材相适应的 E50×× 或 E43×× 型。

3. 焊接

按二级焊缝质量检验的有：焊接 H 型钢的翼缘板对接连接焊缝以及其他部位的溶透焊缝，本工程焊缝质量检验按《钢结构工程施工质量验收标准》（GB 50205—2020）规定为二级［未注明焊缝高度：$t \leq 6$ mm 时，$h_f = 4$ mm；$t > 6$ mm 时，$h_f = t-(1 \sim 2)$ mm］。按三级焊缝质量检验的有：上述之外的所有连接焊缝。

4. 摩擦面处理

高强度螺栓的摩擦面处理后抗滑移系数应符合设计要求，即 >0.45，喷砂（珠）处理的工艺由施工单位经过检验后确定。按《钢结构高强度螺栓连接技术规程》（JGJ 82—2011）的规定进行。摩擦面抗滑移系数应按照《钢结构高强度螺栓连接的设计、施工及验收规程》（JGJ 82—91）进行检验。

5. 涂装、编号

1）钢材表面的处理除应按国家标准《涂覆涂料前钢材表面处理　表面清洁度的目视评定　第 1 部分：未涂覆过的钢材表面和全面清除原有涂层后的钢材表面的锈蚀等级和处理等级》（GB/T 8923.1—2011）执行外，被涂表面在施工前必须彻底清理，做到被涂表面无锈蚀、无油污、无水渍、无灰尘等。钢结构表面手工除锈，采用醇酸磁漆，除锈后 12 h 内涂装底漆以免发生二次生锈。

2）工厂加工的构件，出厂时应在加工厂进行除锈、刷底漆、刷中涂漆，在现场吊装完毕后再最后涂装二道面漆。

（1）底漆：2 遍醇酸磁漆防锈漆，涂层厚度 50～60 μm。

（2）中涂漆：1 遍环氧云铁防锈漆，涂层厚度 30 μm。

（3）面漆：2 遍醇酸磁漆面漆，涂层厚度 50～60 μm；或按建筑耐火等级要求涂防火涂料。

（4）面漆颜色灰白色或由业主指定。

3）现场原因使钢结构表面涂装的底漆、中涂漆损坏之处必须认真补漆。

4）高强度螺栓拧紧、检查验收合格后涂装，防止锈蚀。

5）下列部分不得涂装：钢结构与混凝土的接触面；处理好的高强度螺栓摩擦面；设计图中注明的其他部分；钢结构安装焊接部位两侧约 50 mm 范围在焊接前不得涂漆，待安装焊接合格后再按上述要求补涂。

6. 结构安装

（1）在安装钢柱前，应检查螺栓间的距离尺寸以及螺纹是否有损伤（施工时应注意保护）。

（2）结构吊装时应采取适当的吊装措施，以防止过大的弯扭变形。

（3）结构吊装就位后，应及时系牢支撑及其他联系构件，以保证结构的稳定性。

（4）所有上部构件的吊装，必须在下部结构就位、校正、系牢支撑构件以后才能进行。

（5）H 型钢标识图例如下：

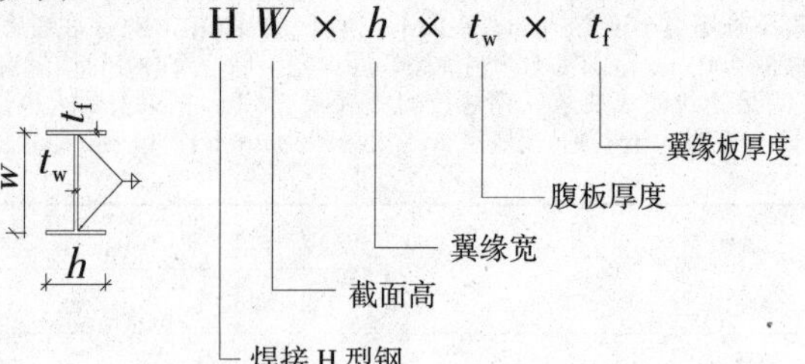

7. 耐火极限要求

钢结构喷涂超薄型防火涂料，耐火极限要求达到：柱 2.5 h，梁 1.5 h。

8. 焊接尺寸

组合 H 型钢，除特别注明者外，焊接尺寸如下：

组合 H 型钢焊接尺寸（h_f）　　单位：mm

t_w	$t_f < 12$			$12 \leqslant t_f < 19$			$19 \leqslant t_f \leqslant 28$		
	其余	埋弧焊	手工电弧焊	其余	埋弧焊	手工电弧焊	其余	埋弧焊	手工电弧焊
6	5.5	5	5.5	6.5	6	6.5	8	8	8
8	5.5	5	5.5	6.5	6	6.5	8	8	8
10	5.5	5	6	6.5	6	6.5	8	8	8
12	6	5	7	6.5	6	7	8	8	8

9. 螺栓有关数据表

螺栓孔径

螺栓公称直径 /mm	孔径 /mm
M12	13.5
M16	17.5
M20	21.5
M22	23.5
M24	24.5

高强度螺栓的受剪承载力设计值

螺栓公称直径 /mm	10.9 级 /kN
M16	40.5
M20	62.77
M22	76.95
M24	89.1

高强度螺栓 HSB 的设计预拉力

螺栓公称直径 /mm	10.9 级 /kN
M16	108
M20	167
M22	206
M24	245

10. 螺栓图例

永久螺栓　安装螺栓　高强螺栓　长圆孔　孔

11. 未尽事宜

本说明中未尽事宜按国家现行的有关规程、规范执行。

八、其他

1. 本工程设计软件为同济大学开发的 3D3S 13.0 版本。钢结构防火处理应根据相关要求进行。柱梁面漆经业主确定可改为防火涂料时，则面漆可不再涂装，但须增加涂刷一道或者两道化学性能与防火涂料相适应的中涂漆，以保证干漆膜总厚度达到要求。

2. 本工程按国家现行有关规范进行施工及验收。

3. 本说明未尽之处请按有关规范及规定执行。

4. 本图施工前应与土建部分施工图及相关专业施工图仔细核对，若有不符应即时沟通解决。

5. 本工程主体钢结构每间隔 3~5 年须做一次结构检修维护。

油漆涂装要求

序号	涂层	油漆种类	油漆厚度 / μm
1	第一道底漆	铁红色环氧富锌底漆	25
2	第二道底漆	铁红色环氧富锌底漆	35
3	第一道面漆	灰色氟碳漆	25
4	第二道面漆	灰色氟碳漆	25

					建设单位		设计号
					工程名称		日 期
设 计			项目负责				图 别
							图 号
校 对			审 核				第 页 共 页
专业负责			审 定				版本

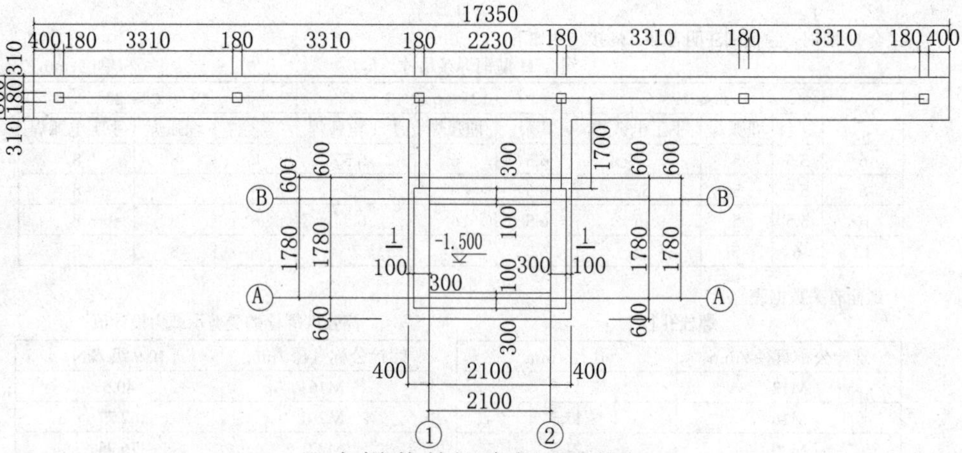

电梯井基坑底板平面图

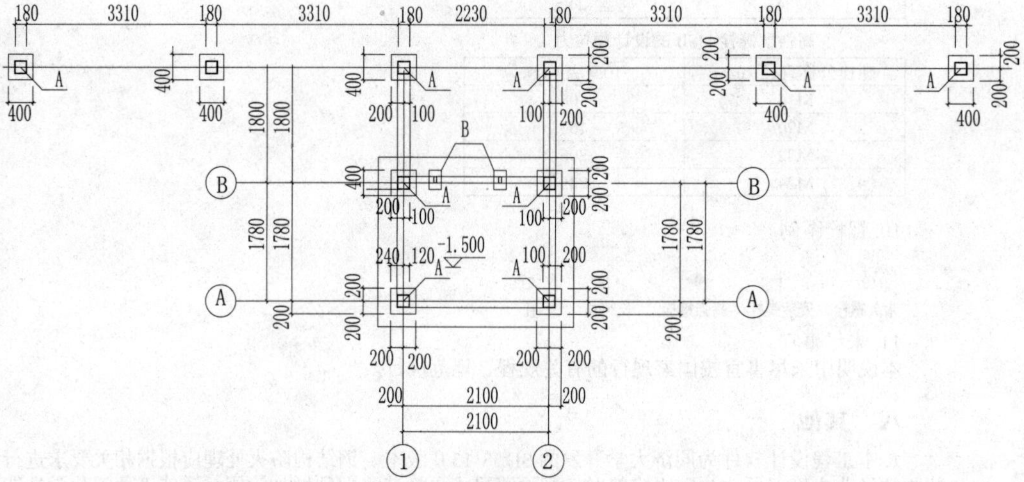

电梯预埋件平面图

基础设计说明

1. 本工程 ±0.000 标高相对于绝对标高详见建筑施工图。地基基础设计等级为丙级，结构安全等级为二级。

2. 本工程无工程地质勘察报告，以甲方提供的现场踏勘数据为依据，故本项目仅供参考。

3. 本工程采用墙下阀板基础，阀板基础厚度为 500 mm。

4. 当基坑挖至基底持力层时，应及时通知设计人员及地质勘察人员到场共同鉴定，并按规定进行检测，达到设计要求后方能封底。如开挖深度超过 1 m 仍无持力层，则以换填地基为持力层，换填后持力层地基承载力特征值≥ 180 kPa。须开挖至原设计持力层，采用级配良好的砂石换填至电梯基础标高，换填深度为 1 m，宽度为基础外边缘以外 1 m，每层铺填 300 mm 厚分层压实。采用级配良好的砂石换填，砂石的最大粒径不宜大于 50 mm，压实系数≥ 0.97。

5. 基础开挖至设计标高后，应经有关部门验槽，开挖中如发现有软弱夹层等不良地质现象以及与设计要求不符时，应汇同设计、勘察、质监等单位共同解决。基坑开挖过程中应采取适当的安全措施和防水措施，以防塌孔及地表水下渗，不得在集水时施工。坑底沉渣完全清理干净后，立即浇筑与基础同级别的混凝土垫层封底，以免坑底土质软化和风化。

6. 基础采用 C30 混凝土，垫层采用 C15 混凝土。图中未注明的混凝土标号均为 C30。混凝土保护层厚度：筏板基础 45 mm，基础暗梁 30 mm，电梯井基坑四周钢筋混凝土壁墙 25 mm，钢柱基座短柱 30 mm。

7. 钢柱基座短柱的纵筋应置于基础梁底面并锚入基础内≥ 35 d。电梯井基坑四周壁墙的转角墙与端部钢柱基座短柱的锚固要求：参《混凝土结构施工图平面整体表示方法制图规则和构造详图（现浇混凝土框架、剪力墙、梁、板）》(22G101—1）剪力墙水平分布钢筋构造施工。

8. 防雷接地做法详见电气专业图纸，基础中预留、预埋管道及洞口详见各专业施工图。电梯防雷接地与钢结构、基础钢筋连接，测试电阻小于 1Ω。

9. 未注明的垫层采用 100 mm 厚 C15 混凝土。基础混凝土达到设计强度后应按有关规范检测。

10. 基础施工完后，应及时回填素土并应分层夯实至室外地坪标高，回填土压实系数应≥ 0.95。请按照国家有关规范、规程控制施工质量并组织验收，并按照规范要求进行沉降观测。

11. 钢筋采用 HPB300 级（Φ）、HRB400 级（Φ），钢筋强度标准值应具有不小于 95% 的保证率。

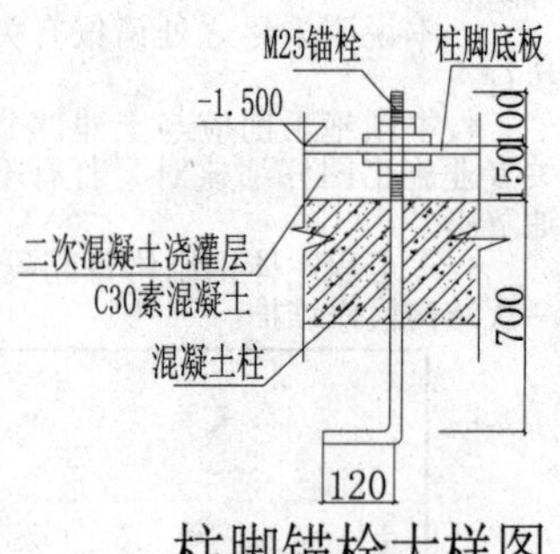

柱脚锚栓大样图

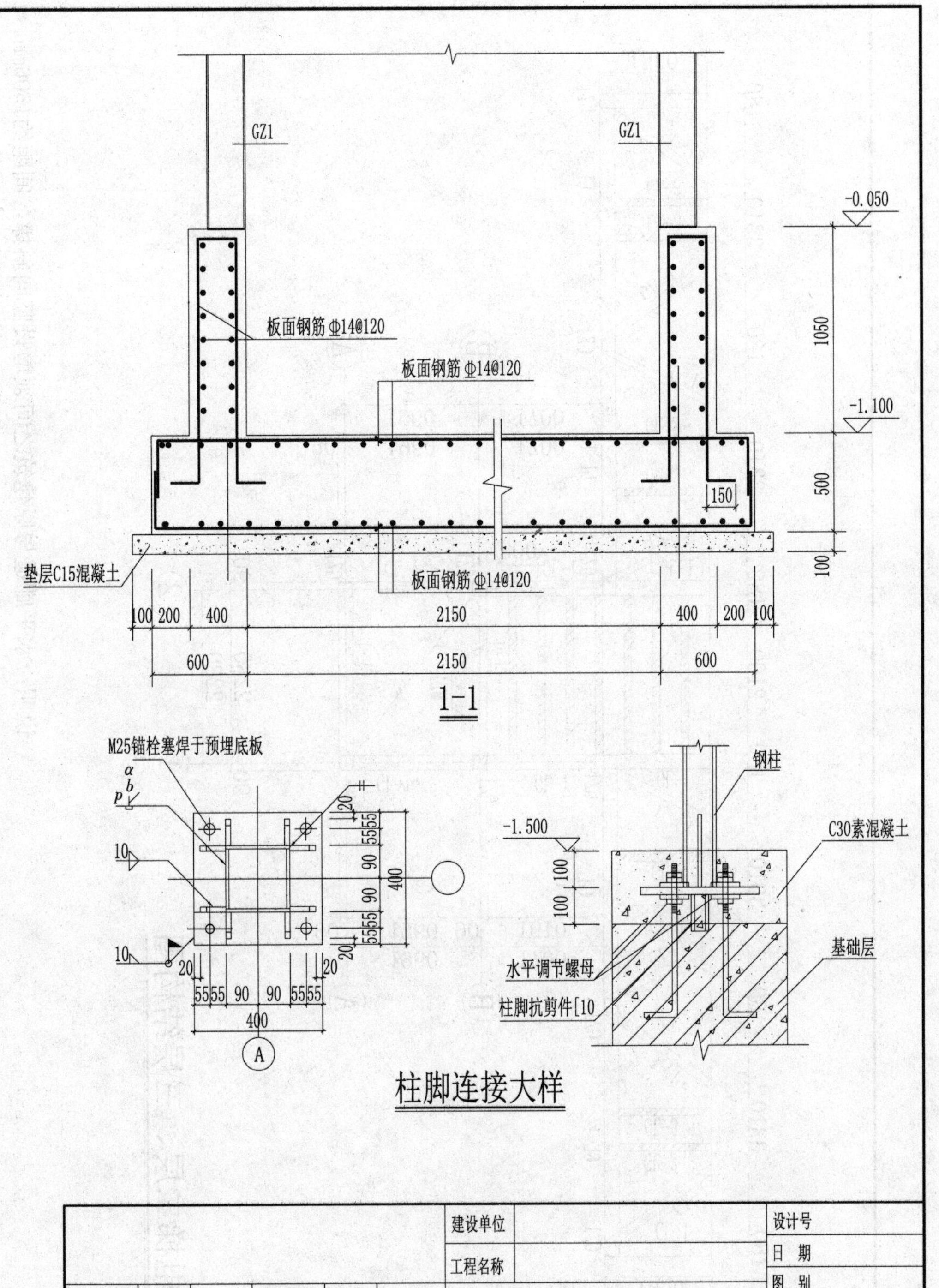

设 计			项目负责		建设单位		设计号
校 对			审 核		工程名称		日 期
专业负责			审 定				图 别
							图 号
							第 页 共 页
							版本

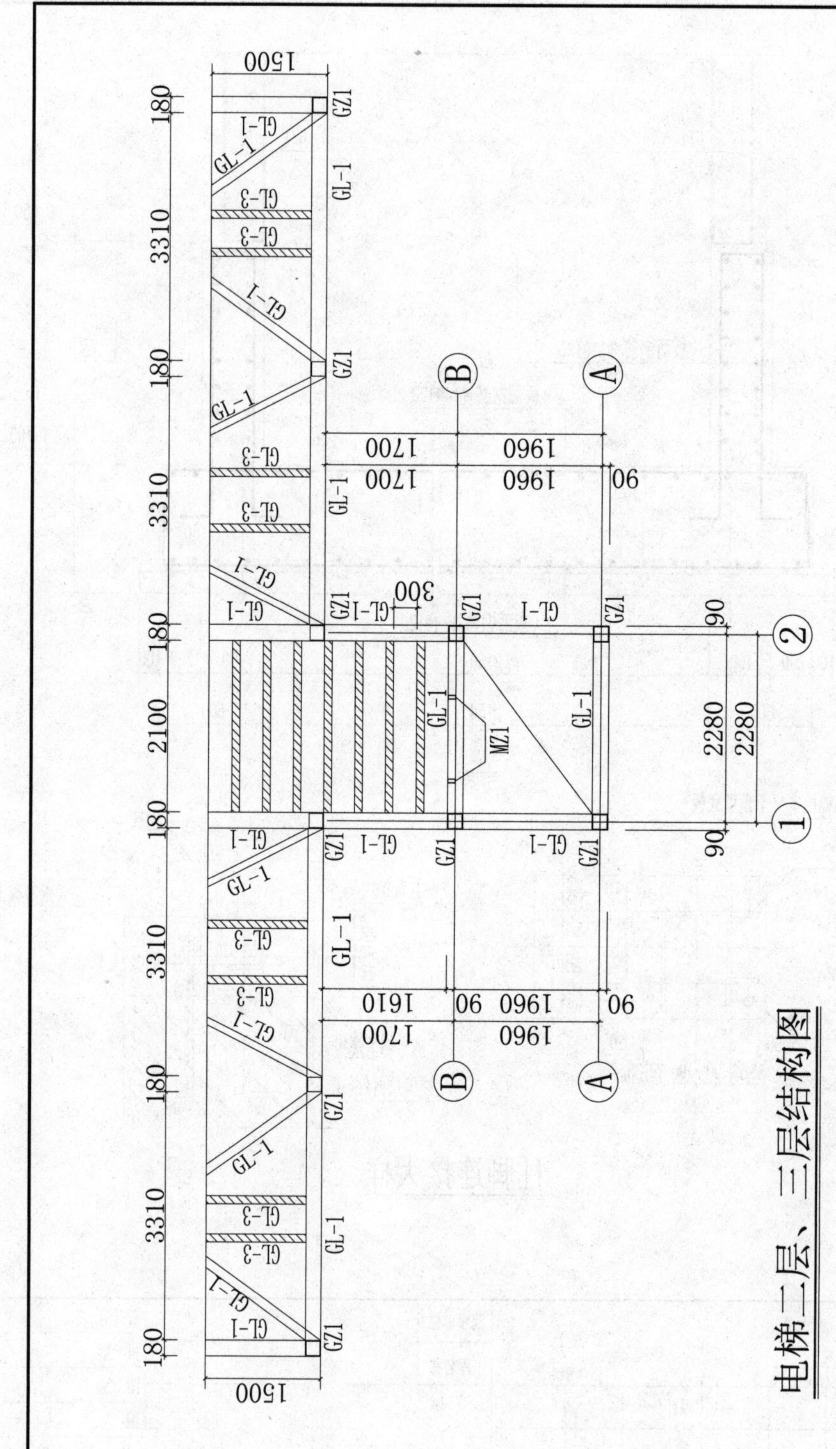

电梯二层、三层结构图

说明：水平廊道与原建筑之间须增设竖向斜撑，间距约1500mm。

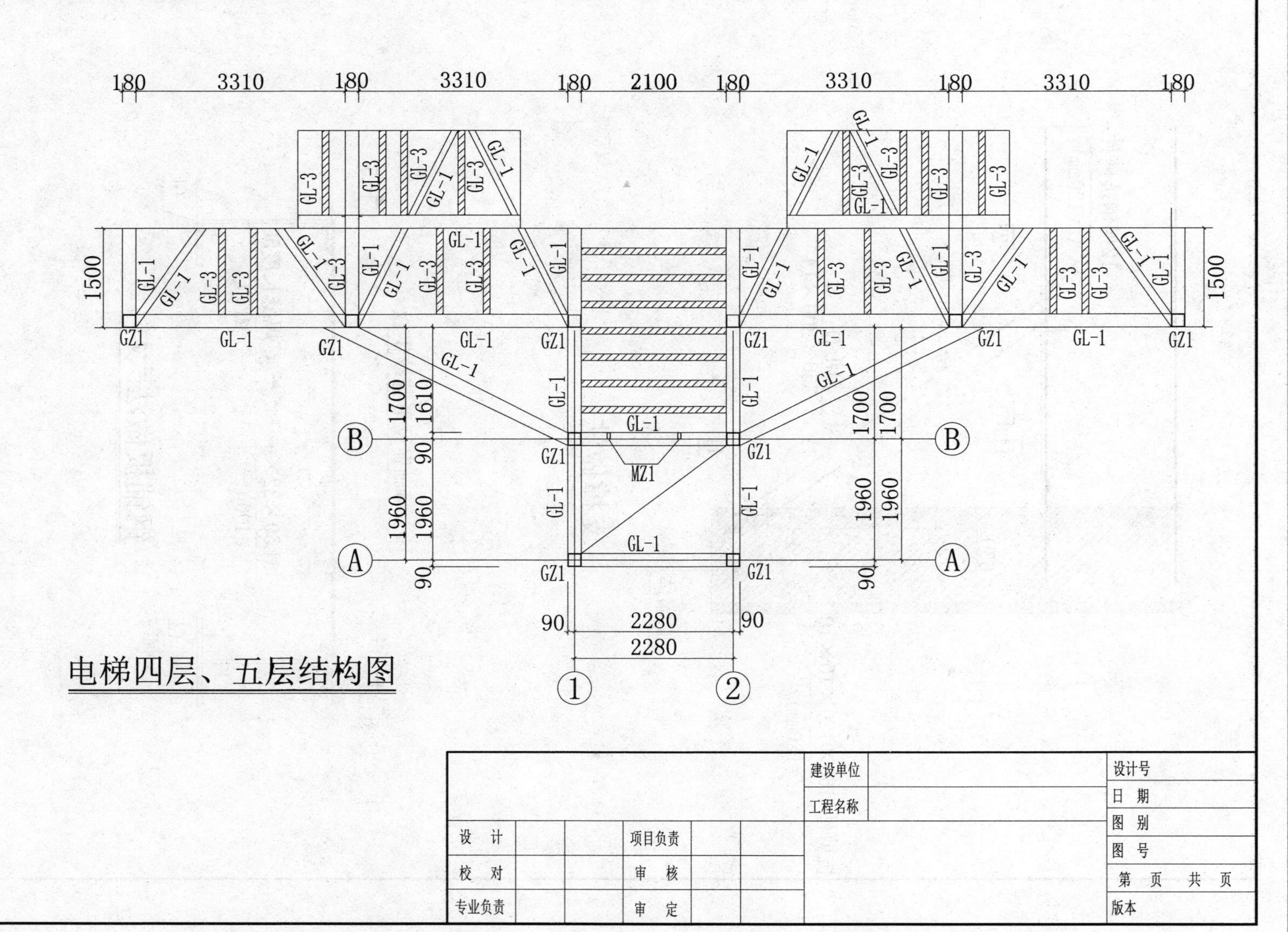
180
3310
180
3310
180
2100
180
3310
180
3310
180
1500
1500
GL-1
GL-3
GZ1
MZ1
1700
1610
90
1960
2280
B
A
1
2
电梯四层、五层结构图
建设单位
工程名称
设计号
日 期
图 别
图 号
第 页 共 页
版本
设 计
校 对
专业负责
项目负责
审 核
审 定

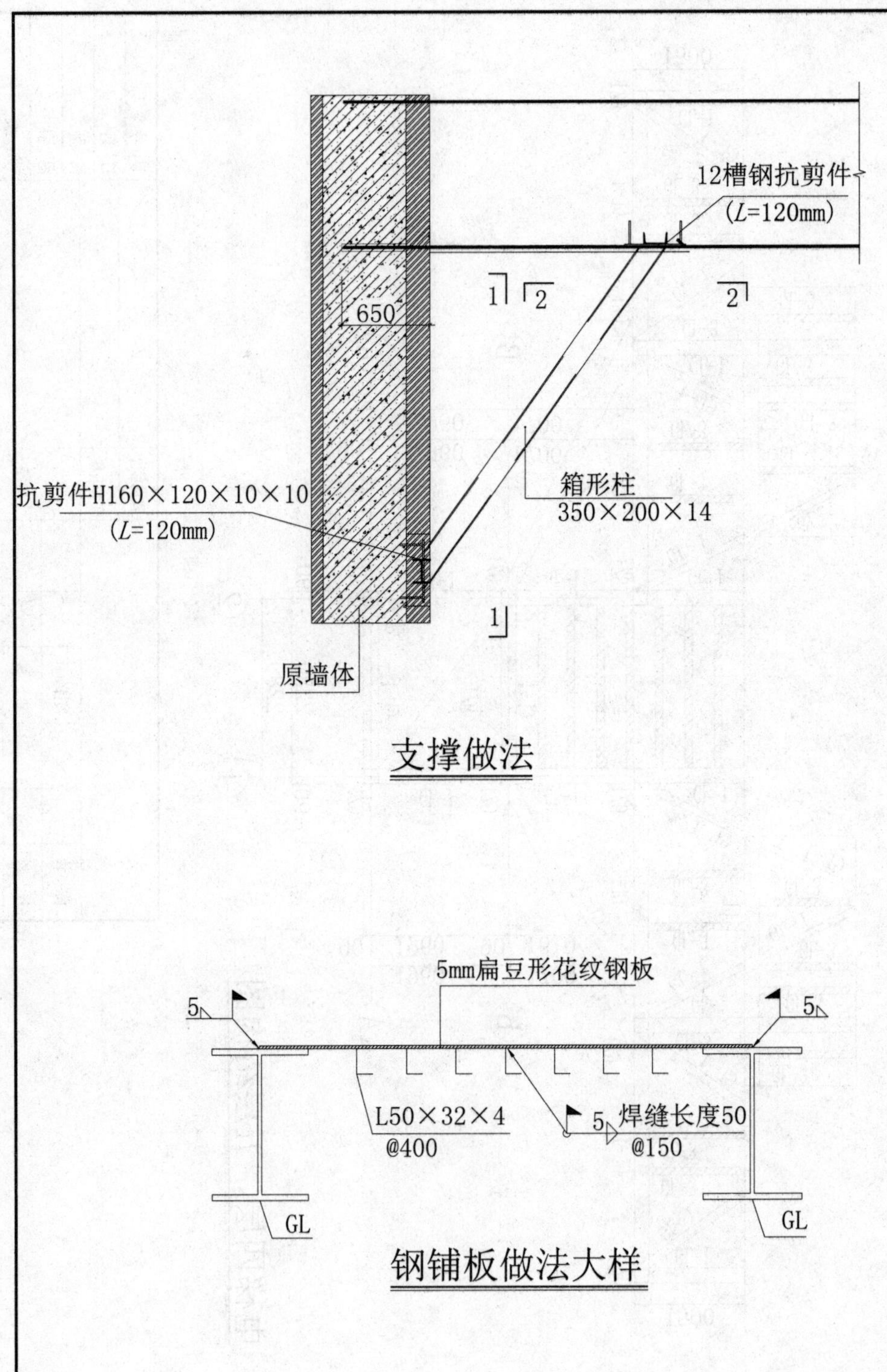
12槽钢抗剪件
(L=120mm)
1
2
2
650
箱形柱
350×200×14
抗剪件H160×120×10×10
(L=120mm)
1
原墙体
支撑做法
5mm扁豆形花纹钢板
5
5
L50×32×4
@400
5
焊缝长度50
@150
GL
GL
钢铺板做法大样

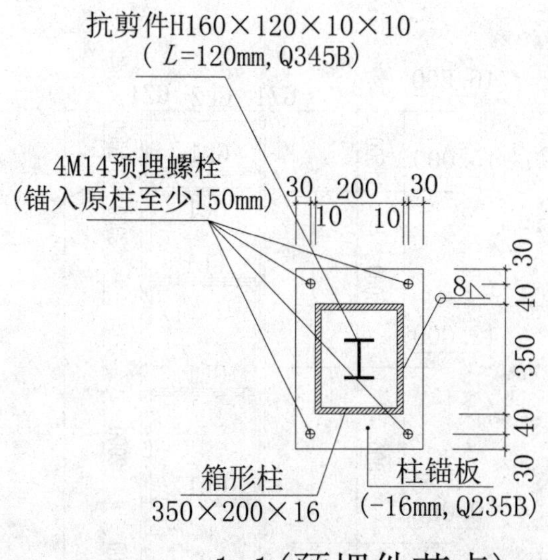

1-1（预埋件节点）

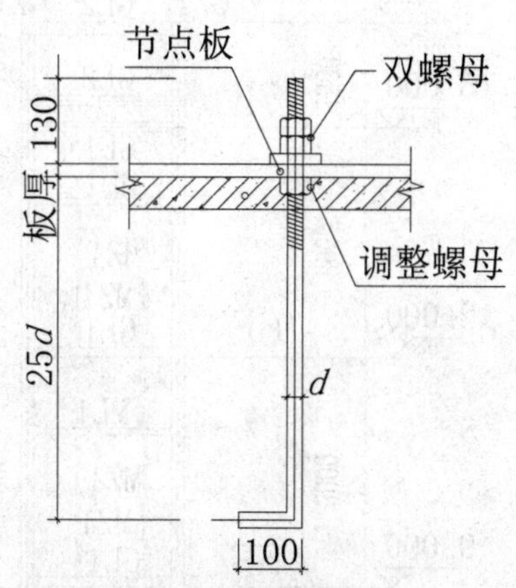

M14预埋螺栓

d为预埋螺栓直径，埋入深度为25d

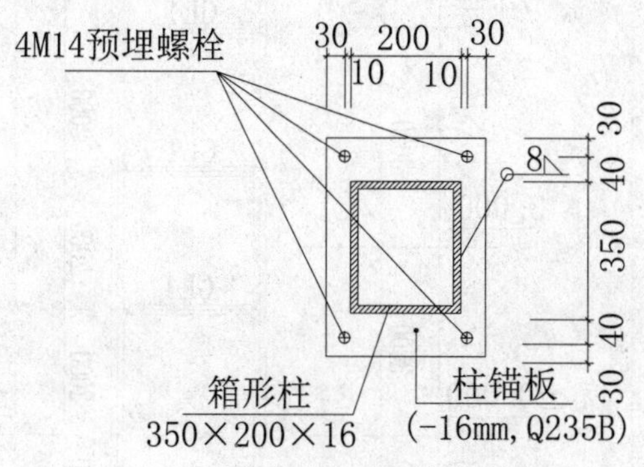

2-2（预埋件节点）

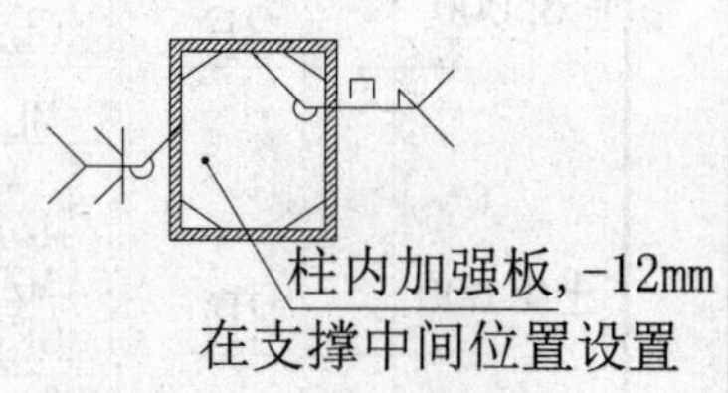

支撑局部加强图

设 计			项目负责			建设单位		设计号
校 对			审 核			工程名称		日 期
专业负责			审 定					图 别
								图 号
								第 页 共 页
								版本

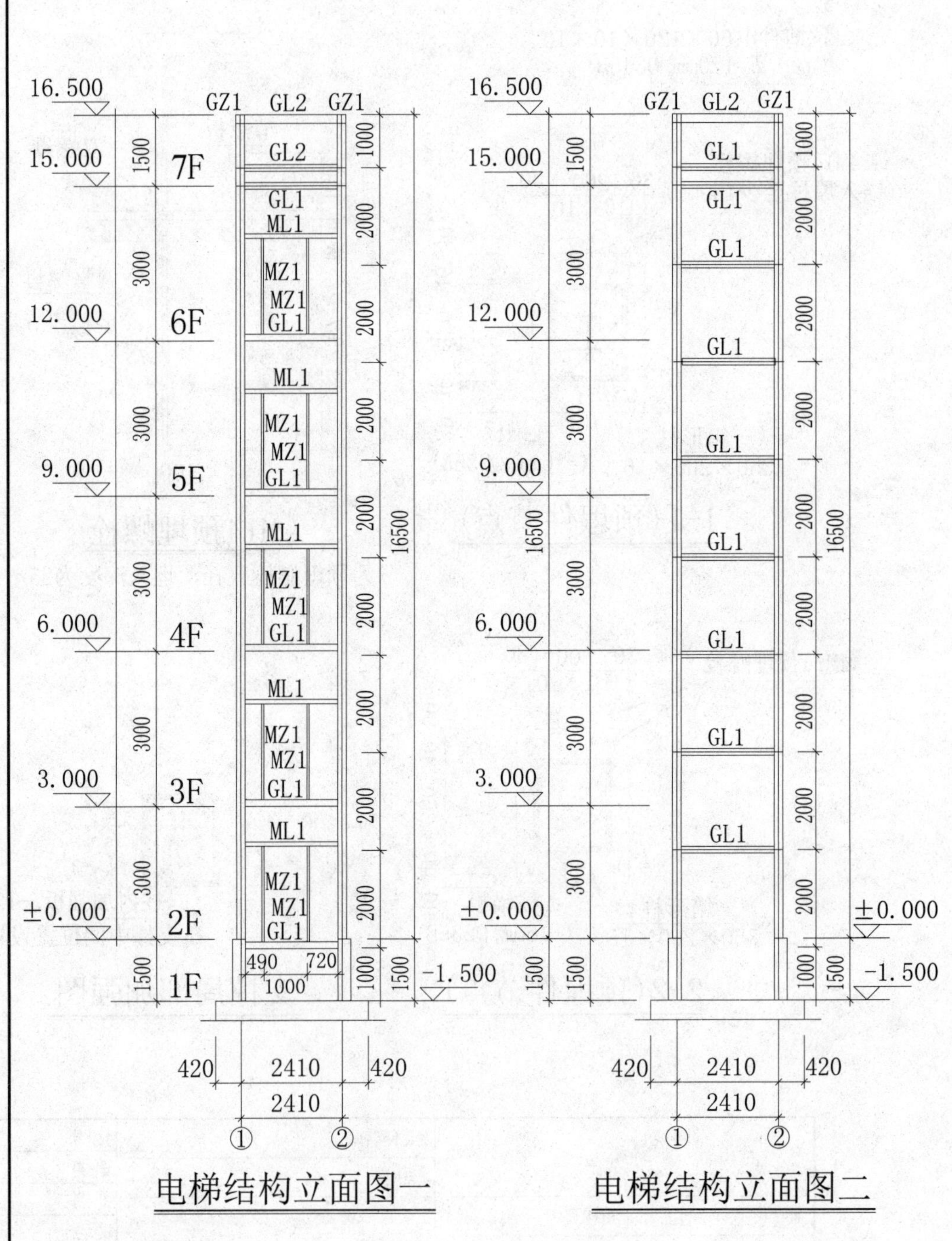

电梯结构立面图一

电梯结构立面图二

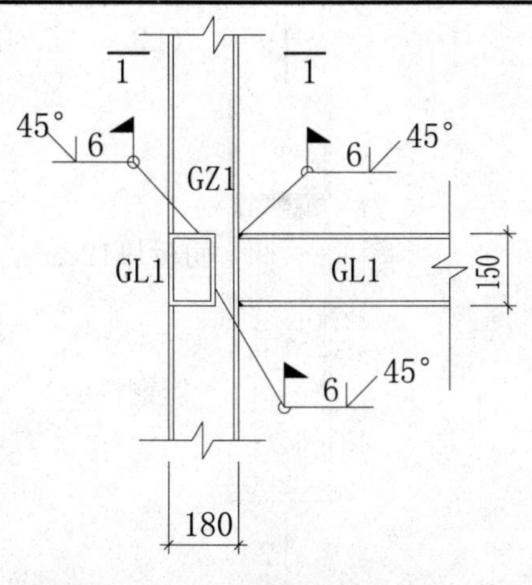

矩形钢柱与横梁相贯连大样一

须全断面满焊

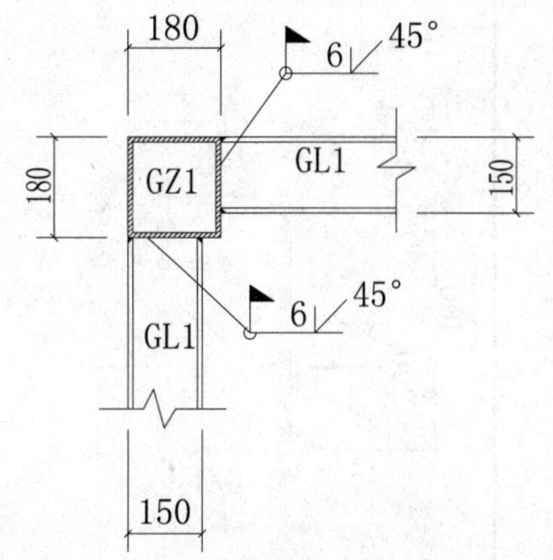

1-1

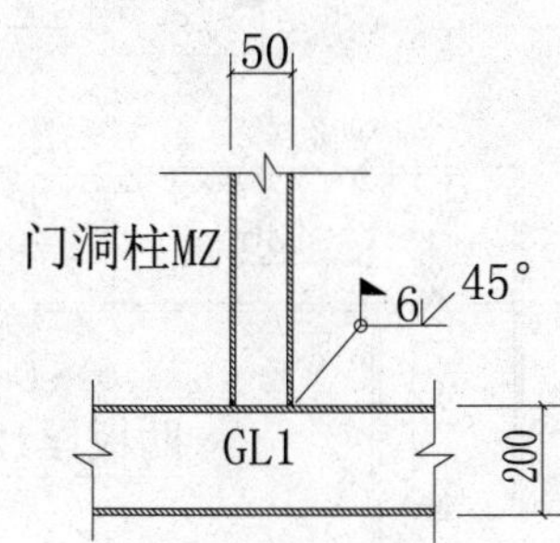

矩形钢柱与横梁相贯连大样二

材料表

编号	名称及规格	材质	表面处理
GL1	200×200×8 矩形钢管	Q235B	灰色防锈漆二遍
GL2	200×200×8 矩形钢管	Q235B	灰色防锈漆二遍
GL3	100×50×5 矩形钢管	Q235B	灰色防锈漆二遍
MZ	100×50×5 矩形钢管	Q235B	灰色防锈漆二遍
ML	100×100×5 矩形钢管	Q235B	灰色防锈漆二遍
GZ1	200×200×8 矩形钢管	Q235B	灰色防锈漆二遍

					建设单位		设计号
					工程名称		日 期
							图 别
设 计			项目负责				图 号
校 对			审 核				第 页 共 页
专业负责			审 定				版本

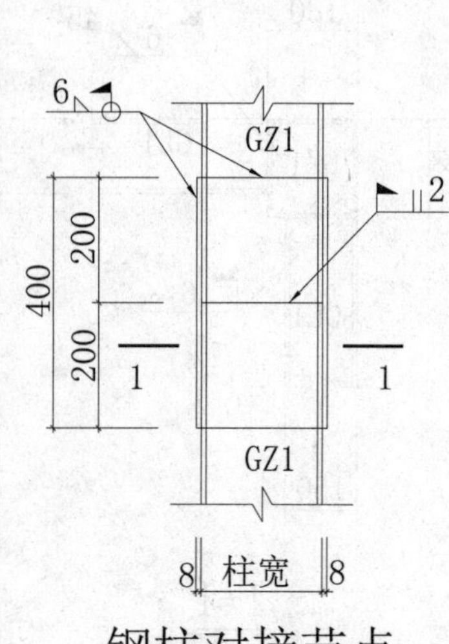

钢柱对接节点

对接位置避开梁柱节点至少500mm

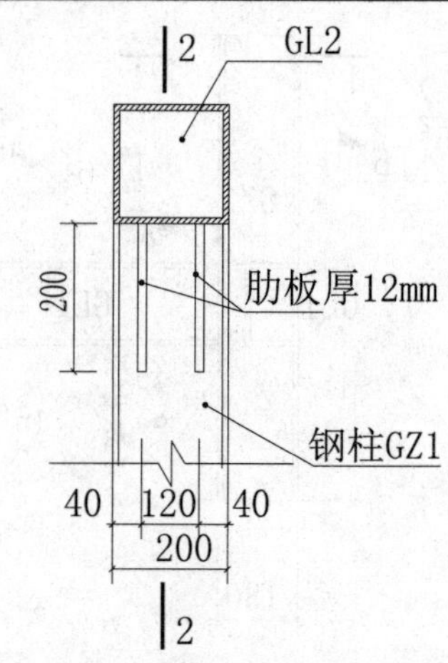

GL2与GZ1连接大样

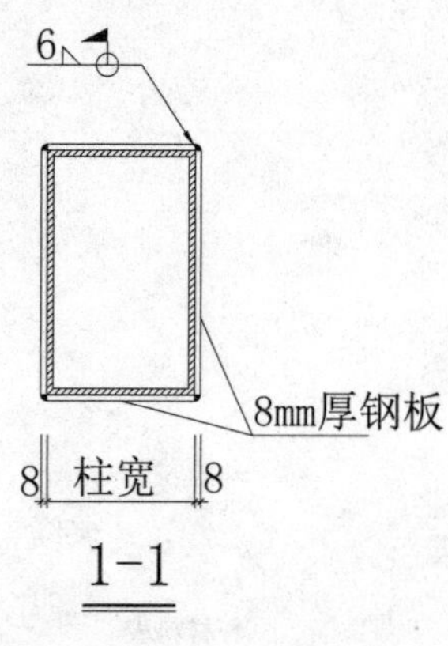

1-1

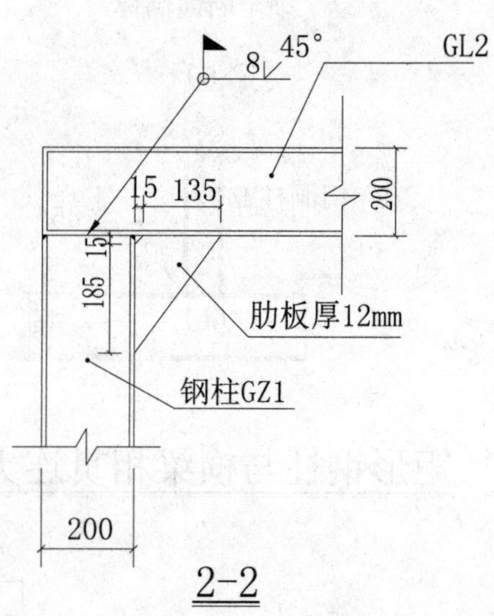

2-2

设计说明

1. 图中所有骨架（梁、柱节点）均为现场焊接，未注明的角焊缝最小焊脚尺寸为 6 mm，一律为满焊。
2. 钢构件尺寸宜核实现场尺寸后下料。
3. 钢柱连接采用等强连接，连接处距最近钢梁不小于 500 mm。
4. 本工程所有钢材均采用 Q235B 制作，手工焊焊条采用 E43×× 型，所有焊缝等级均不得低于二级。
5. 构件的拼接连接采用 10.9 级摩擦型连接高强度螺栓。连接接触面的处理采用钢丝刷清除浮锈。
6. 钢结构布置须经电梯厂家核实满足电梯使用要求后方可施工。
7. 电梯钢结构部分必须与原主体结构可靠连接，保证结构的安全性。
8. 未注明的钢梁位置必须满足电梯荷载要求，并将荷载可靠传递到主体结构上。
9. 电梯吊钩采用φ22 的圆钢，定位由电梯厂家定位。
10. 钢柱拼接接头位置应在两个节点之间，每段长度须满足相关规范及运输要求。
11. 钢构件经过电动砂轮机除锈后，刷两道酚醛防锈漆（钢结构专用防锈漆），面漆采用白色醇酸瓷漆刷 2 道。
12. 钢结构制作时，应尽量减少现场焊接工作量，复杂节点处应注意施焊次序，避免变形过大。
13. 钢结构施工前须与混凝土工程施工进行技术对接。
14. 本图所示的结构位置及尺寸，均以现场测量为准。

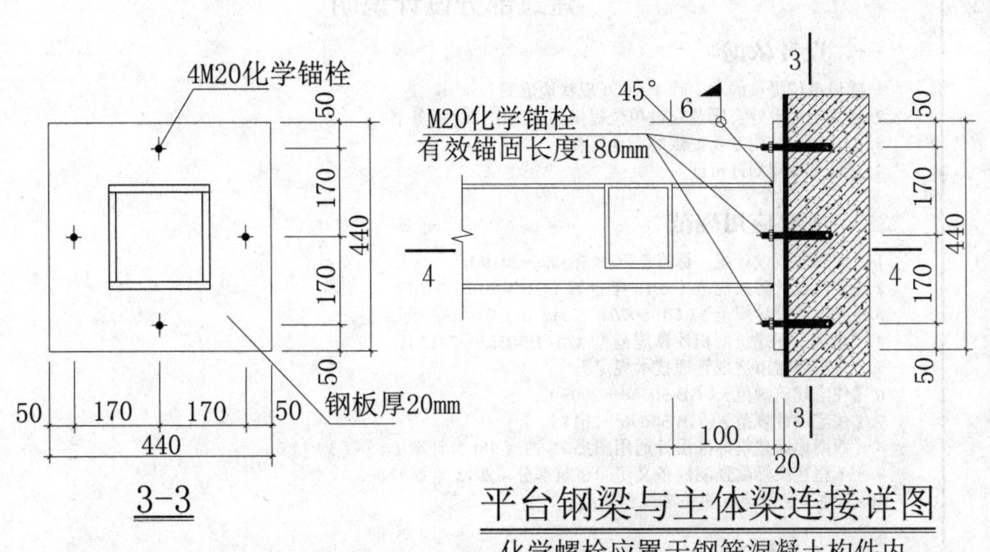

平台钢梁与主体梁连接详图

化学螺栓应置于钢筋混凝土构件内，
严禁置于砌体墙内

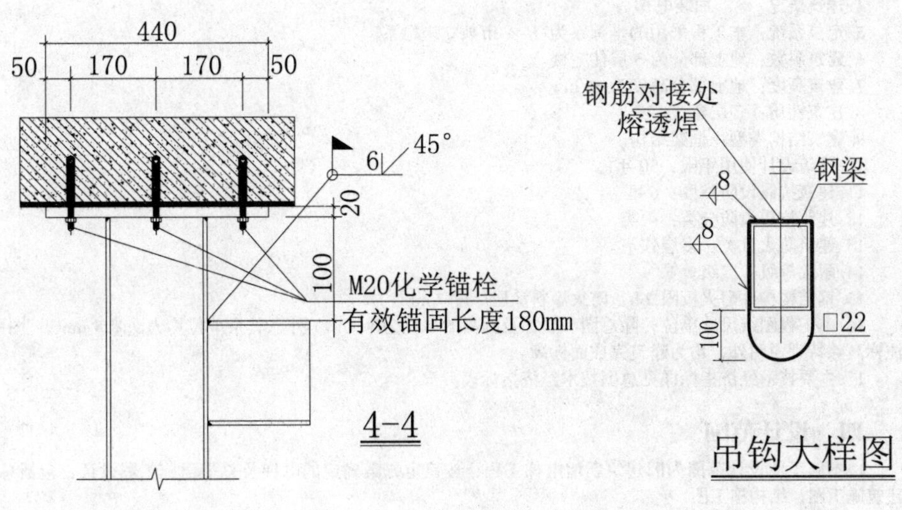

吊钩大样图

					建设单位	设计号
					工程名称	日 期
						图 别
设 计			项目负责			图 号
校 对			审 核			第 页 共 页
专业负责			审 定			版本

建筑部分设计说明

一、设计依据

1. 建设单位提供的本工程 1：500 现状地形图。
2. 建筑工程设计合同及建设单位提供的施工图设计任务书。
3. 由总图、结构专业提供的设计资料。
4. 建设工程规划许可证。

二、主要应用规范

1.《民用建筑设计统一标准》（GB 50352—2019）。
2.《建筑设计防火规范（2018 年版）》（GB 50016—2014）。
3.《无障碍设计规范》（GB 50763—2012）。
4.《建筑工程建筑面积计算规范》（GB/T 50353—2013）。
5.《重庆市城市规划管理技术规定》。
6.《住宅建筑规范》（GB 50368—2005）。
7.《住宅设计规范》（GB 50096—2011）。
8.《西南地区建筑标准设计通用图集》[西南 18J 合订本（1）~（3）]。
9.《工程建设标准强制性条文房屋建筑部分（2013 年版）》。
10. 其他国家及地方相关法规、规范。

三、工程概况

1. 本工程为新增钢结构电梯井，在原钢筋混凝土框架结构外侧新增钢结构电梯井制作安装工程。电梯层数为 5 层，电梯额定载重量为 825 kg。
2. 本工程子项名称：加装电梯工程。
3. 建设地点：× ×。
4. 建筑概况：× × 加装电梯。
5. 定位系统：本工程采用的坐标系为 × × 市独立坐标系。
6. 建筑层数：地上部分为 5 层住宅楼。
7. 建筑高度：地上部分高度为 15 m。
8. 建筑性质：多层建筑。
9. 建筑结构类型：框架结构。
10. 建筑设计使用年限：50 年。
11. 建筑抗震设防烈度：6 度。
12. 建筑抗震设防分类：丙类。
13. 建筑防火分类：多层住宅。
14. 耐火等级：二级。
15. 钢结构构件耐火极限 2 h，防火涂料涂层厚度 7 mm。
16. 本工程图纸尺寸单位，除总图、坐标及标高的单位为米（m）外，其余单位均为毫米（mm）；图中所注标高除特别说明外，均为建筑完成面标高。
17. 主要技术经济指标详见总图技术经济指标表。

四、设计范围

1. 本施工图设计范围为旧建筑新增电梯工程，按审定方案确定的电梯及总平面施工图设计，包括总图、建筑施工图、结构施工图。
2. 本工程外装饰设计采用金属板材。

五、外装修工程

1. 墙体面层采用金属板材、4 mm 厚铝塑复合板。
2. 铝塑复合板安装采用附框与电梯骨架连接，连接方式为螺钉连接，满足规范《金属与石材幕墙工程技术规范》（JGJ 133—2013）的规定。

六、消防设计

1. 本工程根据《建筑设计防火规范（2018 年版）》（GB 50016—2014）的相关规定，耐火等级为二级。

2. 总平面设计遵守《建筑设计防火规范（2018年版）》（GB 50016—2014）和相关消防规定。塔楼部分按规范要求设置消防扑救面，满足救援规定，详见消防总平面图。

3. 防火装饰面板材料满足1 h耐火极限的要求。

七、注意事项

1. 图中所选用标准图，涉及其他工种的预埋、预留洞需要同时施工时，注意与其他工种图纸核对准确并密切配合，以免遗漏工程内容和造成返工。

2. 施工中发现问题应及时通知设计人员协商处理，不应明知有误而继续按图施工。由设计原因引起的变更，由设计人发出《设计变更、修改通知单》。非设计人提出的变更意见，应事先征得设计人同意后出据加盖各方公章的《技术变更核定单》，未经设计人同意而自行修改，设计人将不予认可。

八、电梯工程

1. 本工程按建设单位选用的电梯和电梯井道以及相关土建要求进行设计。
2. 电梯留洞尺寸及井道预埋件应由电梯厂家提供，所有建筑设备必须在进行土建施工前订货。
3. 井道内和井道墙必须达到建筑防火要求，并不得装设与电梯无关的设备和孔洞。
4. 消防设备和器材必须选用由消防审批部门核准的产品。
5. 电梯底坑内按积水坑的要求做防水措施。
6. 电梯井道门洞口设挡水。
7. 普通电梯层门耐火极限不低于1 h，满足《建筑设计防火规范（2018年版）》（GB 50016—2014）的规定。
8. 电梯具体参数如下：

电梯参数表

电梯类型	载重	梯速	顶层高度	基坑深度
增加电梯	825 kg	1 m/s	4.3 m	1.5 m

九、安全措施

1. 根据《建设单位项目负责人质量安全责任八项规定（试行）》的规定制定本工程安全措施。

2. 本工程为原建筑外施加构造结构工程，高空作业较多，其中钢构架为高空散拼，为保证安全生产，施工单位应根据现场实际情况和工程需要，编制施工组织计划和安全生产计划，按施工规范要求设置必要的安全维护措施。

3. 基础完成后，电梯井道的施工应满足规范要求。电梯井道与原建筑间的廊桥要在井道上升过程中完成，不得在电梯井道完成后才进行廊桥连接。

十、其他

1. 本工程栏杆为不锈钢栏杆，不锈钢栏杆设计使用年限为25年。栏杆破坏后果的严重程度按栏杆安全等级划分为严重。

2. 本工程栏杆材质为奥氏体304不锈钢，各杆件壁厚满足规范要求，承受水平推力大于1.5 kN/m，栏杆高度从踏步面起算为1.10 m，支管为竖向布置，支管间净距≤ 110 mm。

				建设单位		设计号
				工程名称		日 期
设 计		项目负责				图 别
校 对		审 核				图 号
						第 页 共 页
专业负责		审 定				版本

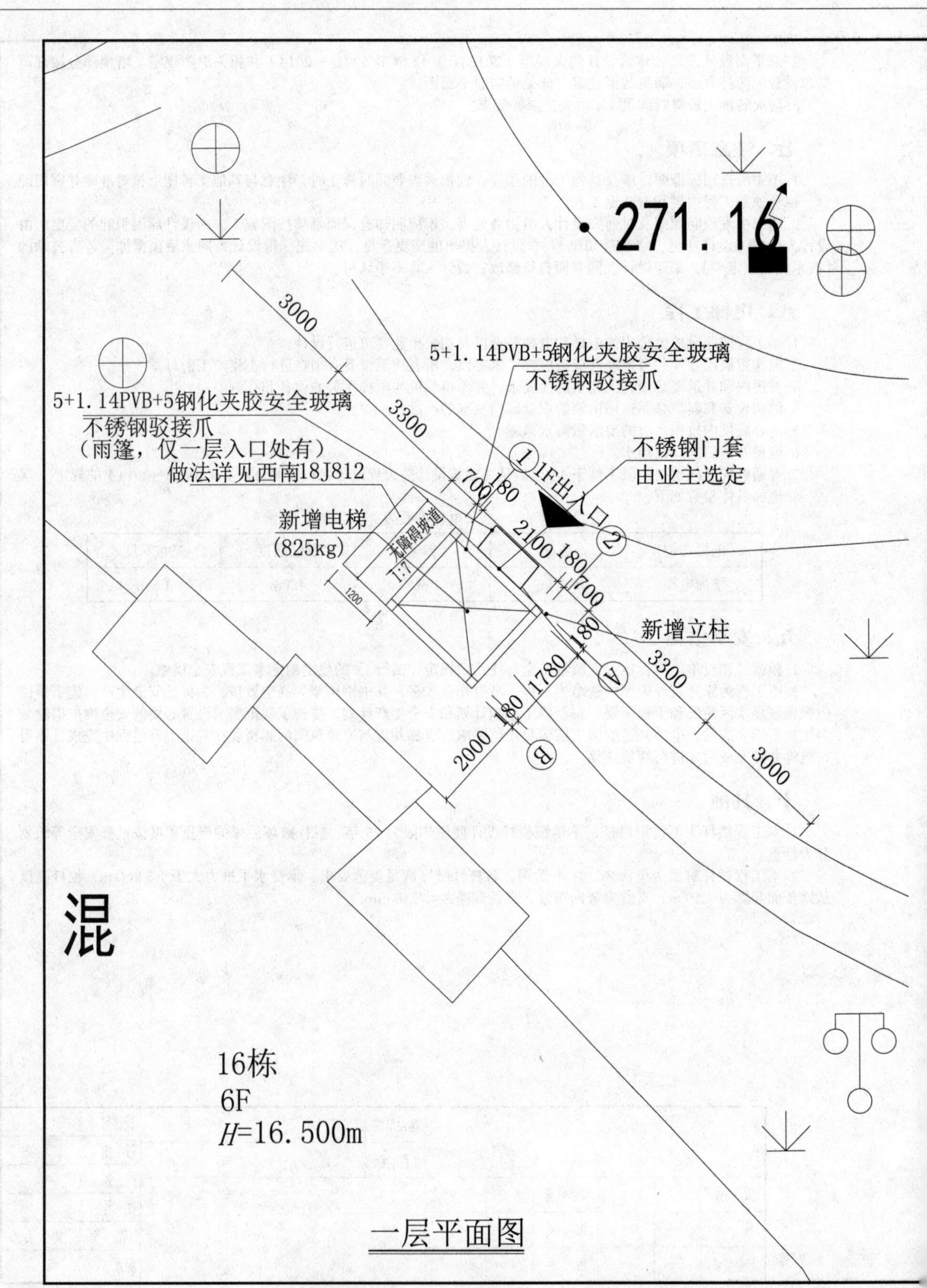
271.16
3000
3300
5+1.14PVB+5钢化夹胶安全玻璃
不锈钢驳接爪
5+1.14PVB+5钢化夹胶安全玻璃
不锈钢驳接爪
（雨篷，仅一层入口处有）
做法详见西南18J812
不锈钢门套
由业主选定
1F出入口
新增电梯
(825kg)
无障碍坡道
1:7
1200
700
180
2100
180
700
新增立柱
180
3300
1780
180
2000
3000
混
16栋
6F
H=16.500m

一层平面图

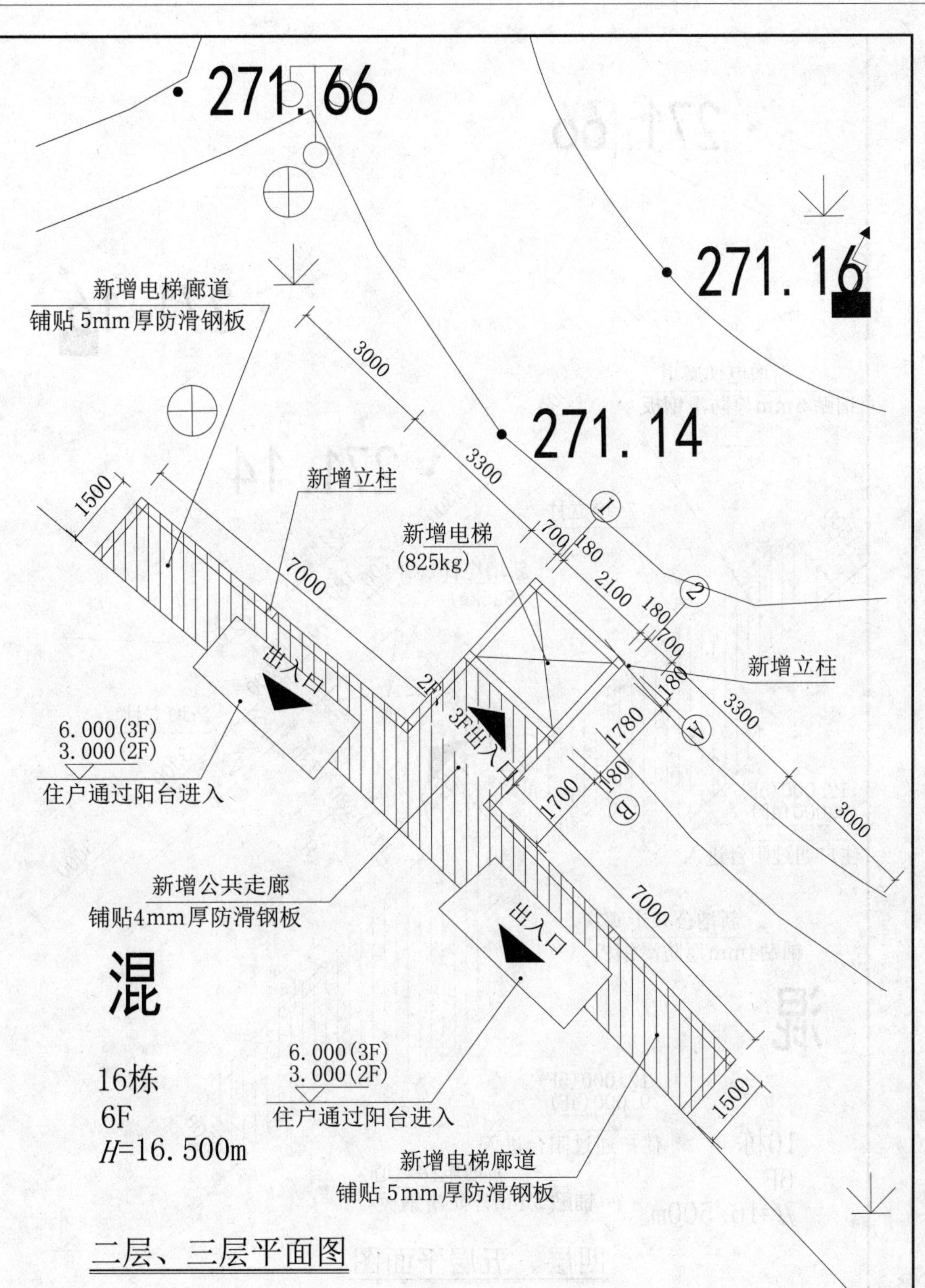
271.66
271.16
271.14
新增电梯廊道
铺贴 5mm 厚防滑钢板
3000
3300
1500
新增立柱
新增电梯
(825kg)
700
180
2100
180
700
180
1
2
新增立柱
7000
出入口
2F、3F出入口
1780
180
1700
A
B
3300
3000
6.000(3F)
3.000(2F)
住户通过阳台进入
新增公共走廊
铺贴4mm厚防滑钢板
7000
出入口
混
16栋
6F
H=16.500m
6.000(3F)
3.000(2F)
住户通过阳台进入
1500
新增电梯廊道
铺贴 5mm 厚防滑钢板
二层、三层平面图

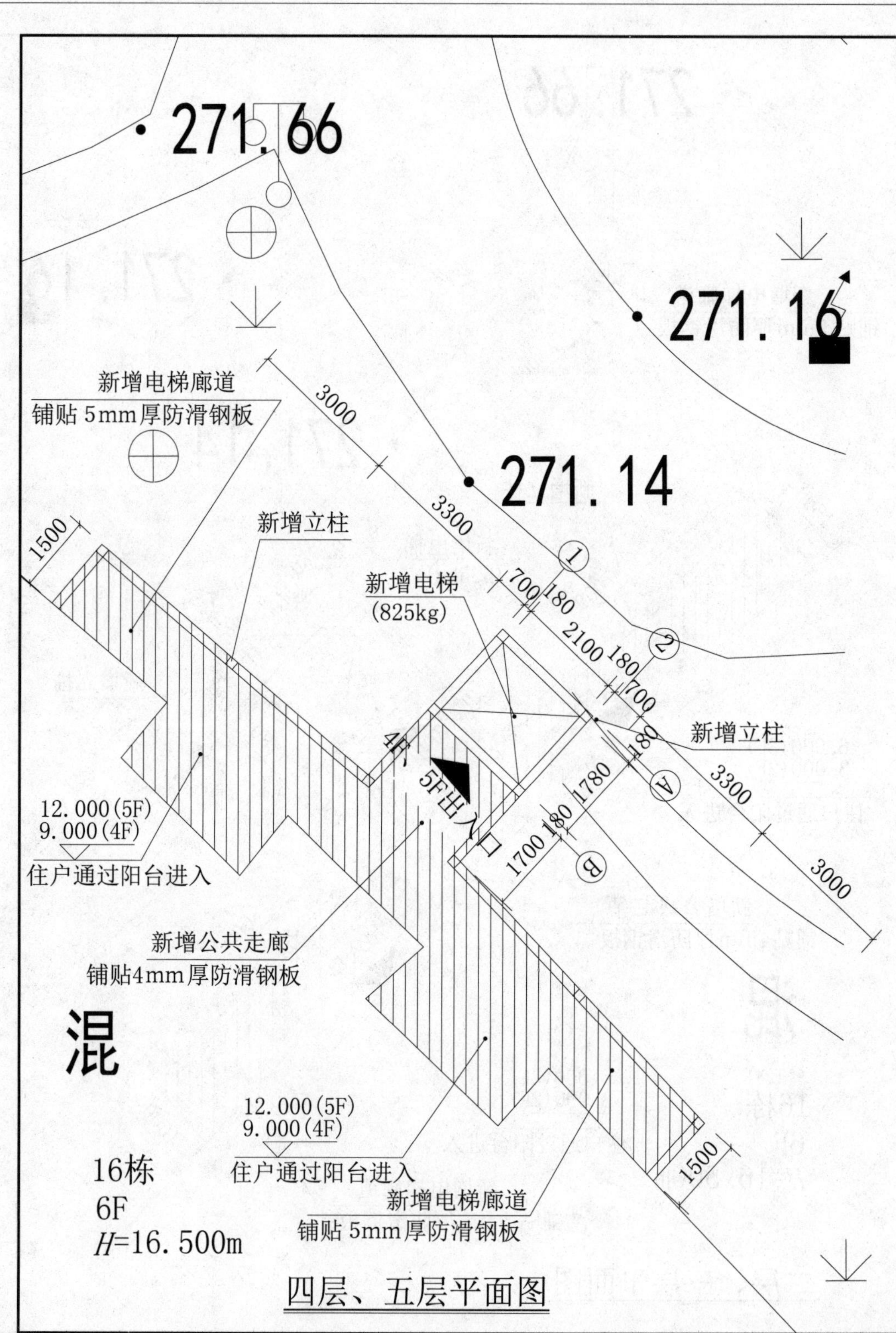
271.66
271.16
271.14
新增电梯廊道
铺贴 5mm 厚防滑钢板
3000
3300
1500
新增立柱
新增电梯
(825kg)
700
180
2100
180
700
新增立柱
180
1780
180
1700
3300
3000
1
2
A
B
4F、5F出入口
12.000(5F)
9.000(4F)
住户通过阳台进入
新增公共走廊
铺贴4mm厚防滑钢板
混
16栋
6F
H=16.500m
12.000(5F)
9.000(4F)
住户通过阳台进入
新增电梯廊道
铺贴 5mm 厚防滑钢板
1500
四层、五层平面图

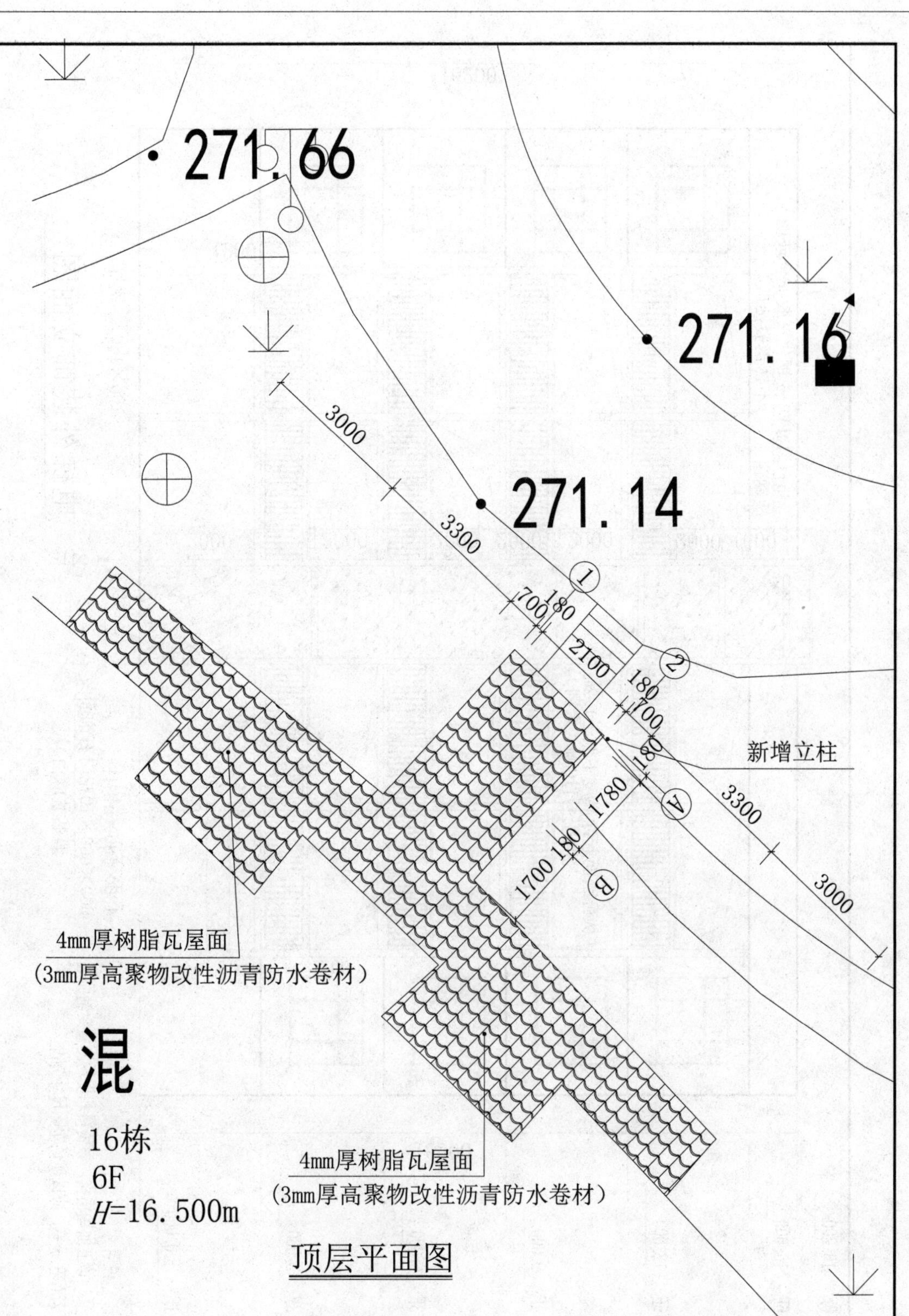
271.66
271.16
271.14
3000
3300
1
180
700
2100
2
180
700
180
新增立柱
1780
A
3300
1700
180
B
3000
4mm厚树脂瓦屋面
（3mm厚高聚物改性沥青防水卷材）
混
16栋
6F
H=16.500m
4mm厚树脂瓦屋面
（3mm厚高聚物改性沥青防水卷材）

顶层平面图

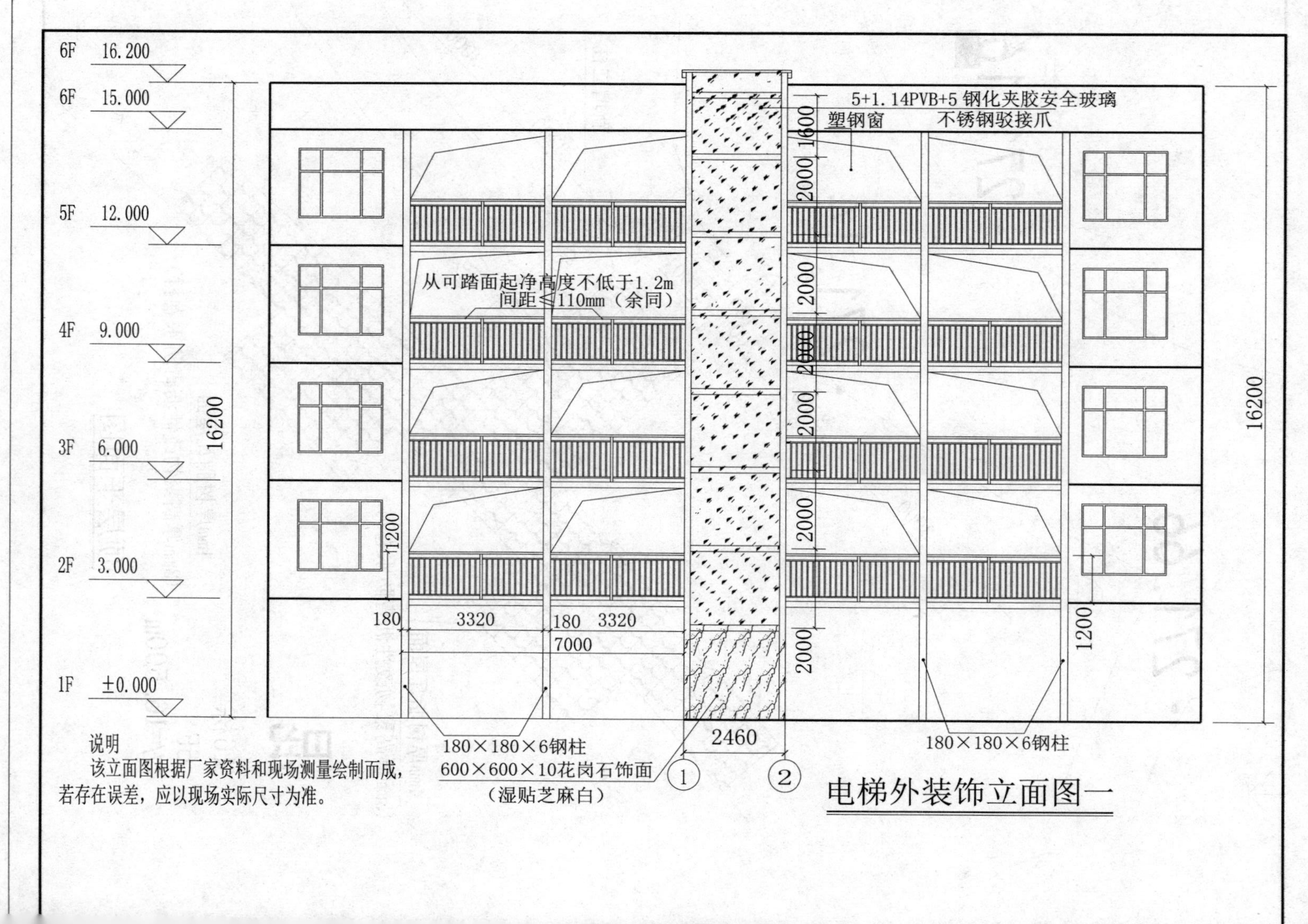

说明

该立面图根据厂家资料和现场测量绘制而成，若存在误差，应以现场实际尺寸为准。

电梯外装饰立面图一

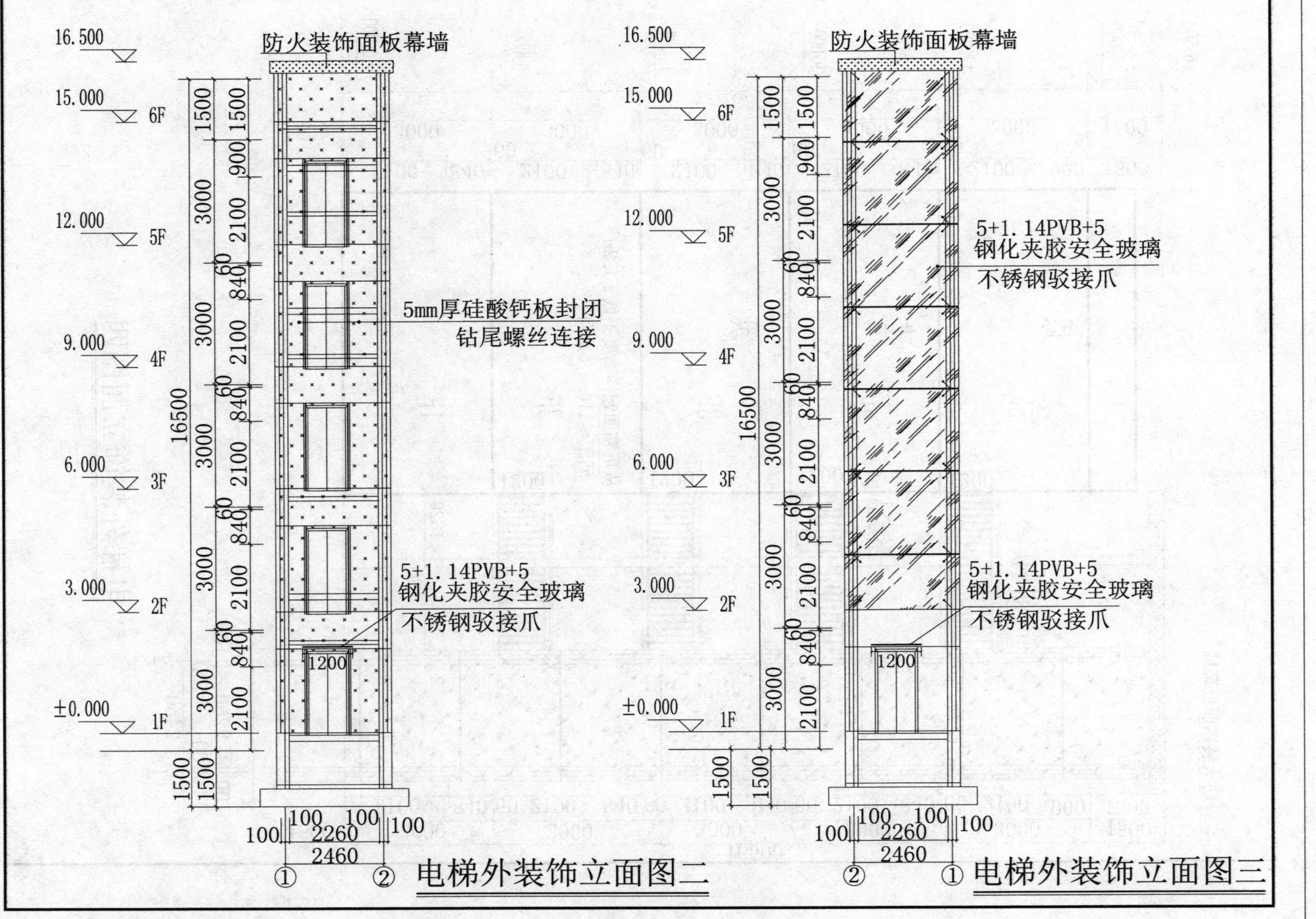

电梯外装饰立面图二

电梯外装饰立面图三

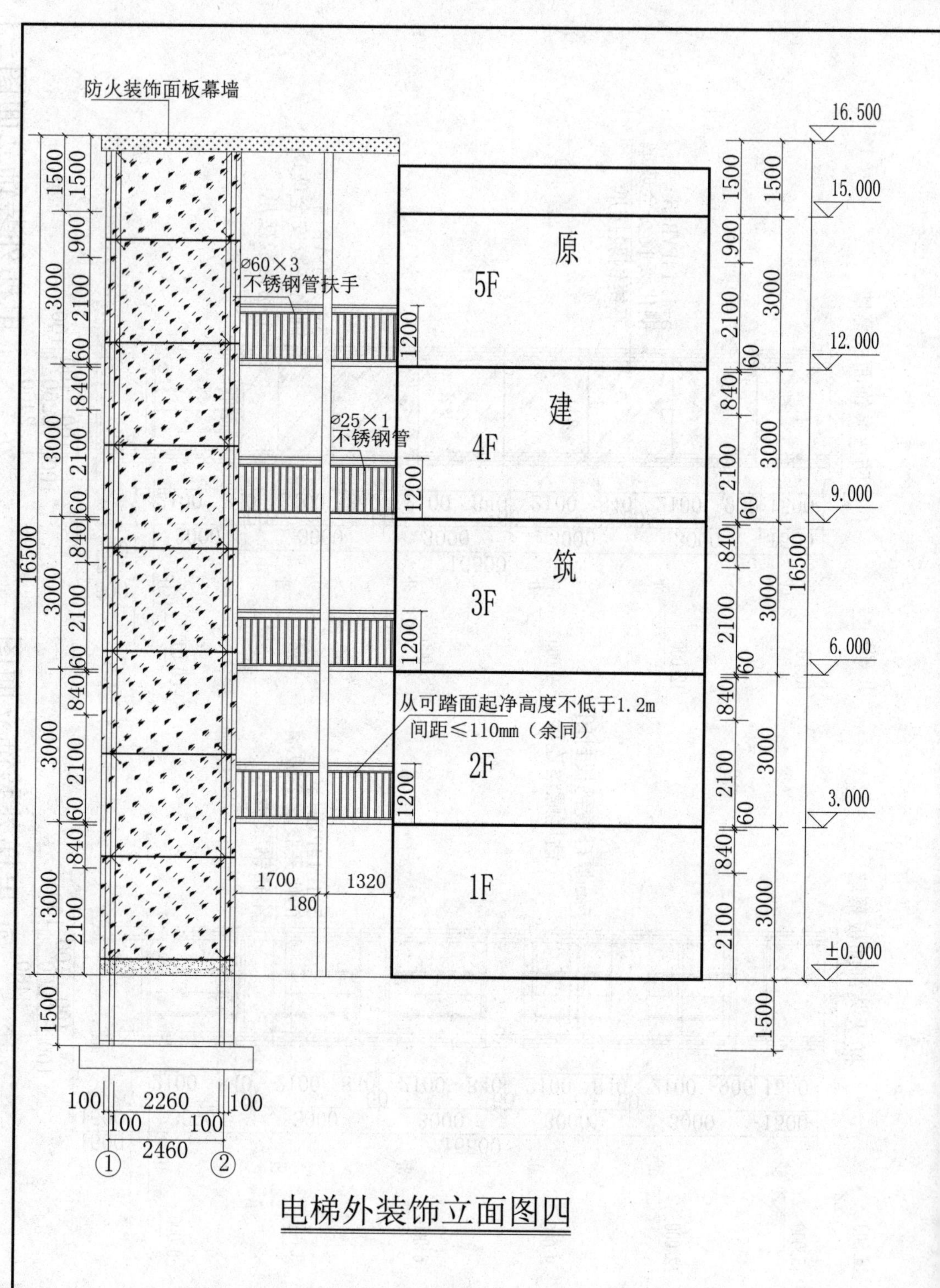
防火装饰面板幕墙
⌀60×3
不锈钢管扶手
⌀25×1
不锈钢管
从可踏面起净高度不低于1.2m
间距≤110mm（余同）
原
建
筑
5F
4F
3F
2F
1F
16.500
15.000
12.000
9.000
6.000
3.000
±0.000
16500
1500
900
3000
2100
60
840
1200
1700
180
1320
100
2260
2460
①
②

电梯外装饰立面图四

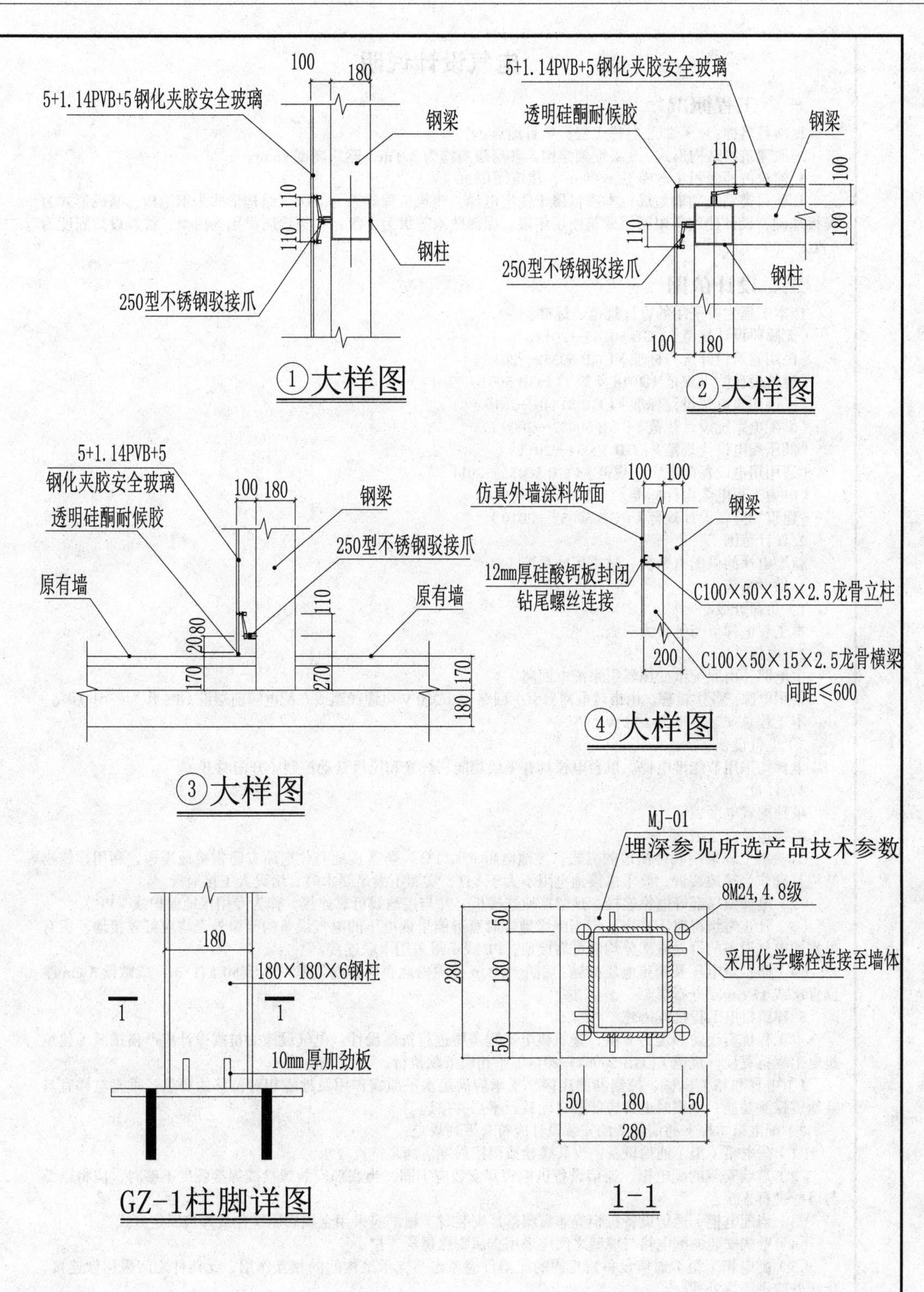
100
180
5+1.14PVB+5钢化夹胶安全玻璃
钢梁
110
110
钢柱
250型不锈钢驳接爪
①大样图
5+1.14PVB+5钢化夹胶安全玻璃
透明硅酮耐候胶
钢梁
110
100
180
110
250型不锈钢驳接爪
钢柱
100
180
②大样图
5+1.14PVB+5
钢化夹胶安全玻璃
透明硅酮耐候胶
100 180
钢梁
250型不锈钢驳接爪
原有墙
原有墙
110
20
80
170
270
170
180
③大样图
100 100
仿真外墙涂料饰面
钢梁
12mm厚硅酸钙板封闭
钻尾螺丝连接
C100×50×15×2.5龙骨立柱
200
C100×50×15×2.5龙骨横梁
间距≤600
④大样图
MJ-01
埋深参见所选产品技术参数
8M24,4.8级
采用化学螺栓连接至墙体
180
180×180×6钢柱
1
1
10mm厚加劲板
280
50
180
50
50
180
50
280
GZ-1柱脚详图
1-1

电气设计说明

一、工程概况

1. 项目名称：×× 加装电梯工程；项目地点：××。

2. 原建筑物结构形式：5 层框架结构，各层层高均为 3.0 m，建筑高度 15 m。

3. 建筑占地面积（电梯）：6.09 m^2，建筑面积 30.45 m^2。

4. 项目类型及功能组成：本项目属于住宅电梯，建筑工程等级为二级，结构形式为钢结构，基础形式为筏板基础，设计使用年限同原建筑使用年限。屋面防水等级为Ⅰ级；抗震设防类别为丙类，抗震设防烈度为 6 度（0.05 s）。

二、设计依据

1. 本工程主要采用的设计规范、标准：

《无障碍设计规范》（GB 50763—2012）

《民用建筑设计统一标准》（GB 50352—2019）

《建筑设计防火规范（2018 年版）》（GB 50016—2014）

《民用建筑电气设计标准》（GB 51348—2019）

《供配电系统设计规范》（GB 50052—2009）

《低压配电设计规范》（GB 50054—2011）

《通用用电设备配电设计规范》（GB 50055—2011）

《电力工程电缆设计标准》（GB 50217—2018）

《建筑物防雷设计规范》（GB 50057—2010）

2. 设计范围

新增电梯的供配电系统、防雷接地系统。

3. 供电系统

1）负荷分级

本工程电梯负荷等级为三级。

2）电源

主电源：由原配电变压器引来配电回路。

备用电源：业主自理。由市政电网另引一回路 380/220 V 电源线路或在配电箱前端设 UPS 作为备用电源。

本工程总安装容量为 15 kW。

3）电气设备

电梯均采用节能型电梯。单台电梯具有平层功能、灯光和风扇自动控制（开门时开）。

4）计量

单独配置电度表。

4. 接地及安全措施

（1）本工程采用联合接地的方式，接地电阻 $R \leqslant 1\Omega$。防雷接地与住宅原有防雷接地连通，利用建筑物结构基础作为接地装置，要求总接地电阻不大于 1Ω，实测不满足要求时，增设人工接地极。

（2）电梯做局部等电位连接，预留接地连接板，并与接地线可靠连接，作为专用接地保护线（PE）。

（3）凡正常情况时不带电，但当绝缘破坏时有可能呈现电压的电气设备的金属外壳均应可靠接地。所有外露的电气设备的可导电部分均应可靠接地，PE 线不得采用串联连接。

（4）防接触电压及跨步电压措施：引下线 3 m 范围内地表层的电阻率不小于 50 kΩ·m，或敷设 5 cm 厚沥青层或 15 cm 厚砾石层。

5. 建筑机电工程抗震措施

本工程抗震设防烈度为 6 度，建筑机电工程需要进行抗震设计。电气设施的抗震设计应严格按照《建筑机电工程抗震设计规范》（GB 50981—2014）中相应条款执行。

1）电梯和相关机械、控制器的连接、支承应满足水平地震作用及地震相对位移的要求；垂直电梯宜具有地震探测功能，地震时电梯应能够自动就近平层并停运。

2）配电箱（柜）通信设备的安装设计应符合下列规定：

（1）配电箱（柜）通信设备的安装螺栓或焊接强度应满足抗震要求。

（2）靠墙安装的配电柜、通信设备机柜底部安装应牢固。当底部安装螺栓或焊接强度不够时，应将顶部与墙壁进行连接。

（3）当配电柜、通信设备机柜等非靠墙落地安装时，根部应采用金属膨胀螺栓或焊接固定方式。

（4）壁式安装的配电箱与墙壁之间应采用金属膨胀螺栓连接。

（5）配电箱（柜）通信设备机柜内的元器件应考虑与支承结构间的相互作用，元器件之间采用软连接，接线处应做防震处理。

（6）配电箱（柜）面上的仪表应与柜体组装牢固。

3）缆线穿管敷设时宜采用弹性和延性较好的管材。

4）引入建筑物的电气管路敷设时应符合下列规定：

（1）在进口处应采用挠性线管或采取其他抗震措施。

（2）当进户井贴近建筑物设置时，缆线应在井中留有余量。

（3）进户套管与引入管之间的间隙应采用柔性防腐、防水材料密封。

三、布线走廊施工说明

1. 本工程应严格按照国家现有施工验收规范的相关规定进行施工。

2. 工程所选用的电气设备、主要材料及配件必须经法定的电气产品检测并取得合格的检测报告，所选用的电气设备、主要材料及配件必须具有生产厂家出具的产品出厂合格证。

3. 在不改变系统接线和满足相关规范要求的前提下，线路走向可根据具体情况和施工习惯酌情调整，若须修改设计时，必须按照国家规定的设计变更制度及程序办理，应有设计单位的变更通知或核定签证。

4. 为便于维修，绝缘导线应使用不同相色线：L1——黄色，L2——绿色，L3——红色，N——浅蓝色，PE——黄、绿相间双色。

5. 未尽事宜请施工单位严格按照国家有关规范、规程和现行工程建设标准施工。

6. 工程竣工时，必须校核各种保护设置的动作可靠性。

四、国家标准图集

1.《建筑电气常用数据》（19DX101—1）。

2.《建筑物防雷设施安装》（15D501）。

3.《等电位联结安装》（15D502）。

4.《电缆敷设（2013 年合订本）》（D101—1～7）。

5.《电气设备节能设计》（06DX008—2）。

6.《常用低压配电设备安装》（04D702—1）。

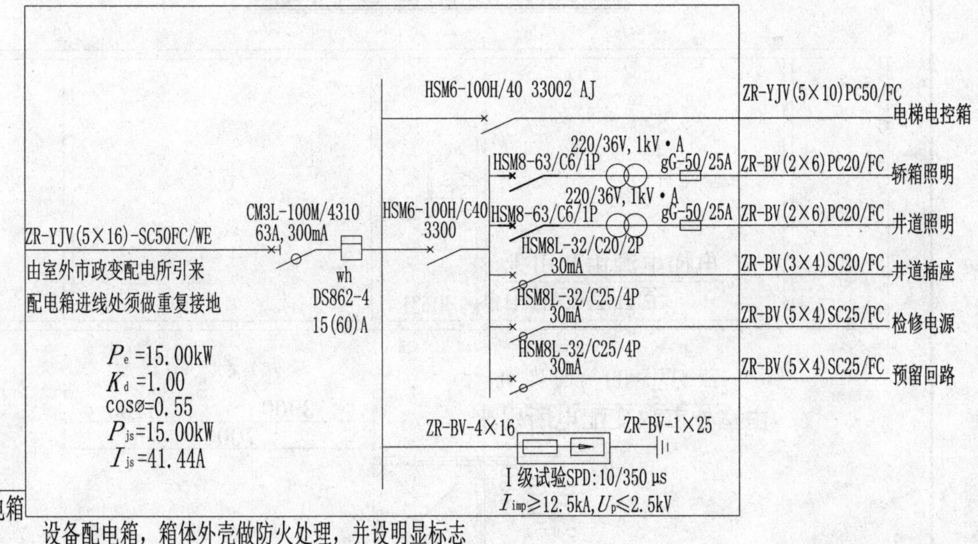

设备配电箱，箱体外壳做防火处理，并设明显标志

				建设单位		设计号
				工程名称		日 期
						图 别
设 计		项目负责				图 号
校 对		审 核				第 页 共 页
专业负责		审 定				版本

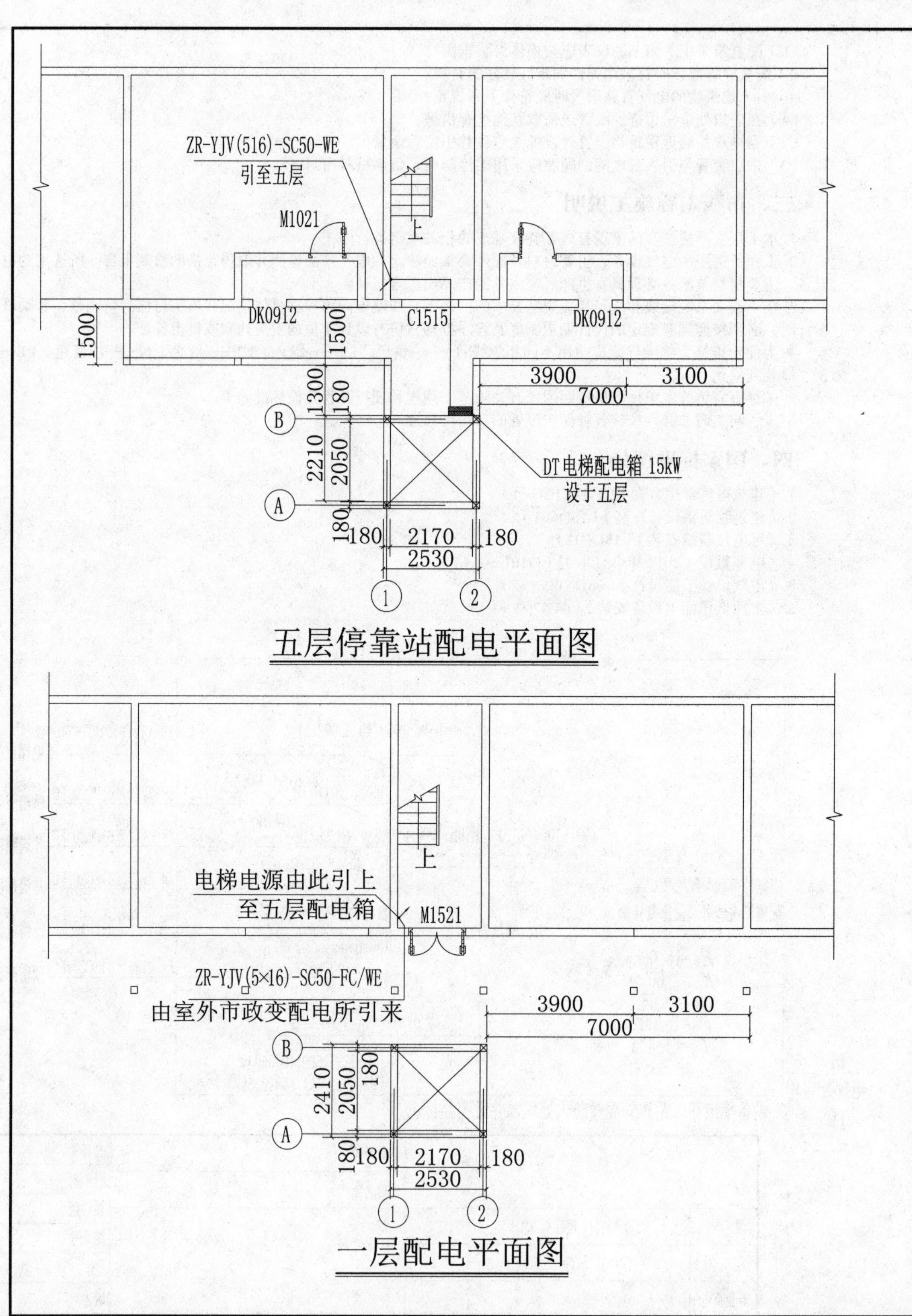

五层停靠站配电平面图

一层配电平面图

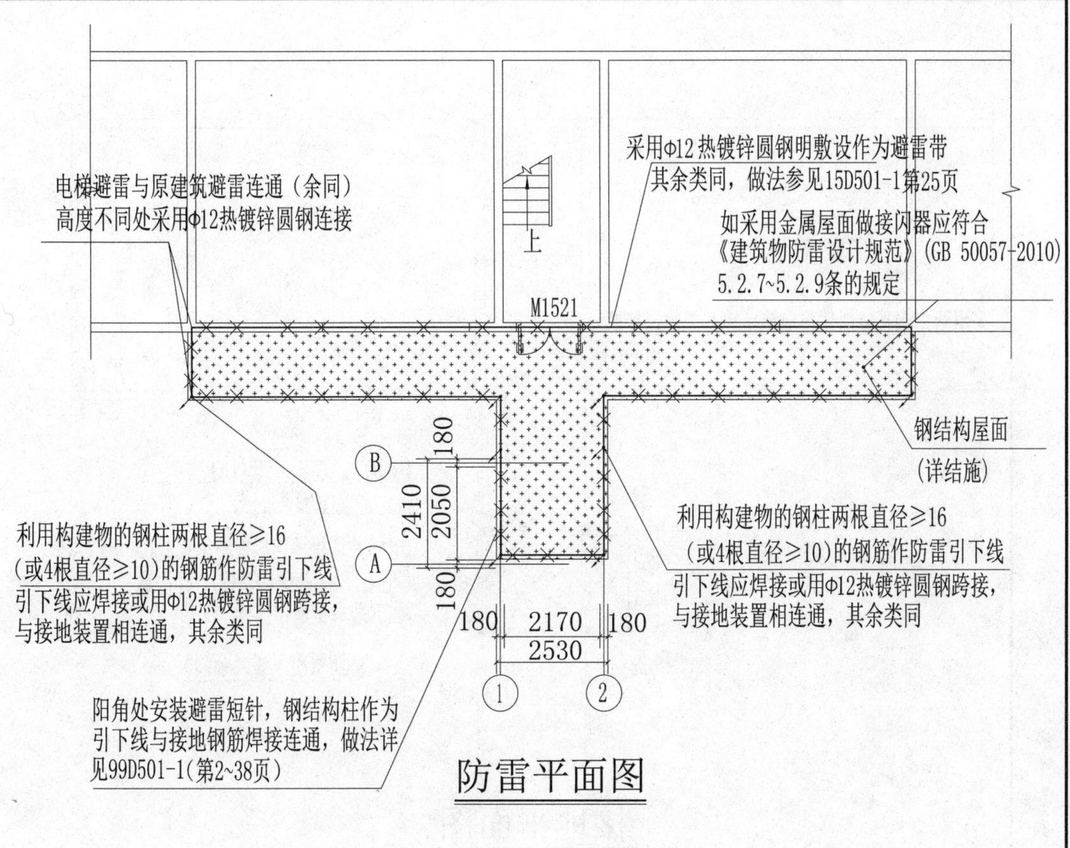

电梯避雷与原建筑避雷连通（余同）
高度不同处采用Φ12热镀锌圆钢连接
采用Φ12热镀锌圆钢明敷设作为避雷带
其余类同，做法参见15D501-1第25页
如采用金属屋面做接闪器应符合
《建筑物防雷设计规范》(GB 50057-2010)
5.2.7~5.2.9条的规定
上
M1521
钢结构屋面
(详结施)
B
A
180
2410
2050
180
180
2170
180
2530
1
2
利用构建物的钢柱两根直径≥16
(或4根直径≥10)的钢筋作防雷引下线
引下线应焊接或用Φ12热镀锌圆钢跨接，
与接地装置相连通，其余类同
利用构建物的钢柱两根直径≥16
(或4根直径≥10)的钢筋作防雷引下线
引下线应焊接或用Φ12热镀锌圆钢跨接，
与接地装置相连通，其余类同
阳角处安装避雷短针，钢结构柱作为
引下线与接地钢筋焊接连通，做法详
见99D501-1(第2~38页)

防雷平面图

建筑物数据及计算结果

建筑物数据	建筑物的长 L/m	5.25
	建筑物的宽 W/m	4.04
	建筑物的高 H/m	33
	等效面积 A_e/km^2	0.018 7
	建筑物属性	住宅、办公楼等一般性民用建筑物
气象参数	年平均雷暴日 T_d/（d/a）	48.5
	年平均密度 N_g/[次/（km^2·a）]	4.850 0
计算结果	预计雷击次数 N/（次/a）	0.090 7
	防雷类别	第三类防雷

				建设单位		设计号
				工程名称		日期
						图别
设计		项目负责				图号
校对		审核				第 页 共 页
专业负责		审定				版本

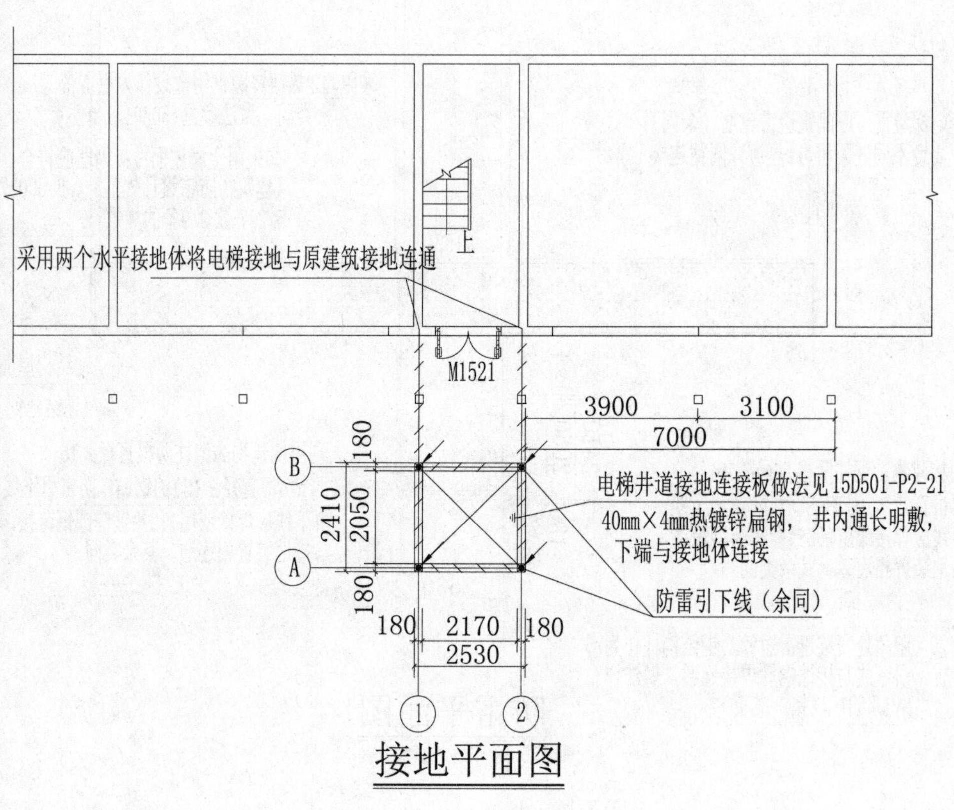

接地平面图

防雷说明

1. 本工程为住宅楼新增电梯，室外年预计雷击次数为 0.090 7 次 / 年，按第三类防雷设防，采用防直击雷、防雷电感应及雷电波侵入措施。

2. 本工程防雷接闪器设置可作以下选择：

1）在屋顶采用ϕ12 的热镀锌圆钢沿屋顶构架及女儿墙压顶明敷设作接闪器；明敷接闪带支点间距为 1 m，转弯处为 0.5 m，接闪带高出屋面装饰柱或女儿墙不小于 0.15 m，距女儿墙边缘 150 mm；屋顶避雷带连接不大于 20 m × 20 m 或 24 m × 16 m 的网格。

2）金属屋面的建筑物宜利用其屋面作为接闪器，并应符合下列规定：

（1）板间的连接应是持久的电气贯通，可采用铜锌合金焊、熔焊、卷边压接、缝接、螺钉或螺栓连接。

（2）金属板下面无易燃物品时，铅板的厚度不应小于 2 mm，不锈钢、热镀锌钢、钛和铜板的厚度不应小于 0.5 mm，铝板的厚度不应小于 0.65 mm，锌板的厚度不应小于 0.7 mm。

（3）金属板下面有易燃物品时，不锈钢、热镀锌钢和钛板的厚度不应小于 4 mm，铜板的厚度不应小于 5 mm，铝板的厚度不应小于 7 mm。

（4）金属板应无绝缘被覆层。

注：薄的油漆保护层或 1 mm 厚沥青层或 0.5 mm 厚聚氯乙烯层均不应作为绝缘被覆层。

3. 利用如图“ ”所示的构筑物的钢柱通长焊接作引下线，间距不大于 25 m，并且向上与避雷带、向下与建筑物基础主筋可靠焊接成电气通路，详见国家建筑标准设计图集 15D503 第 33 页。

4. 所有突出屋面的金属物体（包括二次安装的构件及设备）均应用ϕ12 热镀锌圆钢与避雷带可靠焊接。

5. 不同标高处的接闪带通过沿墙敷设的ϕ12 热镀锌圆钢连接。避雷带过变形缝做法详见国家建筑标准设计图集 15D501 第 1 页和第 2～36 页。

6. 幕墙防雷由专业公司进行深化设计。

接地说明

1. 本工程采用联合接地的方式，其接地电阻 $R \leqslant 1\Omega$。若施工过程中实测接地电阻不满足设计要求，应增设人工接地体。

2. 本工程配电接地系统采用 TN-C-S 形式。新增进出建筑物的各种埋地金属管道、电缆金属外皮及总配电箱 PE 母排均通过—40 mm × 4 mm 热镀锌扁钢与建筑物原有 MEB 端子板连接，使整个建筑物形成总等电位联结。接地做法详见国家建筑标准设计图集 15D500、15D501、15D502。配电箱金属外壳、配线钢管、电缆金属外皮、用电设备金属外壳、插座的接地插孔均应与 PE 线连接。

3. 本工程无地梁，接地装置用—40 mm × 4 mm 热镀锌扁钢代替地梁与桩基内钢筋焊接连通形成环状接地网并与引下线焊接，扁钢埋设深度不低于 0.5 m。电子设备接地，接地均利用此接地装置，接地电阻不大于 1Ω。若施工过程中实测接地电阻不满足设计要求，则须增设人工接地体（采用—40 mm × 4 mm 热镀锌扁钢）。本工程采用总等电位联结板，进线总配电箱的接地端子排、弱电总箱外壳等均采用—40 mm × 4 mm 热镀锌扁钢与总等电位联结板连接。总等电位联结线采用 BV-1 × 25 mm，总等电位联结均采用等电位卡子，禁止在金属管道上焊接。具体做法参见《等电位联结安装》（15D502）。

4. 将作为接地引下线的柱内通长焊接的竖向主筋与接地网做可靠连接。

5. 在建筑物周边引下线柱的室外距地面 0.5 m 处，预埋—100 mm × 100 mm × 10 mm 钢板与引下线钢筋焊接连接，并在柱旁墙上装设暗接地检测点，详见国家建筑标准设计图集 15D501，图中以 ⊟ 表示。

6. 在建筑物四角的柱引下线下部距室外地坪下 1 m 处焊出一根—40 mm × 4 mm 的热镀锌扁钢，作为以后可能增设人工接地体的连接体。

7. 竖直敷设的金属管道及金属物的顶端和底端与防雷接地装置连接。

8. 所有电梯井道设局部等电位连接，采用—40 mm × 4 mm 热镀锌扁钢沿着井道垂直引上。等电位具体做法参见《等电位联结安装》（15D502）。图中局部等电位、总等电位端子箱分别以 LEB 和 \$TEX\$ 表示。

						建设单位		设计号
						工程名称		日 期
								图 别
设 计			项目负责					图 号
校 对			审 核					第 页 共 页
专业负责			审 定					版本

钢结构设计说明

一、设计依据

1. 本工程为：加装电梯子系统改造。

2. 结构形式：钢框架结构；主要柱距：2.6 m×2.4 m；建筑高度：80.50 m；工程地点：湖南省怀化市。

3. 钢结构设计、制作、安装、验收应遵循下列规范、规程：

《建筑结构荷载规范》（GB 50009—2012）

《建筑抗震设计规范（2016年版）》（GB 50011—2010）

《钢结构设计标准》（GB 50017—2017）

《冷弯薄壁型钢结构技术规范》（GB 50018—2002）

《钢结构工程施工质量验收标准》（GB 50205—2020）

《钢结构焊接规范》（GB 50661—2011）

《钢结构高强度螺栓连接技术规程》（JGJ 82—2011）

《涂覆涂料前钢材表面处理　表面清洁度的目视评定　第1部分：未涂覆过的钢材表面和全面清除原有涂层后的钢材表面的锈蚀等级和处理等级》（GB/T 8923.1—2011）

《混凝土结构设计规范（2015年版）》（GB 50010—2010）

《建筑地基基础设计规范》（GB 50007—2011）

《建筑钢结构防腐蚀技术规程》（JGJ/T 251—2011）

《建筑钢结构防火技术规范》（GB 51249—2017）

《建筑设计防火规范（2018年版）》（GB 50016—2014）

《钢结构防火涂料》（GB 14907—2018）

《建筑结构可靠性设计统一标准》（GB 50068—2018）

《门式刚架轻型房屋钢结构技术规范》（GB 51022—2015）

4. 本工程结构采用中国建筑科学研究院开发的PKPM系列结构设计软件（V4.3版）。

二、主要设计条件

1. 本工程结构的安全等级为二级，设计基准期为50年，本工程用途为多层公共建筑。

2. 结构设计使用年限为50年。在设计使用年限内未经技术鉴定或设计许可，不得改变结构的用途和使用环境。

3. 本工程50年一遇的基本风压值为0.30 kN/m²，地面粗糙度为B类。刚架结构体型系数按《建筑结构荷载规范》（GB 50009—2012）执行。

4. 本工程建筑抗震设防类别为丙类，抗震设防烈度为6度，设计基本加速度为0.05 g，所在场地设计地震分组为第一组，场地类别为Ⅱ类。

5. 荷载标准值：

（1）楼面附加恒载：1.5 kN/m²。

（2）楼面活载（走廊）：3.5 kN/m²。

（3）屋面活载：0.5 kN/m²。

（4）屋面活载（电梯机房屋面）：7.0 kN/m²。

（5）吊挂荷载：无（除设备荷载外，严禁在钢梁上吊挂任何荷载）。

未经设计单位同意，施工及使用过程中荷载标准值不得超过上述荷载限值。

6. 本施工图中标高均为相对标高。本工程所有结构施工图中标注的尺寸除标高以米（m）为单位外，其他尺寸均以毫米（mm）为单位。所有尺寸均以标注的数据为准，不得按比例尺量取图中尺寸。

三、材料

1. 本工程钢结构材料应遵循下列材料规范：

《碳素结构钢》（GB/T 700—2006）

《低合金高强度结构钢》（GB/T 1591—2018）

《钢结构用扭剪型高强度螺栓连接副》（GB/T 3632—2008）

《埋弧焊用热强钢实心焊丝、药芯焊丝和焊丝－焊剂组合分类要求》（GB/T 12470—2018）

《埋弧焊用非合金钢及细晶粒钢实心焊丝、药芯焊丝和焊丝－焊剂组合分类要求》（GB/T 5293—2018）

《非合金钢及细晶粒钢焊条》（GB/T 5117—2012）

《冷弯薄壁型钢结构技术规范》（GB 50018—2002）

2. 本工程所采用的钢材除满足国家材料规范要求外，地震区尚应满足下列要求：

（1）钢材的抗拉强度实测值与屈服强度实测值的比值不应小于1.2。

（2）钢材的屈服强度实测值与抗拉强度实测值的比值不应大于0.85；钢材应具有明显的屈服台阶，且伸长率应大于20%。

（3）钢材应具有良好的可焊性和合格的冲击韧性。

（4）承重结构所用的钢材应具有屈服强度、抗拉强度、断后伸长率和硫、磷含量的合格保证，对焊接结构尚应具有碳含量的合格保证。焊接承重构件以及重要的非焊接承重结构采用的钢材应具有冷弯试验的合格保证。对直接承受动力荷载或须验算疲劳的构件所用的钢材尚应具有冲击韧性的合格保证。

3. 本工程钢柱、钢梁、坡屋面梁、加劲板材质均采用Q235B钢，次构件采用Q235B钢。本工程墙面龙骨钢材材质为Q235B。

4. 本工程连接高强度螺栓强度等级为10.9S，普通螺栓强度等级为4.8级。

5. 屋面、墙面围护做法：

（1）±0.000标高以上砌体墙，采用M7.5混合砂浆砌M10烧结多孔砖。砌体墙以上的墙面做法详见建筑施工图。

（2）屋面、墙面做法详见建筑施工图。屋面及墙面围护材料安装完成后，在自攻钉及拉铆钉处做好防霉、防漏等措施。

6. 本工程所有钢构件规格、型号未经设计单位同意严禁任意替换。

四、钢结构制作与加工

1. 钢结构构件制作时，应按照《钢结构工程施工质量验收标准》（GB 50205—2020）进行制作。

2. 所有钢构件在制作前均按1∶1放施工大样，复核无误后方可下料。

3. 钢材加工前应进行校正，使之平整，以免影响制作精度。

4. 除地脚锚栓外，钢结构构件上螺栓钻孔直径比螺栓直径大1.5～2.0 mm。

五、焊接

1. 焊接前应按《焊接工艺评定报告》选择合理的焊接材料、焊接工艺、焊接顺序，以减小焊接钢结构时产生的焊接应力和焊接变形。

2. 组合H型钢的腹板与翼缘的焊接应采用自动或半自动埋弧焊机焊，焊剂和焊丝均应与主体金属强度相适应，焊剂和焊丝须满足《埋弧焊用热强钢实心焊丝、药芯

焊丝和焊丝 - 焊剂组合分类要求》(GB/T 12470—2018)和《埋弧焊用非合金钢及细晶粒钢实心焊丝、药芯焊丝和焊丝 - 焊剂组合分类要求》(GB/T 5293—2018)的要求，焊接采用双面焊接，不得单面焊接。

3. 组合 H 型钢因焊接产生的变形应以机械或火焰矫正调直，具体做法应符合《钢结构工程施工质量验收标准》(GB 50205—2020)的相关规定。

4. 手工焊接用焊条：Q235 钢与 Q235 钢之间焊接应采用 E43×× 型焊条，Q355 钢与 Q355 钢之间焊接应采用 E50×× 型焊条，Q235 钢与 Q355 钢之间焊接应采用 E43×× 型焊条。

5. 焊缝质量等级：端板与柱、梁翼缘与腹板的连接焊缝为全熔透坡口焊，质量等级为二级，其他为三级。本工程所有主构件翼缘、腹板拼接的对接焊缝质量应达到一级。

6. 图中未注明的焊缝高度均为 5 mm 满焊。

7. 应保证切割部位准确、切口整齐，切割前应将钢材切割区域表面的铁锈、污物等清除干净，切割后应清除毛刺、熔渣和飞溅物。

六、钢结构的运输、检验、堆放

1. 在运输及操作过程中应采取措施防止构件变形和损坏。

2. 结构安装前应对构件进行全面检查，如构件的数量、长度、垂直度，安装接头处螺栓孔之间的尺寸是否符合设计要求等。

3. 构件堆放场地应事先平整夯实，并做好四周排水。

4. 构件堆放时，应先放置枕木垫平，不宜直接将构件放置于地面上。

七、钢结构运输、安装与验收

1. 柱脚及基础锚栓

(1)应在混凝土基础面上用墨线及经纬仪将各柱中心线弹出，用水准仪将标高引测到锚栓上。

(2)基础底板上的锚栓尺寸经复验符合《钢结构工程施工质量验收标准》(GB 50205—2020)的要求且基础混凝土强度等级达到设计强度等级的 75% 后方可进行钢柱安装。

(3)钢柱脚地脚螺栓采用螺母可调平方案，钢柱脚应设置钢抗剪件，详见结构施工图。待刚架、支撑等配件安装就位，结构形成空间单元且几何尺寸经检测、校核确认无误后，应对柱底板和基础顶面间 50 mm 厚的空隙采用 C40 无收缩细石混凝土填实，确保密实。

2. 钢结构运输与安装工作必须保证结构的稳定性和不导致永久性变形。

3. 钢构件安装前，应对构件的外形尺寸、螺栓孔位置及直径、连接件位置、焊缝、摩擦面处理、防腐涂层等进行详细检查，对构件的变形、缺陷应在地面进行矫正、修复，合格后方可安装。钢构件在吊装前应清除表面上的油污、冰雪、泥沙和灰尘等杂物。

4. 钢构件安装过程中，现场进行制孔、焊接、组装、涂装等工序的施工应符合《钢结构工程施工质量验收标准》(GB 50205—2020)的有关规定。

5. 安装顺序：应先安装刚架柱，采用水平仪、经纬仪或全站仪进行校正后，调整地脚螺栓固定好后，应立即安装与其相连的柱间支撑、系杆等，再安装边榀钢屋架梁以及相邻榀钢屋架梁，应及时安装水平支撑和屋面系杆等。

6. 刚架组装：当刚架跨度较大，在地面组装时应尽量采用立拼，以防斜梁侧向变形(如平拼，应采取措施防止桁架侧向变形)。

7. 钢结构安装过程中，应根据施工组织设计采取有效措施，如临时稳定缆风绳等，保证施工阶段结构的稳定性。要求每一步施工完成时，结构均具有临时稳定的特征。安装过程中形成的临时空间结构稳定体系应能承受结构自重、风荷载、雪荷载、施工荷载以及吊装过程中的冲击荷载的作用。

8. 次梁安装应在空中采用螺栓连接，预先将加工好的铝合金挂梯放于梁上以便空中穿孔。

9. 结构安装完成后，应详细检查运输、安装过程中涂层的擦伤，并补刷油漆，对所有的连接螺栓应逐一检查，以防漏拧或松动。

10. 支座处加劲板和翼缘、柱的加劲板和翼缘、梁的加劲板和翼缘都要求刨平顶紧后施焊。

11. 不得利用已安装就位的构件起吊其他重物，不得在构件上加焊非设计要求的其他物件。

12. 高强度螺栓施工

(1)施工前应对进入现场的高强度螺栓连接副进行复检，复检的数量应符合《钢结构工程施工质量验收标准》(GB 50205—2020)的规定。抗滑移系数为 0.4，对于摩擦型高强度螺栓连接，应按《钢结构工程施工质量

					建设单位		设计号
					工程名称		日 期
							图 别
设 计			项目负责				图 号
校 对			审 核				第 页 共 页
专业负责			审 定				版本

验收标准》(GB 50205—2020)的规定对摩擦面的抗滑移系数进行测试。高强度螺栓连接的钢板接触面应平整，接触面间隙小于 1 mm 时可不处理。

(2)对于构件螺栓孔，在现场发现因加工误差而导致无法施工时，严禁采用锤击螺栓强行穿入或用气割扩孔，扩孔可采用合适的铰刀进行。

(3)高强度螺栓拧紧顺序应由中间向两端逐步交错成 Z 字形拧紧，拧紧完成后应检查尾长是否符合要求。

(4)钢构件加工时，在钢构件高强度螺栓结合部位的表面除锈、喷砂后立即贴上胶带密封，待钢构件吊装拼接时用铲刀将胶带铲除干净。

八、钢结构涂装

1. 除锈等级及要求：除镀锌构件外，工厂制作涂装前，钢构件表面均应进行喷砂(抛丸)除锈处理，不得用手工除锈代替，除锈质量等级应达到《涂覆涂料前钢材表面处理　表面清洁度的目视评定　第 1 部分：未涂覆过的钢材表面和全面清除原有涂层后的钢材表面的锈蚀等级和处理等级》(GB/T 8923.1—2011)中 Sa2.5 级标准。钢结构除锈和涂装工程应在构件制作质量经检验合格后进行。表面处理后到涂底漆的时间间隔不应超过 4 h，处理后的钢材表面不应有焊渣、灰尘、油污、水和毛刺等。

2. 涂料品种及涂层厚度：底漆二遍，无机富锌底漆，涂层每层厚度≥ 25 μm，干膜涂层厚度≥ 50 μm；中间漆一遍，环氧云铁中间漆，涂层每层厚度≥ 25 μm；面漆二遍，丙烯酸聚氨酯面漆，涂层每层厚度≥ 25 μm；防腐涂料干膜总厚度≥ 125 μm。

3. 涂装施工要求：涂装应在适宜的温度、湿度和清洁环境中进行。涂装固化温度应符合涂料产品说明书的要求。施工环境相对湿度大于 85% 时不得涂装。每道涂层涂装后，表面至少在 4 h 内不得被雨淋和沾污。

4. 质量检验：涂装质量及厚度的检查方法应按《漆膜划圈试验》(GB/T 1720—2020)或《色漆和清漆 划格试验》(GB/T 9286—2021)的规定执行。并应按构件数的 1% 抽查，且不应小于 3 件，每件检测 3 处。涂装完成后，构件的标志、标记和编号应清晰完整。

5. 须补涂的部位：接合部的外露部位及紧固件，如高强度螺栓未涂漆部分、工地焊接区、经碰撞脱落的部位。

九、钢结构防火设计

1. 本工程钢结构耐火等级为二级，所有钢柱、钢梁均须刷防火涂料，防火涂料采用厚型，耐火极限钢柱(柱间支撑)为 2.5 h，楼面梁、楼面桁架、楼盖支撑(吊车梁)为 1.5 h，楼板为 1.0 h，屋顶承重构件、屋盖支撑、系杆为 1.0 h，且必须经当地主管部门同意。

2. 檩条仅对屋面起支撑作用，其耐火极限可不作要求。

3. 钢结构节点的防火保护应与被连接构件中防火保护要求最高者相同。

4. 所选用的钢结构防火(防腐)涂料与防锈蚀油漆(涂料)之间应进行相容性实验，实验合格后方可使用。

5. 钢材表面做防火涂层时，在防火涂层与防腐涂层性能相适配的情况下，防火涂层可代替防腐涂装的面层，但应保证防火涂层与防腐涂层之间的附着力满足要求。梁防火涂料采用非膨胀型，梁防火保护层的计算所得等效热阻为 0.274 8 m^2·℃/W，梁计算所需的保护层厚度为 27.48 mm。柱防火涂料采用非膨胀型，柱防火保护层的计算所得等效热阻为 0.338 7 m^2·℃/W，柱计算所需的保护层厚度为 33.87 mm。防火涂层内设置与钢结构构件相连的镀锌铁丝网(详见工字形钢柱、钢梁钢丝网加强防火构造)。

6. 防火保护材料采用的热传导系数 0.1 W/(m·℃)，密度 680 kg/m^3，比热容 1 000 J/(kg·℃)。

7. 当施工所用防火保护材料的等效热传导系数与设计文件要求不一致时，应根据防火保护层的等效热阻相等的原则确定保护层的施用厚度，并应经设计单位认可。对于非膨胀型钢结构防火涂料、防火板，可按《建筑钢结构防火技术规范》(GB 51249—2017)附录 A 确定防火保护层的施用厚度；对于膨胀型防火涂料，可根据涂层的等效热阻直接确定其施用厚度。

8. 未尽事宜按《建筑钢结构防火技术规范》(GB 51249—2017)、《钢结构防火涂料》(GB 14907—2018)执行。

9. 防火保护构造图

情况 1：下列情况采用附图 1a 的保护措施。

(1)构件承受冲击、振动荷载。

(2)防火涂料的黏结强度不大于 0.05 MPa。

(3)构件腹板高度大于 500 mm 且涂层厚度不小于 30 mm。

(4)构件腹板高度大于 500 mm 且长期暴露在室外。

情况 2：除情况 1 以外的情况采用附图 1b 的保护措施。

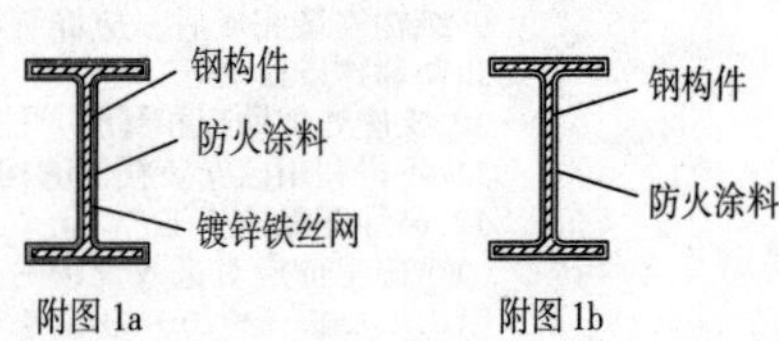

附图 1a　　附图 1b

十、钢结构维护

钢结构防护层使用年限不低于 5 年，使用过程中，应根据材料特性(如涂装材料使用年限、结构使用环境条件等)定期对结构进行必要的维护(如对钢结构重新进行涂装、更换损坏构件等)，以确保使用过程中的结构安全。

十一、其他

1. 本设计未考虑雨季施工，雨季施工时应采取相应的施工技术措施。

2. 未经许可不得改变建筑物的使用功能。

3. 本说明为钢结构部分说明，基础部分说明详见基础设计说明。
4. 未尽事宜应按照现行施工及验收规范、规程的有关规定进行施工。
5. 图中构件名称、代号以及图例如下：

构件名称及代号

构件名称	次梁	水平支撑	柱间支撑	隅撑	钢架	系杆	檩间拉杆
代号	CL	SC	ZC	YC	GJ	XG	LG

图例

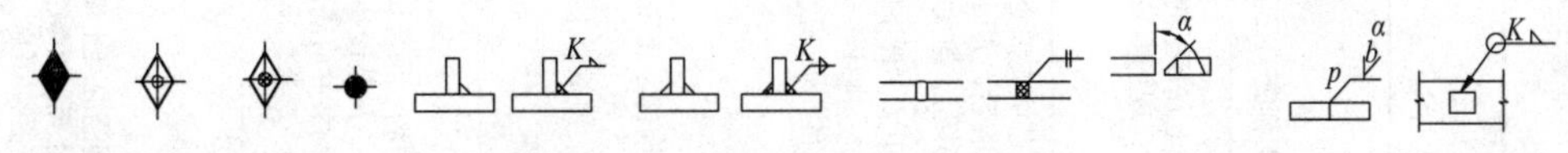

高强度螺栓　安装螺栓　普通螺栓　圆孔　单面角焊缝　双面角焊缝　对接焊缝　坡口焊缝　四边围焊

6. 钢柱与砖墙、圈梁以及伸缩缝连接大样见下图：

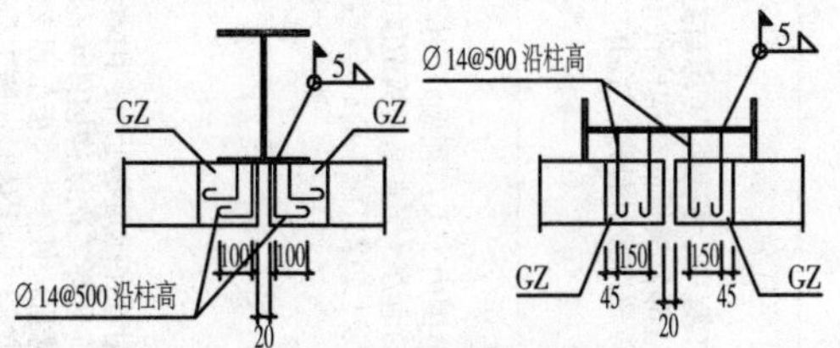

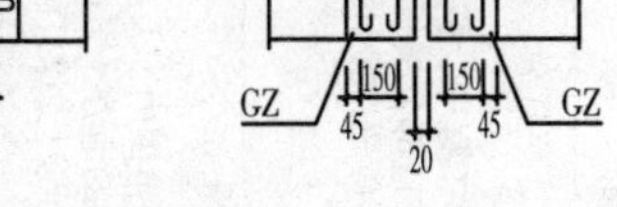

伸缩缝处拉接做法

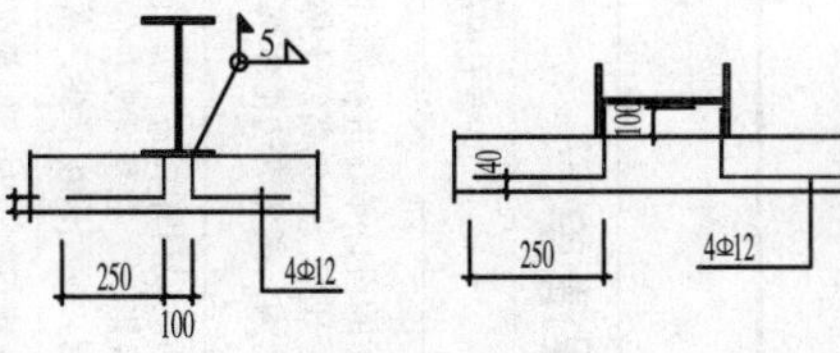

圈梁与钢柱拉接示意
连接钢筋标高同圈梁主筋

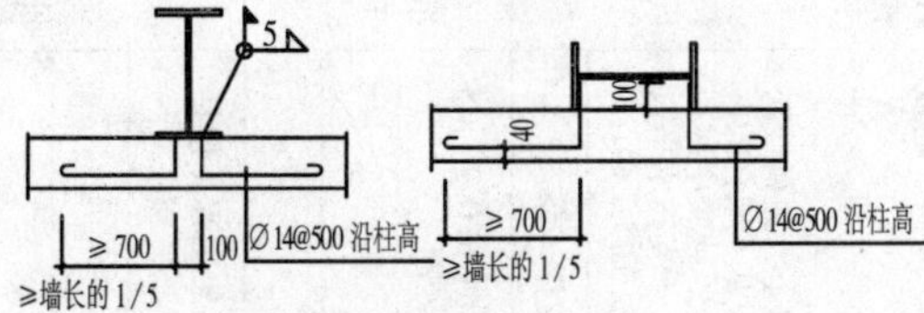

墙体与钢柱拉接示意

7. 本设计说明为钢结构相关的施工说明，钢结构制作详图应根据本图由有钢结构资质的厂家完成。详图设计完成后，须由设计单位进行审核，通过以后才能用于制作及安装。
8. 红线范围内有高差的位置请业主方找专业的公司进行详细的边坡支护设计。本工程场地周边有边坡挡墙，边坡挡墙须专项设计并经专家论证，确保主体结构的安全性与稳定性，待边坡挡墙施工完成且验收合格以后，方可进行主体结构（含基础）的施工。
9. 根据《危险性较大的分部分项工程安全管理规定》（中华人民共和国住房和城乡建设部令 第 37 号），本项目钢结构安装工程属于危险性较大的工程。建设单位须选用有资质的专业安装公司进行本工程的作业，施工前应做好详细的安装施工组织设计和确保安全的措施，交由建设、监理、设计等相关单位审核，获得批准后才能进行施工作业。

				建设单位		设计号
				工程名称		日期
						图别
设计		项目负责				图号
校对		审核				第　页　共　页
专业负责		审定				版本

危大工程清单

危大工程范围				保障工程周边环境安全和工程施工安全的意见
危险性较大的分部分项工程范围	基坑工程	1	开挖深度超过 3 m（含 3 m）的基坑（槽）的土方开挖、支护、降水工程。	须由有资质的设计单位进行基坑支护专项设计，土方开挖的条件须由基坑支护专项设计明确，应分层开挖，避免高低土体之间塌陷；同时，现场需采取有效的降水措施或在基坑周边设置排水沟，避免周边汇水灌入。
		2	开挖深度虽未超过 3 m，但地质条件、周围环境和地下管线复杂，或影响毗邻建筑物、构筑物安全的基坑（槽）的土方开挖、支护、降水工程。	须由有资质的设计单位进行基坑支护专项设计，基坑支护变形等不应对新建建筑物和既有建筑物造成影响。在基坑支护施工完成且通过验收后，方可进行土方开挖，同时对基坑进行变形监测。探明现场管线，做好防护措施或者移管，避免对管线的影响。
	模板工程及支撑体系	1	各类工具式模板工程：包括滑模、爬模、飞模、隧道模等工程。	模板附着在建筑物上时，附着点应选择钢筋混凝土墙（柱）、梁、板等结构受力构件，不允许选择二次结构构件（砌体墙、构造柱等）和飘窗、挑耳等建筑造型混凝土构件或其他悬挑构件作为支撑点；模板支撑在结构主体时，施工荷载不应超过设计使用荷载并应满足相关施工规范要求。
		2	混凝土模板支撑工程：搭设高度 5 m 及以上，或搭设跨度 10 m 及以上，或施工总荷载（荷载效应基本组合的设计值，以下简称设计值）10 kN/m² 及以上，或集中线荷载（设计值）15 kN/m 及以上，或高度大于支撑水平投影宽度且相对独立无联系构件的混凝土模板支撑工程。	模板支撑工程中，模板要考虑自身稳定及结构构件、施工的重量，并且要有有效支撑；同时支撑这部分模板的结构构件混凝土强度要达到 100%。模板支撑在结构主体时，施工荷载不应超过设计使用荷载并应满足相关施工规范要求。
		3	承重支撑体系：用于钢结构安装等满堂支撑体系。	
	起重吊装及起重机械安装拆卸工程	1	采用非常规起重设备、方法，且单件起吊重量在 10 kN 及以上的起重吊装工程。	吊装悬臂范围内，人员须做好安全防护，尽量清场。吊装设备的位置尽量选择远离基坑、主体结构的地方，当在结构板范围内进行吊装时，吊装设备支撑点尽量设置在柱位置，同时应设置临时支撑且施工荷载不应超过设计使用荷载并应满足相关施工规范要求。
		2	采用起重机械进行安装的工程。	
		3	起重机械安装和拆卸工程。	
	脚手架工程	1	搭设高度 24 m 及以上的落地式钢管脚手架工程（包括采光井、电梯井脚手架）。	当脚手架附着在建筑物上时，附着点应该选择钢筋混凝土墙（柱）、梁、板等结构受力构件，不允许选择二次结构构件（砌体墙、构造柱等）和飘窗、挑耳等建筑造型混凝土构件或其他悬挑构件作为模板工程支座，连接节点必须可靠。 脚手架支撑在结构主体时，施工荷载不应超过设计使用荷载并应满足相关施工规范要求。 脚手架堆放场所在结构板上时，应制定区域，该区域材料堆放荷载不得超过设计荷载。
		2	附着式升降脚手架工程。	
		3	悬挑式脚手架工程。	
		4	高处作业吊篮。	
		5	卸料平台、操作平台工程。	
		6	异形脚手架工程。	

超过一定规模的危险性较大的分部分项工程范围	拆除工程	1	可能影响行人、交通、电力设施、通信设施或其他建筑物、构筑物安全的拆除工程。	拆除、拆卸时，应由原设计单位对安全性进行复核并明确意见，对周边建筑物和待建建筑物的安全进行评估，并采取合理有效的措施。
	暗挖工程	1	采用矿山法、盾构法、顶管法施工的隧道、洞室工程。	
	其他	1	建筑幕墙安装工程。	现场须考虑防掉坠措施，同时当安装附着在建筑物上时，附着点应该选择钢筋混凝土墙（柱）、梁、板等结构受力构件，不允许选择二次结构构件（砌体墙、构造柱等）和建筑造型混凝土构件作为安装支座，连接节点必须可靠，施工荷载不应超过设计使用荷载并应满足相关施工规范要求。 吊装设备的位置尽量选择远离基坑、主体结构的地方，当在地下室顶板上进行吊装时，吊装设备支撑点尽量设置在柱位置，同时应设置临时支撑，且施工荷载不应超过设计使用荷载并应满足相关施工规范要求。施工材料堆放在结构板上时，应制定区域，该区域材料堆放荷载不得超过设计荷载。
		2	钢结构、网架和索膜结构安装工程。	
		3	人工挖孔桩工程。	
		4	水下作业工程。	
		5	装配式建筑混凝土预制构件安装工程。	施工材料堆放在结构板上时，应制定区域，该区域材料堆放荷载不得超过设计荷载。
		6	采用新技术、新工艺、新材料、新设备可能影响工程施工安全，尚无国家、行业及地方技术标准的分部分项工程。	
	深基坑工程	1	开挖深度超过 5 m（含 5 m）的基坑（槽）的土方开挖、支护、降水工程。	须由有资质的设计单位进行基坑支护专项设计，土方开挖的条件须由基坑支护专项设计明确，应分层开挖，避免高低土体之间塌陷；同时，现场须采取有效的降水措施或在基坑周边设置排水沟，避免周边汇水灌入。
	模板工程及支撑体系	1	各类工具式模板工程：包括滑模、爬模、飞模、隧道模等工程。	模板附着在建筑物上时，附着点应该选择钢筋混凝土墙（柱）、梁、板等结构受力构件，不允许选择二次结构构件（砌体墙、构造柱等）和飘窗、挑耳等建筑造型混凝土构件或其他悬挑构件作为支撑点。 模板支撑在结构主体时，施工荷载不应超过设计使用荷载并应满足相关施工规范要求。
		2	混凝土模板支撑工程：搭设高度 8 m 及以上，或搭设跨度 18 m 及以上，或施工总荷载（设计值）15 kN/m^2 及以上，或集中线荷载（设计值）20 kN/m 及以上。	模板支撑工程中，模板要考虑自身稳定及结构构件、施工的重量，并且要有有效支撑；同时支撑这部分模板的结构构件混凝土强度要达到 100%。模板支撑在结构主体时，施工荷载不应超过设计使用荷载并应满足相关施工规范要求。
		3	承重支撑体系：用于钢结构安装等满堂支撑体系，承受单点集中荷载 7 kN 及以上。	
	起重吊装及起重机械安装拆卸工程	1	采用非常规起重设备、方法，且单件起吊重量在 100 kN 及以上的起重吊装工程。	吊装悬臂范围内，人员须做好安全防护，尽量清场。吊装设备的位置尽量选择远离基坑、主体结构的地方，当在结构板范围内进行吊装时，吊装设备支撑点尽量设置在柱位置，同时应设置临时支撑且施工荷载不应超过设计使用荷载并应满足相关施工规范要求。
		2	起重量 300 kN 及以上，或搭设总高度 200 m 及以上，或搭设基础标高在 200 m 及以上的起重机械安装和拆卸工程。	
	脚手架工程	1	搭设高度 50 m 及以上的落地式钢管脚手架工程。	当脚手架附着在建筑物上时，附着点应该选择钢筋混凝土墙（柱）、梁、板等结构受力构件，不允许选择二次结构构件（砌体墙、构造柱等）和飘窗、挑耳等建筑造型混凝土构件或其他悬挑构件作为模板工程支座，连接节点必须可靠。 脚手架支撑在结构主体时，施工荷载不应超过设计使用荷载并应满足相关施工规范要求。脚手架堆放场所在结构板上时，应制定区域，该区域材料堆放荷载不得超过设计荷载。
		2	提升高度在 150 m 及以上的附着式升降脚手架工程或附着式升降操作平台工程。	

注：本清单未注明项应按现行国家相关规范和地方规范执行。

桩基说明

一、一般说明

1. 本说明为通用说明，说明中凡有画“×”符号者不适用于本设计。图中除标高以米（m）为单位外，其余未注明的均以毫米（mm）为单位。

2. 本工程 ±0.000 标高为单体建筑的内地面标高，相当于黄海高程 ××。

3. 根据甲方提供的地质勘察资料进行设计。

4. 根据地质勘察资料，本工程拟采用人工挖孔桩基础，以中风化石灰岩为持力层，其桩端岩石极限端阻力标准值 q_{pk} 为 16 000 kPa。如单桩承载力达不到设计值，请及时与设计单位联系。

二、人工挖孔桩统一说明

1. 成孔

1）本工程采用的桩径 d（桩身直径）见桩表。

2）桩端须作扩大头处理，扩大头尺寸详见桩身大样及桩表，扩大部分一般不设护壁，如遇土质有特殊情况时应另行处理或设护壁。

3）本工程场地建议施工期间根据实际情况采取有效的降水、排水措施。可采取井点降水措施，将场地水降低至孔底以下 500 mm 处，具体措施由施工单位确定。如果有经验时，也可利用挖孔井内抽水，分若干组进行成孔，每组选 1～2 个挖得较深的井作为该组挖孔的集水井。当地下涌水量很大，一般排水措施难以排干地下水时，建议采用帷幕灌浆堵水，再进行挖孔施工。

4）挖孔完毕后，应逐孔进行终孔验收，对孔底下 3d 或 5 m（取大值）深度范围内持力层进行检验，并提供岩芯抗压强度报告。若基底存在溶洞、裂隙或软弱夹层，应继续往下挖以穿过不良地质位置。若基底还隐藏有其他异常地质情况，请及时与设计单位联系。验收合格后，应立即封底和浇注桩身混凝土。

5）桩的净距小于 2.5 m 时，应间隔开挖。

2. 护壁施工

1）桩护壁的混凝土强度等级为 C30，钢筋采用 HPB300 级。

2）第一节挖深约 1 000 mm，安装护壁模板，浇灌混凝土护壁。

3）往下施工时，每一节作为一个施工循环，一般土层中每节高度为 1 000 mm，在流砂、流泥区段每节高度宜小于 500 mm。

4）为便于井内组织排水，在透水层区段的护壁预留泄水孔（孔径与水管外径相同，以利接管引水），并在浇灌混凝土前予以堵塞。在极松散的土层，可用具有足够刚度的钢筒护壁，钢筒应随挖随沉。

5）为保证桩的垂直度，要求每灌完三节护壁须校核中心位置及垂直度一次。

3. 钢筋笼制作及安装

1）纵向钢筋用 HRB400 级，纵筋①②间隔设置，其桩内长度 L_1、L_2 详桩表。纵向钢筋的连接应优先采用焊接，直径 d<25 mm 的钢筋允许采用搭接，搭接长度为 45d，接头必须按规范要求错开。

2）水平钢筋：横向加劲箍③用 HRB400 级钢筋，螺旋箍④用 HPB300 级钢筋，纵横钢筋交接处均要焊接。

3）钢筋笼外侧须设混凝土垫块，或采取其他有效措施，确保钢筋保护层厚度。

4. 桩身混凝土浇灌

1）桩身混凝土强度等级详见桩表。

2）桩孔挖至孔底标高或持力层时，应通知甲方会同勘察设计单位及有关质检人员共同鉴定，认为符合设计要求后迅速扩大桩头，清理孔底，及时验收，随即浇灌封底混凝土，封底混凝土最小高度为 200 mm。

3）浇灌封底混凝土后应尽快继续浇灌桩身混凝土，如因条件限制需要延迟时，应在以后浇灌前先抽干孔内积水，清理封底混凝土的表面，然后灌桩身混凝土。

4）混凝土的浇灌方法

（1）浇灌封底混凝土时，如果孔内渗水量较少，可先抽干孔底积水，当积水深度不超过 50 mm 时，可按常规方法浇灌混凝土。若孔内渗水量较大，孔底积水深度超过 50 mm 时，应采用水下混凝土施工方法浇灌。

（2）按常规方法浇灌封底及桩身混凝土时，必须使用导管或串筒，出料口离混凝土面不得大于 2 000 mm，水深度超过 50 mm 时，应采用水下混凝土施工方法浇灌。

5. 人工挖孔桩的施工允许偏差

1）桩身直径 D 为 +50 mm。

2）桩中心位置偏差为 20 mm。

3）垂直度允许偏差为 0.5w%。

6. 施工安全措施

1）工作人员上下井必须使用电动葫芦之类的合格机械设备和钢丝绳，要有自动卡紧保险装置，井口支架必须牢固稳定。

2）井口出土如用绞盘时，必须采用钢丝绳结扣牢固，有安全的制动和吊钩装置。

3）桩孔开挖过程中，应经常检测井内有无毒害气体和缺氧现象。

4）坚持井下作业排水送风先行。施工中应不断向孔内输送足够的新鲜空气，必要时抽送同时进行。

5）井口应设置围栏，井下设半边井的安全钢筋网，井内设特制可靠的救生软梯，下井人员必须戴安全帽并系好安全带，挖孔暂停施工时井口应用盖板盖好。

6）井下施工照明须采用安全行灯，电压不得高于 36 V，用电设备的线路必须装漏电保护装置。

7）桩孔下部岩层需进行爆破时，应控制炸药用量及爆破深度，引爆前要派专人警戒，保证人员安全。

8）井下通信联络要畅通，施工时保证井口有人。井下的工作人员必须经常注意观察，检查井下是否存在塌方、涌水和流砂现象以及空气和水的污染情况，如发现异常情况应停止作业并通知甲方或报告上级及时处理。

9）根据地质条件考虑安全作业区，一般在相邻 5 m 范围内有桩孔正在浇灌混凝土或者桩孔蓄了较深的水时，不得下井作业。

7. 质检

1）基础施工前地基应进行验槽，并清除表层浮土，不应有积水。遇有地下障碍物或地基情况与原勘察报告不符时，应会同设计等有关单位研究解决。验槽后应立即进入下一道工序。

2）施工单位必须对每一根桩做好一切施工记录，并按规定留混凝土试块，做出试压结果。将上列资料整理好提交有关部门检查和验收。

3）对施工完毕的桩如认为实际地质资料与设计资料不符或对某些桩的质量和承载力有疑问时，可由设计单位会同甲方及质检部门任意指定若干根桩采取钻孔抽心荷载试验或其他有效方法进行鉴定。

4）基桩灌注完毕后，应按《建筑基桩检测技术规范》（JGJ 106—2014）的有关要求进行桩基承载力及完整性质量检测，检测数量和方法均按规范的规定执行。工程桩验收合格后方可进行下一步施工。

5）采用单桩竖向抗压静载试验进行承载力验收检测。检测数量不应少于同一条件下桩基分项工程总桩数的 1%，且不应少于 3 根；当总桩数小于 50 根时，检测数量不应少于 2 根。详见《建筑基桩检测技术规范》（JGJ 106—2014）的有关要求。

6）混凝土桩的桩身完整性检测方法选择，应符合《建筑基桩检测技术规范》（JGJ 106—2014）第 3.1.1 条的规定；当一种方法不能全面评价基桩完整性时，应采用两种或两种以上的检测方法，检测数量应符合下列规定：

（1）检测数量不应少于总桩数的 30%，且不应少于 20 根。

（2）除符合本条上款规定外，每个柱下承台检测桩数不应少于 1 根。

（3）应在本条第 1、2 款规定的检测桩数范围内，按不少于总桩数 10% 的比例采用声波透射法或钻芯法检测。

（4）当符合《建筑基桩检测技术规范》（JGJ 106—2014）第 3.2.6 条第 1、2 款规定的桩数较多，或为了全面了解整个工程基桩的桩身完整性情况时，宜增加检测数量。

8. 凡本图未说明事项，均按国家现行有关规范施工和验收。

桩表

桩编号	混凝土强度等级	单桩承载力特征值/kN	桩尺寸			护壁厚度		桩端扩大头尺寸					桩配筋							
			d	H	H_1 入岩深度	a_1	a_2	D	e	h_1	h_2	h	截面形式	①长纵筋	L_1	②短纵筋	L_2	③加劲箍	④螺旋箍	螺旋箍加密区长 L_n
ZH1	C30	4 500	900		900	100	75						A	1 216	通长			16@1000	ф10@100（加密区）/ф8@200（非加密区）	5d

承台表

承台编号	承台尺寸 /mm		承台类型	承台配筋				
	平面尺寸 $a\times b$	高度 h		①	②	③	④	⑤
CT1	详见平面	1 350	A	Φ16@150	Φ16@150	Φ16@150		

注：承台定位、混凝土强度等级见平面图。

				建设单位		设计号
				工程名称		日　期
设　计		项目负责				图　别
校　对		审　核				图　号
专业负责		审　定				第　页　共　页
						版本

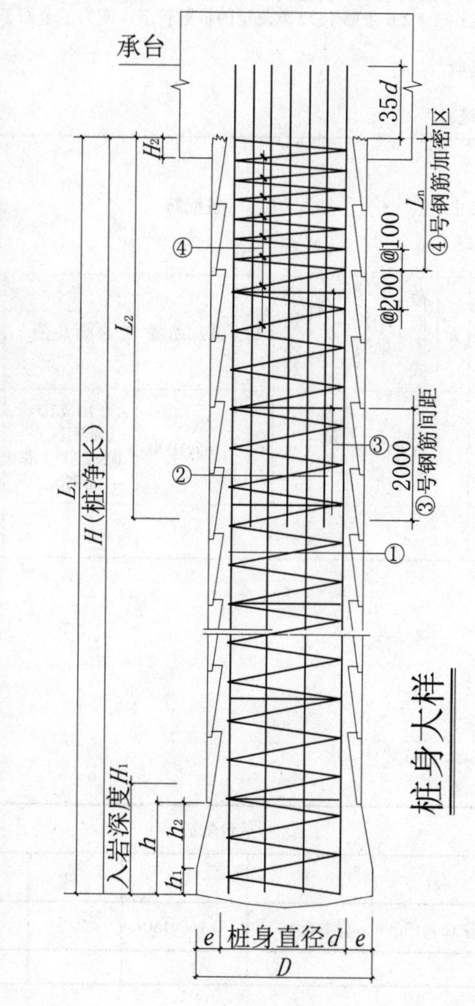

承台
35d
H_2
L_n
④号钢筋加密区
④
@100
@200
L_2
③
2000
③号钢筋间距
②
L_1
H(桩净长)
①
桩身大样
入岩深度H_1
h
h_2
h_1
e
桩身直径d
e
D

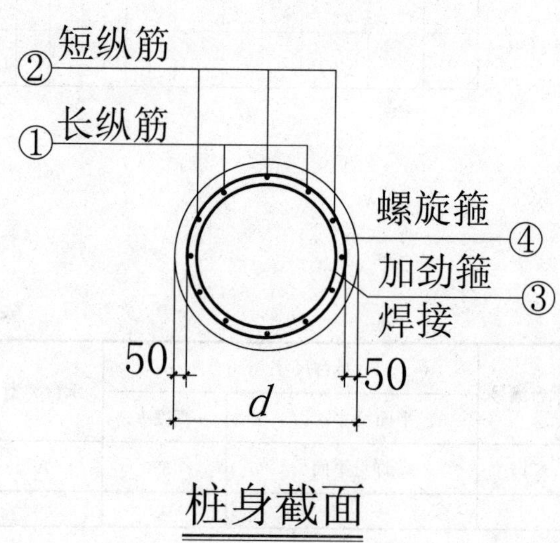

②短纵筋
①长纵筋
螺旋箍
④
加劲箍
③
焊接
50
50
d

桩身截面

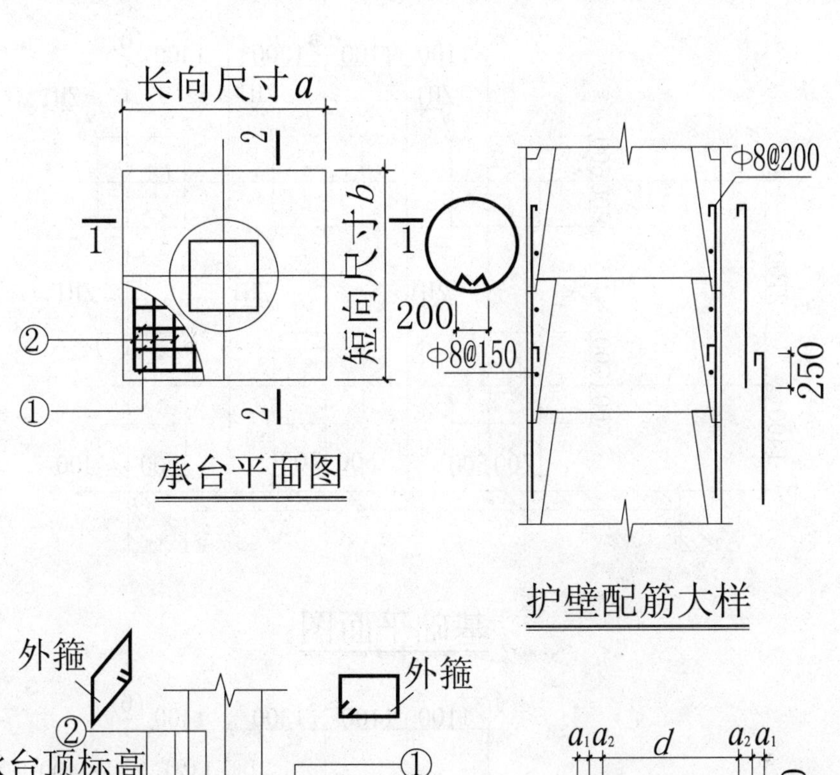

承台平面图

护壁配筋大样

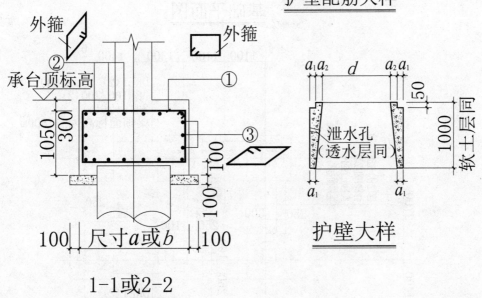

外箍
外箍
②
承台顶标高
①
③
1050
300
100
100
100
尺寸a或b
100

1-1或2-2

a_1 a_2 d a_2 a_1
50
泄水孔
（透水层同）
1000
软土层同
a_1
a_1

护壁大样

				建设单位		设计号
				工程名称		日 期
						图 别
设 计		项目负责				图 号
校 对		审 核				第 页 共 页
专业负责		审 定				版本

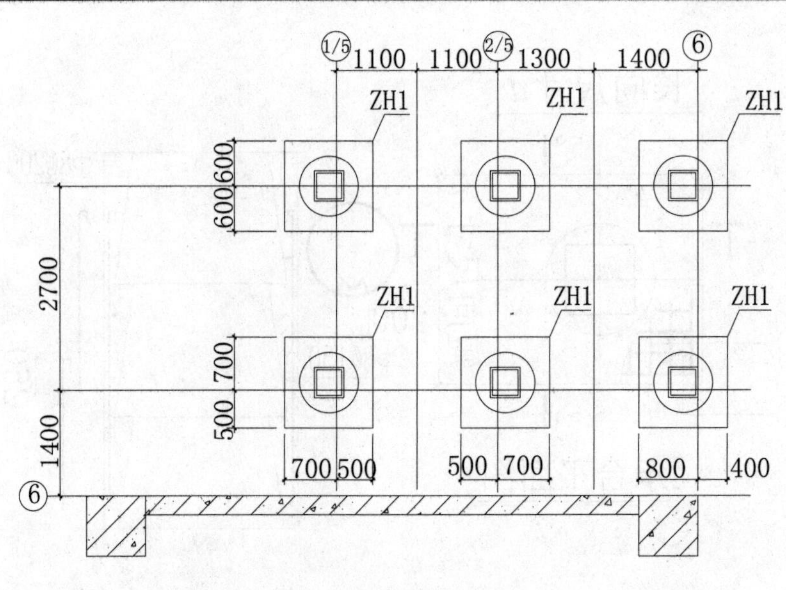

基础平面图

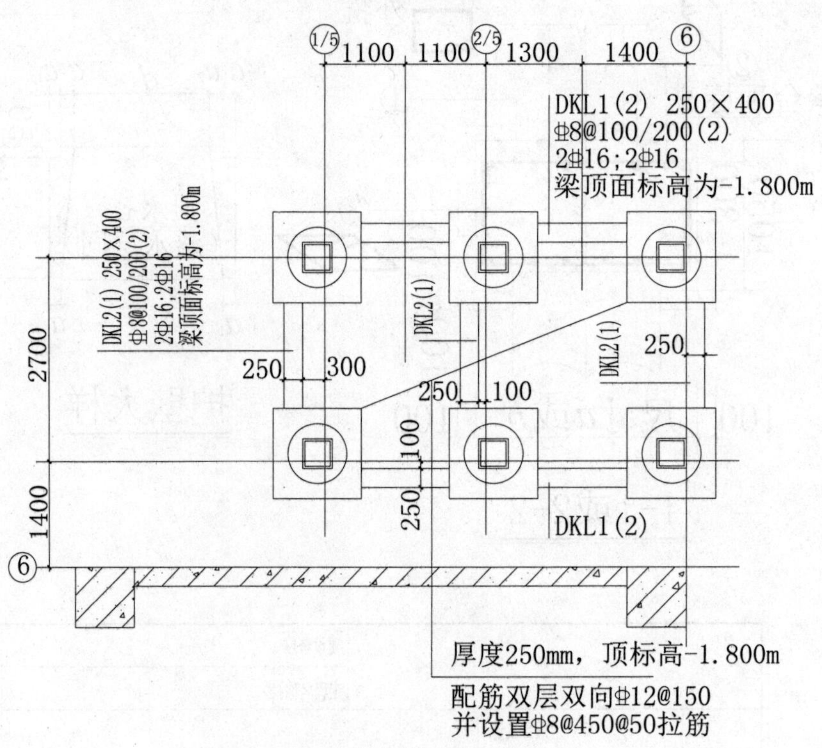

电梯基坑平面图

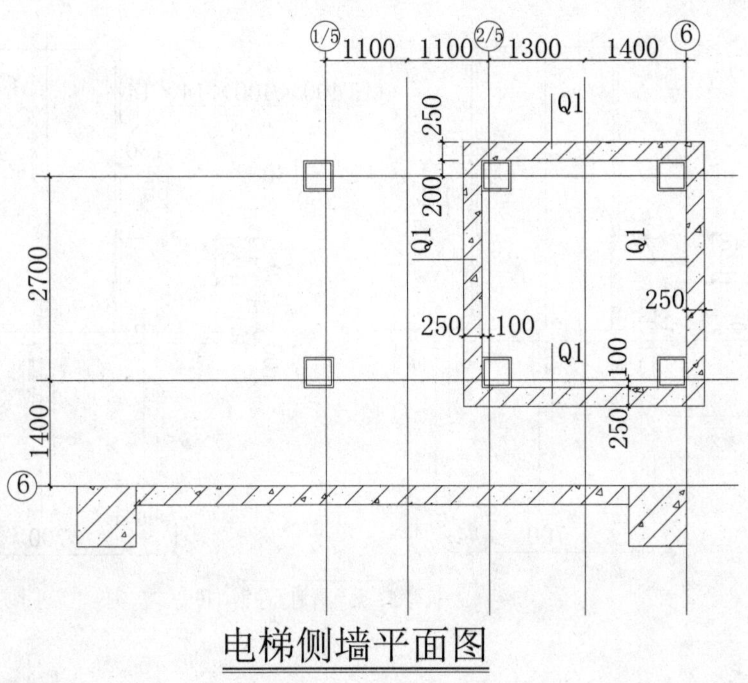

电梯侧墙平面图

说明

1. 根据业主提供的《国网怀化供电公司生产调度大楼电梯分系统加装电梯子系统等改造项目岩土工程勘察报告》，本工程采用人工挖孔桩基础。要求桩端全截面进入持力层不小于 1.0 m。

2. 桩身大样及各项参数另见桩基说明。

3. 基础混凝土强度等级为 C30，保护层厚度为 40 mm，垫层混凝土强度等级为 C15，厚度为 100 mm，基础每边扩出 100 mm。

4. 地梁、侧墙混凝土强度等级为 C30，钢筋均为 HRB400 级。

5. 地下部分钢柱外采用 50 mm 厚 C15 混凝土包裹。

电梯侧墙墙身分布钢筋表

墙编号	墙厚	起止标高	水平分布钢筋	竖向分布钢筋	墙身拉筋	备注
Q1	250	−2.250 ~ ±0.000	⌀10@200（2 排）	⌀10@200（2 排）	⌀6@600 × 600（错开布置）	—

				建设单位		设计号
				工程名称		日 期
						图 别
设 计		项目负责				图 号
校 对		审 核				第 页 共 页
专业负责		审 定				版本

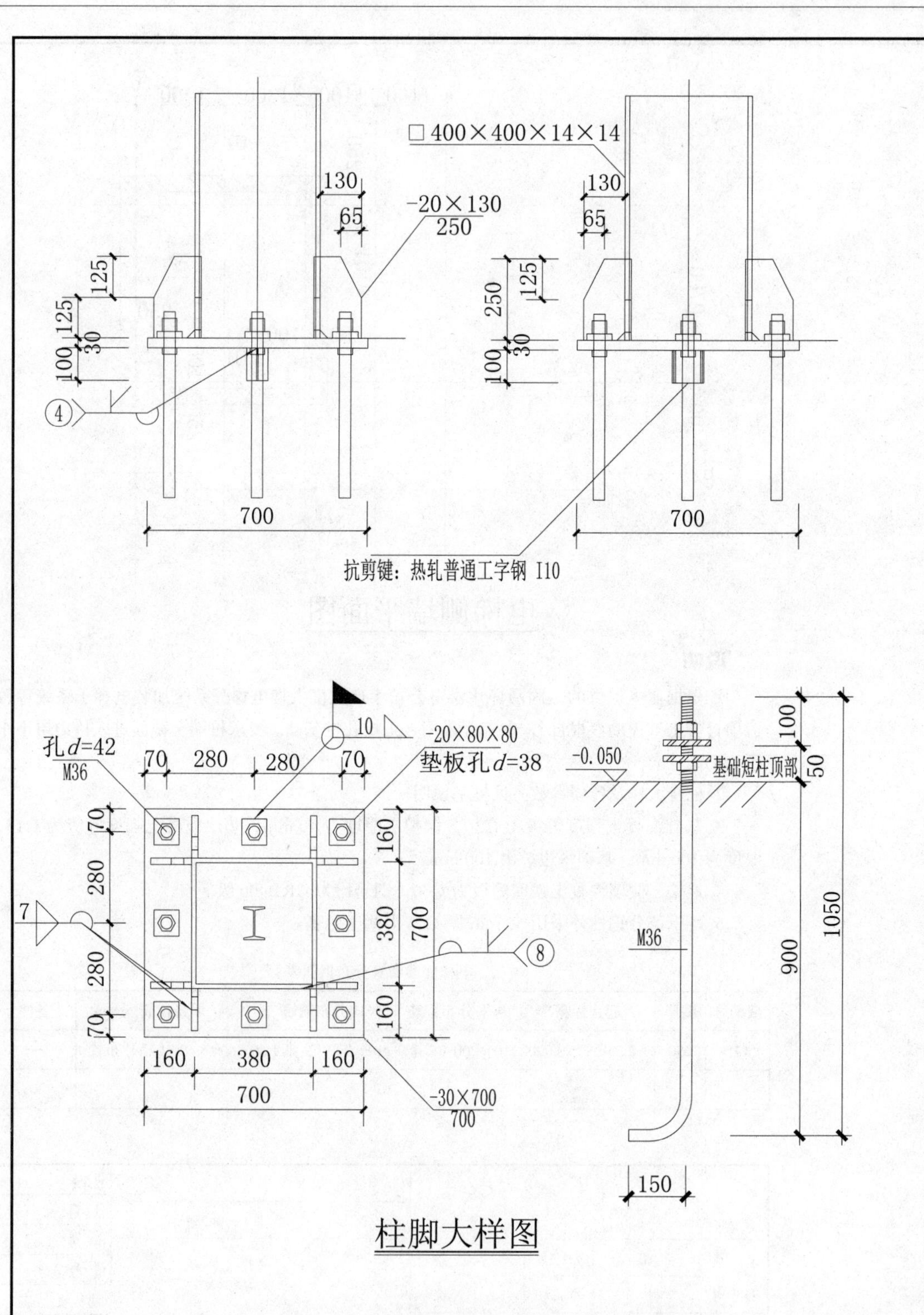
□400×400×14×14
130
65
-20×130
250
125
125
250
30
100
4
700
抗剪键：热轧普通工字钢 I10
10
-20×80×80
孔d=42
M36
垫板孔d=38
70
280
280
70
160
380
160
700
7
8
-30×700
700
-0.050
基础短柱顶部
100
50
900
1050
M36
150

柱脚大样图

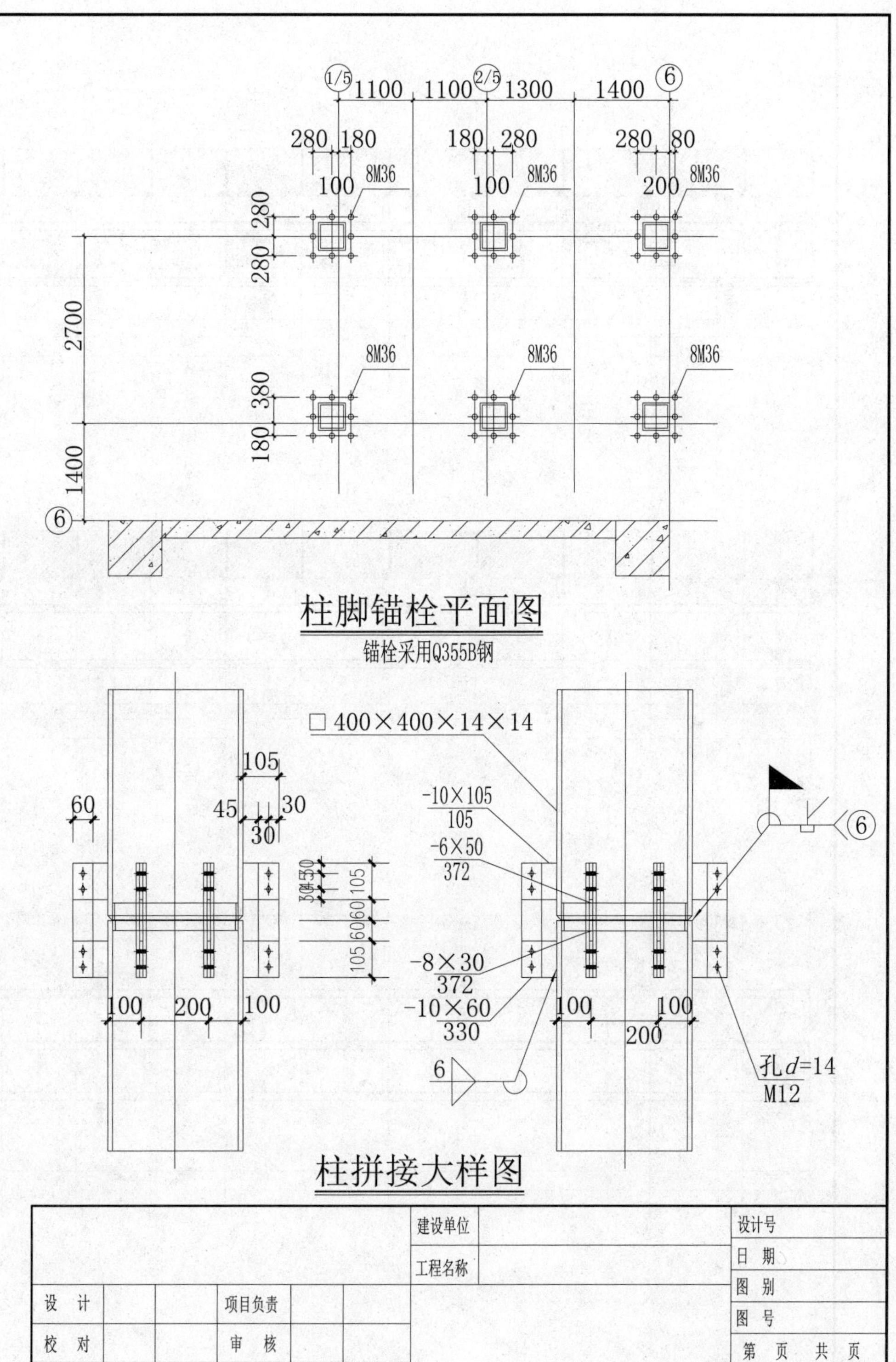

1/5
2/5
6
1100
1100
1300
1400
280
180
80
100
200
8M36
280
380
2700
1400
柱脚锚栓平面图
锚栓采用Q355B钢
□400×400×14×14
105
45
30
60
−10×105
105
−6×50
372
−8×30
372
−10×60
330
100
200
6
孔d=14
M12
柱拼接大样图
建设单位
工程名称
设计号
日 期
图 别
图 号
第 页 共 页
版本
设 计
校 对
专业负责
项目负责
审 核
审 定

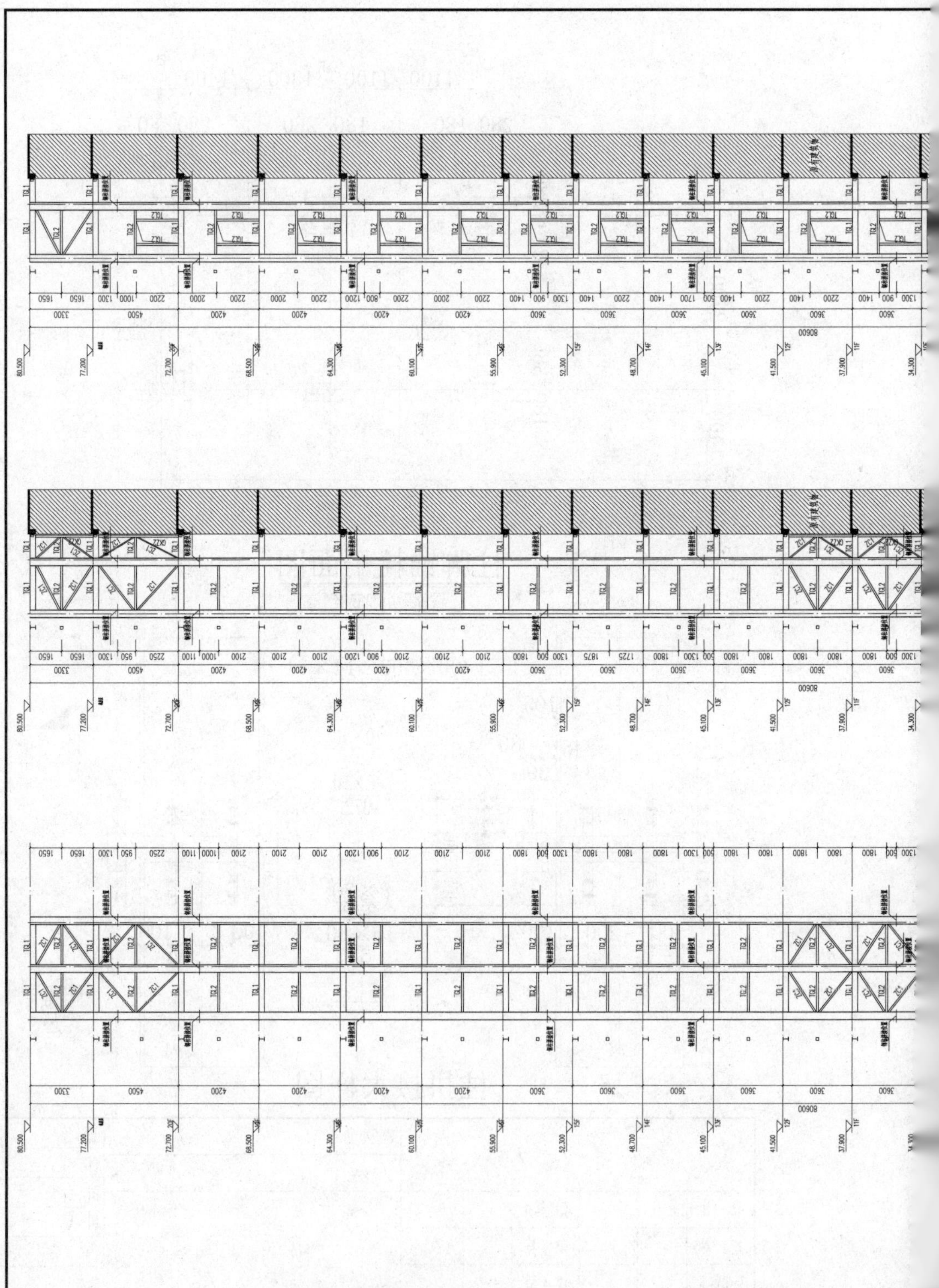

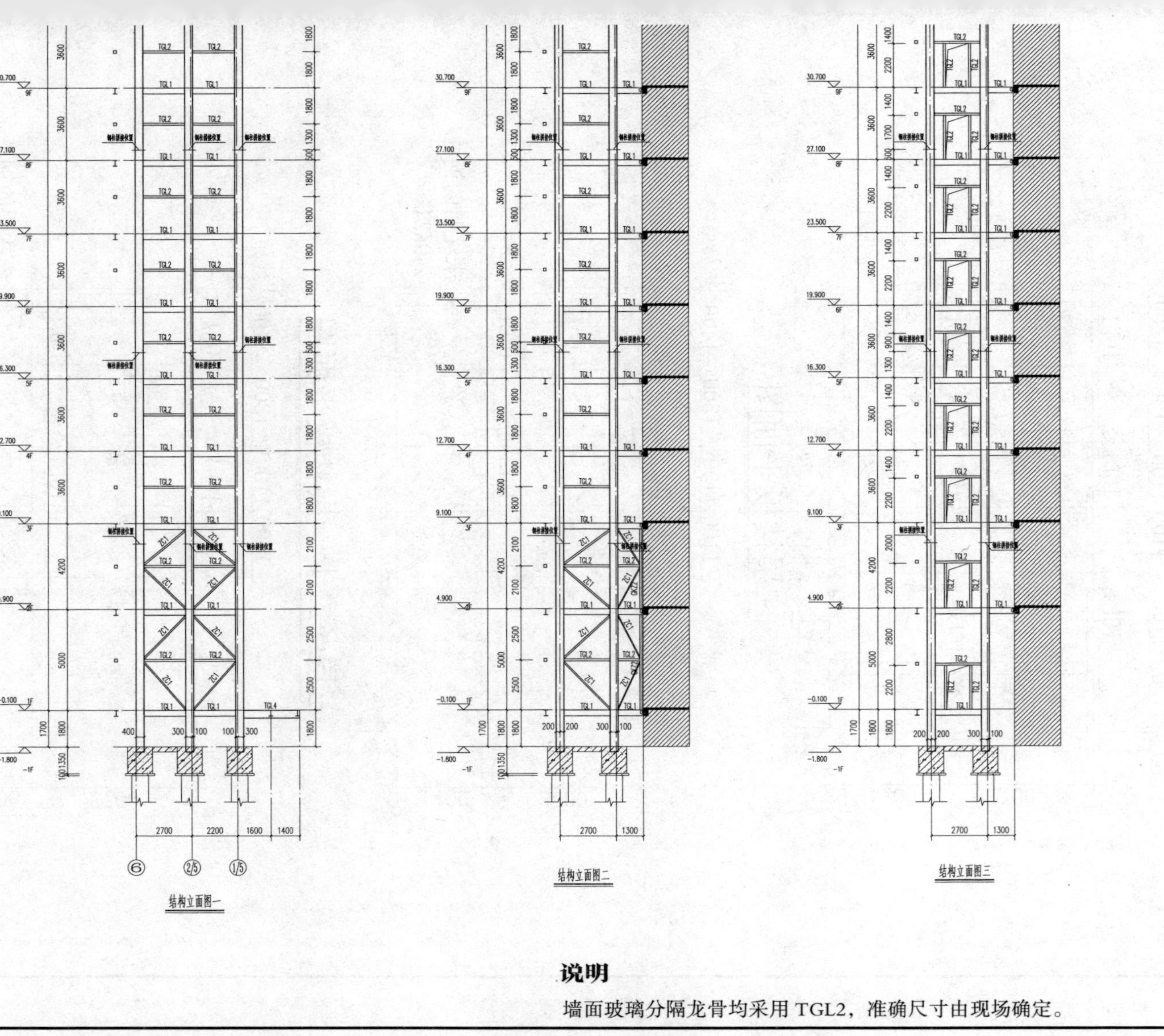

说明

墙面玻璃分隔龙骨均采用 TGL2，准确尺寸由现场确定。

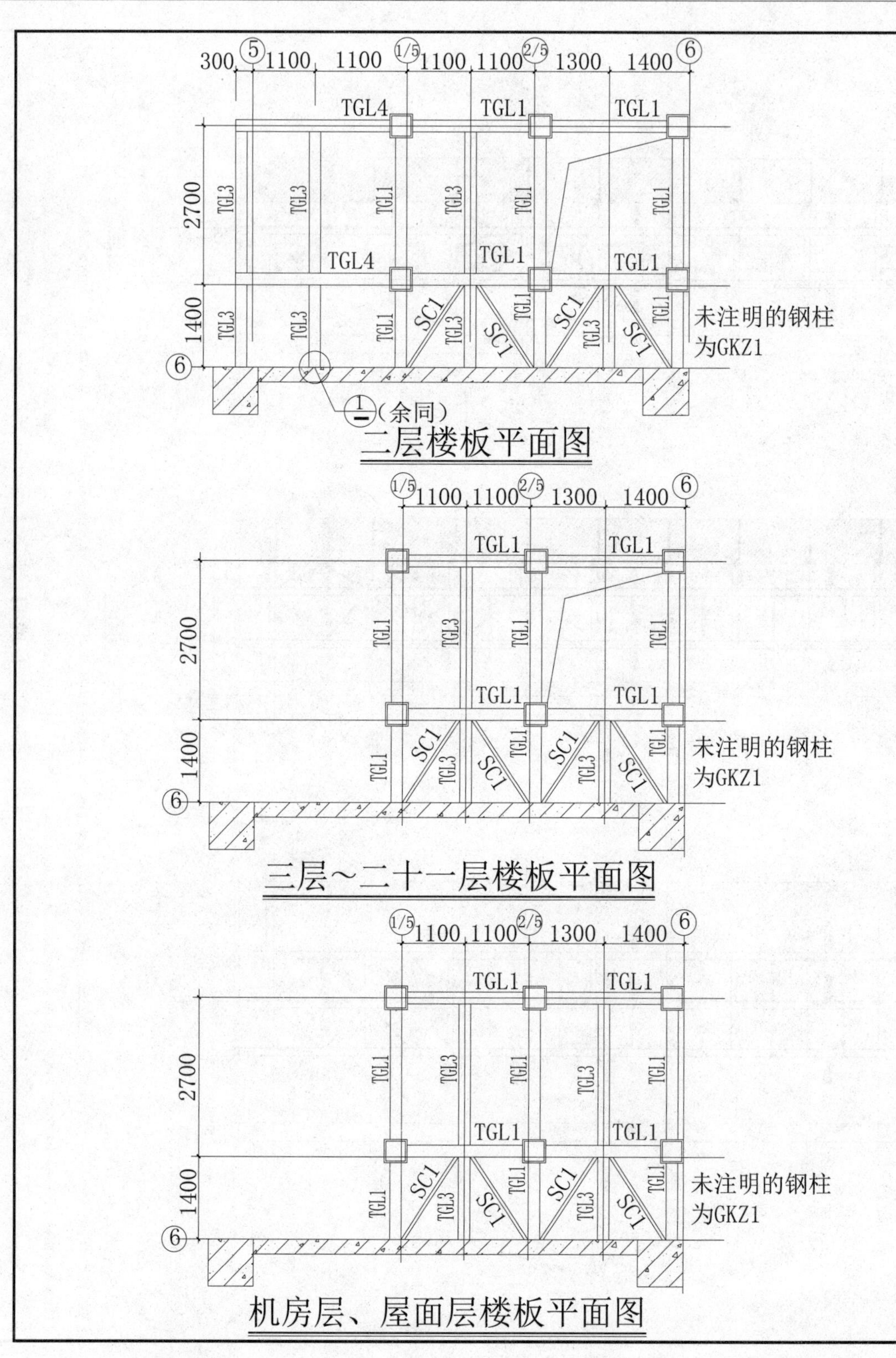

二层楼板平面图

三层～二十一层楼板平面图

机房层、屋面层楼板平面图

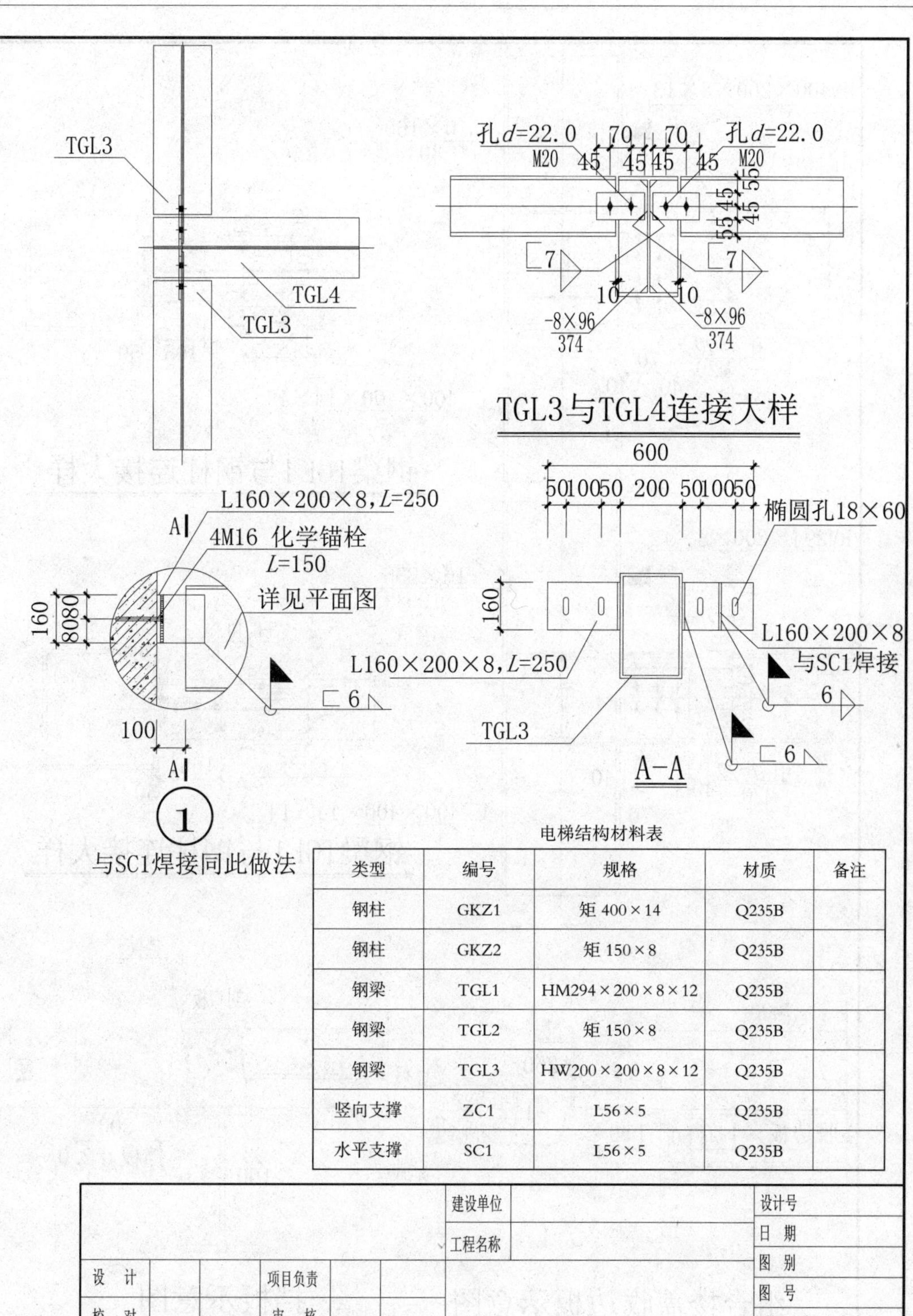

电梯结构材料表

类型	编号	规格	材质	备注
钢柱	GKZ1	矩 400×14	Q235B	
钢柱	GKZ2	矩 150×8	Q235B	
钢梁	TGL1	HM294×200×8×12	Q235B	
钢梁	TGL2	矩 150×8	Q235B	
钢梁	TGL3	HW200×200×8×12	Q235B	
竖向支撑	ZC1	L56×5	Q235B	
水平支撑	SC1	L56×5	Q235B	

		建设单位		设计号
		工程名称		日 期
设 计		项目负责		图 别
				图 号
校 对		审 核		第 页 共 页
专业负责		审 定		版本

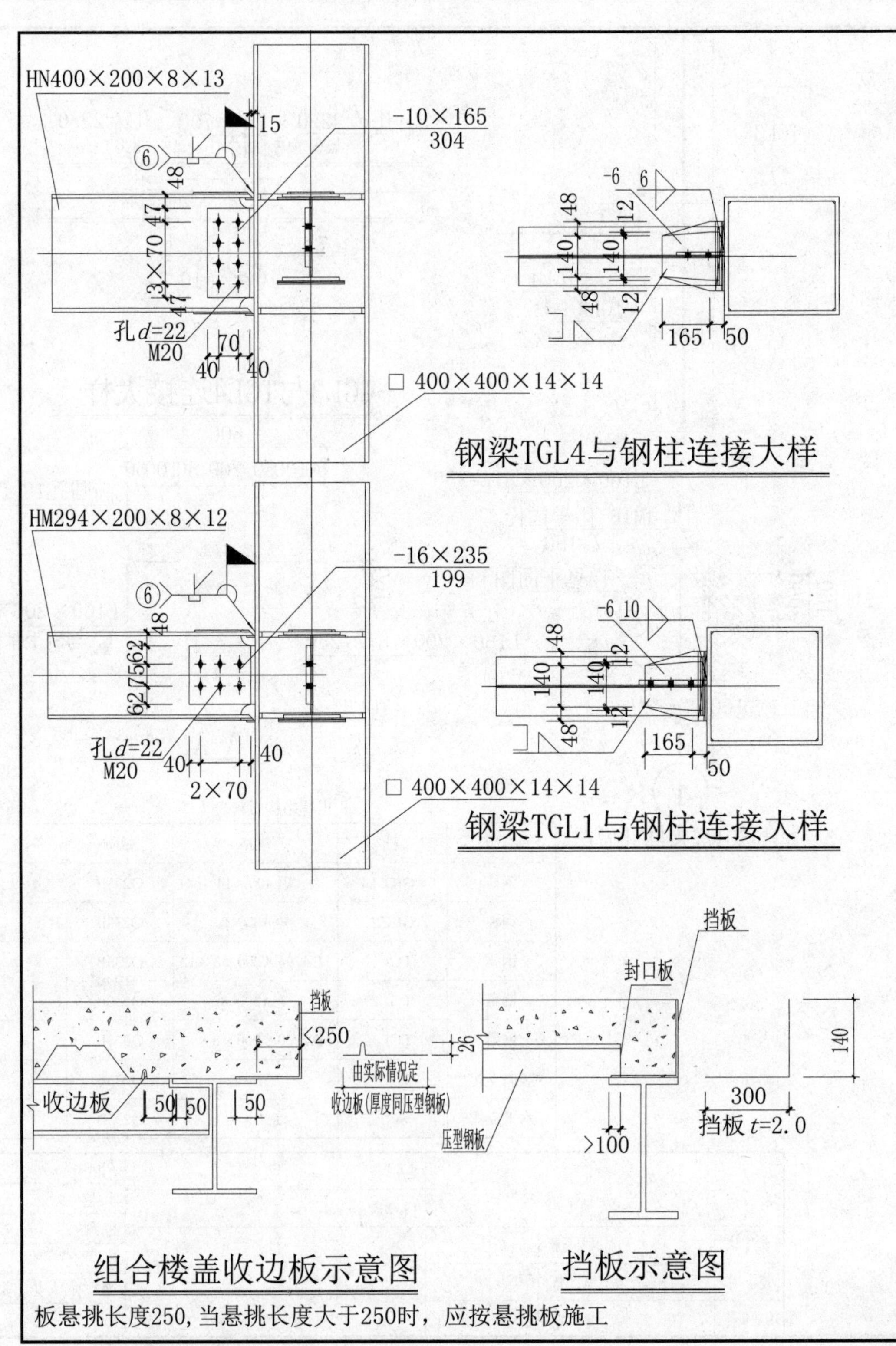

钢梁TGL4与钢柱连接大样

钢梁TGL1与钢柱连接大样

组合楼盖收边板示意图

挡板示意图

板悬挑长度250，当悬挑长度大于250时，应按悬挑板施工

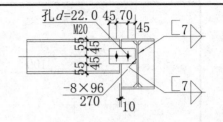

孔d=22.0 45 70
M20
45
55 55 45 45
7
7
−8×96
270
10

TGL3与TGL1连接大样

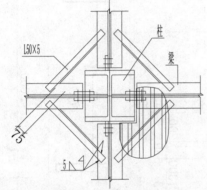

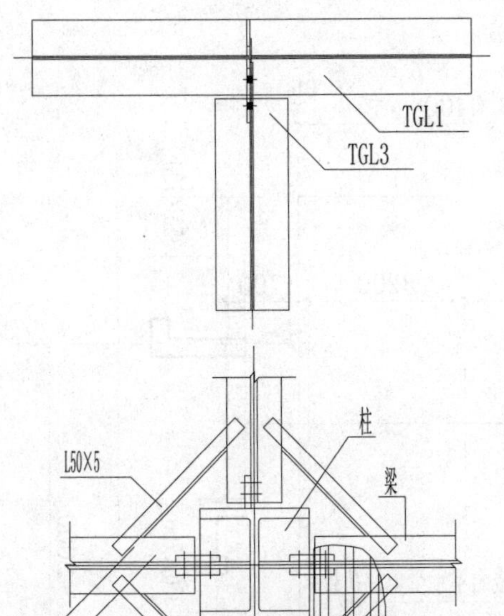

柱与梁交接处的压型钢板支托

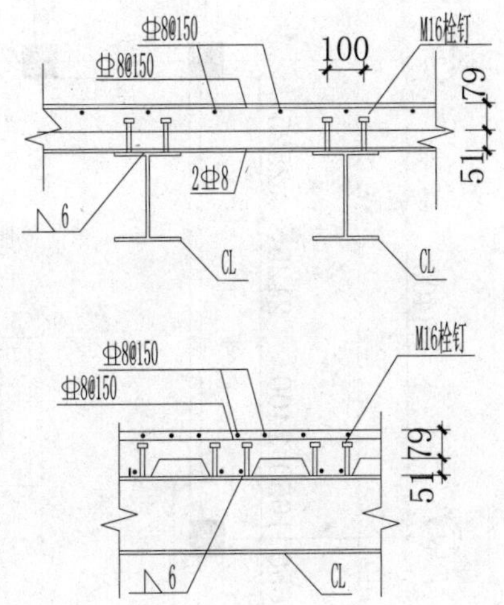

楼承板连接大样

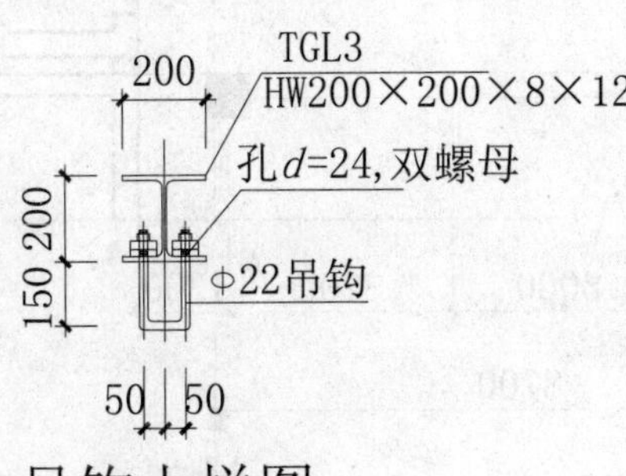

吊钩大样图

电梯吊点详细位置须根据厂家资料具体确定

				建设单位		设计号
				工程名称		日 期
						图 别
设 计			项目负责			图 号
校 对			审 核			第 页 共 页
专业负责			审 定			版本

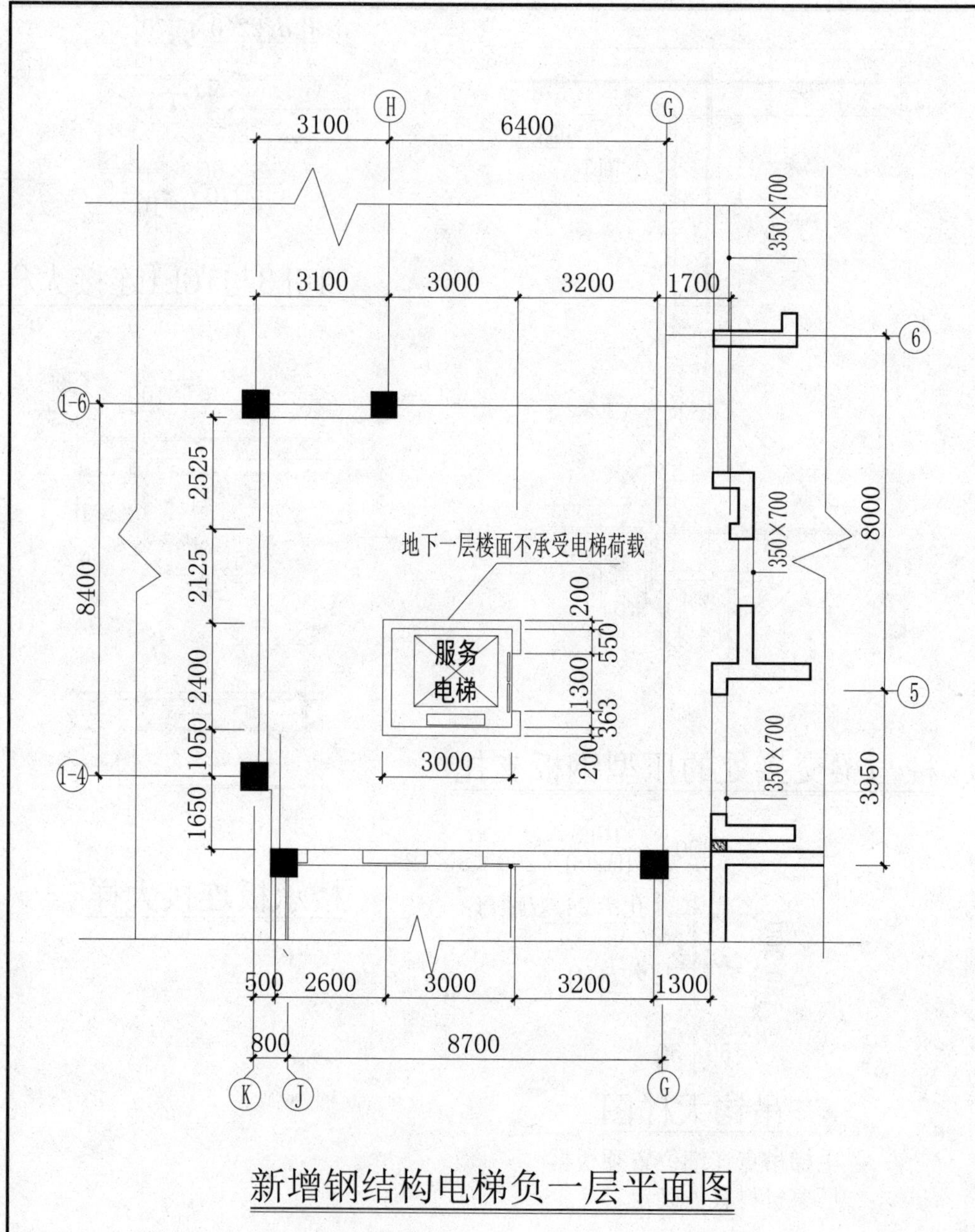
3100
6400
3100
3000
3200
1700
350×700
地下一层楼面不承受电梯荷载
服务
电梯
2525
2125
2400
1050
1650
8400
200
550
1300
363
200
3000
8000
3950
500
2600
3000
3200
1300
800
8700

新增钢结构电梯负一层平面图

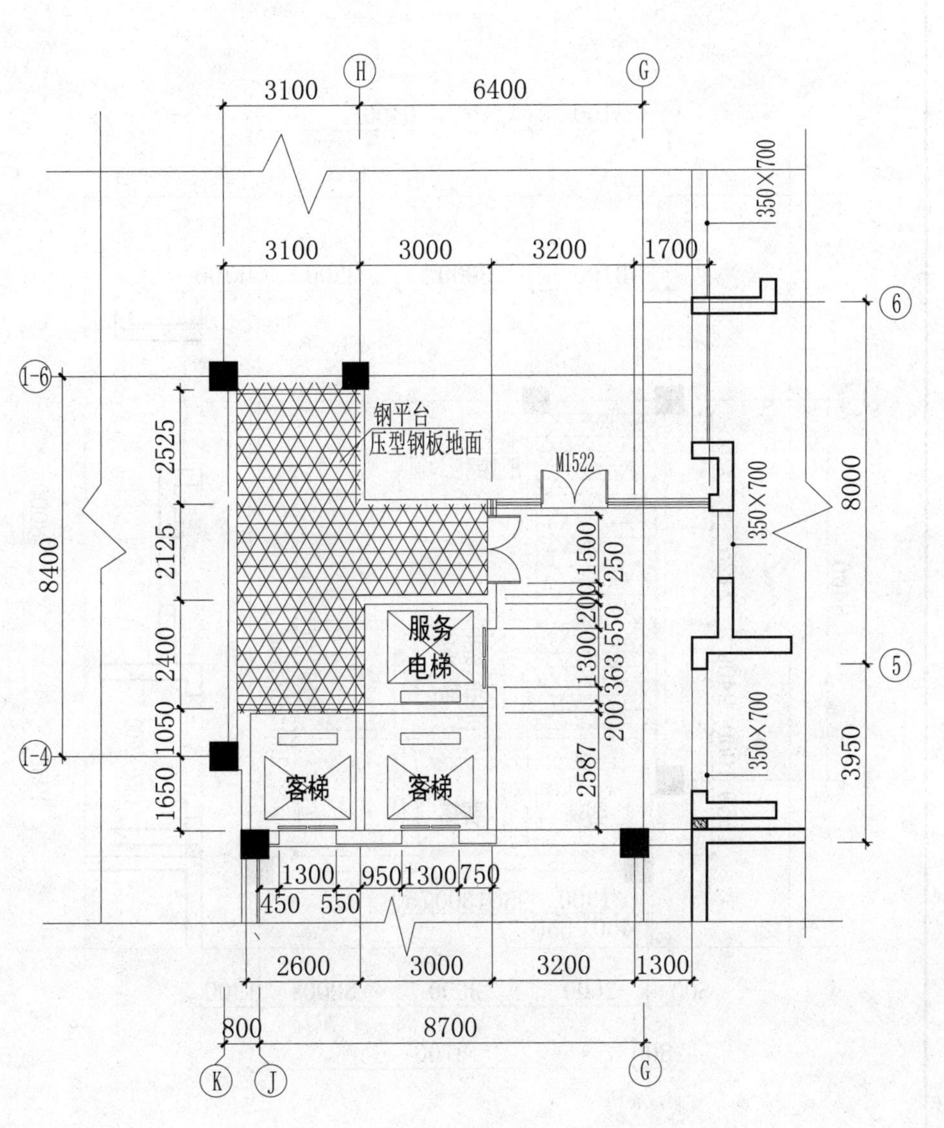

新增钢结构电梯一层平面图

				建设单位		设计号
				工程名称		日 期
设 计		项目负责				图 别
						图 号
校 对		审 核				第 页 共 页
专业负责		审 定				版本

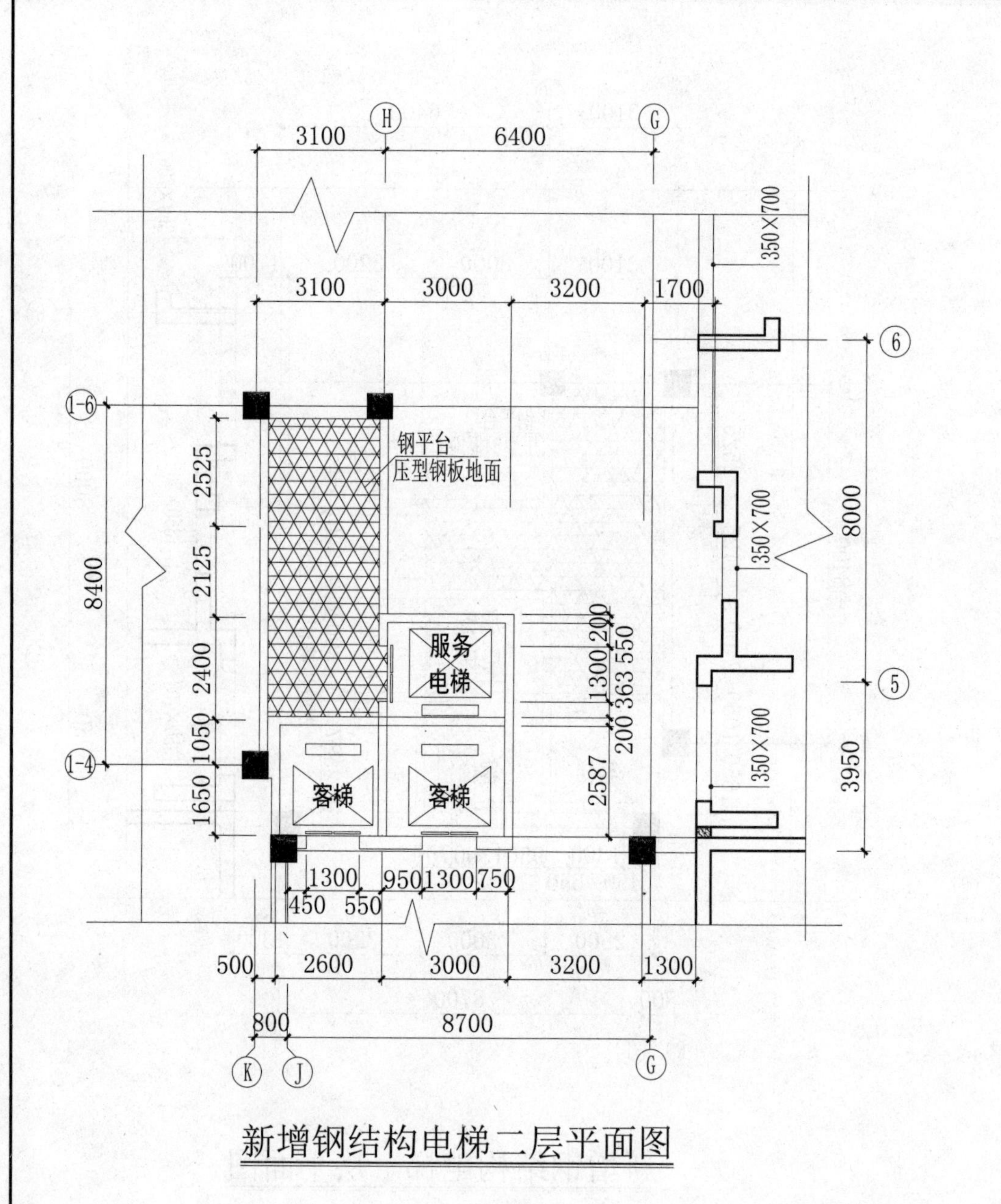

新增钢结构电梯二层平面图

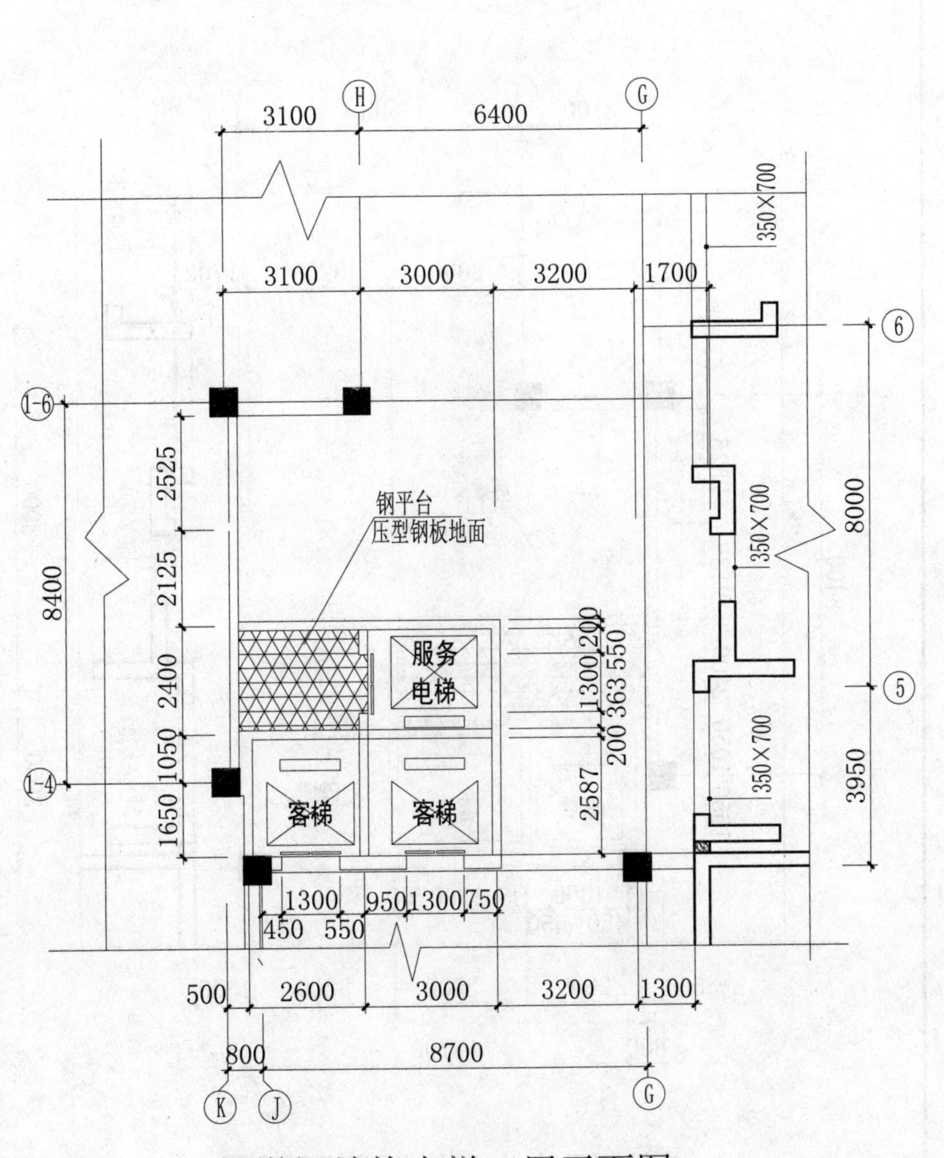

新增钢结构电梯三层平面图

			建设单位		设计号
			工程名称		日 期
设 计		项目负责			图 别
					图 号
校 对		审 核			第 页 共 页
专业负责		审 定			版本

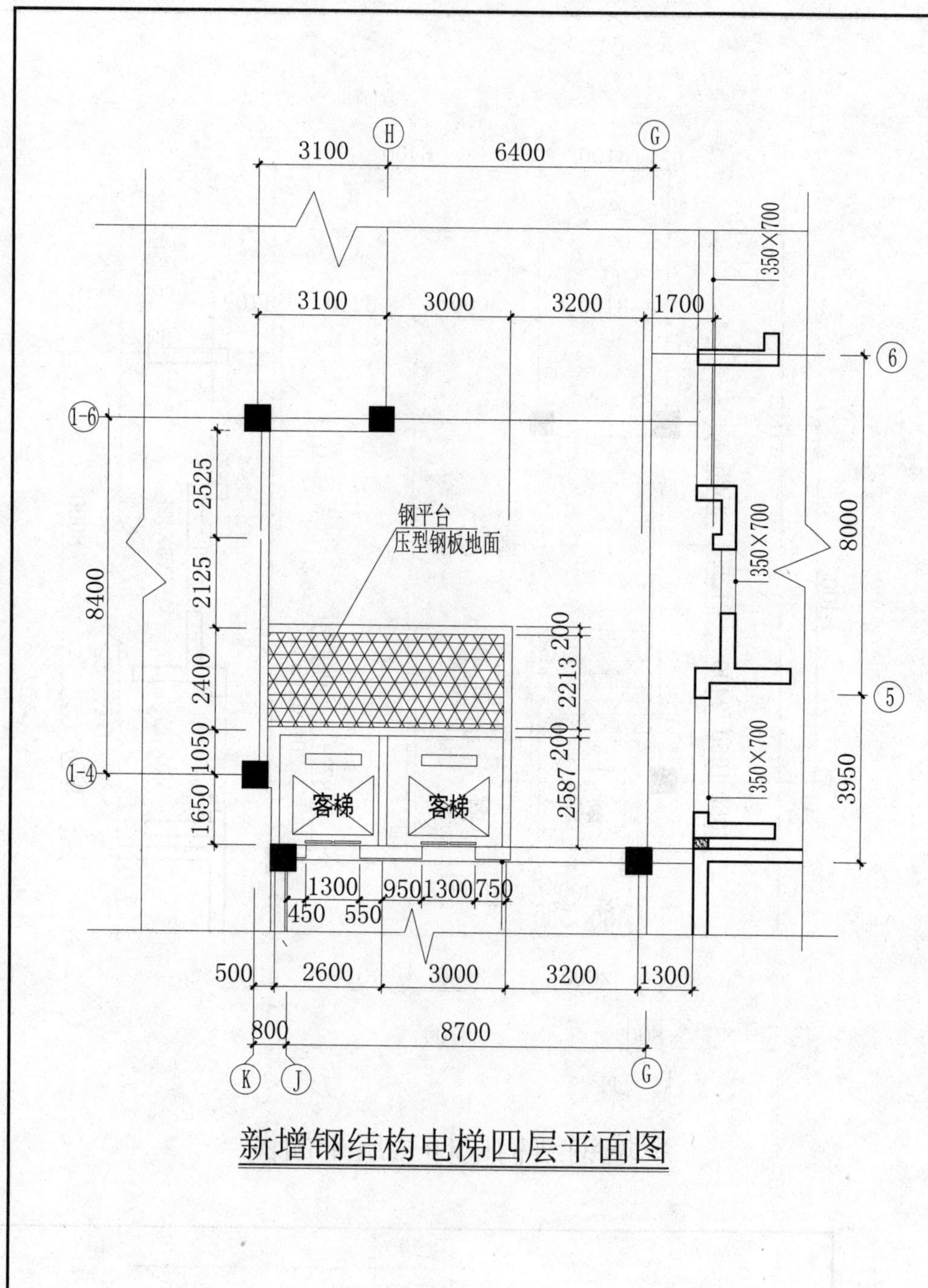

新增钢结构电梯四层平面图

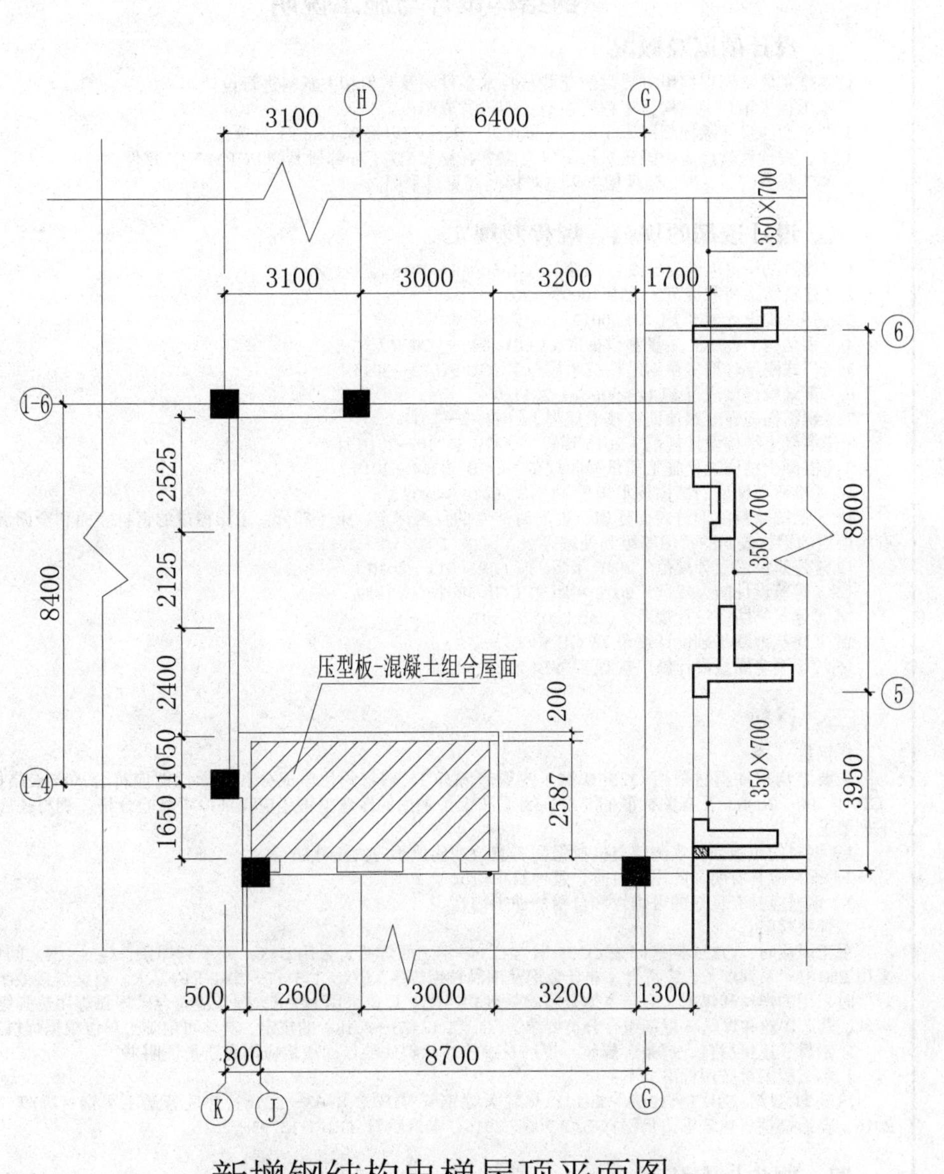

新增钢结构电梯屋顶平面图

				建设单位		设计号
				工程名称		日　期
						图　别
设　计		项目负责				图　号
校　对		审　核				第　页　共　页
专业负责		审　定				版本

钢结构设计与施工说明

一、设计依据及概况

1. 本工程施工图根据甲方提供的荷载、技术条件图及其他相关资料进行设计。
2. 本工程采用轻钢结构，工程所在地：四川省成都市。
3. 图中所注尺寸除标高以米（m）为单位外，其余均以毫米（mm）为单位。
4. 本工程计算软件为中国建筑科学研究院 PKPM CAD 工程部研制的 PKPM-STS 软件。
5. 本工程室内 ±0.000 标高相当于绝对标高详见总平图。

二、设计遵循的规范、规程及规定

1.《建筑结构可靠性设计统一标准》(GB 50068—2018)。
2.《建筑结构荷载规范》(GB 50009—2012)。
3.《钢结构设计标准》(GB 50017—2017)。
4.《钢结构工程施工质量验收标准》(GB 50205—2020)。
5.《门式刚架轻型房屋钢结构技术规范》(GB 51022—2015)。
6.《钢结构焊接规范》(GB 50661—2011)。
7.《钢结构高强度螺栓连接技术规程》(JGJ 82—2011)。
8.《混凝土结构设计规范（2015 年版）》(GB 50010—2010)。
9.《混凝土结构工程施工质量验收规范》(GB 50204—2015)。
10.《冷弯薄壁型钢结构技术规范》(GB 50018—2002)。
11.《涂覆涂料前钢材表面处理 表面清洁度的目视评定 第 1 部分：未涂覆过的钢材表面和全面清除原有涂层后的钢材表面的锈蚀等级和处理等级》(GB/T 8923.1—2011)。
12.《建筑抗震设计规范（2016 年版）》(GB 50011—2010)。
13.《建筑设计防火规范（2018 年版）》(GB 50016—2014)。
14.《建筑物防雷设计规范》(GB 50057—2010)。
15.《建筑地基基础设计规范》(GB 50007—2011)。
16.《压型金属板设计施工规程》(YBJ 216—88)。

三、材料

1. 钢材

主要结构构件钢材采用 Q235B 钢（注明者除外），钢材的化学成分和力学性能应符合《碳素结构钢》(GB/T 700—2006）及有关标准的要求，墙梁和檩条采用的冷弯型钢还应保证冷弯试验合格。钢材还应满足下列要求：

1）钢材的屈服强度实测值与抗拉强度实测值的比值不应大于 0.85。

2）钢材应具有明显的屈服台阶，且伸长率应大于 20%。

3）钢材应具有良好的可焊性和合格的冲击韧性。

2. 焊接材料

手工焊接时，Q235 钢之间或 Q235 钢与 Q345 钢之间焊接，采用 E43×× 系列焊条，Q345 钢之间焊接，采用 E50×× 系列焊条，应符合《非合金钢及细晶粒钢焊条》(GB/T 5117—2012）的要求。自动焊接或半自动焊接时采用的焊丝和焊剂，应与主体金属的强度相匹配。焊丝采用 H08A，焊丝应符合《埋弧焊用热强钢实心焊丝、药芯焊丝和焊丝－焊剂组合分类要求》(GB/T 12470—2018）的规定，具体可由施工单位根据焊机选用。

3. 钢材、连接材料、焊条、焊丝、焊剂及螺栓、涂料底漆、面漆均应附有质量证明书。

4. 本工程钢材选用标准如下：

热轧 H 型钢：GB/T 11263—2017；热轧无缝钢管：GB/T 8162—2018；热轧普通工字钢：GB/T 706—2016；普通槽钢、热轧等边角钢：GB/T 706—2016；电焊钢管：GB/T 13793—2016。

四、制作与安装

1. 钢结构的制作、安装、施工及验收应符合《钢结构工程施工质量验收标准》(GB 50205—2020)。

2. 焊缝质量要求：所有对接连接焊缝质量等级为二级，其他焊缝质量等级为三级。本设计中所有框架梁、柱连接节点，凡是要求坡口等强连接的均应设引弧板，施焊完后可将引弧板割掉。所有钢柱的柱顶及上下柱连接处的所有竖向加劲板应与横向盖板刨平顶紧后焊接。

3. 所有需要拼接的构件一律要等强拼接，上、下翼缘和腹板中的拼接焊缝位置应错开，并避免与加劲板重合，腹板拼接焊缝与它平行的加劲板至少相距 200 mm，腹板拼接与上、下翼缘拼接焊缝至少相距 200 mm。

4. 所有构件在制作中应力求尺寸及孔洞位置的准确性，以利于现场的安装与焊接。设计中凡是未注明的焊缝均为满焊，焊缝高度 h_f=5 mm。梁、柱端板、加劲板连接未注明的均按图示加工。

5. 未注明的构件连接，皆采用沿接触边满焊的角焊缝连接，焊缝高度 h_f 不小于 $1.5\sqrt{t_1}$（t_1 为较厚焊件厚度），且不得大于 $1.2t_2$（t_2 为较薄焊件厚度）。

6. 屋面梁拼接、梁柱连接要求在工厂预拼接；构件在运输吊装时，应采取加固措施防止变形和损坏。

7. 柱脚锚栓采用双螺母，待柱安装、校正、定位后，将柱脚盖板与柱底板及螺母焊牢，防止松动，在柱底板下灌 C30 膨胀细石混凝土，钢柱须增设柱底抗剪键。

8. 钢结构安装完成并受力后，不得在主要受力构件上施焊。

五、涂装

1. 除锈：在制作前钢材表面应进行喷砂（或抛丸）除锈处理，除锈质量等级要求达到《涂覆涂料前钢材表面处理 表面清洁度的目视评定 第 1 部分：未涂覆过的钢材表面和全面清除原有涂层后的钢材表面的锈蚀等级和处理等级》（GB/T 8923.1—2011）中的 Sa2 级标准。

2. 涂漆：钢材经除锈处理后应涂醇酸类防锈底漆两道，中间漆一道，面漆两道，要求涂层干漆总厚度为 125 μm，并严格按照《钢结构工程施工质量验收标准》（GB 50205—2020）的条款执行，即构件除锈完成后，应在 8 h（湿度较大时 2～4 h）内，涂第一道防锈漆，底漆充分干燥后才允许次层涂装，安装完毕后未刷底漆的部分及补焊、擦伤、脱漆处均应补刷底漆两道，然后刷面漆一道，在使用过程中应定期进行涂漆保护。

3. 现场焊接两侧各 50 mm 范围内暂不涂漆，待现场焊完后按规定补涂。

4. 涂漆时应注意：凡是高强度螺栓连接范围内不允许涂刷油漆，也不允许存在油污，要求对接触面进行喷砂处理，摩擦系数应达到 0.45。

六、焊缝符号及图例

1. 焊接符号表示按《焊缝符号表示法》（GB/T 324—2008）。

2. 螺栓孔图例：

永久螺栓　　高强螺栓　　安装螺栓　　螺栓孔

七、设计荷载

未经设计单位同意，施工、使用过程中荷载标准值不得超过以下荷载限值：

1. 基本风压：0.30 kN/m²，地面粗糙度分类：B 类。

2. 活载：板面活载 2.0 kN/m²。

3. 恒载：板面恒载 1.00 kN/m²。

4. 本工程抗震类别为丙类建筑；抗震等级为三级；抗震设防烈度为 7 度（0.10 g），设计地震分组为第三组，场地类别为Ⅱ类。

5. 建筑结构设计使用年限为 50 年，可替换构件为 25 年，建筑结构安全等级为二级。

6. 钢结构自重由 STS 软件自动形成。

八、钢结构防火

本工程耐火等级为二级，在钢构件表面涂刷超薄型防火涂料，构件的耐火极限为柱 2 h、梁 1.5 h、檩条 0.5 h。所选用的钢结构防火涂料与防锈蚀油漆（涂料）应进行相容性试验，试验合格后方可使用。防火涂料做法详见西南 18J312。

九、钢结构的维护

钢结构在使用期间应由使用单位进行维护或委托有关部门进行经常维修、检查工作，安装调整完毕后第一个月内应进行检查（并作记录）。检查中发现的异常情况，应及时会同有关部门处理。以后每半年检查 1 次，3 年后可每 3～5 年检查 1 次，钢结构的涂漆防护可根据使用情况每 5～7 年重新进行 1 次，以确保使用过程中的结构安全。

十、其他

1. 本设计图中所有构件的质量及尺寸仅供参考，以最后实际放样下料为准，所有构件均须放样或号料。

2. 所有钢构件必须由制造厂印上标签，位置位于构件两端，每端两处（正反面）。

3. 砌体墙与钢柱拉结筋做法见墙体与钢柱拉接示意图。

4. 刚架图应配合檩条布置图、檩条连接节点图在工厂焊接檩托板，配合支撑布置图设置支撑连接板。

5. 未尽事宜请按国家有关规定及标准进行。

6. 未经设计许可，不得改变结构的用途和使用环境。

				建设单位		设计号
				工程名称		日 期
						图 别
设 计		项目负责				图 号
校 对		审 核				第 页 共 页
专业负责		审 定				版本

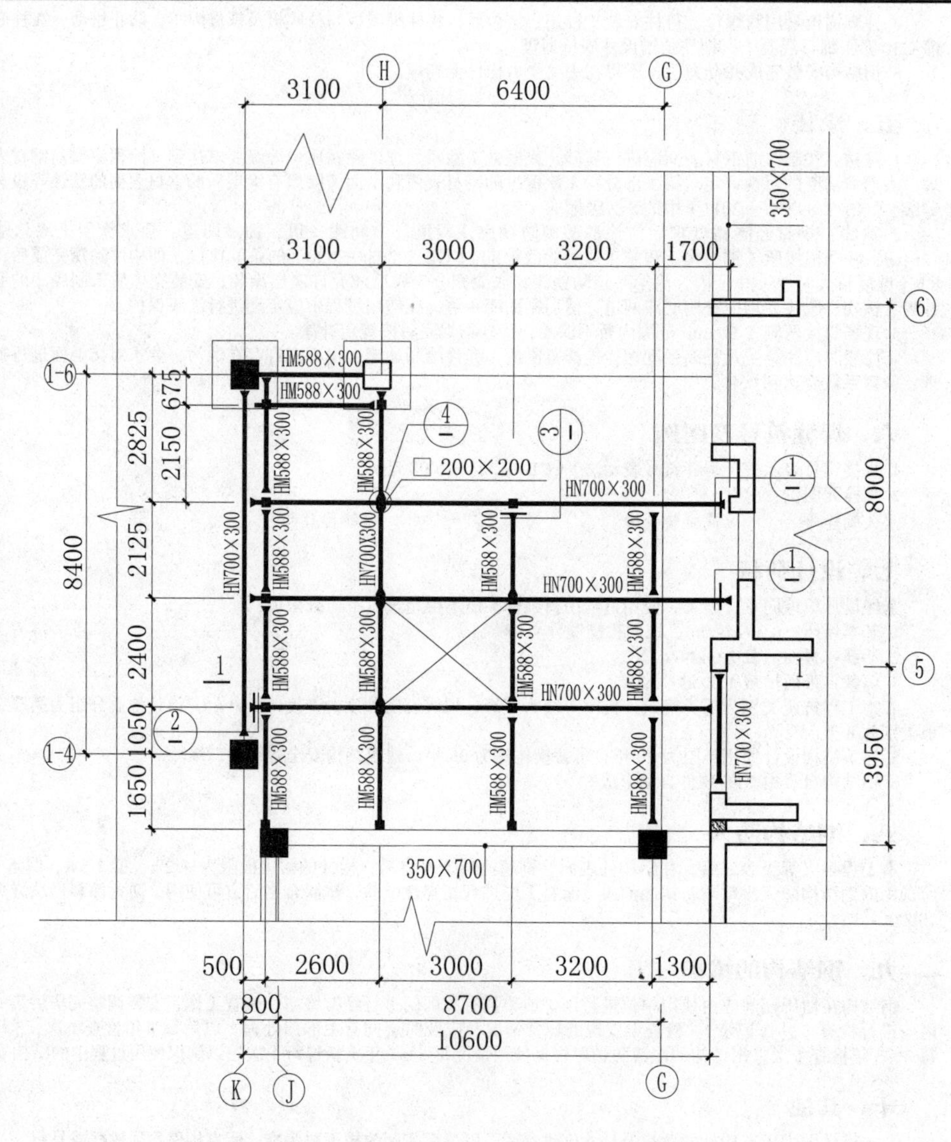

地下室顶板新增钢结构梁结构平面图

地下室混凝土板顶、梁顶标高为-1.500m

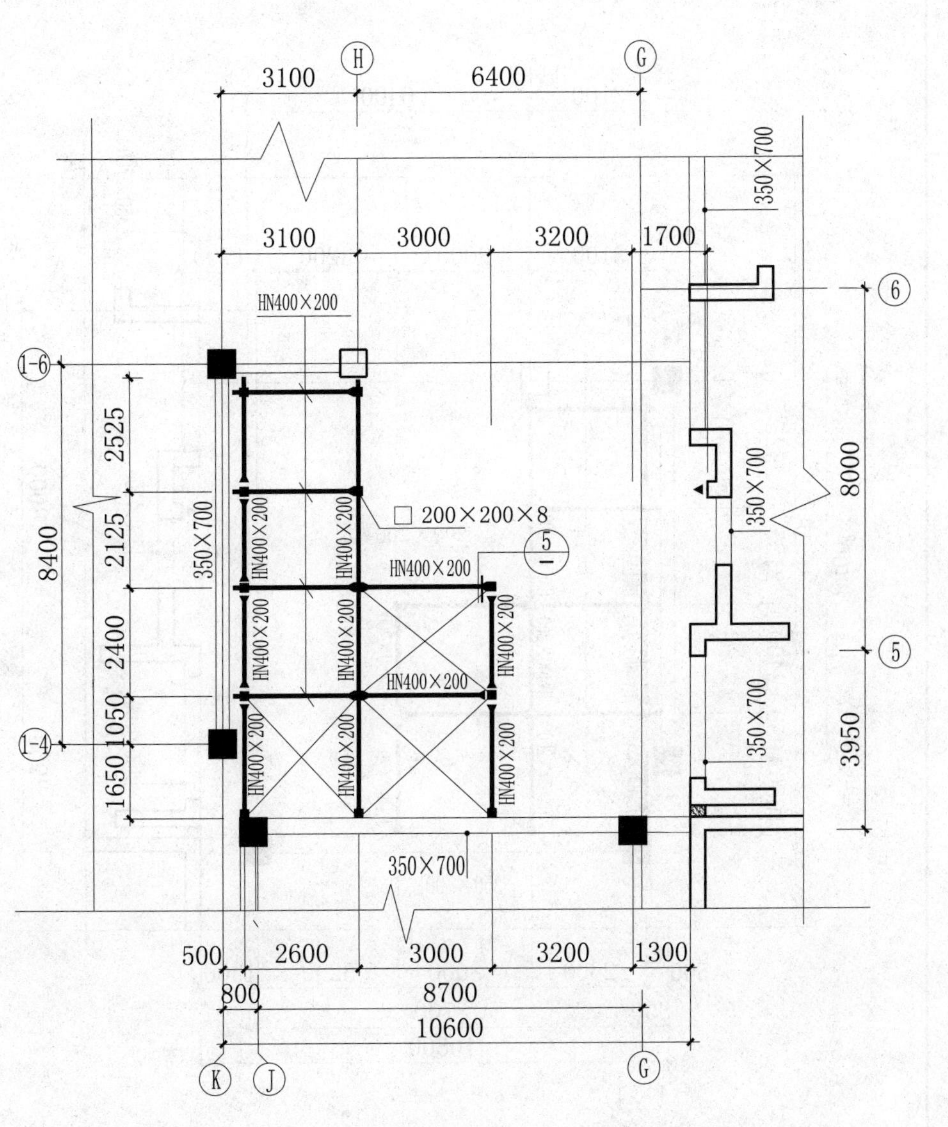

一层新增钢结构梁结构平面图

楼面标高为-0.050m

					建设单位		设计号	
					工程名称		日 期	
							图 别	
设 计			项目负责				图 号	
校 对			审 核				第 页 共 页	
专业负责			审 定				版本	

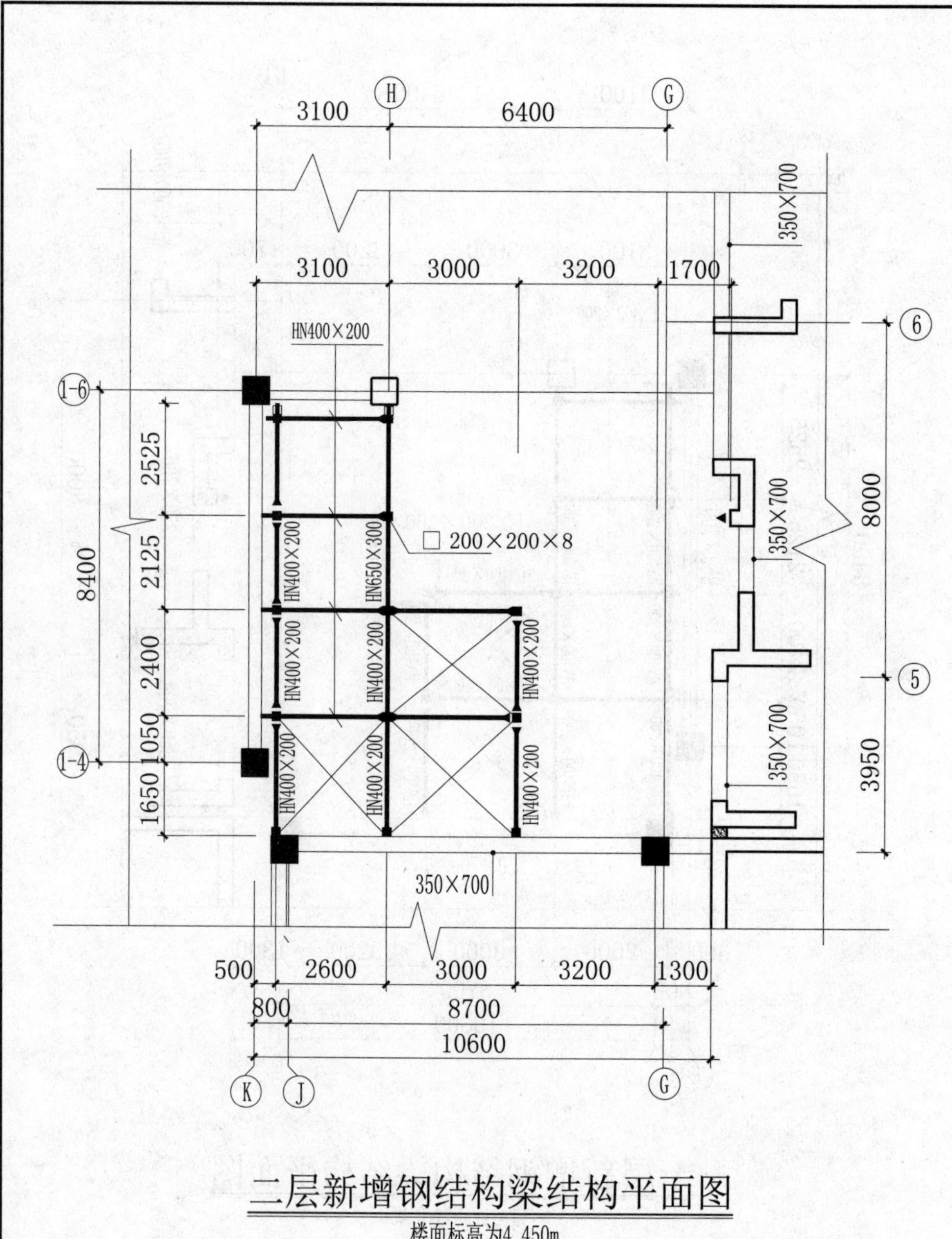

二层新增钢结构梁结构平面图

楼面标高为4.450m

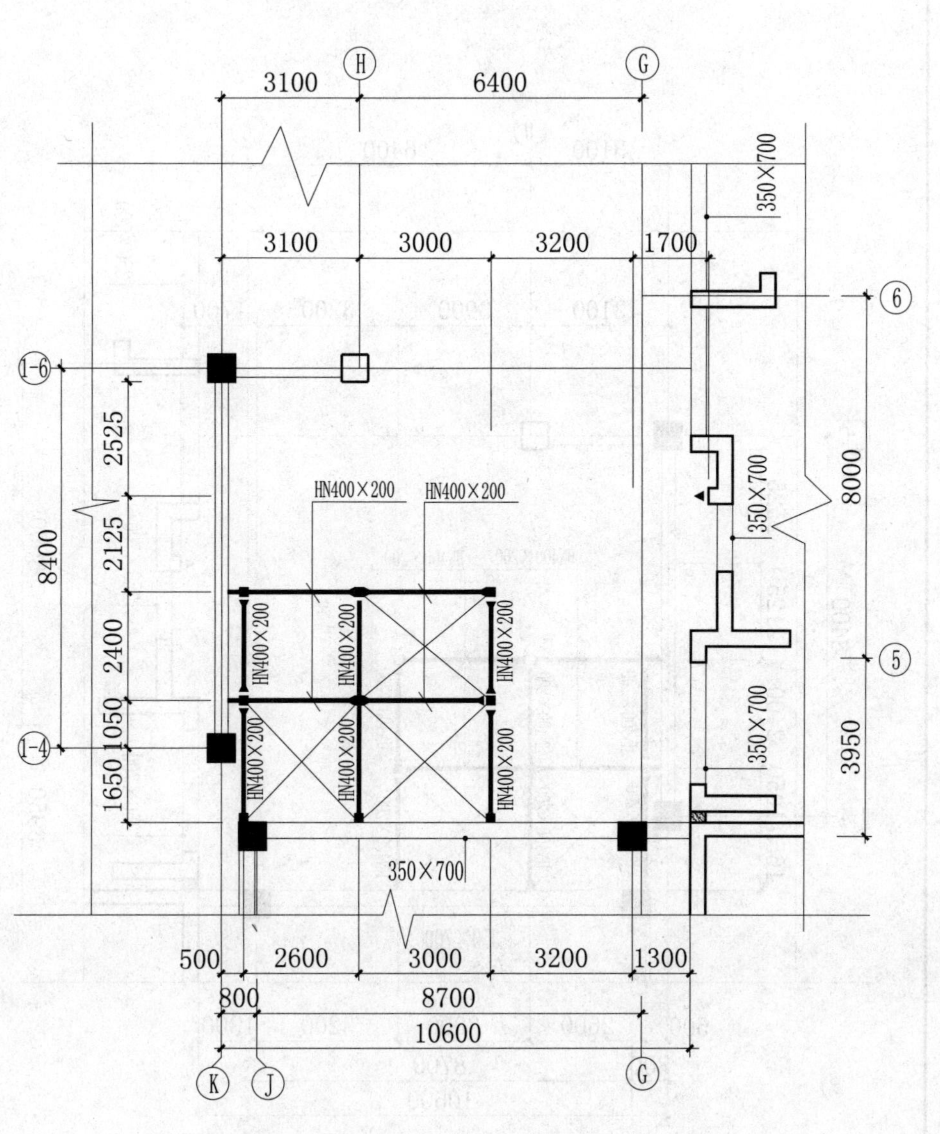

三层新增钢结构梁结构平面图

楼面标高为8.950m

				建设单位		设计号	
				工程名称		日　期	
						图　别	
设　计			项目负责			图　号	
校　对			审　核			第　页共　页	
专业负责			审　定			版本	

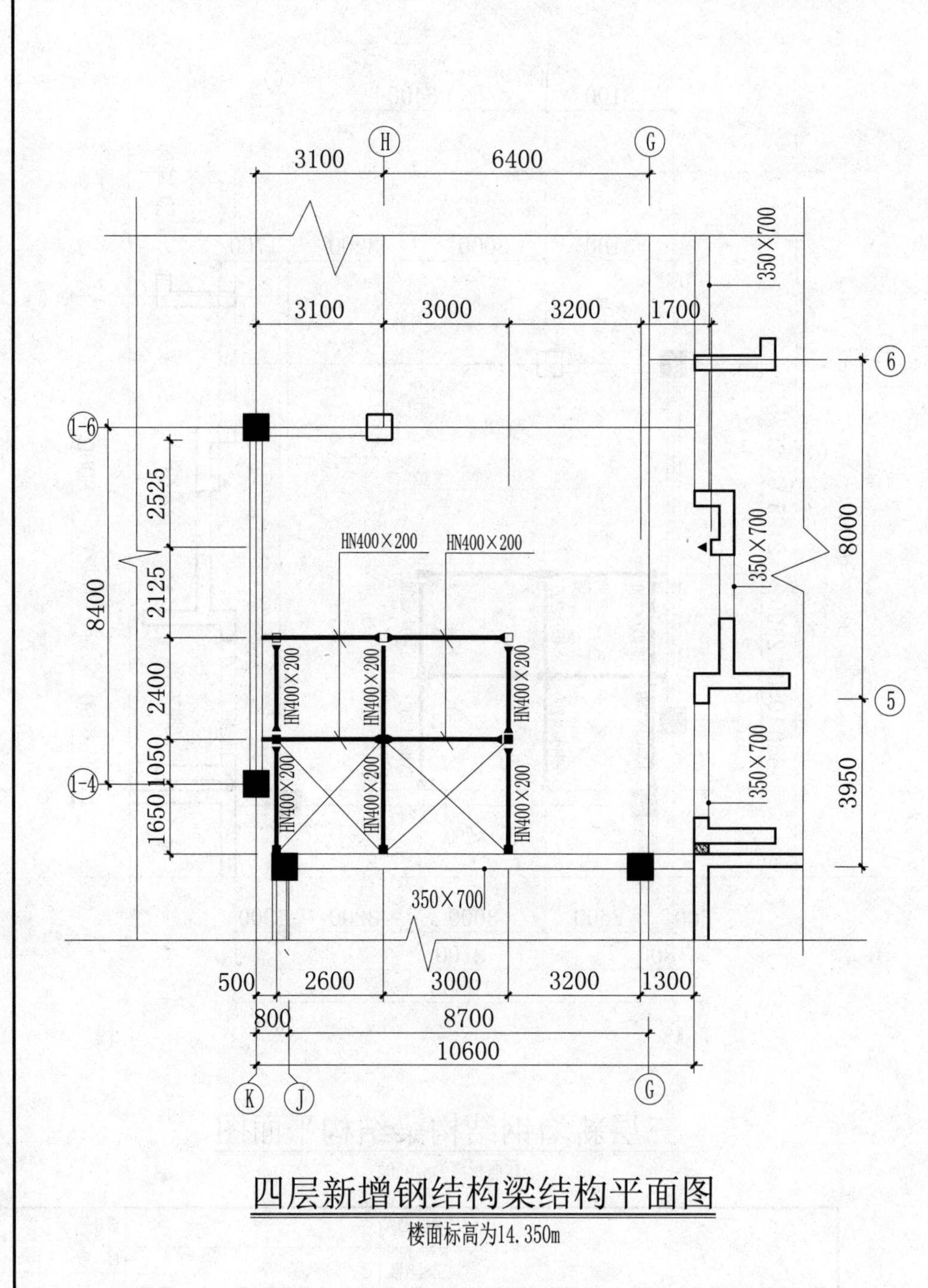

四层新增钢结构梁结构平面图

楼面标高为14.350m

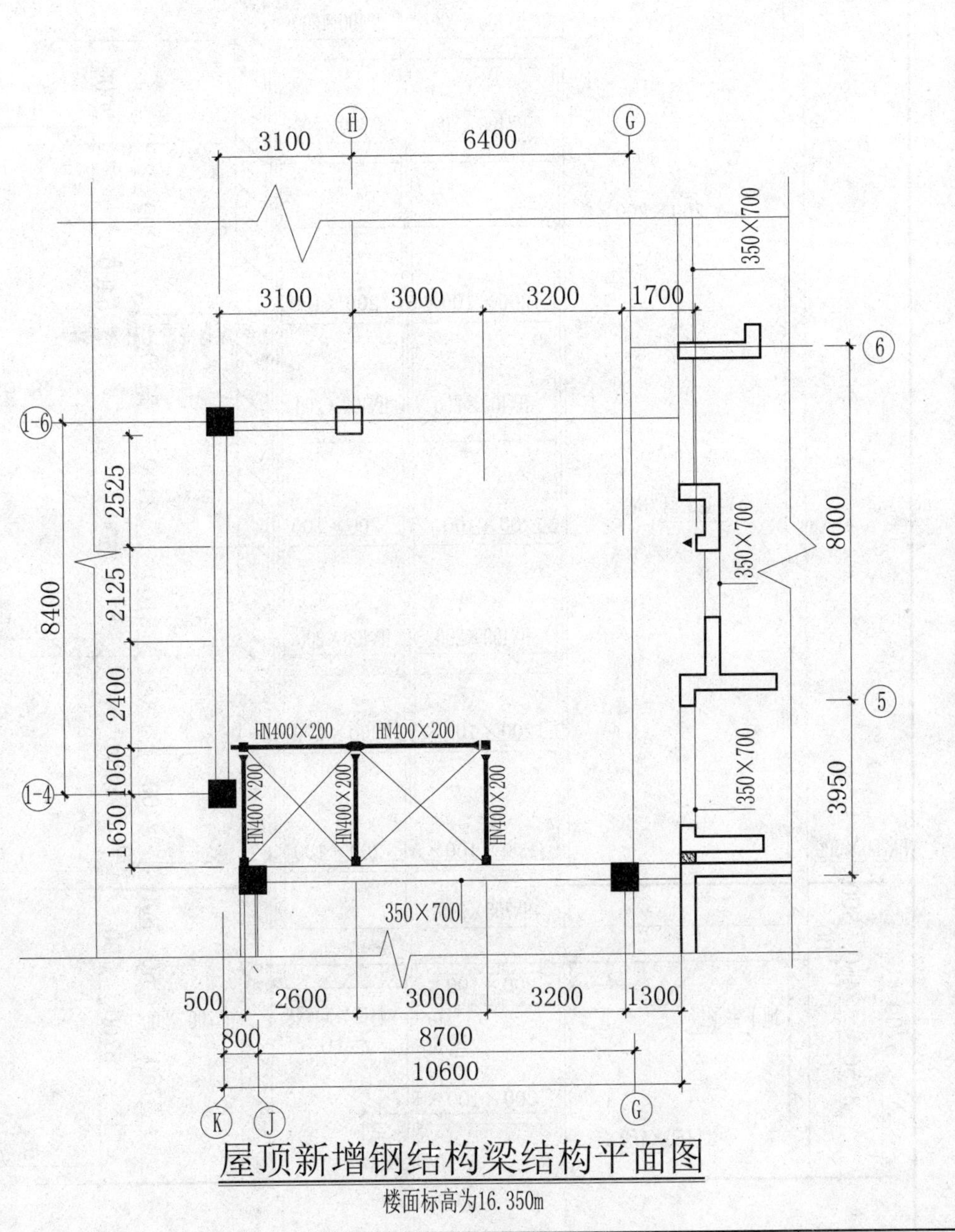

屋顶新增钢结构梁结构平面图

楼面标高为16.350m

				建设单位		设计号
				工程名称		日期
设计		项目负责				图别
						图号
校对		审核				第 页 共 页
专业负责		审定				版本

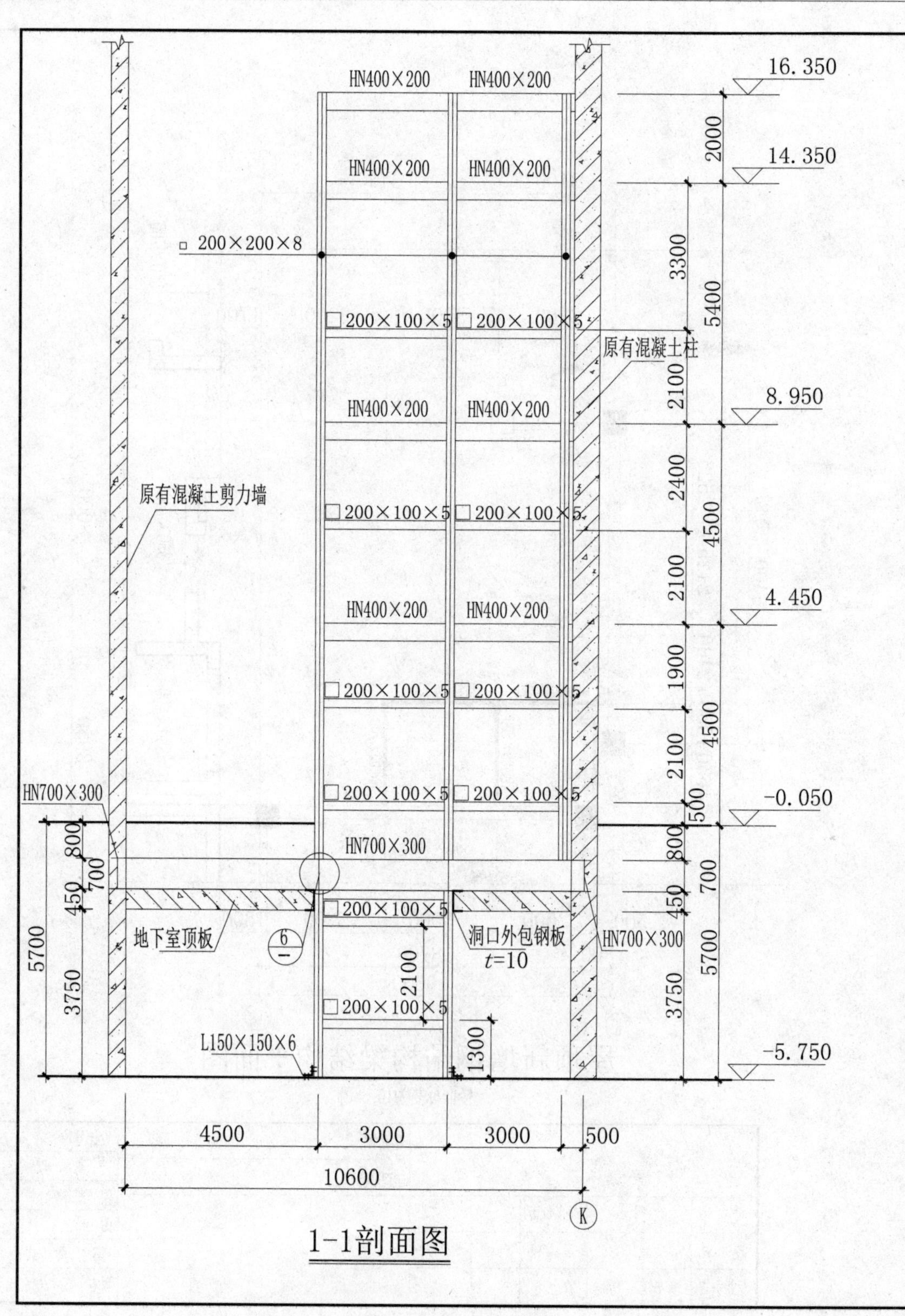
HN400×200
HN400×200
16.350
2000
14.350
HN400×200
HN400×200
□200×200×8
3300
5400
□200×100×5
□200×100×5
原有混凝土柱
2100
8.950
HN400×200
HN400×200
2400
原有混凝土剪力墙
□200×100×5
□200×100×5
4500
2100
HN400×200
HN400×200
4.450
1900
□200×100×5
□200×100×5
4500
2100
HN700×300
□200×100×5
□200×100×5
500
-0.050
800
700
HN700×300
800
700
450
450
□200×100×5
地下室顶板
6
1
洞口外包钢板
t=10
HN700×300
5700
5700
2100
3750
3750
□200×100×5
L150×150×6
1300
-5.750
4500
3000
3000
500
10600
K

1-1剖面图

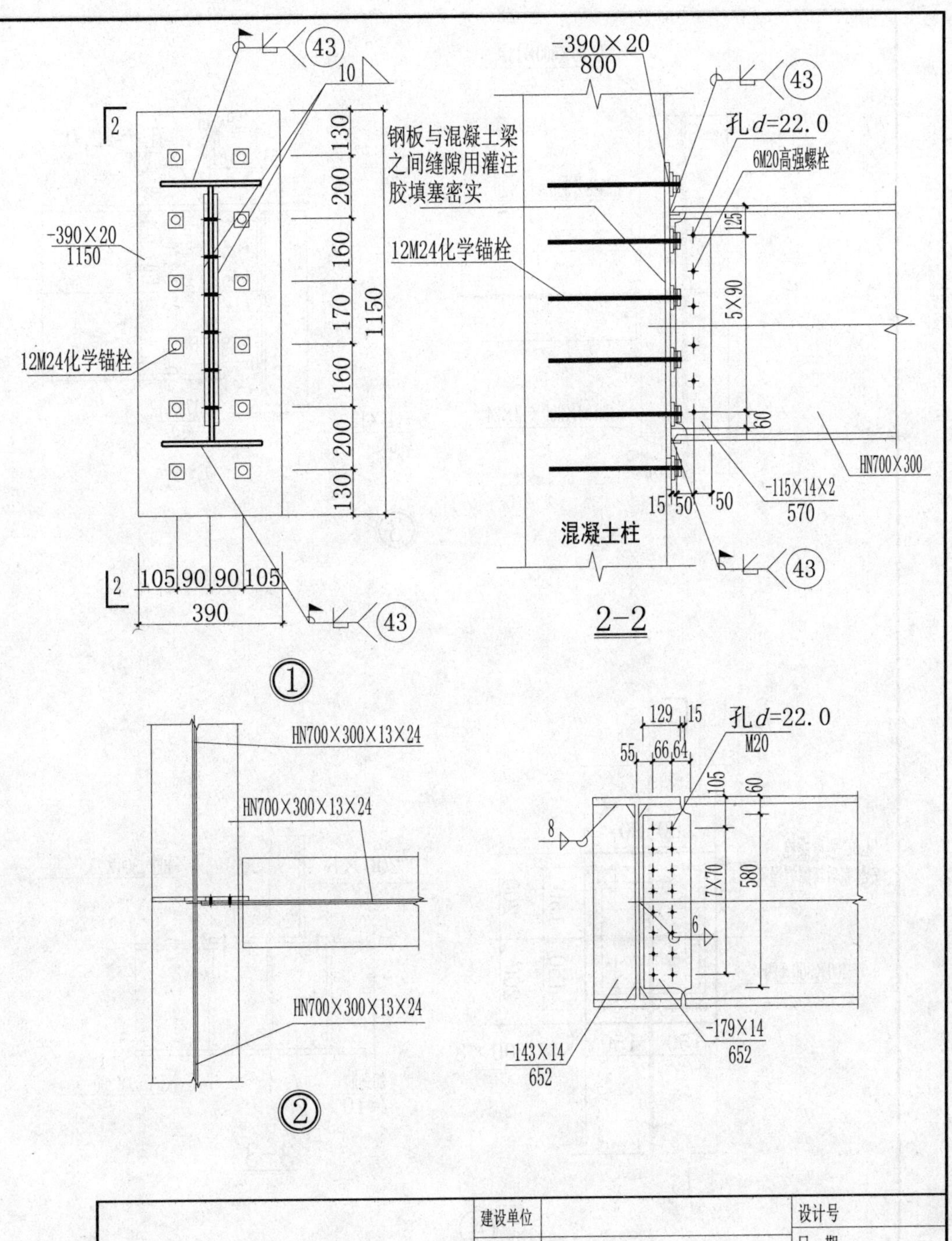

					建设单位		设计号
					工程名称		日 期
设 计			项目负责				图 别
							图 号
校 对			审 核				第 页 共 页
专业负责			审 定				版本

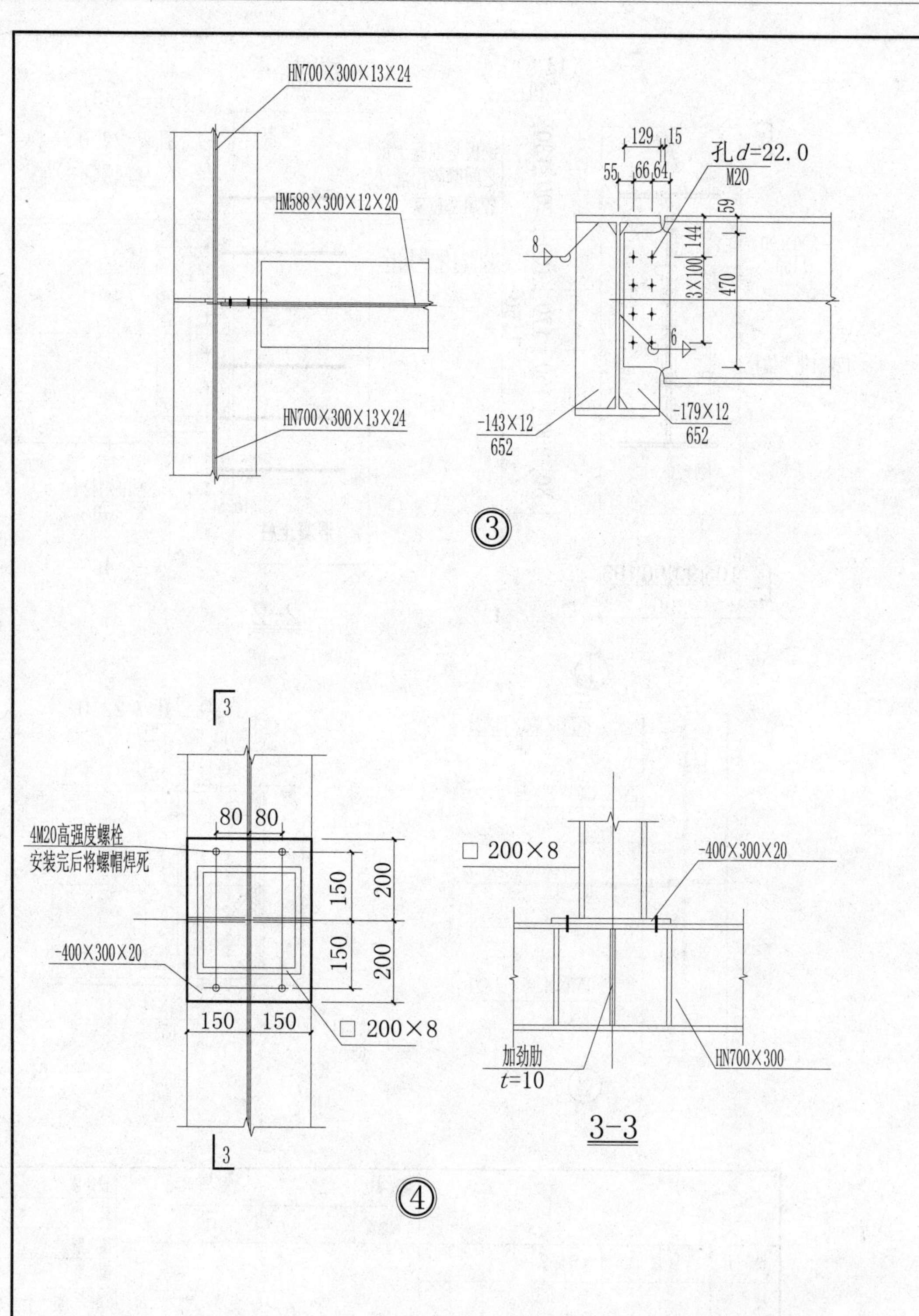
HN700×300×13×24
HM588×300×12×20
HN700×300×13×24
129
15
孔d=22.0
55
66
64
M20
59
144
8
3×100
470
6
-143×12
652
-179×12
652
③
3
80
80
4M20高强度螺栓
安装完后将螺帽焊死
150
150
200
200
-400×300×20
150
150
□ 200×8
3
□ 200×8
-400×300×20
加劲肋
t=10
HN700×300
3-3
④

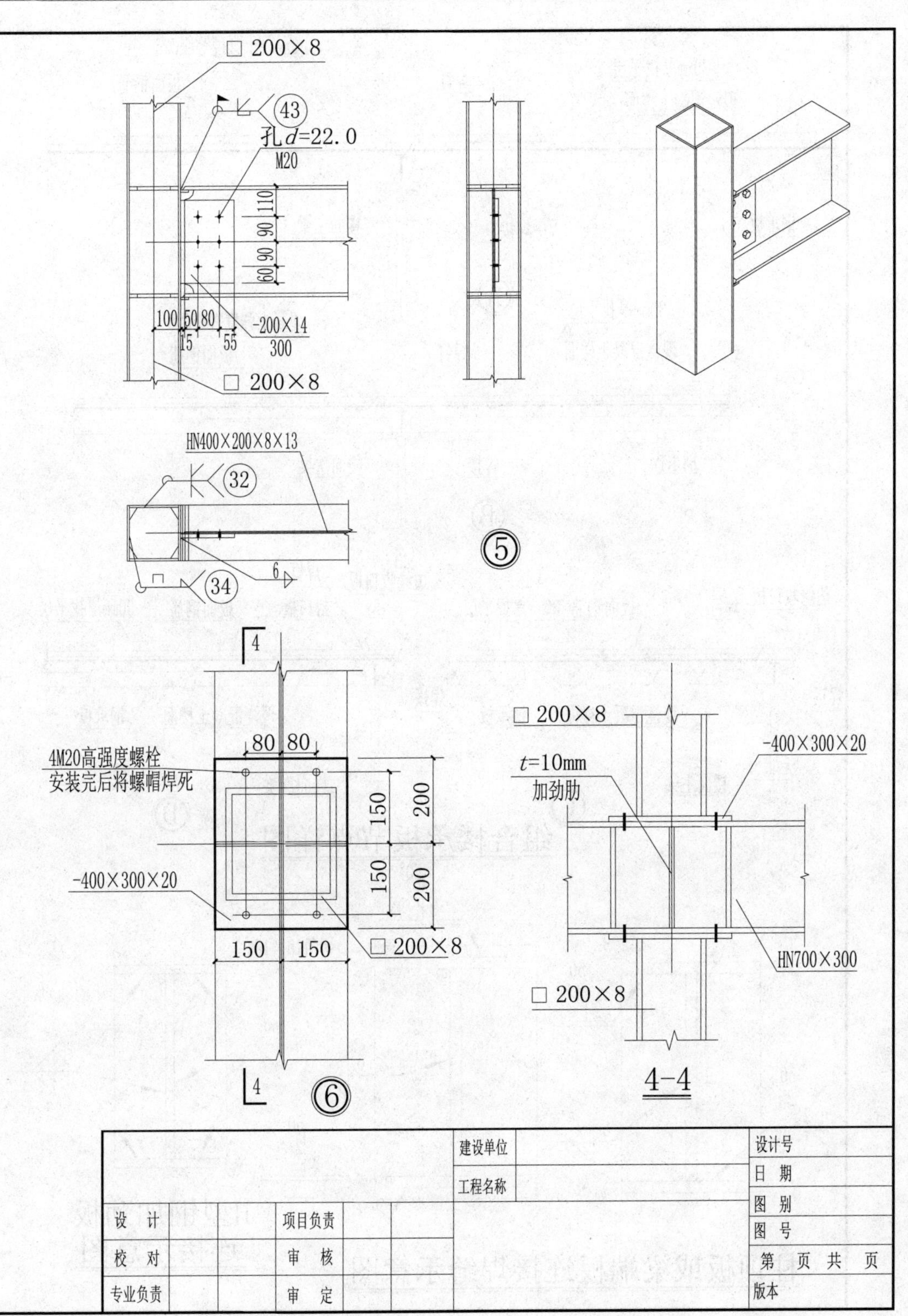

				建设单位		设计号	
				工程名称		日 期	
设 计		项目负责				图 别	
校 对		审 核				图 号	
专业负责		审 定				第 页 共 页	
						版本	

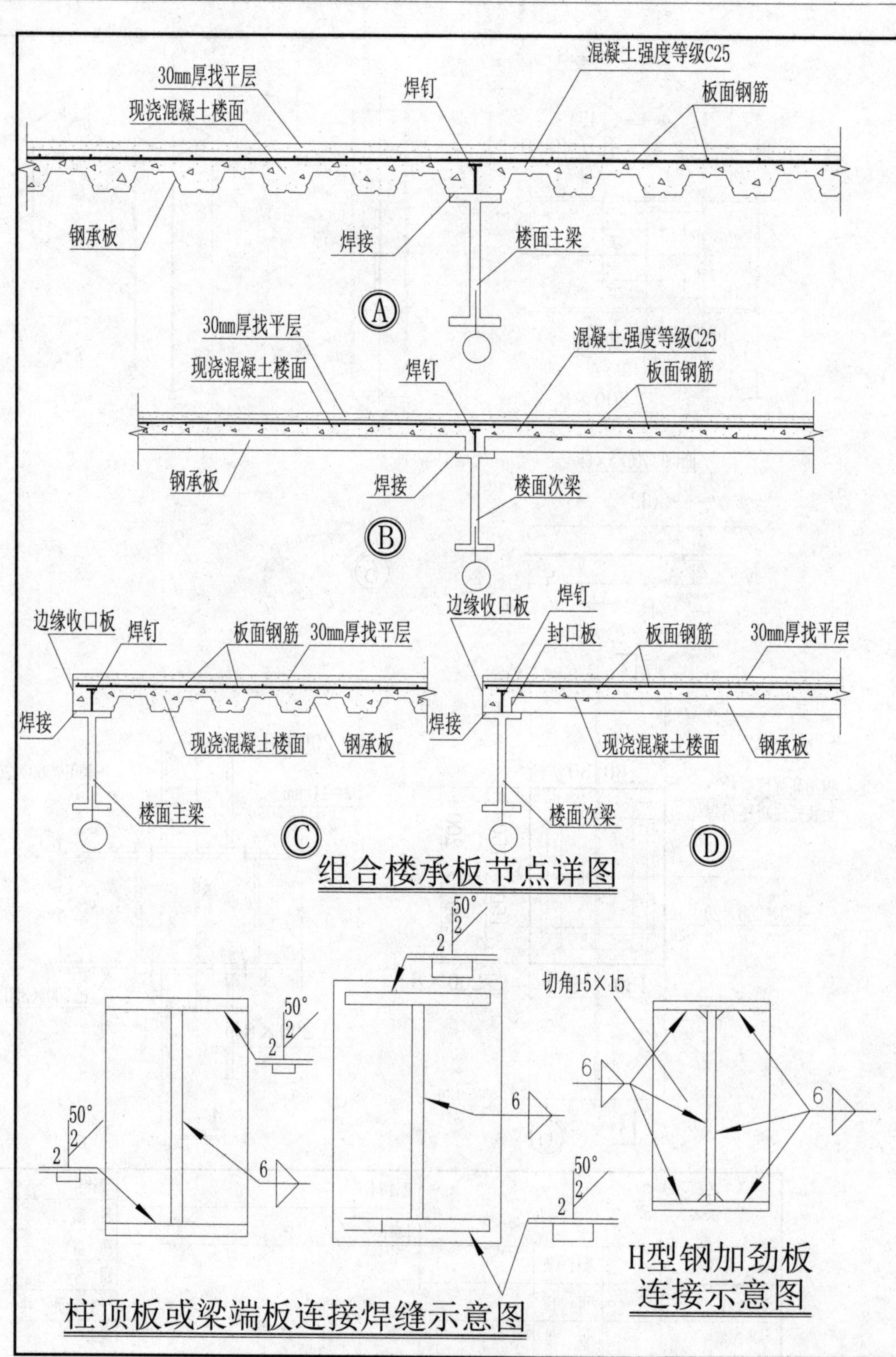

组合楼承板节点详图

柱顶板或梁端板连接焊缝示意图

H型钢加劲板连接示意图

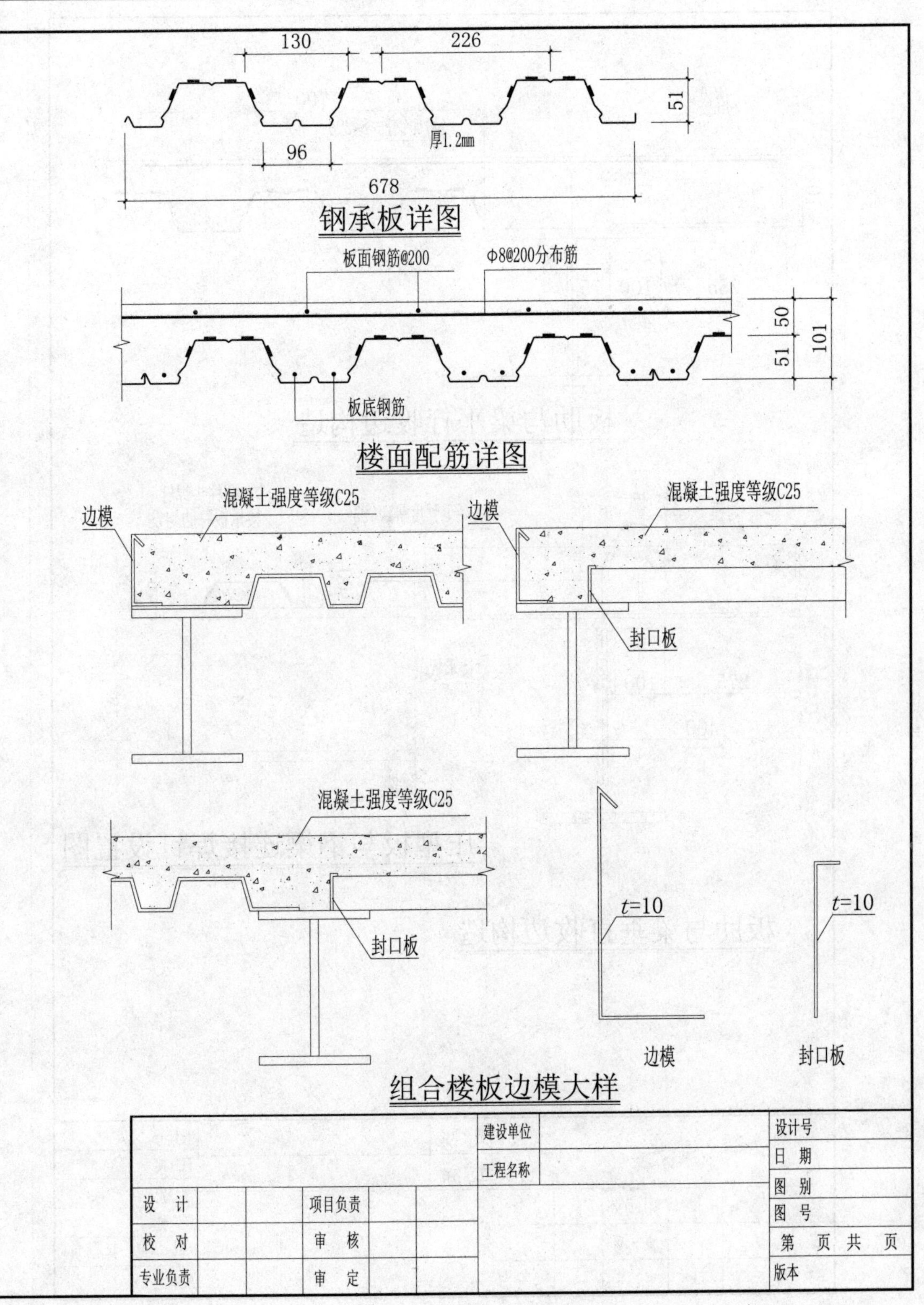
130
226
51
厚1.2mm
96
678
钢承板详图
板面钢筋@200
Φ8@200分布筋
50
101
51
板底钢筋
楼面配筋详图
边模
混凝土强度等级C25
边模
混凝土强度等级C25
封口板
混凝土强度等级C25
封口板
t=10
t=10
边模
封口板
组合楼板边模大样
建设单位
工程名称
设计号
日 期
图 别
图 号
设 计
项目负责
校 对
审 核
专业负责
审 定
第 页 共 页
版本

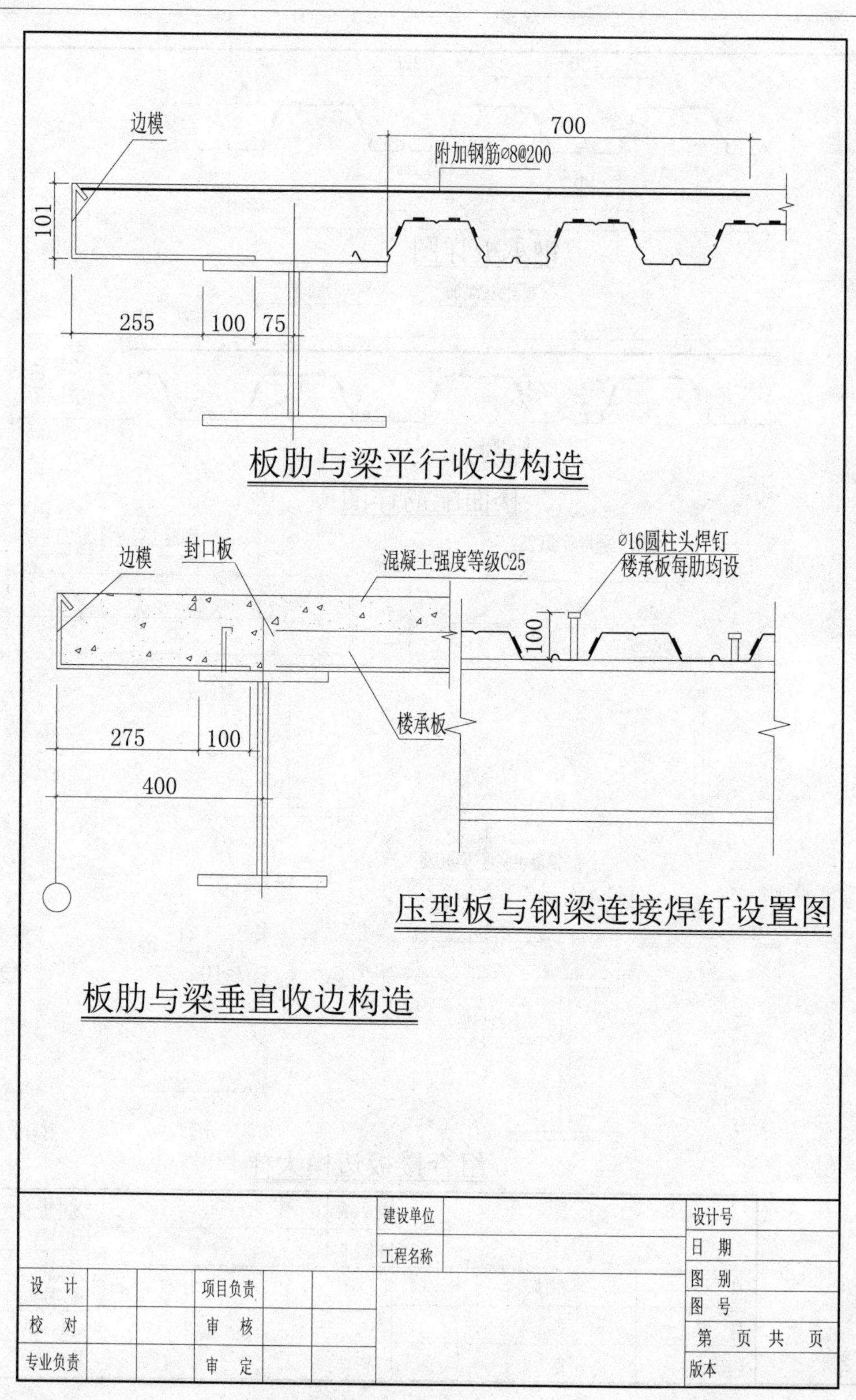
边模
700
附加钢筋∅8@200
101
255
100
75
板肋与梁平行收边构造
边模
封口板
混凝土强度等级C25
∅16圆柱头焊钉
楼承板每肋均设
100
楼承板
275
100
400
压型板与钢梁连接焊钉设置图
板肋与梁垂直收边构造
建设单位
工程名称
设计号
日期
图别
图号
设计
校对
专业负责
项目负责
审核
审定
第 页 共 页
版本

序号	图纸名称	图号	规格	备注
1	图纸目录	JG-00		
2	加装电梯钢结构基础说明	JG-01		
3	加装电梯钢结构基础图1	JG-02		
4	加装电梯钢结构基础图2	JG-03		
5				
6				
7				
8				
9				
10				
11				
12				
13				
14				
15				
16				
17				
18				
19				
20				
21				
22				
23				

设计			项目负责		建设单位		设计号
校对			审核		工程名称		日期
专业负责			审定		图纸目录		图别 结施
							图号 JG-00
							第 页 共 页
							修改版本

加装电梯钢结构基础说明

一、概述

1. 本工程为改造工程。

2. 设计范围为新增钢结构电梯混凝土基础部分。

3. 本说明仅适用一般情况，如有特殊说明请见有关图纸，在施工过程中如有问题或变更，应及时汇同设计单位共同协商解决。

二、设计依据

1.《建筑抗震设计规范（2016 年版）》（GB 50011—2010）。

2.《钢结构设计标准》（GB 50017—2017）。

3.《混凝土结构设计规范（2015 年版）》（GB 50010—2010）。

4. 甲方提供的相关投标资料。

三、结构设计

1. 地基基础设计等级为丙级，基础形式为钢筋混凝土筏板基础，地基承载力特征值 f_{ak} 不小于 160 kPa。地基承载力不能满足要求时，应由具备资质的单位进行地基处理，经检测满足要求后方可进行施工，同时须采用切实可行的方法对基底 5 m 深度范围内的持力层进行检验，查明是否存在溶洞、土洞、破碎带和软弱层等不良地质情况。

若基坑开挖至设计标高后仍未发现持力层，且设计标高与持力层相差不到 0.2 m 时，应继续挖至持力层后再用 C15 混凝土回填至基底设计标高；若相差大于 0.2 m 时，可采用级配砂石分层压实（压实系数不小于 0.93）至基底设计标高，要求基坑坑底进入持力层内深度不少于 300 mm，当持力层表面不在同一水平面时，基坑应进行放阶处理。

2. 基础施工前应明确地下水情况，根据地下水位情况，若抗浮设计水位高于基底标高应进行抗浮设计。

3. 混凝土强度等级：基础 C30，垫层 C15；钢筋保护层厚度 40 mm。

4. 场地平整及基槽开挖前，施工单位须探明场地范围内是否有管道、线缆等埋地设施，避免因开挖不当造成破坏。基坑开挖时按《建筑地基基础设计规范》（GB 50007—2011）第 9 章做好基坑支护，并应符合《土方与爆破工程施工及验收规范》（GB 50201—2012）的要求。降水时应加强对周边环境的监测，基坑开挖时，应采取排水措施，基坑的顶部应设置截水沟。在任何情况下不允许在基坑底面及顶面上积水。应由上往下开挖，依次进行，弃土应分散处理，不得将弃土堆置在基坑内或基坑顶。

5. 施工放线时，须同时对照基础平面布置图和柱脚平面图。

6. 基坑开挖后，须对持力层进行检验，地基土的检验方法可参照《建筑地基基础设计规范》（GB 50007—2011）附录 C“浅层平板荷载试验要点”实施。开挖后基坑底严禁遭雨水浸泡及阳光暴晒，且不得任意超深开挖。

7. 回填土应分层夯实，压实系数不小于 0.94；基础周边 800 mm 以内宜采用黏土或亚黏土回填，其中不得含有石块、碎砖、灰渣等杂物。

8. 防雷接地引下线焊接根据电气专业要求实施，与基础内的钢筋焊接形成接地通路。

9. 未尽事宜均按设计说明及《建筑地基基础设计规范》《土方与爆破工程施工及验收规范》等现行有关规范、规程执行。

				建设单位		设计号
				工程名称		日 期
设 计		项目负责		加装电梯钢结构基础说明		图 别 结施
校 对		审 核				图 号 JG-01
专业负责		审 定				第 页 共 页
						修改版本

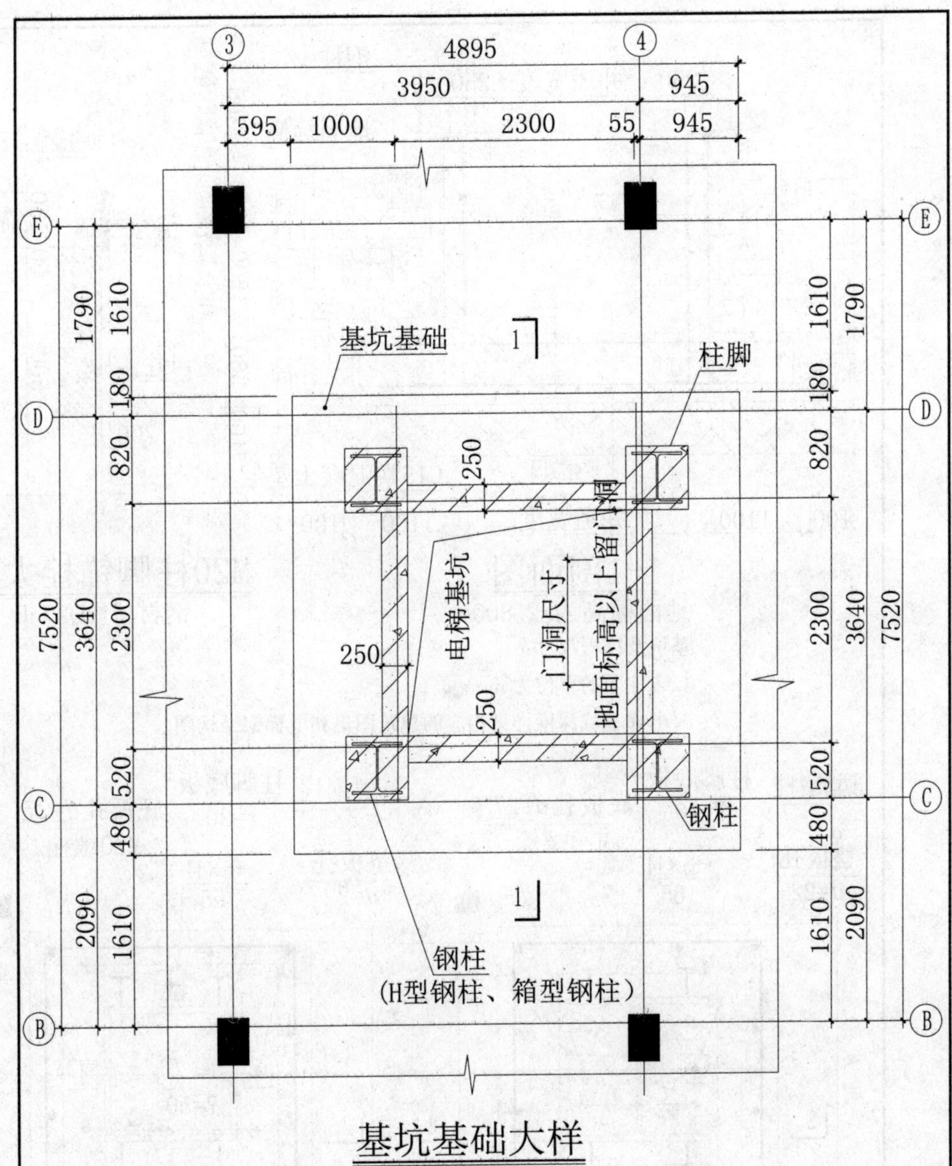

基坑基础大样

说明

1. 柱脚定位详见电梯钢结构图（由上部钢柱向下延伸至基坑基础），本图柱脚位置仅为示意图。

2. 柱脚预埋件应结合电梯钢结构图，请预埋准确，防止错埋漏埋。

				建设单位		设计号
				工程名称		日 期
				加装电梯钢结构基础图1		图 别 结施
设 计		项目负责				图 号 JG-02
校 对		审 核				第 页 共 页
专业负责		审 定				修改版本

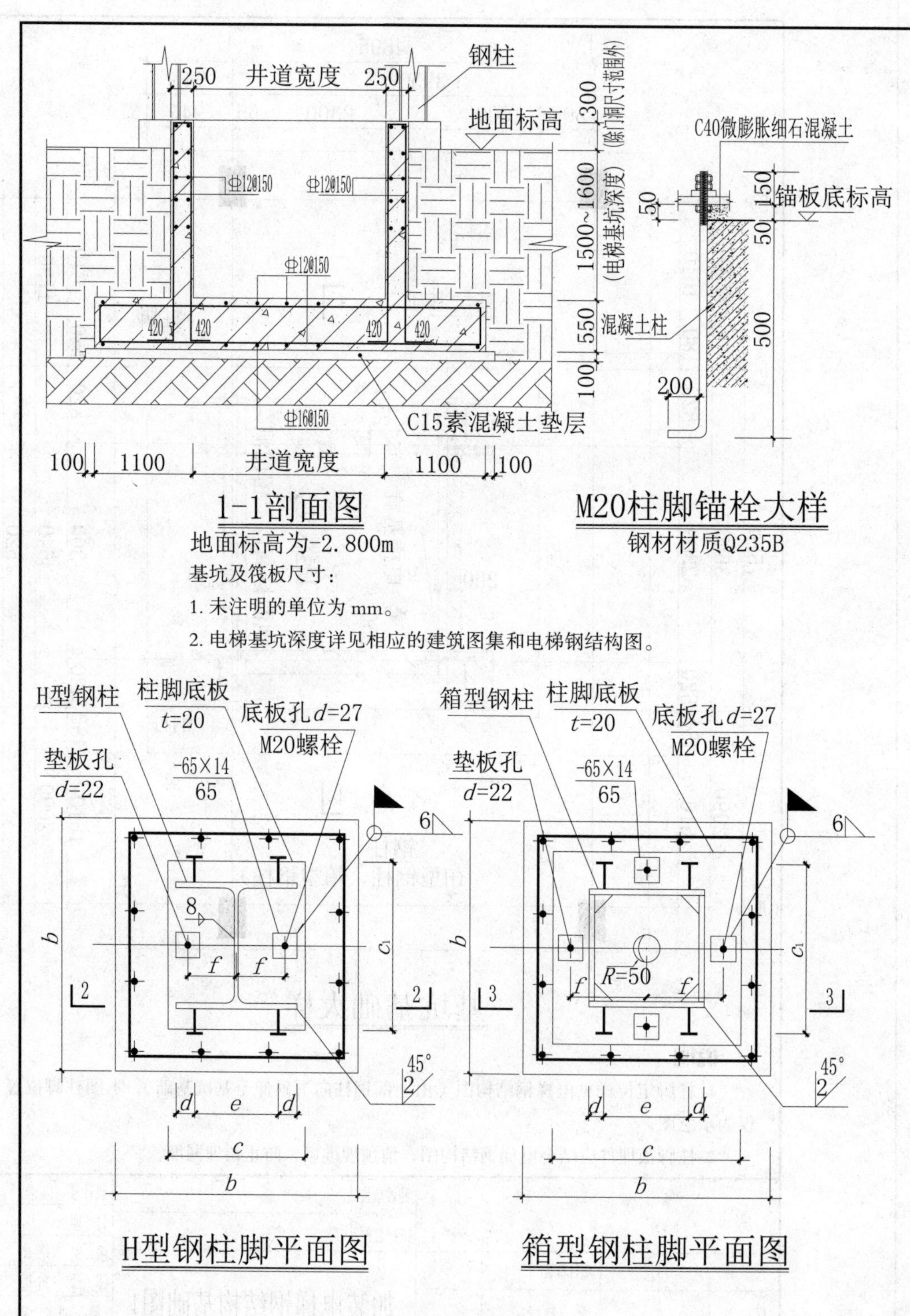

250
井道宽度
250
钢柱
地面标高
300
(除门洞尺寸范围外)
1500~1600
(电梯基坑深度)
550
100
Φ12@150
Φ12@150
Φ12@150
Φ16@150
420
420
420
420
C15素混凝土垫层
100
1100
井道宽度
1100
100
1-1剖面图
地面标高为-2.800m
基坑及筏板尺寸:
1. 未注明的单位为mm。
2. 电梯基坑深度详见相应的建筑图集和电梯钢结构图。
C40微膨胀细石混凝土
50
150
锚板底标高
50
混凝土柱
500
200
M20柱脚锚栓大样
钢材材质Q235B
H型钢柱
柱脚底板
t=20
底板孔d=27
M20螺栓
垫板孔
d=22
-65×14
65
6
8
b
f
f
c1
2
2
45°
2
d
e
d
c
b
H型钢柱脚平面图
箱型钢柱
柱脚底板
t=20
底板孔d=27
M20螺栓
垫板孔
d=22
-65×14
65
6
b
R=50
f
f
c1
3
3
45°
2
d
e
d
c
b
箱型钢柱脚平面图

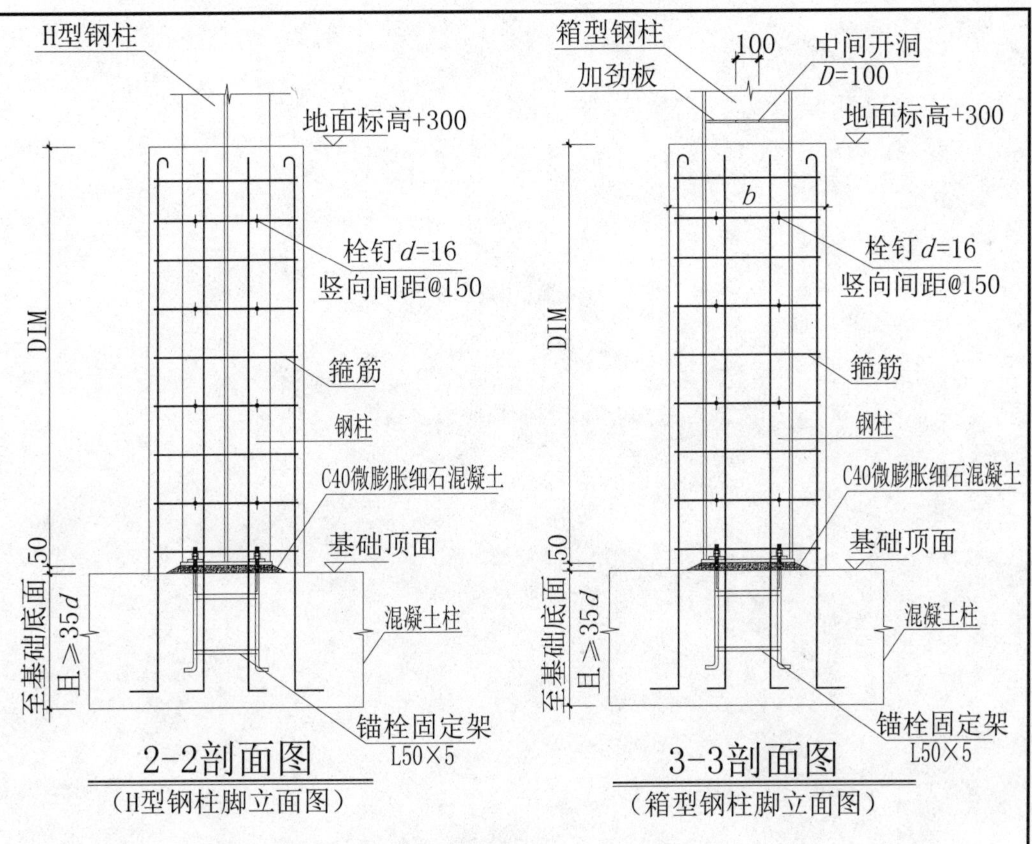

2-2剖面图

（H型钢柱脚立面图）

3-3剖面图

（箱型钢柱脚立面图）

柱脚大样尺寸表

钢柱型号	b	c	c_1	d	e	f	架立钢筋	箍筋	加劲板厚度 /mm
HW250×250	550	290	350	60	130	100	12⌀14	⌀8@100	—
HW300×300	600	340	400	70	160	120	12⌀16	⌀10@100	—
箱 250×250×8	600	450	—	60	130	175	12⌀16	⌀10@100	8
箱 300×300×10	650	550	—	75	150	200	12⌀16	⌀10@100	10

注：1. 柱脚尺寸根据钢柱型号选用，钢柱型号选用详见上部电梯钢结构图；

2. 柱脚定位详见电梯钢结构图（由上部钢柱向下延伸至基坑基础），本图柱脚位置仅为示意图。

设 计			项目负责		建设单位		设计号
					工程名称		日 期
					加装电梯钢结构基础图2		图 别 结 施
校 对			审 核				图 号 JG-03
专业负责			审 定				第 页 共 页
							修改版本

图书在版编目（CIP）数据

既有楼房加装电梯钢结构施工技术 / 宋涛主编. 长沙 : 湖南科学技术出版社, 2025. 1. -- ISBN 978-7-5710-3256-2

Ⅰ. TU857

中国国家版本馆 CIP 数据核字第 20241MU944 号

既有楼房加装电梯钢结构施工技术

主　　编：宋　涛

副 主 编：梁峻欣　周旭升　陈海洲　林　晟　陈家斌　刘文东　吴　升　付　婷

出 版 人：潘晓山

责任编辑：缪峥嵘

出版发行：湖南科学技术出版社

社　　址：长沙市芙蓉中路一段 416 号泊富国际金融中心

网　　址：http://www.hnstp.com

湖南科学技术出版社天猫旗舰店网址：

http://hnkjcbs.tmall.com

邮购联系：0731-84375808

印　　刷：湖南省汇昌印务有限公司

（印装质量问题请直接与本厂联系）

厂　　址：长沙市望城区丁字镇街道兴城社区

邮　　编：410299

版　　次：2025 年 1 月第 1 版

印　　次：2025 年 1 月第 1 次印刷

开　　本：787 mm×1092 mm　1/16

印　　张：18.25

字　　数：351 千字

书　　号：ISBN 978-7-5710-3256-2

定　　价：98.00 元